ユビキタスネットワークとエレクトロニクス材料
Ubiquitous Network and Electronics Materials

監修：宮代文夫
　　　若林信一

シーエムシー出版

刊行にあたって

　「ユビキタス」という言葉はあまり言い易いことばではないし、もともとの意味も宗教的なものであり、これをITの次に来る最も先進的な未来社会のことを指すといわれてもあまりピンとはこない。しかし、この概念を想像しにくい、どこかエキゾチックな響きのある言葉は日本人には意外にウケて、今年のお正月の新聞でも「ユビキタス社会がやってきた！」というちょっと先走り的な見出しまででた程である。インターネットで引いてみると「ユビキタス」という名がつく本はもう80冊も出ている。そのうち本屋に「ユビキタス・コーナー」ができるであろう。

　そこで、今年11月にボストンで行われたIMAPS 2003という国際実装学会に「ユビキタス時代へ向けたテクノロジードライバーの技術動向」というセッションを私が担当して本書にも執筆頂いている方も含めて意気揚々と、7人で乗り込んだ。ところが、発表の前日に米国の知人に聞くと、発信源である米国では「ユビキタス」は全然知れ渡ってなく、「冒頭にユビキタス社会はどういうものかをチェアマンから簡潔に説明してくれ」といわれたのには驚いた。

　私の40年弱にわたる電機メーカでのR&Dの経験からいうと、基礎ができている場合、仕様がでて製品化するまでの時間は誤解を恐れずにいうと、システムは3年、デバイスは5年、材料は7年位かかる。材料は基礎（シーズの確立）の完成に7年位かかるから、材料研究のスタートから製品で陽の目を浴びるまで「岩窟王」なみの14年がかかってしまうことになる。名だたる有名な材料について調べてみるとだいたい当たっている。このことは「材料屋は鼻を利かせて、ユーザの先回りをして見繕い開発をしなくてはならない」ということを示している。

　システム屋は評価の安定したデバイスしか使わず、デバイス屋は評価の定まった材料しか使わない。従って、材料屋が直面するユーザに「どんな材料が欲しいか？」などとマーケティングするのはほとんどムダで、コストか供給かで困っている当面の打開策を示すに過ぎなく、これをまともに受けるととてもそのスピードにはついて行けず、結果も思わしくないことになる。

　では、どうすればよいか。それはユーザに未来のあるべき姿を語ってもらい、材料屋も思い切って未来の仕様を果敢に取り込んでいく、しかない。本書はややムリを承知でテクノロジー・ドライバー担当の方と材料屋の皆様にこの視点から執筆をお願いしたが、意図を説明すると尻込みされる方も多く、一緒に編集を担当していただいた新光電気(株)の若林取締役、また、特にシーエムシー出版の松井健将さんには大変苦労していただいた。記して謝意を示したい。

2003年12月

宮代文夫

普及版の刊行にあたって

本書は2003年に『ユビキタス時代へのエレクトロニクス材料』として刊行されました。普及版の刊行にあたり、内容は当時のままであり加筆・訂正などの手は加えておりませんので、ご了承ください。

2009年3月

シーエムシー出版　編集部

執筆者一覧(執筆順)

宮代 文夫	㈳エレクトロニクス実装学会　顧問
	(現)よこはま高度実装技術コンソーシアム(YJC)　理事
福岡 義孝	㈲ウェイスティー　取締役社長
八甫谷 明彦	㈱東芝　デジタルメディアネットワーク社　青梅デジタルメディア工場　実装開発センター　第一担当　主務
	(現)㈱東芝　生産技術センター　実装技術研究センター　主任研究員
朝桐 智	㈱東芝　モバイルコミュニケーション社　モバイルコミュニケーションデベロップメントセンター　モバイルハードウェア設計第二部　要素・システム設計担当
	(現)㈱東芝　生産技術センター　実装技術研究センター　研究主務
佐々木 健	(現)東京大学大学院　新領域創成科学研究科　人間環境学専攻　教授
面谷 信	(現)東海大学　工学部　光・画像工学科　教授
宇佐美 光雄	(現)㈱日立製作所　中央研究所　主管研究長
松為 彰	(現)パーソナルメディア㈱
三林 浩二	東京医科歯科大学　生体材料工学研究所　教授
神谷 信行	横浜国立大学大学院　工学研究院　機能の創生部門　教授
	(現)㈱KMラボ　代表取締役
若林 信一	(現)新光電気工業㈱　フェロー

小山　利徳	(現)新光電気工業㈱　開発統括部　プロセス開発部　主幹研究員
小椋　一郎	(現)DIC㈱　機能性ポリマ技術本部　エポキシ樹脂技術グループ　部長
下川　裕人	(現)宇部興産㈱　機能品・ファインカンパニー　機能品技術開発部　主席部員
小林　紀史	宇部興産㈱　機能品ファインディビジョン　ポリイミドビジネスユニット
板谷　　博	元㈱ピーアイ技術研究所　取締役会長
河野　正彦	(現)ダウ・ケミカル日本㈱　新規事業開発部　事業開発部長
David Brennan	The Dow Chemical Company　Senior R & D Specialist
Mitch Dibbs	The Dow Chemical Company　Technical Leader
Paul Townsend	The Dow Chemical Company　Program Manager
吉川　淳夫	(現)㈱クラレ　電材生産開発部　部長
市川　　結	信州大学　繊維学部　機能高分子学科　助手
	(現)信州大学　繊維学部　准教授
岩永伸一郎	(現)JSR㈱　筑波研究所　所長
魚津　吉弘	三菱レイヨン㈱　中央技術研究所　主任技師
須藤　俊夫	(現)芝浦工業大学　工学部　電子工学科　教授
宇都宮久修	インターコネクション・テクノロジーズ㈱　代表取締役

執筆者の所属表記は，注記以外は2003年当時のものを使用しております。

目 次

【第1編　総論　―現状と将来動向―】

第1章　ユビキタス時代の到来　　宮代文夫

1　「ユビキタス」とは何か？　また，ユビキタス時代は本当に来るか？ ……………… 3
2　ユビキタス時代実現への3段階 ……… 5

第2章　ユビキタスネットワークの将来イメージと電子材料のテクノロジードライバー　　宮代文夫

1　超小型携帯機器関連 ………………… 9
2　コンピュータ関連 …………………… 12
3　RFID関連 ……………………………… 13
4　センシング関連 ……………………… 13
5　ディスプレイ関連 …………………… 14
6　光関連 ………………………………… 15
7　ロボット関連 ………………………… 16
8　電池・電源関連 ……………………… 17

第3章　ユビキタス・ネットワークおよび主要テクノロジードライバーのロードマップ　　宮代文夫

第4章　ユビキタス時代への実装技術　　福岡義孝

1　はじめに ……………………………… 22
2　フリップチップ実装技術の最新動向 … 23
 2.1　BossB^{2}it^{TM}技術（東芝／DTCT／DNP） ………………………… 24
 2.2　配線板上にダイヤモンド粒子を介在させNi／Auめっきを施しバンプ形成するフリップチップ実装技術（Nano Pierce Inc.） ……………… 26
 2.3　Cuめっきにて半導体のAl電極とリードフレームを直接電気接続するバンプレスフリップチップ実装技術（Bridge Semiconductor Corporation） …………………………… 27
3　受動素子／能動素子内蔵配線板技術の最新動向 ………………………………… 30
 3.1　EPD（受動素子内蔵）／EAD（能動素子内蔵）技術開発の必要性 …… 30
 3.2　受動素子内蔵（EPD：Embedded

I

　　　　Passive Devices）技術 …………… 32
　3.3　能動素子内蔵（3次元実装）（EAD：
　　　　Embedded Active Devices）技術 … 34
　3.4　EPD／EAD技術の今後の課題 … 37
4　おわりに ………………………………… 38

【第2編　ユビキタス時代へのテクノロジードライバ】

第5章　パーソナル・コンピュータ　　八甫谷明彦

1　はじめに ………………………………… 43
2　特徴 ……………………………………… 46
　2.1　常に一緒に行動，離さず持ち歩きたい
　　　　………………………………………… 46
　2.2　いつでも軽快に，ストレスなく使い
　　　　たい …………………………………… 46
　2.3　ケーブルにとらわれず，好きな場
　　　　所で使いたい ………………………… 47
3　操作性 …………………………………… 47
　3.1　薄型低温ポリシリコンTFT液晶の
　　　　採用 …………………………………… 47
　3.2　薄型キーボードの採用 ……………… 47
　3.3　スクロール機能を備えた優れた操作
　　　　性のタッチパッド …………………… 47
　3.4　ワイヤレスLAN内蔵＆ブロードバン
　　　　ド対応LANと世界61地域対応モデム
　　　　………………………………………… 48
　3.5　ダイレクト・インで使えるSDカー
　　　　ドスロット標準装備 ………………… 48
　3.6　細部にもデザインのこだわり ……… 48
4　薄型化・軽量化実現のためのキーポイ
　　ント ……………………………………… 48
　4.1　プリント配線板技術 ………………… 49
　4.2　1.8型ハードディスク（HDD）の採用
　　　　………………………………………… 51
　4.3　リチウムイオンポリマーバッテリの
　　　　採用 …………………………………… 52
　4.4　薄型マグネシウム筐体と強度の高い
　　　　筐体設計技術 ………………………… 52
　4.5　超低電圧版CPUの採用と冷却技術
　　　　………………………………………… 53
5　環境対応技術 …………………………… 54
　5.1　ハロゲンフリー化 …………………… 54
　5.2　鉛フリー化 …………………………… 56
　5.3　グリーン購入 ………………………… 56
　5.4　パソコンのリサイクル ……………… 57
6　おわりに ………………………………… 57

第6章　携帯電話　　朝桐　智

1　概要 ……………………………………… 59
2　携帯電話の変遷 ………………………… 59
3　携帯電話の電子部品 …………………… 61
　3.1　受動素子（チップ部品） …………… 61
　3.2　半導体パッケージ部品 ……………… 62
　3.3　モジュール …………………………… 63

4	プリント配線板 …………………	63	5	接合材料・補強材料 ……………	66
4.1	ビルドアッププリント配線板 ……	64	5.1	はんだ代替接合材料 …………	66
4.2	多層フレキシブルプリント配線板		5.2	補強材料（アンダーフィル）………	66
	………………………………………	64	6	将来の展望 ………………………	67

第7章　ウェアラブル機器　　佐々木　健

1	ウェアラブル機器とは …………	68	4	健康福祉機器・医療用具 ………	72
2	腕時計 ……………………………	68	5	マンマシンインタフェース ………	73
3	健康福祉・トレーニング機器 ……	71	6	衣服とファッション分野 …………	74

第8章　表示ディスプレイとしての電子ペーパー　　面谷　信

1	はじめに …………………………	76	3.1	電子ペーパーの位置付け ………	79
2	目標の整理 ………………………	77	3.2	電子ペーパーの狙い ……………	80
2.1	フレキシブル化 …………………	77	3.3	電子ペーパーの達成目標 ………	80
2.2	ペーパーライク化 ………………	78	3.4	電子ペーパーの実現形態 ………	81
2.3	表示技術の守備範囲 ……………	78	4	電子ペーパーの果たす役割 ……	81
3	電子ペーパーの狙いと動向 ……	79	5	おわりに …………………………	82

第9章　RFIDタグチップ　　宇佐美光雄

1	はじめに …………………………	84	7	RFIDタグチップの信頼性 ………	89
2	小型化が進むRFIDタグチップ ……	84	8	さらに進歩したRFIDタグチップ技術	
3	RFIDタグチップの機械的強度特性	85		………………………………………	89
4	RFIDタグチップの回路技術 ……	86	8.1	両面電極ICチップ向き整流回路…	89
5	RFIDタグチップの整流回路と通信特性		8.2	両面電極ICチップ向きアンテナと	
	………………………………………	87		組み立て …………………………	90
6	RFIDタグチップのアンテナ技術 ……	88	9	おわりに …………………………	92

第10章　マイクロコンピュータ　　松為　彰

1	ユビキタスとマイクロコンピュータ …	93		歴史と基本概念 …………………	93
2	ユビキタス・コンピューティングとは		2.2	ユビキタス・コンピューティングの	
	………………………………………	93		応用イメージ ……………………	95
2.1	ユビキタス・コンピューティングの		2.3	ユビキタス・コンピューティングに	

必要な技術 …… 96	…… 100
3 ユビキタスを支える T-Engine …… 98	3.3 T-Engine 用のミドルウェアと開発
3.1 T-Engine とは …… 98	キット …… 100
3.2 標準リアルタイム OS：T-Kernel	4 今後の展望 …… 103

第11章 センサ及びセンシング・システム　　三林浩二

1 ユビキタス社会におけるセンサ …… 105	4 スティック型バイオ・スニファと呼気計
2 ウエアラブルセンサと経皮酸素モニタリ	測応用 …… 113
ング …… 105	4.1 アルコール用＆アルデヒド用スティ
2.1 ウエアラブル酸素センサ …… 106	ック型バイオ・スニファ …… 113
2.2 ウエアラブルセンサによる経皮酸素	4.2 呼気中アルコール＆アルデヒドの簡
モニタリング …… 107	易計測 …… 114
3 匂い成分連続計測用バイオ・スニファ	5 移動体通信を用いたモバイル生体モニタ
…… 108	リング …… 115
3.1 アルコール用バイオ・スニファ …… 108	6 おわりに …… 116
3.2 アルデヒド用バイオ・スニファ …… 109	

第12章 電源としての燃料電池　　神谷信行

1 はじめに …… 118	4.3 ギ酸を燃料とした燃料電池 …… 126
2 マイクロ燃料電池の位置づけ …… 118	4.4 ジメチルエーテル …… 127
3 DMFC の開発状況 …… 120	4.5 水素化ホウ素燃料の電池特性 …… 128
4 燃料の多様化 …… 123	4.6 その他の水素含有有機化合物，無機
4.1 イソプロピルアルコール …… 124	化合物 …… 129
4.2 エチレングリコール …… 125	5 燃料電池周辺の新しい技術 …… 130

【第3編　高分子エレクトロニクス材料】

第13章　ユビキタス時代に求められる機能性高分子材料
　　　　　　　　　　　　　　　　　　　　若林信一，小山利徳

1 はじめに …… 135	2.1 ビルドアップ基板 …… 136
2 高密度化 …… 135	2.2 一括積層基板 …… 142

2.3	フレキシブル基板 …………… 144	5.1	要求特性 ………………………… 152
3	大容量・高速化 ………………… 147	5.2	信頼性評価 ……………………… 153
3.1	インピーダンスマッチング … 147	6	さらなる高機能化に当たって ……… 153
3.2	配線の伝送特性 ……………… 148	6.1	Low Kチップ対応 ……………… 153
4	部品内蔵 ………………………… 150	6.2	光配線 …………………………… 153
5	要求される特性と信頼性 ……… 152	7	おわりに ………………………… 154

第14章　エポキシ樹脂の高性能化　　小椋一郎

1	はじめに ………………………… 155		EPICLON EXA-4700 ………… 158
2	高性能エポキシ樹脂 …………… 155	2.3	ジシクロペンタジエン型エポキシ樹
2.1	ナフタレン型液状エポキシ樹脂		脂EPICLON HP-7200 ………… 160
	EPICLON HP-4032D ………… 156	2.4	柔軟強靱性エポキシ樹脂EPICLON
2.2	ナフタレン4官能型エポキシ樹脂		EXA-4850 ……………………… 163

第15章　ポリイミドフィルム　　下川裕人，小林紀史

1	はじめに ………………………… 166	6	需要動向 ………………………… 178
2	ポリイミドの化学構造と特質 ……… 166	7	製品規格 ………………………… 179
3	ポリイミドフィルムの製法 …… 169	7.1	タイプ …………………………… 179
4	ポリイミドフィルムの特性 …… 171	7.1.1	ユーピレックス（BPDA系） … 179
4.1	耐熱性 …………………………… 171	7.1.2	カプトン（PMDA系） ………… 179
4.1.1	物理的耐熱性 ………………… 171	7.1.3	アピカル（PMDA系） ………… 179
4.1.2	化学的耐熱性 ………………… 172	8	最近のトピックス ……………… 179
4.1.3	他のプラスチックとの比較 … 172	8.1	熱可塑性ポリイミドフィルム …… 179
4.2	機械的特性 ……………………… 172	8.1.1	ユーピレックス-VT ………… 180
4.3	耐薬品性 ………………………… 174	8.2	2層CCL基材 ………………… 182
4.4	吸水率 …………………………… 174	8.2.1	2層CCLの製造法 …………… 182
4.5	その他の物性 …………………… 174	8.2.2	ラミネート方式2層CCL「ユピ
5	ポリイミドフィルムの用途 …… 174		セルN」………………………… 182
5.1	電子材料分野での用途 ………… 174	8.2.3	めっき方式2層CCL「ユピセルD」
5.1.1	TABテープ基材 ……………… 175		………………………………… 183
5.1.2	FPC基材 ……………………… 176	9	おわりに ………………………… 184
5.2	電子実装材料以外の用途 ……… 177		

第16章　溶剤可溶ポリイミド　　板谷　博

1　序 …………………………………… 186
2　従来のポリイミド ………………… 186
3　溶剤可溶ポリイミド ……………… 189
4　溶剤可溶—ブロック共重合ポリイミド
　　………………………………………… 190
4.1　ブロック共重合ポリイミドの合成例
　　………………………………………… 193
5　21世紀におけるポリイミドの産業について
　　………………………………………… 194

第17章　有機高分子系半導体材料
河野正彦, David Brennan, Mitch Dibbs, Paul Townsend

1　要約 ………………………………… 196
2　緒言 ………………………………… 196
3　背景 ………………………………… 197
4　化学構造 …………………………… 197
5　膜中の分子の物理構造 …………… 198
6　固体の化学 ………………………… 199
7　移動度の測定 ……………………… 201
8　デバイスの用途 …………………… 202
9　まとめ ……………………………… 203

第18章　LCP　　吉川淳夫

1　はじめに …………………………… 206
2　液晶ポリマーとベクスター ……… 206
3　熱特性と寸法安定性 ……………… 209
4　力学特性と粘弾性 ………………… 210
5　吸湿性と寸法安定性 ……………… 211
6　電気特性と吸湿性 ………………… 212
7　リサイクル性 ……………………… 215
8　ガスバリア性 ……………………… 215
9　用途 ………………………………… 216
　9.1　銅張積層板 …………………… 216
　9.2　多層フレキシブル配線板 …… 217
10　おわりに ………………………… 217

第19章　有機発光デバイス用材料　　市川　結

1　はじめに …………………………… 219
2　デバイスデザイン ………………… 220
　2.1　単層構造 ……………………… 220
　2.2　シングルヘテロ構造 ………… 220
　2.3　ダブルヘテロ構造 …………… 221
3　低分子LED材料 …………………… 221
　3.1　ホール輸送材料、ホール注入層材料
　　…………………………………………… 221
　3.2　電子輸送材料・電子注入層材料 … 223
　3.3　発光層 ………………………… 225
　3.4　ドーパント …………………… 226
4　高分子LED材料 …………………… 227
　4.1　フェニレンビニレン系 ……… 228
　4.2　ポリフルオレン系 …………… 229
　4.3　ポリビニルカルバゾール系 … 229
5　電極材料 …………………………… 229

VI

5.1 透明電極（陽極）‥‥‥‥‥‥‥ 229
5.2 金属電極（陰極）‥‥‥‥‥‥‥ 229
6 おわりに ‥‥‥‥‥‥‥‥‥‥‥‥ 230

第20章 フォトイメージャブル材料　　岩永伸一郎

1 はじめに ‥‥‥‥‥‥‥‥‥‥‥‥ 232
2 感光性材料の反応機構 ‥‥‥‥‥‥ 232
 2.1 NQDポジ型レジスト ‥‥‥‥‥ 232
 2.2 化学増幅ポジ型レジスト ‥‥‥ 234
 2.3 化学増幅ネガ型レジスト ‥‥‥ 234
 2.4 アクリルネガ型レジスト ‥‥‥ 235
 2.5 光カチオン重合ネガ型レジスト ‥ 236
3 半導体微細加工用レジスト ‥‥‥‥ 236
4 実装材料 ‥‥‥‥‥‥‥‥‥‥‥‥ 238
 4.1 ドライフィルムレジスト ‥‥‥ 238
 4.2 メッキ用レジスト ‥‥‥‥‥‥ 239
 4.3 感光性絶縁膜 ‥‥‥‥‥‥‥‥ 243
5 おわりに ‥‥‥‥‥‥‥‥‥‥‥‥ 244

第21章 ポリマーオプティカル材料　　魚津吉弘

1 ユビキタス時代のポリマーオプティカル材料 ‥‥‥‥‥‥‥‥‥‥‥‥ 246
2 プラスチック製光ファイバ（POF）開発の経緯とその特長 ‥‥‥‥‥‥‥‥ 247
3 プラスチック光ファイバの基本材料 ‥ 247
4 プラスチック光ファイバの基本的な特徴 ‥‥‥‥‥‥‥‥‥‥‥‥‥‥‥‥ 248
 4.1 ファイバ形状 大きなコア径 ‥‥ 248
 4.2 ポリマー材料 ‥‥‥‥‥‥‥‥ 248
 4.3 伝送損失 伝送波長が可視光域 ‥ 249
 4.4 まとめ ‥‥‥‥‥‥‥‥‥‥‥ 250
5 POFの帯域と広帯域化 ‥‥‥‥‥‥ 250
6 車載用POF使用環境における特性の確保 ‥‥‥‥‥‥‥‥‥‥‥‥‥‥‥‥ 251
7 POFのアプリケーション ‥‥‥‥‥ 252
8 オールフッ素GI型プラスチック光ファイバ ‥‥‥‥‥‥‥‥‥‥‥‥‥‥ 252
9 おわりに ‥‥‥‥‥‥‥‥‥‥‥‥ 253

【第4編　ユビキタス時代への新技術・新材料】

第22章 超高速ディジタル信号伝送とその材料　　須藤俊夫

1 超高速データ伝送の要求 ‥‥‥‥‥ 257
2 差動線路の伝送方程式 ‥‥‥‥‥‥ 259
3 差動インターフェース回路 ‥‥‥‥ 259
4 プリント基板材料の表皮効果と誘電損失 ‥‥‥‥‥‥‥‥‥‥‥‥‥‥‥‥ 260
5 GHz帯のアイパターン特性 ‥‥‥‥ 261
6 むすび ‥‥‥‥‥‥‥‥‥‥‥‥‥ 264

第23章 バイオメトリクス，バイオモニタリング関連及びセンサ材料　　三林浩二

1 はじめに …… 266
2 涙液による非侵襲バイオモニタリング …… 267
  2.1 涙液導電率によるドライ評価 …… 267
  2.2 涙液グルコース計測を目的とする薄膜透明バイオセンサの開発 …… 269
3 ガス計測素子としての生体材料 …… 271
  3.1 肝臓の薬物代謝酵素を用いたバイオ・スニファ …… 272
  3.2 酵素活性阻害型バイオ・スニファ …… 274
4 匂いの情報化＆通信化と無臭ガス認証 …… 275
  4.1 人工嗅覚：光バイオ・ノーズと匂い情報伝達 …… 275
  4.2 無臭ガス用バイオ・スニファと無臭「透かし」＆「情報コード」 …… 277
5 おわりに …… 278

第24章 MEMS技術について　　宇都宮久修

1 MEMSとは …… 280
2 MEMSの応用分野 …… 281
  2.1 バイオ技術分野 …… 282
  2.2 通信分野 …… 282
  2.3 加速度計 …… 282
  2.4 インクジェット・プリンターヘッド …… 283
  2.5 光通信への応用 …… 283
3 製造 …… 283
  3.1 MEMS製造の利点 …… 285
    3.1.1 制限されたオプション …… 286
    3.1.2 パッケージング …… 286
    3.1.3 必要とされる製造知識 …… 288
4 結論 …… 288

第25章 ポータブル燃料電池とその材料　　神谷信行

1 はじめに …… 289
2 DMFCの歴史 …… 290
3 PEFC，DMFCの動作原理とその特徴 …… 291
  3.1 PEFC，DMFCの熱力学計算 …… 291
  3.2 PEFC，DMFCの特徴 …… 292
4 DMFCの現状と技術課題 …… 293
  4.1 発電性能 …… 293
  4.2 発電効率 …… 294
5 PEFC，DMFC開発上での技術的課題 …… 294
  5.1 メタノールの反応，反応中間体，被毒機構 …… 296
  5.2 アノード触媒の働き …… 296
  5.3 酸素カソードの反応性 …… 297
  5.4 電解質膜の伝導性とメタノールのクロスオーバ …… 299
  5.5 MEAの構造 …… 300
  5.6 耐メタノールクロスオーバMEAの開発 …… 301
  5.7 高出力密度型MEA技術 …… 303

第26章 電子ペーパーとその材料　　面谷 信

1 まえがき ……………………………… 306
2 電子ペーパーの候補技術 ……………… 306
　2.1 候補技術の整理 …………………… 306
　2.2 代表的な表示方式 ………………… 307
3 各種方式の比較 ……………………… 312
4 あとがき ……………………………… 313

第1編

総　　論
―現状と将来動向―

第1章　ユビキタス時代の到来

宮代文夫*

1　「ユビキタス」とは何か？　また，ユビキタス時代は本当に来るか？

　最近，ユビキタス（Ubiquitous）という言葉をよく耳にする。これはラテン語で「至るところに存在する」という意味で，いったい何が至るところに存在するのか？　それは神である。つまりユビキタスは宗教的な言葉で「神は至るところに存在している。だから，われわれ人間はどこにいても，その場でお祈りをし，お願いをすれば聞き届けてもらうことができる」という意味になろう。これを米国Xerox社のMark Weiser氏が「ユビキタス・コンピューティング，つまりどこにいてもコンピュータにアクセスできる世界」を目指す，という概念を提唱した。同氏はユビキタスはITの第3の波として次のように定義している。すなわち，

- 第1の波：メインフレームの時代　⟶　1台を複数の人が共同利用する。コンピュータは人より偉い。人はコンピュータを使わせてもらっている。
- 第2の波：パソコンの時代　⟶　1台を1人が利用。コンピュータと人とは対等である。しかし，現実には使いこなしは容易ではない。
- 第3の波：ユビキタス・ネットワーク時代　⟶　多数の分散型コンピュータをあらゆる人が好きな時にコンピュータを意識せずに活用できる仕組みが出来上がっている。

と定義づけている。もっとも，各項の後半は私のコメントを付加したが，このユビキタス状況を実現するためには，次の3つの条件が必要である。

① ネットワークが接続されていること
② コンピュータを使うことを意識させないこと
③ 利用者の状況に応じた最適のサービスが提供されること

　ここで，ユビキタス時代の具体的例を誤解を恐れずに示すと，おとぎ話の「アラジンと魔法のランプ」の中で，ランプをこすると魔物（ランプの精）が忽然と現われて「何かご用でしょうか，ご主人様」という。そこで例えば，「私の将来の妻はどこにいるのであろうか」などと尋ねると，ややあって「それはここからずっと北にある湖を見下ろす森の中の〇〇城におられる△△姫です」などと答えてくれる，などという話を幼少の頃われわれは読んでいる。

---

*　Fumio Miyashiro　（社）エレクトロニクス実装学会　顧問

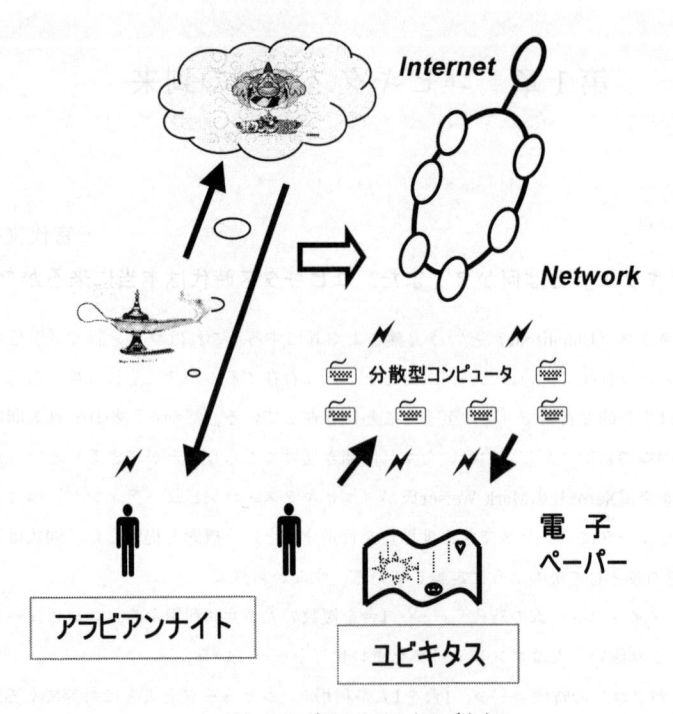

図1　アラビアンナイトとユビキタス

　ユビキタス時代の最終的姿としては，私案ではあるが，図1に示すように，分散型コンピュータ群を配した環境に向かって，われわれが音声でコマンドを発すると最寄りのアンテナつきコンピュータがこれを察知し，要求事項を解決すべく，統合ネットワークに接続し，そのソリューションが瞬時に手元の電子ペーパー上に映像＋音声という形で返ってくる。もちろんそれを電子ペーパー内蔵のテラビット・メモリに瞬時に蓄えておくこともできる。利用者の機械操作は一切不要である。これは今できるかどうかは別として，あるべき姿を示したものである。
　そんな夢のようなことができるのか？という疑問が出そうである。答えはYesである。しかもここ数年以内，2010年ころまでにはインフラも整い，実現するであろう。一見，ぜいたくなようにも見えるが，実は最適制御が行われ，能率のよい社会の実現であり，諸技術の将来ターゲットの先にはユビキタス社会が見えており，このようなすう勢は止めようとしても止まるものではない。必ず実現するであろう。現実には「ユビキタスIDセンター」を設立した坂村健氏や，「Auto-ID Center」を設立した慶大の村井純氏などは「すべてのモノに標準化されたID番号を（RFIDで）つけ，これをT-Engineと呼ばれるアンテナ，CPUつき超小型コンピュータで認識・管理する」とい

う活動を始めている。またユビキタス社会は、社会インフラの構築という前提が必須となるので、国が注力しないと絶対に実現しない。幸い日本は通信のデジタル化、情報家電のデジタル化、統合デジタル通信網の実現、電子政府の実現、などがスケジュール化されており、さらに半導体技術、映像ディスプレイ技術、センシング技術、ネットワーク・ロボット技術など、いわゆるフラグシップ技術の大半のポテンシャルをもっており、世界中で最もユビキタス社会の実現にふさわしいコア・コンピタンスを有しているといっても過言ではないであろう。テクノロジーの飛躍的進歩を促すには、高度な目標が必要で、それにはややムリを承知で、夢を盛り込んだ「あるべき姿」を提示するのが効果的であると信じている。

2　ユビキタス時代実現への3段階

　ユビキタス状態をよく考えてみると、過去にも現在にもそれらしき環境は存在している。つまり空間に電波が存在する状況を作ることができれば「擬似ユビキタス状態」にすることは可能である。図2において、例えば昔の陸軍通信隊のようなものでも、電波が届く範囲でありさえすれば、背中に背負った電話式またはモールス信号機のついた送受信機と通信網との交信がどこからでも可能であった。しかし背負う通信機はずっしりと肩に食い込み、利用者にとっては苦痛を強いられる不便なものであった。

　この例はちょっとムリなこじつけであったかも知れない。ユビキタス社会の将来像についてのコンセプトも、いろいろな機関が提唱しているが、すっきりとした定義づけもできていない上、

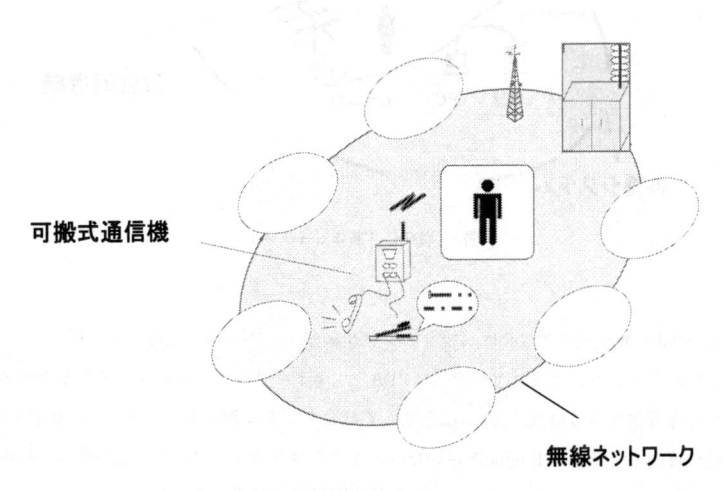

図2　昔のユビキタス

「現状と将来」,「異なるインフラ」などが入り混じった姿を挙げているケースも見かけるので,ここでは現実的に段階を踏んだ形で眺めてみたい。筆者の勝手な推定であるが,今後の発展については次のような展開が予想される。

・フェーズ1:前ユビキタス時代(現在のインフラに基づくもの)

情報通信の送・受信にはいろいろな手段があり,接続するネットワークもいろいろな方式が混在している,いわば「前ユビキタス状態」といえる。これをユビキタスと呼んでいる向きもあるが,将来のあるべき姿とは大きく乖離していると言わざるを得ない。

図3に模式的に「前ユビキタス時代」を示した。通信網はアナログ・デジタル/有線・無線/電波・光/国内・海外/放送・通信・電力系,などと種々混在しておりそれぞれを接続するのはかなりの困難を伴う。インターネットへのアクセス一つとっても固定系・無線系/ISDN・ADSL・FTTHと選択肢がある。また,コマンドの発信はかなりの機能を持った発信機,パソコン,PDA,第3世代携帯電話などが必要である。これらを常に持ち歩き,かつ電源を確保しておく必要がある。

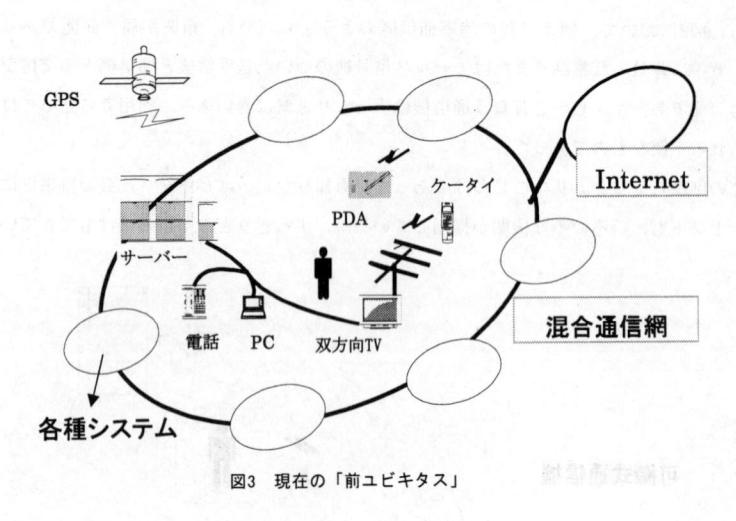

図3 現在の「前ユビキタス」

・フェーズ2:準ユビキタス時代(統合デジタル網がシームレスに完備した状態)

人間からのコマンドにはまだケータイ,PDA,ウエアラブル・コンピュータなどポータブル機器を介して送受信を行う時代。図4にはともかく統合デジタル網が完成したときの状態を示した。坂村教授が推進しているT-Engineを用いた「どこでもコンピュータ」の実験が進み,局地的には擬似的なユビキタス環境が実現できるが,まだ全国規模で展開する段階にはならない。

第1章　ユビキタス時代の到来

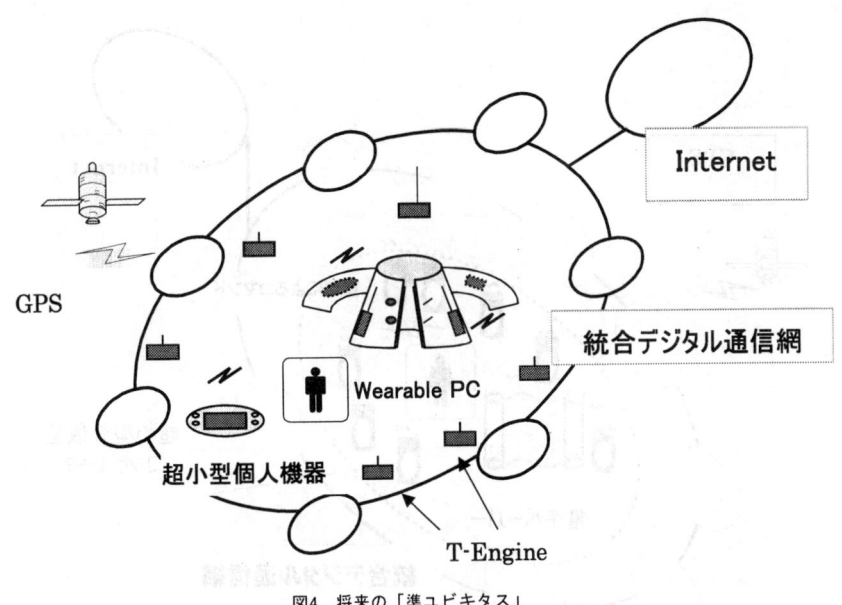

図4　将来の「準ユビキタス」

・フェーズ3：ユビキタス時代（インフラが完全に整備された状態。あるべき姿）

　人間がコマンドを音声でだすと，環境に埋め込まれ配置されている「どこでもコンピュータ」がこれをキャッチし，ネットワークにつなぎ，回答は手元の電子ペーパー上で受け取れる。これが最終のユビキタス・ネットワークの姿（図5）である。人間が音声でコマンドを出すと人間の行動範囲のどこにでも（家具，ショーウィンドウ，建物，道路，公共施設，標識，地下街，商業施設，橋など）ちりばめてある「どこでもコンピュータ」（超小型，アンテナつき）が対応してネットワークにつなぐ。この分散型コンピュータのやり方はすでにPHS中継局の設置で経験済みである。そして回答は近くのコンピュータから手持ちの「電子ペーパー」（折りたたんでB7, 広げてB5くらいか？）上になされる。もちろんカラーで，静止画，動画，文章，音声などいろいろの形で受信できる。もちろんこれを，内蔵のテラビット級メモリに記録することもできる。コンテンツや統一OSなどソフトの開発も必要であり，実現するのは2010年ころになるだろう。

7

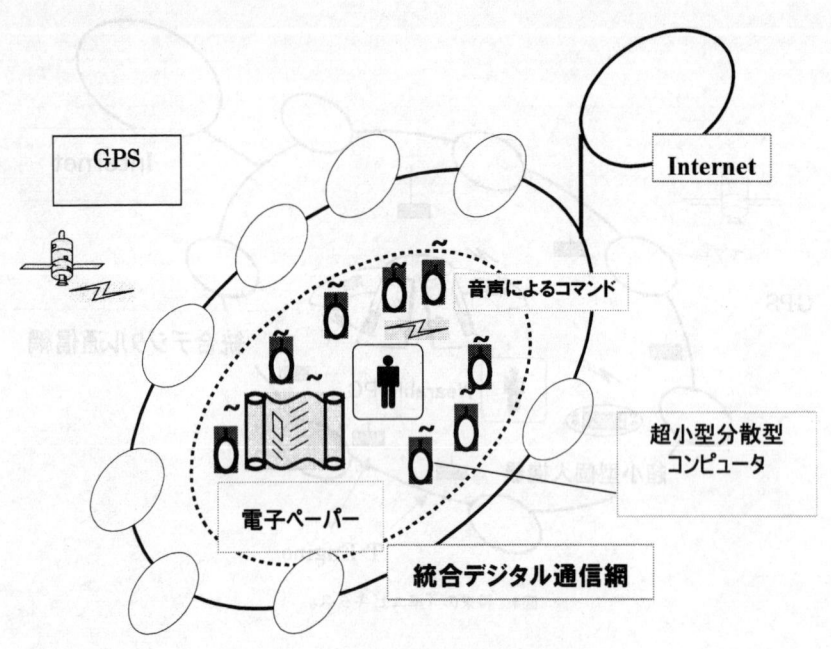

図5　将来のユビキタスネットワーク

第2章 ユビキタスネットワークの将来イメージと電子材料のテクノロジードライバー

宮代文夫*

　この章と次の章では，ユビキタス・ネットワーク・システムのあるべき姿の全方位から研究開発課題を抽出し，ネットワーク ⟶ システム ⟶ デバイス ⟶ 材料の順に必要なジャンルを明らかにしていきたい。これには規範となるユビキタス・ネットワーク・システムの概念の設定が極めて重要である。ここでは，昨年調査が終了したユビキタス・ネットワーキング・フォーラム（会長：齋藤忠夫・東大名誉教授）の答申[1]の考え方を前提にして進めていきたい。このフォーラムは国内の主な大学・会社を総動員してまとめたもので，今後の日本のユビキタス社会化推進の教科書ともいうべき内容となっている。まず，図1に「ユビキタス・ネットワーク社会の基本コンセプト[1]」を示す。これは前章で示した図5のあるべき姿のシステムサイドからみた必須要素を示している。

　次に，この基本コンセプトを構成する7つの基本概念に分解し，それぞれが関連する研究開発アイテムとの関連を示したのが表1[1]である。この図の中で空白になっている部分は本書で取り上げている機器・材料に直接関係しない技術アイテムである。

　表1に挙げたユビキタスネットワークの要素技術のうち，電子材料関係者にとって関心のあるテクノロジー・ドライバは機器，デバイス，および部品である。これらの観点から全体を見直し，ジャンル別にその要点を述べたい。ここでは全部について述べるのは冗長になるので主要なテクノロジードライバについてのみ各論へのつなぎとして概観したい。

1　超小型携帯機器関連

　携帯電話は最終的ユビキタス時代到来の前を支える巨大な存在である。その機能の進化と世界的に見た普及率は驚異的なものである。この数年の経緯を見てもメール機能，カメラ機能，代金決済機能，ゲーム機能，国際ローミング機能，テレビ機能，バイオメトリクス機能，などめざま

---

*　Fumio Miyashiro　（社）エレクトロニクス実装学会　顧問

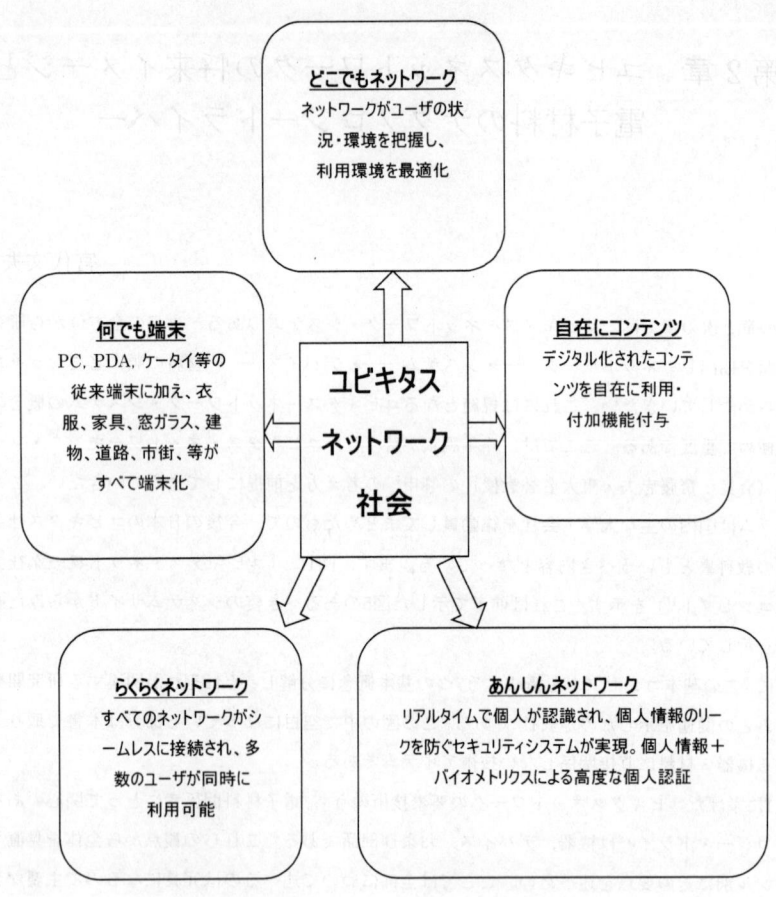

```
        ┌─────────────────┐
        │ どこでもネットワーク │
        │ ネットワークがユーザの状 │
        │ 況・環境を把握し、    │
        │ 利用環境を最適化     │
        └─────────────────┘
                ↑
┌──────────┐  ┌──────────┐  ┌──────────┐
│ 何でも端末  │  │ ユビキタス  │  │ 自在にコンテンツ │
│PC, PDA, ケータイ等の│←│ネットワーク │→│デジタル化されたコンテ│
│従来端末に加え、衣│  │ 社会     │  │ンツを自在に利用・│
│服、家具、窓ガラス、建│  └──────────┘  │付加機能付与    │
│物、道路、市街、等が│                │          │
│すべて端末化    │                └──────────┘
└──────────┘
         ↓              ↓
┌──────────┐         ┌──────────┐
│らくらくネットワーク│         │ あんしんネットワーク │
│すべてのネットワークがシ│         │リアルタイムで個人が認識され、個人情報のリー│
│ームレスに接続され、多│         │クを防ぐセキュリティシステムが実現。個人情報＋│
│数のユーザが同時に│         │バイオメトリクスによる高度な個人認証│
│利用可能     │         └──────────┘
└──────────┘
```

図1　ユビキタス・ネットワーク社会の基本コンセプト
(文献 1) を参考に作成)

しい進化を遂げ，さらに今後は情報家電およびネットワークロボットのコントロール機能，パソコン機能，電子秘書機能，同時翻訳電話機能，などキリがなく，どこまで進化するか見当もつかない。燃料電池の搭載か，能率のよい人力発電装置と連動するようにでもなれば，大画面搭載は必須となろうから，やや形は大きくなろうが，手になじむ薄型のスタイルで進化し続けるであろう。全世界で年間消費台数は14億台に間もなく到達するだろうとの予測もあり，これに用いられるデバイス・部品の動向は，各種半導体はもちろん，積層セラミックコンデンサ，水晶振動子，それに回路基板，表示デバイス，バイオメトリクスなどが注目される。搭載機能が増し，厚さは限定され，扱う周波数，カバーすべき帯域幅を考慮すると，回路基板は多層FPC（フレキシブル

第2章 ユビキタスネットワークの将来イメージと電子材料のテクノロジードライバー

表1 ユビキタスネットワークの基本技術と関連テクノロジードライバおよび電子材料

ユビキタス・フレキシブルブロードバンド
- キーワード：フォトニックネットワーク，FTTH，第4世代移動通信，通信品質保証
- テクノロジードライバ：ペタビット級メモリ，光モジュール，MEMS，超高周波回路
- 電子材料：ペタビットメモリ材料（ナノ材料），光回路材料，超高周波回路材料，MEMS

ユビキタス・テレポーテーション
- キーワード：シームレス，コンテクストアウェア，PAN，ICカード，マルチモーダルアクセス
- テクノロジードライバ：超小型端末，小電力無線装置，光通信装置，ICカード，超小型アンテナ
- 電子材料：ゴマ粒チップIC実装材料，カード材料，超高密度実装材料，超低損失回路材料

ユビキタス・エージェント
- キーワード：リアルタイム・データマイニング，画像・音声・文字認識，連想検索，電子秘書
- テクノロジードライバ：画像音声認識，電子秘書，多言語処理技術
- 電子材料：高精細・小型・軽量ディスプレイ

ユビキタス・コンテンツ
- キーワード：著作権管理，コンテンツマイグレーション，ストリーミング配信，インテリジェントコンテンツ
- テクノロジードライバ：各種コンテンツ（ソフト）
- 電子材料 ：？

ユビキタス・プラットホーム
- キーワード：セキュリティ，原本性保証，e-政府，個人認証，モバイル決済
- テクノロジードライバ：バイオメトリクス，個人認識技術，決済システム
- 電子材料 ：バイオメトリクス関連材料

ユビキタス・アプライアンス
- キーワード：電子ペーパー，超小型ワンチップコンピュータ，超低消費電力，ウエアラブルコンピュータ
- テクノロジードライバ：電子ペーパー，ウエアラブルコンピュータ，分散型超小型コンピュータ，五感活用インターフェース，超小型・長寿命電池，人体発電装置
- 電子材料 ：電子ペーパー材料，ウエアラブルコンピュータ材料，各種インターフェース材料，熱電変換材料，小型燃料電池材料，超小型モジュール材料

ユビキタス・センサネットワーク
- キーワード：マン・マシンインタフェース，サーベイランス，電脳住宅
- テクノロジードライバ：超小型ICチップ，電子タグ，各種センサチップ，ネットワークロボット
- 電子材料：各種センサ材料，電子タグ関連材料，高分子アクチュエータ材料，MEMS材料

回路基板）が中心となり，ポリイミド，BCB，BT，LCPなどの樹脂とCu箔との組み合わせが今後とも主流となるであろう。また，一台に200～300個も搭載されているコンデンサを回路基板の中に内蔵または作りこんでしまう動きも進むであろう。大面積・高精細画面も要求はキリがないが，少なくとも名刺大以上のデジタルTV，ゲームなど動きの速い動画や，精細な地図，各種データとなると液晶の進化はもちろんであるが，有機ELが主役となる日も遠くないであろう。もちろん健康モニタとしての機能も重要となるので，各種センサ，アクチュエータの搭載も多くなるだろう。ともかく，もともと音声コマンドで動くというのが基本の機器だけに，周囲に分散型コンピュータが配備し尽くされるという社会インフラが完璧に構築されるまでは，ユビキタス社会に入っても依然として個人情報の送発信源としての主役をとりつづけるのは間違いない。しかし，私は最

11

終的には「折りたたみ式電子ペーパースタイル」に落ち着くと信じている。

2 コンピュータ関連

現在は依然としてPC（パソコン）が主流となっているが，ユビキタス時代には「存在を感じさせない部品化された形」で貢献することになる．今のように手続きが複雑でユーザを選ぶような入力を経ないと動作しないという形は存続しないであろう．それでは消えてなくなるかというと，そうではなく，携帯電話の中などにモジュールの形で入ってしまうか，将来の家庭の居間にデンと置かれる情報家電のセンタとしての「パソコン機能を持つデジタルTV」（これも機能の付加は続き，私の予想では新聞の宅配がなくなり，画面の中から選択して出力させるためのプリンタも内蔵すると思う），また，当然e-コマース，電子政府などの端末としての機能も兼ね，双方向性を利用した電子投票なども近い将来行われるようになるであろう．各家庭，職務，施設に今後多数用いられるネットワークロボットにも内蔵され，そして，当然のことながら本来の仕事用マシンとしてさらに機能，スピード，メモリ容量アップされたパワフルなオールマイティ機として存在し続けるであろう．

ユビキタス時代の特異な形の存在としては，一つはウエアラブル・コンピュータの形で衣服に縫いこまれる形で分散実装される形，またもう一つは社会インフラの一部として坂村健氏の提唱されている「T-Engine」のように人間が行動するあらゆる環境に埋め込まれる莫大な量の「分散型埋め込みアンテナ付コンピュータ」の形である．前者は暫定的，限定的使用に終る可能性もあるが，職業によっては両手がふさがれないこの形をユニフォームの標準にするケースも多くなるであろうから，ハンドフリーの入出力端末の形態とそれに用いる電子材料などが有望である．後者については「ゴマ粒チップ大の超小型埋め込み型」から「大出力応答伝播距離型」まで各種登場すると思われるが，永久的動作保証，高信頼性，電源の問題などメンテナンスフリーの実装技術が重要となろう．ユビキタス環境を実現するための最も基本的な必須技術である「どこでもコンピュータ」は文字通り衣服，壁，ガラス，床，天井，柱，道路，建造物，橋，地面，樹木などあらゆる人間行動先の周囲環境に設置するコンピュータである．そして人間の発するコマンド（当面は電波，最終的には音声）に対応してそのコマンドを受信し，ネットワークにつなぎ，戻ってきた返事または回答を発信者にフィードバックする機能を持たなくてはならない．従って，この分散型コンピュータは超小型ではあるが，2010年への仕様としては高感度，超高速，低消費電力（または電池不要）である必要がある．高信頼性を持たなくてはならないのはいうまでもない．

こう見ていくとゴマ粒大から家庭の情報の中心となる超大型まで種々の形で存在することになるが，電子材料としては光関連，高密度・高周波実装，高周波・低損失基板，センサ・アクチュ

エータ，高信頼樹脂封止材，放熱材，大画面・高精細ディスプレイ材料，衣服になじむ実装材料など，今までPC用として考えていなかったものも多く登場するであろう．

3 RFID関連

RFID（Radio Frequency IDentification）は送受信用アンテナコイルつきのICモジュールはバーコードに代わって今後個体認識の基本素子として爆発的に使われることとなろう．偽造，悪用で評判のよくない磁気ストライプ式キャッシュカードも近い将来全面的にICカードに置き換えられるであろう．このRFID（現在134kHz, 13.56MHz, 2.45GHzの3種類が流通）の基本は，高周波アンテナ付の専用ICチップから構成され，モジュールは円筒型，コイン型，タグ型，フィルム型，ICカード型といろいろのバラエティがある．これをJRのSuicaのようにカード型で用いるのをはじめ，家畜の耳に取り付けたり，自動車のキーに仕込んだり，本・CDケースなどに貼り付けたり，食品・衣類などの価格ラベルに仕込んだり，キャベツを包んでいる透明な包装紙の一部に貼り付けたり，地下の配管に設置時に貼り付けたり，という具合に，あらゆるものに取り付けて，無線リーダライターでアクセスすることにより個体認識を瞬時に行うことができる．したがって，これを用いて流通，セキュリティ，電子マネー，定期券，などに今後とも広く用いられ，大量にでまわると思われる．

特にユビキタスを意識した実験としては，2003年10月に国土交通省が開始した「円滑な移動環境を提供する歩行者ITS社会実験」といい，歩道に位置情報などを書き込んだRFIDを埋め込み，目の不自由なユーザは先端に小型のリーダライター・モジュールを取り付けた杖を用い，杖が歩道に接する度に「50m先に交差点があります」，「信号が赤になりました」という具合に音声で情報が受けられる仕組みである．

電子材料としては，超小型高感度アンテナ，ICカード用プラスチック材料（フレキシブルで，タフで，カラー印刷などがしやすく，強力に封止・接着ができ，しかも脱塩ビという条件がつく）および各種止材料（これには予め建物，地下配管，タイヤなどに製造時，建設時に埋め込んでしまうケースもある），など場面に応じた電子材料が求められる．

4 センシング関連

ユビキタス環境において，人間とシステムとの間のインターフェースは極めて重要である．人間が簡単な方法でシステムにコマンドを送ること，本人であることの認知を瞬時に行うこと，または人間の五感が及ばないセンシングで環境が人間にとっての危険を察知してそれを知らせるこ

13

と（例えば有毒ガスが発生している地域へ足を踏み入れつつあるときなど），などいろいろなケースが考えられる。また，個人の健康状態が常にモニタリングされ，持病のある人はもちろん，ない人でも身体に異常が発生した場合に，それが緊急を要する場合は家族，専門医療機関に自動的に連絡される。障害者，高齢者などの感覚補助も発達し，これをセンサシステムで補って積極的な社会参加ができるようにする。視覚，聴覚はもちろんのこと，触覚，力覚，味覚，嗅覚など五感に関するセンサデバイス，また，それらをフル活用したウエアラブル・インターフェース端末の開発が必要である。また，同時にこれら五感を配線した情報デバイス，五感を刺激するインターフェース技術の開発が望まれる。何れにしろインターフェースの入力は極めて簡単で，即時性のあるものでなくてはならない。基本的には音声入力で即座に稼動することが望ましい。

人間が環境に対してアクセスすべき入力情報に必要なセンシング・デバイスを列挙し，必要なものはすべて一定時期までに開発すべきものである。

ユビキタスの厳密な定義からは外れるかもしれないが，人間が定期的に監視するのが難しい環境測定を常時センサが行い，人間が欲するときはいつでもネットワーク経由で状態を把握できるように「センサ・ネットワーク」を巡らせておくと便利である。例えば，有名な例では花粉センサを森林，山岳麓に設置しておき，常時データを集計しておくようにしておけば，花粉情報が提供できるし，高感度地震計の配備，工業地帯への公害ガスセンサの配置，増えつづける老人介護施設への各種センサ（人感センサ，離床センサ，呼吸監視センサ，失禁センサ，RFIDなど）と施設内ネットワークとの連動などもユビキタスの第一歩である。

業界別に見ても家電業界は家電製品に片っ端にセンサをとりつけてネットと結び，ケータイで遠隔操作しようとしているし，自動車業界は有名な盗難防止の「イモビライザ」をはじめ交通事故の情報自動送信や車両の異常監視システム，将来は自動走行システムをねらっている。建設・住宅業界は建物の異常監視，セキュリティ監視システム，さらに健康関連業界は血圧・心拍数・血糖値などのセンサによる監視により予防・治療医療サービスなどセンサとネットワークの結びつきで新ビジネスが多数生まれる期待が強い。

5 ディスプレイ関連

ディスプレイとしては，当面のテクノロジー・ドライバである携帯電話，PDAのディスプレイが考えられるが，これは別に「ユビキタス」でなくても世間のニーズにより発展すると思われるので，ここでは第1章で挙げた，「個人受信端末としての折りたたみポケットサイズ・電子ペーパー」を取り上げる。つまりこの電子ペーパー上に個人が必要とする情報が動画も含めてリアルタイムに実現することが求められるので，「電子ペーパー型携帯端末」としての機能が求められる。

すなわち，広げた形のフレキシブル電子ペーパー（A4サイズまたはB5サイズ）上で音声付き動画やグラフ化されたカラー化情報をとることができ，またその情報を直ちにメモリすることが望ましい．そのため，高度OS搭載の高速CPU，テラバイト級のメモリ，高精細動画対応（解像度は少なくとも200dpiは必要）のカラーディスプレイ可能な電子ペーパーがターゲットとなる．もちろんキーボード経由で複雑な手続きや，起動に長時間を要するものでは困る．音声コマンドによるPDA並みの高速立ち上げ，瞬時終了などが達成され，しかも胸ポケットに違和感なく収納できる極薄型サイズが望ましい．その実現のためには非常に多くのデバイス，メモリ，画像，材料関係の技術アイテムが要求される．すなわち，

- 折りたたみ可能なB5サイズ・フレキシブル高精細カラー表示電子ペーパー
- この電子ペーパーに内蔵可能なコンピュータ・システム（有機半導体使用）
- この電子ペーパーに内蔵可能なテラビット級メモリ（MEMS，ナノ技術使用）
- 音声コマンドで動作する超高速専用OSの開発
- 以上から派生する半導体材料，メモリ材料，電子ペーパー材料

6 光関連

ユビキタス・ネットワーク時代を論ずるとき，光ネットワークにも言及しないわけにはいかない．今やインターネット全盛時代を迎えてはいるが，その元となる通信幹線については「電気か光か」は大きな課題である．ご存知のようにインターネットの高速化，ワイドバンド化についてはISDN，ADSL，FTTHと主役が移りつつあり，最終的には光幹線網と個別光配線を組み合わせたFTTHが主流になりそうである．また，ローカルにも雑音の影響をうけないという理由もあって最近の自動車内の配線には光配線が使われつつある．このように光の高速広帯域性，双方向性はネットワークの将来性に欠かせない強みを持っており，しかも日本では全国の主要部分にはすでに「光幹線網」が設置済みであり，世界でも最も基本インフラが整っている国といって差し支えない状態となっている．もちろん，ユビキタス・ネットワークは高速・高帯域の方向にますます向かっているので，今後光が主役になる公算が大である．われわれの関心はテクノロジードライバーであるので，FTTH関連の「電気配線に代わる光配線」というところが身近な技術アイテムであり，特に光回路実装技術関連で電子材料の出番が多くなるわけで，これについてはエレクトロニクス実装学会誌の2002年5月号に「光回路実装技術の現状と今後」という題で特集[2]が組まれているので参照されたい．この特集の中ではポリマー光導波路材料や光部品用接着剤の紹介もされているが，まだR&D段階にとどまっており，この中からロードマップを次章で紹介することにとどめたい．

7 ロボット関連

日本はいうまでもなく「ロボット王国」であり，産業界でこれほど現場にロボットが製造ラインに寄与している国はない。特に自動車産業，電機産業などに顕著にみられる。1980年代後半からの急激な円高下においてこの両業界が国際競争力を維持できた大きな要因の一つは生産現場に「産業用組み立てロボット」を多数投入し，生産効率，生産歩留りを大幅に向上させたからに他ならない。国際ロボット連盟の調査でも，ちょっと統計は古いが1998年末で日本41万台に対し，米国8万台，ドイツ7万台，とズバ抜けて稼動台数は多く，全世界72万台の約6割を占めているほどである。現在でもこの優位は変わっておらず，むしろより引き離しつつあるといってよい。ところが，この産業用組み立てロボットに関する限り，市場の伸びはそう期待できないということで（図2），21世紀を迎えて，打開を図るため産・官・学を動員して「ロボット」に関する大掛りな技術戦略調査が行われ，非常に重要な2つの報告が出た。その一つは（社）日本機械工業連合会と（社）日本ロボット工業会が2001年5月に出した「21世紀におけるロボット社会創造のための技術戦略調査報告書」[3]である。この中で技術戦略検討WGの主査を務めた東北大の小菅一弘教授によると，21世紀のロボット産業は「ロボット技術を活用した，実世界に働きかける機能を持つ知能化システム」ととらえ，その技術の総称を「RT-Robot Technology」と提唱している。もう

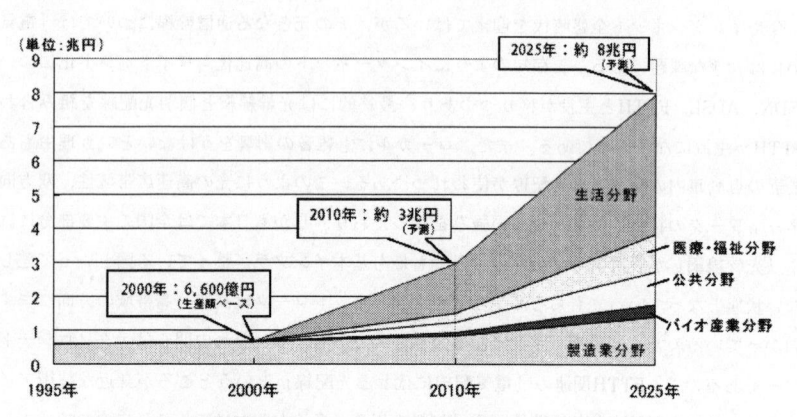

図2 ロボット市場分野別予測[3]

少し具体的に同報告書25ページから引用すると「通信ネットワークの普及，コンピュータの超小型化は，自動車のみならず，知能や機能の実現においても統合型から分散化の傾向を生み出し，ユビキタス，自律分散システム，マルチエージェント，ウエアラブルコンピュータ，人工知能など，システム要素を空間的に分散配置し，それを情報的に結合することで機能を実現する方向へと移りつつある。このような状況の中では，人間型ロボットのような伝統的なロボットの形態を持つシステムの強化を目指すこともひとつの方向ではあるが，ロボットから形の拘束をはずし，ロボットを"ロボット技術を活用した，実世界に働きかける機能を持つ機能化システム"として広くとらえることにより，もっと多様多彩なロボット技術の発展形態と産業応用が考えられるようになる。情報のデジタル化が進む中で，システムの知能化がより分散化した形態で進むことを念頭におくと，ロボット技術の概念を拡張し，人の生活の質の向上に資するさまざまな知能化システムを構築する技術全体をカバーするものとすることで，その技術課題と新製品概念の提唱，産業化の可能性についての技術戦略を論ずる視点が重要となる」と述べている。そして300ページ近くにわたって具体的な技術戦略シナリオを展開している。特にバイオ産業，医療・福祉，災害対応・防災，情報家電，社会参加支援，基板技術，の6分野についての技術戦略シナリオのケーススタディを提案している。

さらに，これの続編とでもいうべき総務省中心に編成された，ネットワーク・ロボット技術に関する調査研究会でこの2003年7月にまとめられたばかりの「ネットワーク・ロボット実現に向けた取組み」[4]が報告された。これには「ユビキタスネットワークとロボットのフラグシップテクノロジーの集結による日本発ITの創出」といい長い副題がつけられており，ずばりロボット技術もユビキタスをめざす，という内容である（図3）。これら2つの重要な報告書があるにもかかわらず，本書の各論で取り上げなかったのは，システム提案とニーズの探索が出たばかりのところで，これを具体的に電子材料まで落とし込むことができなかったためであり，参考までにこの2つの報告書からロードマップを反映させるにとどめたい。

8 電池・電源関連

対象として周辺環境に埋め込まれる「どこでもコンピュータ」および「コマンド送受信用端末」（究極は音声によるコマンドとなろうが，当面は携帯端末経由の電波によるコマンドを使わざるを得ない）である。トータルで4mm以下の「どこでもコンピュータ」を実現するためには，まず超小型のLSIチップの実現が必要である。現在，ディープサブミクロン集積度，しかも0.5v以下の電圧で動作するMPUなどが開発されているが，さらに0.2v以下での動作，超小型高感度アンテナの開発などが求められる。RFモジュールとして考えると，100Mbpsクラスの高速UWB (Ultra Wide

17

ロボットがネットワークと繋がることにより、様々なタイプのロボットが出現し、で、より多様なサービスが実現。

ユビキタスネットワーク 🤝 ロボット

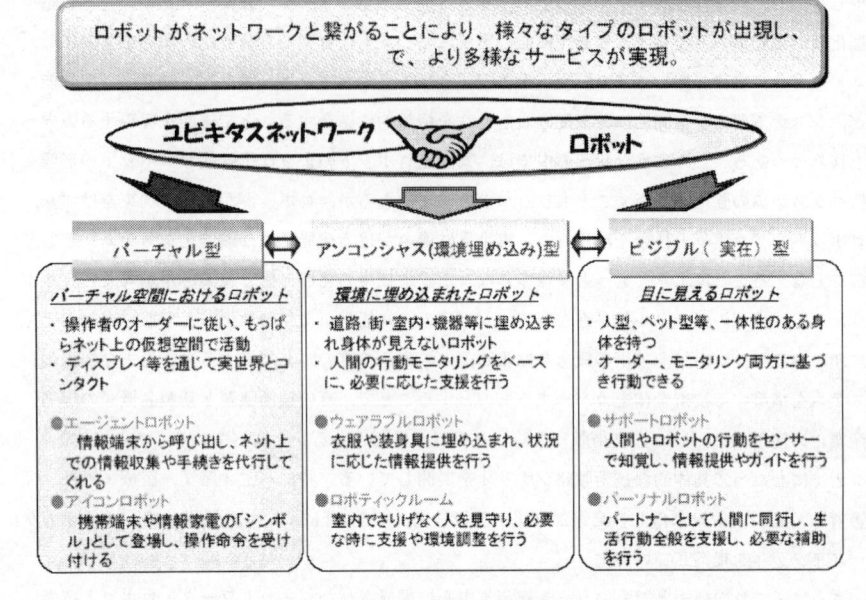

バーチャル型 ⇔ アンコンシャス(環境埋め込み)型 ⇔ ビジブル(実在)型

バーチャル空間におけるロボット
・操作者のオーダーに従い、もっぱらネット上の仮想空間で活動
・ディスプレイ等を通じて実世界とコンタクト

●エージェントロボット
　情報端末から呼び出し、ネット上での情報収集や手続きを代行してくれる

●アイコンロボット
　携帯端末や情報家電の「シンボル」として登場し、操作命令を受け付ける

環境に埋め込まれたロボット
・道路・街・室内・機器等に埋め込まれ身体が見えないロボット
・人間の行動モニタリングをベースに、必要に応じた支援を行う

●ウェアラブルロボット
　衣服や装身具に埋め込まれ、状況に応じた情報提供を行う

●ロボティックルーム
　室内でさりげなく人を見守り、必要な時に支援や環境調整を行う

目に見えるロボット
・人型、ペット型等、一体性のある身体を持つ
・オーダー、モニタリング両方に基づき行動できる

●サポートロボット
　人間やロボットの行動をセンサーで知覚し、情報提供やガイドを行う

●パーソナルロボット
　パートナーとして人間に同行し、生活行動全般を支援し、必要な補助を行う

図3　ネットワークロボットの概念[4]

Band)通信を可能にする消費電力数十mW以下のCMOS RFチップの開発が必要である。電力供給としては、埋め込まれた「どこでもコンピュータ」に電池を内蔵することは、原則として不可能である（外界に露出していればソーラや熱電変換発電の利用もできるが）ため「ワイヤレス給電方式の開発」が必要である。また、携帯端末には「マイクロ燃料電池」が使える見込みはできてきた。しかし、これにしてもアルコールなど燃料の予備保持は必要となるので、ユビキタスの本質である「どこでもコンピュータ」を完全に実現するためには人体による超小型ポータブル発電（運動または体温）システムが必要であると考えられる。

文　献

1) ユビキタスネットワーキングフォーラム編, ユビキタスネットワーク戦略「ユビキタスNW技術の将来展望」, クリエートクルーズ, 2002年12月
2) エレクトロニクス実装学会誌, 全冊特集「光回路実装技術の現状と今後」, Vol.5, No.5,

Aug. 2002
3) (社)日本機械工業連合会,(社)日本ロボット工業会,「21世紀におけるロボット社会創造のための技術戦略調査報告書」,2001年5月
4) 総務省,ネットワークロボット技術に関する調査研究会,「ネットワーク・ロボット実現に向けた取組み」,2003年7月

第3章 ユビキタス・ネットワークおよび主要テクノロジードライバーのロードマップ

宮代文夫*

　ここでは，第2章で述べたユビキタス・ネットワークおよび主なテクノロジードライバーのロードマップを簡潔に示したい。ロードマップの示し方はいろいろあるが，2005年（諸技術のR&Dが一応終了してユビキタス・ネットワークとしての実験が始められる段階）と2010年（あるべき姿の実証レベルの技術が完成する時期）の2時期の目標を示したい。なお，電子材料についても示すべきであろうが，これは第4章以降のそれぞれの専門家による見解もあろうから，ここでは示さないこととした。

表1　ユビキタスネットワーク・システムのロードマップ

項　目	2005年（発展期）	2010年（成熟期）
進展イメージ	他のシステムとのシームレス性を柔軟に活用し，ネットワーク，端末コンテンツをストレスなく利用可能	どこにいても，何の制約もなくネットワーク，端末，コンテンツを自在に意識せずにストレスなく，安心して利用できる通信サービス環境を構築できる
幹線系	10Tbps	数pbs
ネットワークの接続性	異種ネットワークのシームレス化が進展	すべてのネットワークが意識することなくシームレスに接続
ユーザ環境	ICカード等によりユーザ自身にカスタマイズした利用環境を実現	ネットワークがユーザのいるシチュエーションに応じ，最適の通信サービス環境を自在に提供
情報取得	人や環境を対象に情報を取得	五感や広域における位置等の多種多様な情報を高精度に取得
個人認証	バイオメトリクス認証による個人認証が発達	DNA認証による高精度な個人認証が発達
情報検索	ユーザニーズに合わせて情報を検索	リアルタイムかつ適切な形態で情報を検索
アプライアンス	PCやアドバンスト携帯等の高機能な端末が普及	電子ペーパーやウエアラブルコンピュータ等の高いコンパクト性，利便性の端末が普及

（文献1）に基づき作成）

＊　Fumio Miyashiro　（社）エレクトロニクス実装学会　顧問

第3章　ユビキタス・ネットワークおよび主要テクノロジードライバーのロードマップ

表2　ユビキタスネットワーク／主なテクノロジー・ドライバーのロードマップ

項　　目	2005年（発展期）	2010年（成熟期）
超小型ワンチップコンピュータ	CPU 0.8GHz, FRAM 4MB, SRAM 4MBの性能を8x8mmのチップに集積（オンチップ・バス仕様）	CPU 4GHz, MRAM 32MB, SRAM 16MBの性能を4x4mmチップに集積（高速無線通信仕様）
低消費・長寿命電力技術	・半導体：0.5v動作 ・RFモジュール：消費電力30mw以下の無線用CMOSチップ，5GHzと2GHzの双方が使えるCMOSチップ	・0.4v以下で動作 ・100Mbpsクラスの高速UWB通信を可能にする消費電力数十mw以下のCMOS RFチップ
電子ペーパー技術	・低消費電力，大容量表示，高精細表示，長寿命，などの共通基盤技術確立	・あらゆる用途に対応できる動画表示可能で高精細（200dpi〜）の実現
有機EL技術	・大画面化：30"、低消費電力化（2.2"で50mw），長寿命化（2万時間），高輝度，フレキシブル基板化	・高精細：ハイビジョン対応，長寿命：5万時間，低消費電力化
センシング技術	・カメラや各種センサによる空間情報の収集と構造化技術の確立 ・複数のセンサ間でデータを交換し合うことで，空間情報を抽出・配信する技術	・高範囲の自然・社会活動のリアルタイムでの収集と構造化技術の確立 ・広範囲の空間情報をリアルタイムに加工して配信する技術の実現
センサ	・数十個以上のセンサによる協調分散技術の確立 ・超小型，低消費電力の高精度センサデバイス形成技術の確立	・数万個のセンサによる自律分散技術の確立 ・さまざまな状況を検知できるナノ・バイオセンサ技術の確立
五感活用ユーザ・インターフェース（ＵＩ）技術	・キーボード／マウス，手書き／音声などを統合したナチュラル入力インターフェースの実現 ・触覚，嗅覚などを刺激する複合ディスプレイの実現	・ナチュラル入力＋五感フル活用による体感型UI技術の実現 ・身につけることを意識しないコンパクトデバイスによるリアルタイム情報取得と提供の実現
ICカード・タグ高度認証技術	・各端末間でセキュア，ユニバーサルな通信手段の実現 ・耐タンパチップ・デバイス構築 ・バイオメトリクス個人認証を内部処理できる能力を持つ	・家電を含むすべての端末に組み込めること ・誰が，いつ，どんな機器で，どんな権利を行使しようと，セキュリティが確保できること
個人認証技術	・バイオメトリクスを用いた個人認証技術の確立 ・複数の生体情報を用いて，高い精度で認証を実現 ・遠距離からの顔照合技術	・本人が意識することなく，自動的に高速に精度高く本人と認識される技術 ・短時間DNA認証の実現と普及
ロボット技術	・家庭内で単機能ロボットがネットワークに接続され，家電との連携も実現 ・単目的においてネットワークを介し，携帯より遠隔操作可能なロボット普及	・屋外でも自在にネットワークと接続し複数のロボットとの協調が実現 ・人の嗜好や行動パタンを学習し，行動認識できる技術の確立 ・自在の機能拡充を図れる高度なプラットフォーム技術が実現
光技術	・光幹線網，FTTHの完全普及 ・光電気混載基板・モジュールの完成	・ユビキタスネットワーク光幹線の実現 ・OEIC（光基板・モジュール）の実現

（文献1）に基づき作成）

第4章　ユビキタス時代への実装技術

福岡義孝[*]

1　はじめに

　3年で4倍というムーアの法則に従った半導体素子技術の進展と，それを駆使した高速・大量情報伝達を可能とするコンピュータ技術の進展により20世紀の人間社会は，その生活態様が激変してきた。1960年代後半から始まった1台のコンピュータを複数の人が共同利用するメインフレーム時代から，1980年代後半から始まった1台のコンピュータを1人で利用するマン・マシーン1対1のパソコン時代を経て，今後21世紀の何時から始まるであろうか予測は困難を極めるが，多数のコンピュータをあらゆる人が奴隷的にいつでもどこでも利用するユビキタス時代の到来が期待されている。それは最終的には，人間にとって最も都合が良いように，何も持たずに音声でコマンドを発する形が理想であり，人間が存在し行動するところには，いつでもどこでもコンピュータがスタンバイされている状況が必要となる。現在のPC (Personal Computer)，携帯電話 (Cellular Phone)，PDA (Personal Digital Assist) から，小型・薄型・軽量でかつ低消費電力で常時所有してもその存在を意識しない究極の実装技術を駆使することにより実現可能となるであろうウェアラブルコンピュータの開発，および音声認識技術とセキュリティー・個人認証技術の開発とその高度化が必要不可欠となっている。ここではそのようなユビキタス時代への実装技術について考えてみる。

　現在の半導体素子の実装方法としては，ワイヤーボンディング，TAB (Tape Automated Bonding)，FC (Flip Chip : フリップチップボンディング) などがあるが，本章では，まず現状でのベアチップ実装技術としてその高密度化の観点からも，また高速・多ピン素子実装技術としての観点からも，最も優れるフリップチップ実装技術の最新技術動向と，将来の高速・高集積素子の3次元超高密度実装技術の1つでありかつ階層レスの実装技術となるであろう，受動素子／能動素子内蔵配線板技術（EPD／EAD：Embedded Passive Devices／Embedded Active Devices技術）について記すとともに，それらを基に将来のユビキタス時代の実装技術の一つの姿を垣間見ることにする。

---

[*]　Yoshitaka Fukuoka　㈲ウェイスティー　取締役社長

2 フリップチップ実装技術の最新動向

　一般的にフリップチップ実装技術は，全て半導体素子側のAl電極に何らかの手法でバンプを形成する。チップ電極端子へのバンプ加工が必要である。例えば，IBMがスーパーコンピュータ用の高密度混成集積回路であるMCM（Multi Chip Module）用途に1965年頃から開発・実用化したC4（Controlled Collapse Chip Connection）技術ではチップのAl電極にバリアメタルを介し，マスク蒸着により高融点はんだSn/Pb10/90バンプを形成する。またAuあるいはCuめっきバンプを形成することもある。さらに最近日本の各メーカが開発し携帯電子機器用途に実用化が進んでいる，ワイヤボンダーを利用しチップのAl電極にAuスタッドバンプを形成し，ACP（Anisotropic Conductive Paste）やACF（Anisotropic Conductive Film）さらにはNCP（Non-Conductive Paste）やNCF（Non-Conductive Film）をアンダーフィルとしてその硬化時の圧縮応力を利用して配線板上の導体パッドとの電気的接続を形成するものがある。

　いずれの手法にせよ，何らかの形で導電性突起バンプを半導体チップのAl電極に形成する必要があった。そのため実装ユーザが勝手に扱いにくく，半導体メーカへ依頼する必要があり，自由度がなくかつチップコストが高くつきバンプ形成納期の時間が掛かるなどの問題があった。フリップチップ実装技術は，従来のワイヤボンディング手法による半導体チップの実装と比較し，その電気配線接続長の観点からすると，ワイヤ長（通常1mm～5mm）がバンプ高さ（通常20μm～100μm）となり電気信号伝搬特性が向上し，高速素子の実装に有利となる。しかしながら，そのバンプ高さすら邪魔な存在となるような高速素子の出現が間近に迫っており，かつローコスト，短納期の要求は益々高まっている。

　そのため半導体素子側のAl電極へは何らバンプ加工することなく，配線板の導体パッド上に導電性バンプを一括形成し，直接チップと圧接接合し，チップのAl電極の酸化膜を破り電気的接続を形成する新しいフリップチップ実装技術が開発されつつある。さらには，バンプレス接続技術の開発もされつつある。以下，東芝とディー・ティー・サーキットテクノロジー（DTCT：大日本印刷と東芝の共同出資会社）の開発した配線板上に導電性バンプを形成するBossB^{2}it[TM] "ボスビット"（Bumps for flip chip attach formed On the Substrate of Square Bit[TM]；B^{2}it[TM]：Buried Bump Interconnection Technology）技術，ならびにアメリカのNano Pierce Inc. の開発した配線板上にダイヤモンド粒子を介在させNi/Auめっきを施しバンプ形成する技術，さらには台湾のBridge Semiconductor Inc. の開発したCuめっきにて半導体のAl電極とリードフレームを直接電気接続するバンプレスフリップチップ実装技術について述べる。

2.1 BossB²it™技術(東芝/DTCT/DNP)

BossB²it™技術は,半導体素子側のAl電極へは何らバンプ加工することなく,配線板の導体パッド上に導電性バンプを一括形成し,直接チップと圧接接合し,チップのAl電極の酸化膜を破り電気的接続を形成する新しいフリップチップ実装技術である。

配線板上への導電性バンプの形成方法として,その接続ピッチにより2種類の方法を考えている。第1の方法は,B²it™(Buried Bump Interconnection Technology)配線板に使用している特殊なAgペーストを印刷しバンプ形成する方法で,70μm(開発ターゲット)以上の半導体素子の端子ピッチに適用する[1]。この開発した特殊なAgペーストは,印刷後の形状がレベリングされて溶岩台地形状にならず,突起円錐形を保つのみならず,乾燥・硬化しても完全硬化に至らず,圧力を加えることにより容易に押しつぶすことが可能で,バンプ高さバラツキを吸収して接合し易いため,上述した新フリップチップ実装技術に最適である。しかしながら厚膜印刷手法のためその形成ピッチには限界があり,より狭ピッチな端子を有する半導体素子に対しては,第2の方法を適用する。

第2の方法は,70μm以下のさらなる狭ピッチ化対応のため,Cuめっきにて配線板上に突起電極であるバンプを形成し,それを直接半導体素子のAl電極に圧接接合する手法である[2]。めっきという薄膜プロセスを利用することで,より微細なバンプを形成でき,狭ピッチ化対応が可能となる。バンプ高さバラツキも第1の方法に比較しかなり小さくできるが,硬度が高いため圧接時にそれを吸収するのが難しく,高さバラツキ管理を大変厳しくする必要がある。

さらに第1の手法による圧接接合接続抵抗のさらなる低減化を目的に,配線板上への印刷によるAgペーストバンプ上にNi/Auめっきを施し,ACFを介しバンプと半導体素子Al電極との電気的接続を形成する改良施策を実施しプロセス確立した[3]。図1に配線板の導体パッド上に形成した,第1の方法である印刷Agペーストバンプ(a)と,接続抵抗低減改良施策によるその表面へNi/Auめっきしたバンプ(b)と,さらなる狭ピッチ対応のための第2の方法であるCuめっきバンプ(c)の外観写真をそれぞれ示す。

図1(b)の圧接接合接続抵抗低減施策によるBossB²it™プロセスは,まずプリント配線板上にAgペーストを印刷・乾燥し,Ni/Auめっきを施す。通常ベアチップ実装用プリント配線板あるいは携帯電子機器用高密度ビルドアップ配線板の表面処理としては,たとえばワイヤボンディング性の確保あるいはキーパッド電極の腐食防止のため,Cu導体箔上にNi/Auめっきが施される。よって工程追加をすることなく,形成されたAgペーストバンプ表面にNi/Auめっき皮膜を形成できるため,コストアップにはならない。その上に異方性導電皮膜であるACFをラミネートする。最後に配線板上に一括形成されたバンプと半導体素子のAl電極を位置合わせし,加圧・加熱することで配線板上に半導体素子をフリップチップボンディングできるプロセス条件をさまざまな実験

バンプ径:300μmφ
バンプ高:200μm
(a) 印刷Agペーストバンプ外観

Ni/Auめっき前↑後↓

Agペーストバンプ

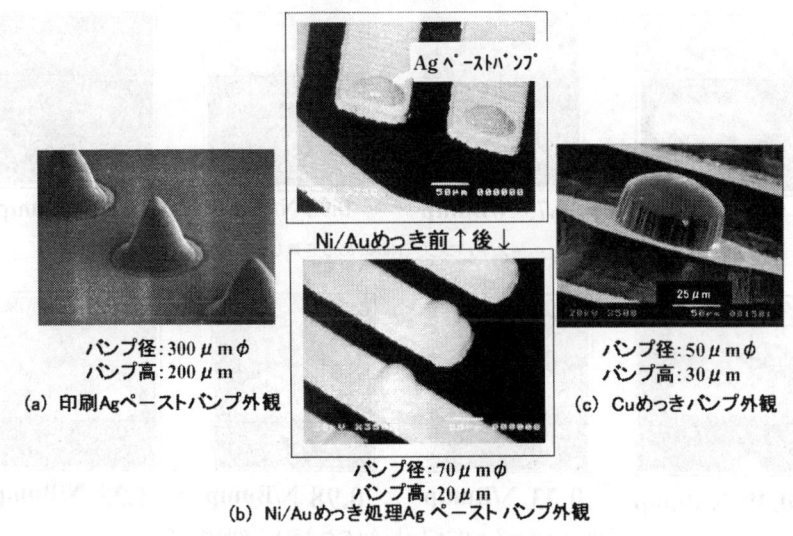

バンプ径:50μmφ
バンプ高:30μm
(c) Cuめっきバンプ外観

バンプ径:70μmφ
バンプ高:20μm
(b) Ni/Auめっき処理Agペーストバンプ外観

図1　BossB²it™技術における各種配線板上のバンプ外観

を通して決定した。印刷Agペーストバンプ形成の最適プロセス条件として、スキージ速度30mm/秒、スキージ圧力0.2MPa、ブレークアウェイ1.0mmとした。また低接続抵抗を可能とする、最適フリップチップボンディング条件としては、ボンディング荷重が0.98N／バンプ（100g／バンプ）で、信頼性上最も良いアンダーフィルとしてのACFを選定し、その最適ボンディング温度条件とし180℃を設定した。AgペーストバンプへのNi/Auめっき有り、無しの場合の、ボンディング荷重を変化させた時のAgペーストバンプの潰れ状態のクロスセクション写真を図2に、またその時の4端子法にて測定した接続抵抗測定結果を図3に示す。これより接続抵抗は、ボンディング荷重が100g／バンプの時その値ならびにバラツキが最小となり、それ以上荷重を上げても接続抵抗値は小さくならず、バンプの変形が大きくなりすぎるためか、むしろバラツキが増大することが分かる。またNi/Auめっきを施すことで、Niの硬度が高いことから、半導体チップのAl電極のAl酸化膜の破壊がNiめっき膜のない場合より容易に進み、接続抵抗値を下げることが可能であると同時にAuめっきにより腐食防止も可能となる[3]。

BossB²it™技術の長期信頼性に関しても、現在チップサイズ12mm□以下で、接続ピッチ120μmピッチ以上の接続信頼性に関し、各種長期信頼性試験を行い良好な結果を得ている。今後さらなる大チップサイズ化と狭パッドピッチ化の開発を進めている。

本BossB²it™技術は、他のフリップチップ実装技術と比較し、配線板上のバンプ高さがばらついてもボンディング圧力を増加することで容易にバンプが潰れ、全てのバンプとチップAl電極の

25

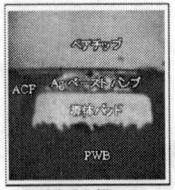

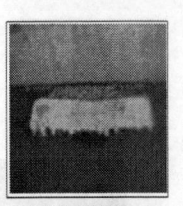

(a) Ag ペーストバンプ（Ni/Au めっき無し）の断面写真

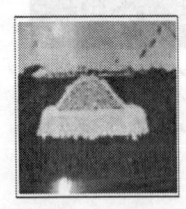

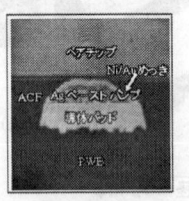

(b) Ag ペーストバンプ（Ni/Au めっき有り）の断面写真

図2　ボンディング荷重とAgペーストバンプ形状(Ni/Auめっき有り・無し)

電気的接続・接合が可能となり，配線板に対して大変厳しい平坦性とバンプのコプラナリティーを要求する必要がないため，配線板コストを低減可能で，かつ半導体チップのAl電極へのバンプ形成も不要なことから，全てのメーカのあらゆるチップをそのままローコストで高密度に実装可能である。

2.2 配線板上にダイヤモンド粒子を介在させNi/Auめっきを施しバンプ形成するフリップチップ実装技術（Nano Pierce Inc.）[4]

図4に，ダイヤモンド粒子を用いたフリップチップ実装技術プロセス（a）およびその1つのダイヤモンド粒子によるバンプ断面構造イメージ（b）を示す。まず，配線板の導体パッド上にダイヤモンド微粒子を散布し，その上から導体配線も含みNi/Auめっきを施す。導体

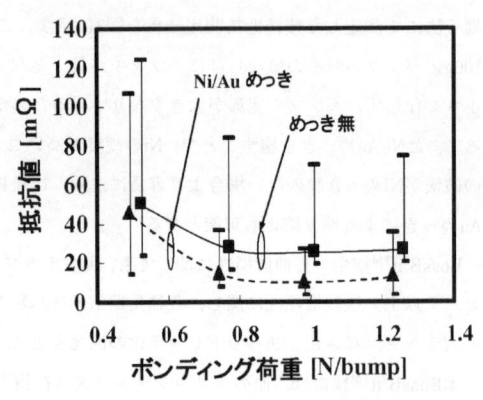

図3　ボンディング荷重と圧接接合接続抵抗

パッド上のダイヤモンド粒子の表面へのNi/Auめっき膜形成後の外観写真とその断面構造を図4(c)に示す。またそのNi/Auめっき皮膜付きダイヤモンド粒子上に半導体素子のAl電極パッドを直接圧接接合した時の断面構造を図4(d)に示す。

さらに図5(a)には，配線板の導体パッド上に散布形成されたバンプ高さとなるダイヤモンド粒子の高さ分布測定結果と，図5(b)には，導体パッド上に存在するダイヤモンド粒子個数とフリップチップ実装後の配線板上の導体パッドとSi半導体素子のAl電極との間の圧接接合接続抵抗値との関係を示す。これらより，ダイヤモンド粒子高さ（サイズ）はmin.5μm，max.17μmであり，その多くは15±2μm以内に分布していることが分かる。また，半導体素子のAl電極と配線板上の導体パッドとの圧接接合接続抵抗は，ダイヤモンド粒子数が7個以上存在すると2〜3mΩまで急激に低下し，良好な電気的接続を形成することが可能となることが分かる。

2.3 Cuめっきにて半導体のAl電極とリードフレームを直接電気接続するバンプレスフリップチップ実装技術（Bridge Semiconductor Corporation）[5]

昨今は，さまざまな技術分野間の境界がなくなりつつあり，いわゆるバウンダリーレス時代となっている。電子機器システム実装分野も，配線板技術とパッケージング技術とシステム実装技

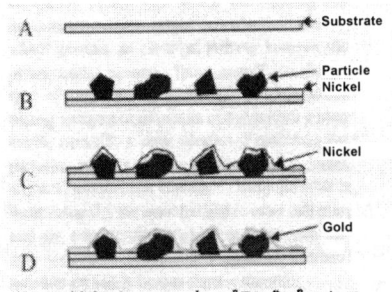

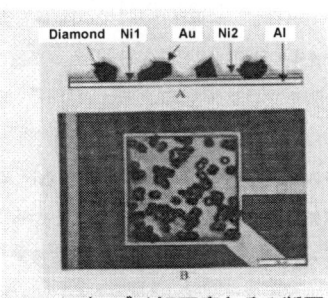

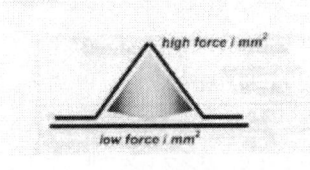

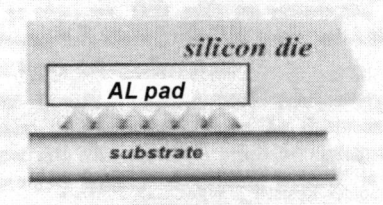

図4　ダイヤモンド粒子を用いた配線板上へのバンプ形成

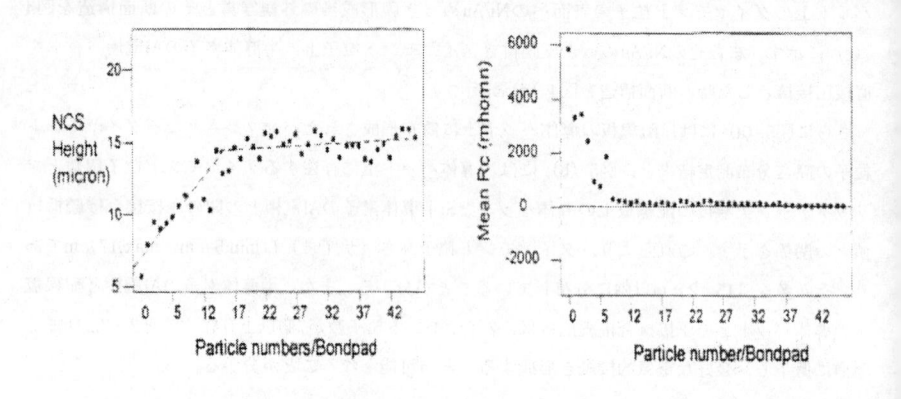

(a)ダイヤモンド粒子高さとその数　　**(b)フリップチップ接続抵抗と粒子数**

図5　導体パッド上のダイヤモンド粒子数とその高さとＦＣ接続抵抗

術の間のバウンダリーレス化が進んでいる。本技術は，配線板技術というよりもリードフレーム技術とパッケージング技術を融合し（BossB^{2}it^{TM}は，配線板技術とパッケージング技術を融合）バンプレスにて，半導体チップのAl電極とリードフレーム上に形成したCu導体パターンとの電気的接続をレーザドリリング技術とめっき技術にて形成したものである。

　その製造プロセスを図6に示す。リードフレームであるCuキャリアをハーフエッチングし，最終的には入出力端子ボールとなる窪みを形成する。レジストコーティング・露光・現像し，選択的に窪み内部と導体パターン（Ni/Cu/Ni：本導体パターンは窪み部から，後にアッセンブリされる半導体チップのAl電極が存在するところまで配線形成される。）を電気めっきにより形成する。更に窪み内部および導体パターン上に接着性絶縁層を印刷し，その接着絶縁層上に半導体チップをフリップチップ（フェイスダウン）実装する。その後チップバック面をトランスファモールドし，Cuキャリアをケミカルバックエッチングする。半導体チップのAl電極上部に被っている接着絶縁層をレーザ光を照射し取り除きAl電極上とCu導体パターン上にビアホールを形成し，その部分（Al電極パッドとCu導体パターン）を電気めっきにより電気的に接続する。最後に，バック面のボール形成部分（当初エッチングにて形成した窪みの中に接着層が入り込んでいるパッケージボール面）以外の場所と半導体チップのAl電極とCu導体パターンの接続部を外気より遮断すべくSR（Solder Resist）を形成し，シンギュレーションすることで，バンプレスフリップチップパッケージが完成する。図7に本バンプレスフリップチップ実装技術のめっき接続部の平面写真と断面写真（b），ならびに本技術にて開発したパッケージの裏面外観写真（a）をそれぞれ示す。

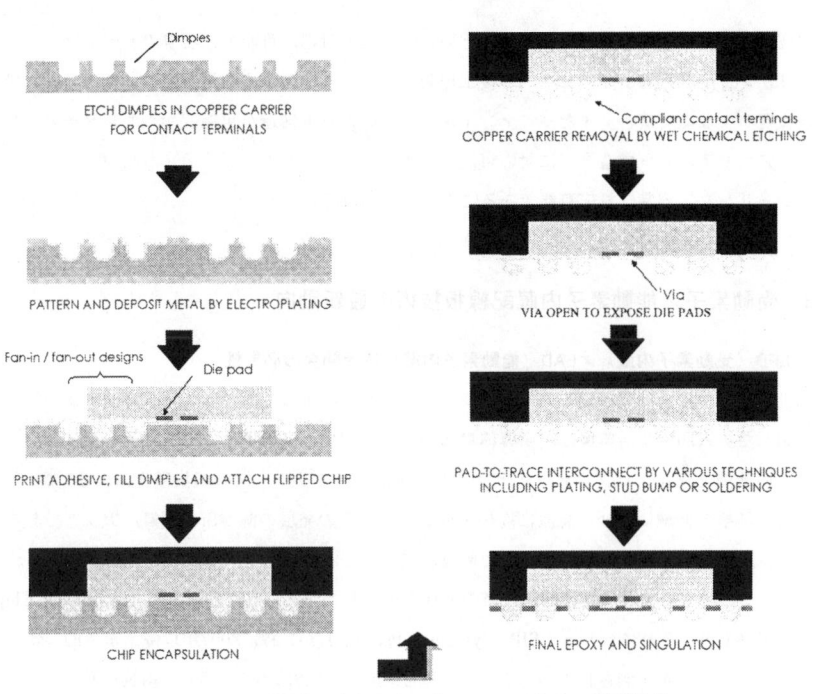

図6 めっきにて接続形成するバンプレスフリップチップ実装技術

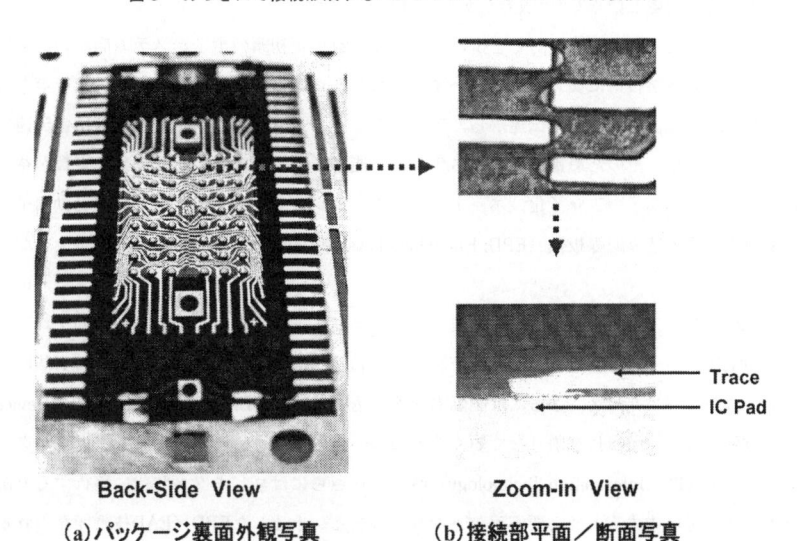

(a)パッケージ裏面外観写真　　(b)接続部平面／断面写真

図7 バンプレスFC実装技術のめっき接続部とパッケージ外観

本技術の特徴としては，バンプレスのためローコスト対応が可能で，現有のリードフレームおよびプリント配線板およびパッケージ後工程製造ラインをそのまま利用可能で，新たなインフラ設備投資が少なくて済む。また，ファンイン／ファンアウト構造が可能でかつセンター／ペリフェラル／エリアパッド構造全てに対応可能なためデザインフレキシビリティが高い。さらに，チップシュリンクに容易に対応可能であることが挙げられる。

3 受動素子／能動素子内蔵配線板技術の最新動向

3.1 EPD（受動素子内蔵）／EAD（能動素子内蔵）技術開発の必要性

　20世紀後半の社会は，1948年のトランジスタの発明に始まった半導体集積回路の全盛のうちに幕を閉じた。人間の生活環境は，半導体集積回路の微細化と高集積化によるトランジスタ当りのコストの低減とマイクロプロセッサチップの高速化とメモリチップの高集積化による1ビット当りの情報価格の低減により，急激に変化・進展した。その発展の源がSi（珪素）チップであることから，現代を称して珪石器時代とまで呼ばれている。21世紀もその延長上で進むかに見られていたが，ここに来て半導体集積回路技術の究極の姿として考えられていたSOC（System On Chip）には限界があり，それに代わってSIP（System In Package）が，特に2007年以降半永久的な新パラダイムとなることが予測されつつある。すなわちSOCには図8に示すように，財務的難と法的（知財的）難と技術的難という3つの限界があるとされる[6]。

　さらに，上記技術的難に追い討ちを掛けることは，21世紀初頭の電子システム商品の目玉は，ブロードバンド通信技術に支えられたモバイルエレクトロニクス製品であり，20世紀後半を支えたデジタル回路による有線情報伝達から，アナログミックスドシグナルによる無線情報伝達に変化することである。そのため電子機器システム内の能動素子点数に対する受動素子点数が益々増大しており，受動素子のアレイ化，ネットワーク化，高集積受動素子化，さらには受動素子あるいは受動部品埋め込み配線板化（EPD: Embedded Passive Devices）の開発が必要不可欠となりつつある。

　また，21世紀に入っても高速素子の出現期待は益々高まっており，2005年には内部クロック周波数が20GHzという超高速素子の出現が予測されており，そのような高速デバイスの実装には，ワイヤレスからバンプレス，さらには能動素子埋め込み配線板（EAD: Embedded Active Devices）技術の開発により，配線長を限りなく短くするための技術開発が，モバイルエレクトロニクス製品を代表とするIT（Information Technology）時代からさらにはユビキタス時代に移行するであろう21世紀社会を形成する上で必要不可欠となりつつある。上述したEPD／EAD技術開発の背景を図9に示す。

第4章 ユビキタス時代への実装技術

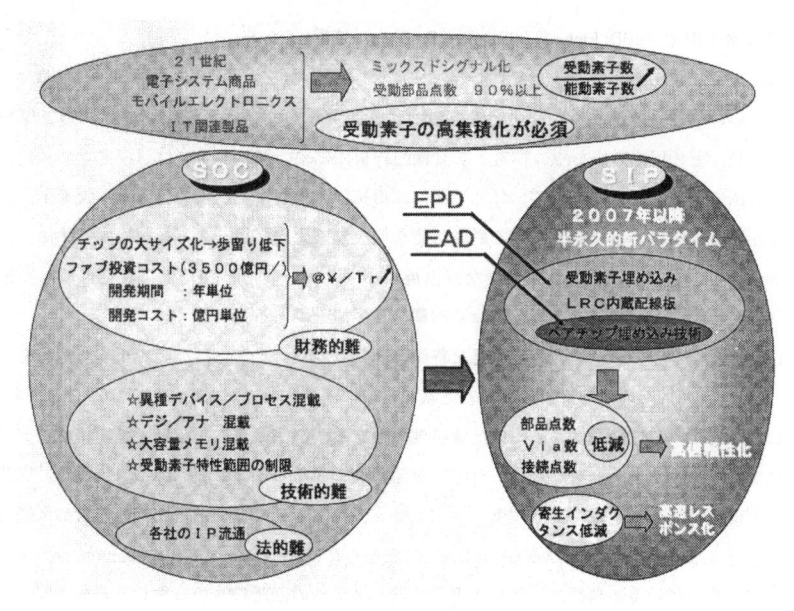

図8 受動／能動素子内蔵配線板(EPD/EAD)技術開発の必要性

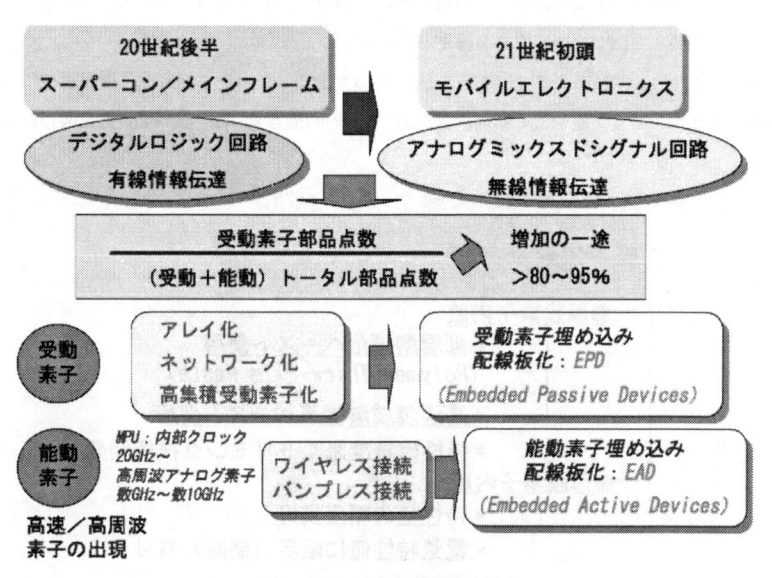

図9 EPD／EAD技術開発の背景

3.2 受動素子内蔵（EPD: Embedded Passive Devices）技術

EPD技術は，図10に示すように大別すると2つのタイプがある。第1のタイプは，市販のセラミックなどの標準チップ部品を，有機配線板に内蔵実装する方法である。第2のタイプは，厚膜あるいは薄膜などのLRC機能を持つ膜素子を有機配線板内部に，厚膜あるいは薄膜プロセスにて形成する方法である。さらに厚膜プロセス手法は，抵抗膜素子および誘電体（容量）膜素子の形成に対し，有機配線板の耐熱温度以下で形成可能な低温熱硬化樹脂ペーストを利用する手法と，セラミックなどの無機配線板に利用可能な高温焼成ペーストを利用しCu箔上に焼結形成した後にプリント配線板プロセスにて有機配線板に内蔵する手法とがある。

第1のタイプと第2のタイプの最も重要な特徴の違いは，第1のタイプは市販のチップ部品を利用していることから，その受動素子としての電気ならびに信頼性特性が保証されていることである。すなわち，抵抗チップならば，その抵抗値精度のみならず，定格電力，抵抗の温度係数などの電気特性が，キャパシタチップならば，その容量値精度のみならず，温度保証値，耐電圧，周波数特性などの電気特性が明確であり，チップ部品メーカによりその長期信頼性特性も含め保証されている。言うなればKGD（Known Good Die）になぞらえKGC（Known Good Component）を利用可能で，電気特性精度の調整は不要で，電子機器システムの回路特性から生じる要求精度を有するチップ部品を購入し，有機配線板に内蔵実装すれば良い。そのため，大変容易にユーザ要求電気特性を使用環境条件下での保証も含め達成可能である。それぞれの特徴を生かし，各社がさまざまな手法で競ってEPD技術の開発を推進している。

一例として，図11に第1のタイプである市販の0603セラミックチップ部品を有機配線板に内蔵した6層B^{2}it^{TM}ビルドアップ配線板の断面構造（a）とその断面写真（b）を示す。また図12には第2

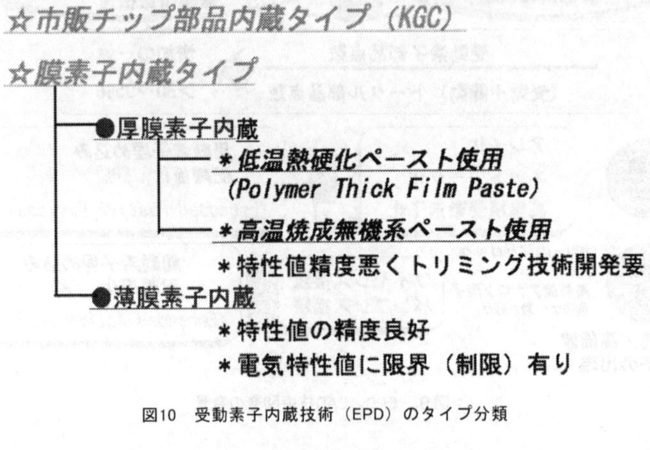

☆市販チップ部品内蔵タイプ（KGC）

☆膜素子内蔵タイプ
- ●厚膜素子内蔵
  - ＊低温熱硬化ペースト使用
    （Polymer Thick Film Paste）
  - ＊高温焼成無機系ペースト使用
  - ＊特性値精度悪くトリミング技術開発要
- ●薄膜素子内蔵
  - ＊特性値の精度良好
  - ＊電気特性値に限界（制限）有り

図10　受動素子内蔵技術（EPD）のタイプ分類

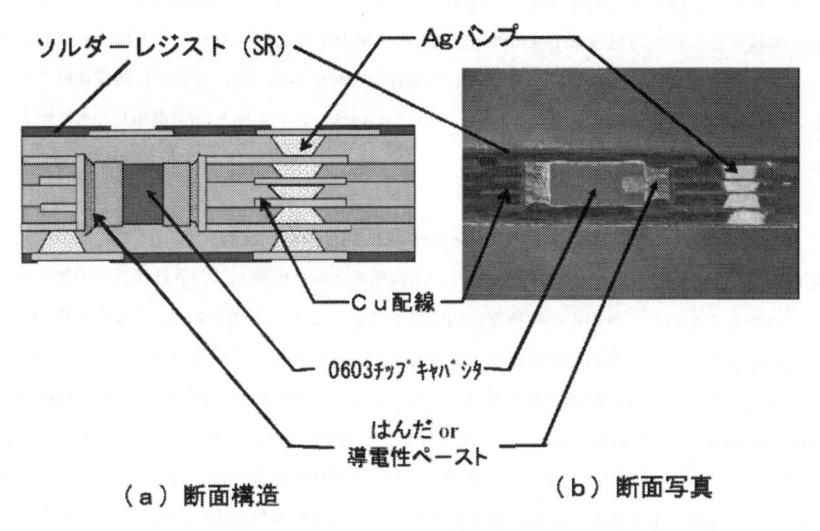

第4章 ユビキタス時代への実装技術

(a) 断面構造
- ソルダーレジスト (SR)
- Agバンプ
- Cu配線
- 0603チップキャパシタ
- はんだ or 導電性ペースト

(b) 断面写真

図11 受動部品内蔵6層 "B²it™" 配線板の断面構造および写真

抵抗 R

銀ペースト電極タイプ　抵抗R(銅箔電極)断面写真　銅箔電極タイプ

(a) 抵抗膜素子内蔵 "B²it™" の断面構造および写真

銀ペースト電極／配線／絶縁材／銀ペースト電極／配線／絶縁材／銀ペースト電極

断面構造図

キャパシタC

キャパシタC断面写真　平行平板タイプ

(b) 容量膜素子内蔵 "B²it™" の断面構造および写真

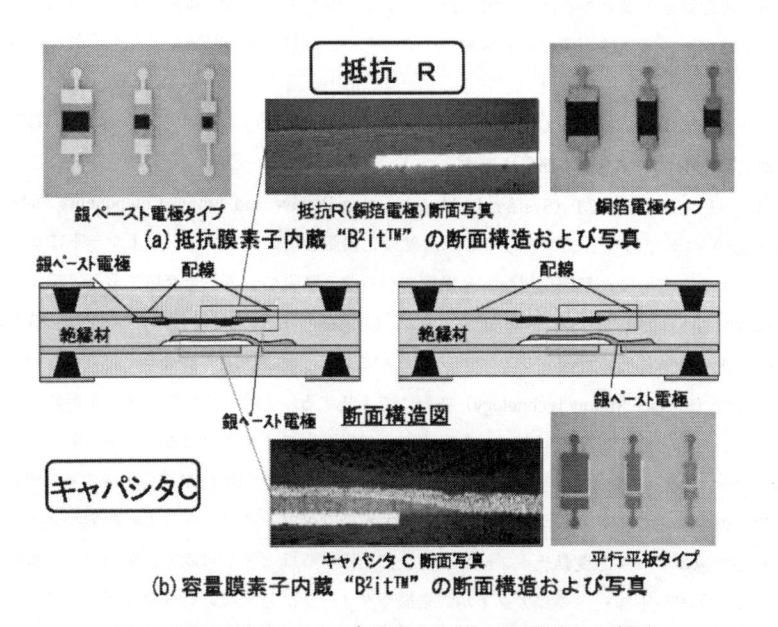

図12 膜素子内蔵ビルドアップ配線板 "B²it™" の断面構造および写真

のタイプである厚膜素子を内蔵形成した4層B²it™ビルドアップ配線板の断面構造と，その有機配線板に内蔵形成された抵抗膜素子部の外観写真（抵抗膜素子の電極をAgペーストにて形成した場合と，Cu箔そのものを抵抗膜素子の電極とした場合）と断面写真（a），ならびに誘電体膜（キャパシタ膜）素子部の外観写真（電極は上下がそれぞれAgペースト電極とCu箔電極）とその断面写真をそれぞれ示す。

3.3 能動素子内蔵（3次元実装）（EAD: Embedded Active Devices）技術

能動素子であるベアチップの有機配線板への内蔵埋め込み技術開発は，各社まだその緒に付いたばかりであるものの，世の中の期待度はEPD技術以上となる可能性がある。すなわちEPD技術は，有機配線板よりもむしろ無機配線板であるセラミック配線板にて実現可能であり，その技術開発の歴史も古く，とりわけ低温焼成ガラス・セラミック配線板技術（LTCC: Low Temperature Co-fired Ceramic）とともに発展し，モジュールとしての実用化も先行している。しかしながらEAD技術は，セラミックあるいはガラス・セラミックなどの無機配線板技術ではそのプロセス焼成温度が800～1,000℃以上と高温であるため不可能であり，有機配線板技術であるプリント配線板あるいはビルドアップ配線板との融合しか考えられない。そのため，今後の電子機器の高速・高周波・多機能化要求を満足するため，配線長を限りなく短くするには，高密度配線の可能なビルドアップ配線板への高集積・多ピン・高速デバイスチップの内蔵技術開発が必要不可欠となっている。

以下，各社の開発事例として松下とディー・ティー・サーキット・テクノロジー（DTCT）と新光電気のEAD技術開発例を簡単に記す。

図13は，松下のSIMPACT（System In Module using Passive and Active Components embedded Technology）の例である[7]。セラミック粉末と熱硬化樹脂を用いたコンポジットシートにビアホールを形成するとともに，熱硬化樹脂と金属粉末からなる厚膜ペーストを充填することでビアフィルを形成する。一方の転写用キャリアフィルムのCu箔をエッチングし配線パターンを形成し，能動素子である半導体チップをフリップチップ実装技術にて実装し，受動素子である市販のチップ部品をSMT（Surface Mount Technology）技術にて実装する。その上にビアフィルを形成したコンポジットシートと他方の配線パターンの形成された転写用フィルムを位置合わせ積層プレスし，転写用フィルムを剥離することで，EPD／EADモジュールであるSIMPACTが完成する。積層プレス工程での熱と圧力により，コンポジットシートが転写キャリアフィルム上の配線パターンに実装された半導体チップと受動チップ部品が完全に埋没するほど変形可能で，かつその変形が発生してもコンポジットシートのビアフィルの変形やダメージが起きない特殊なビアペースト材料およびコンポジット材料を開発するとともに，コンポジットシートの溶融軟化とビアペーストの硬

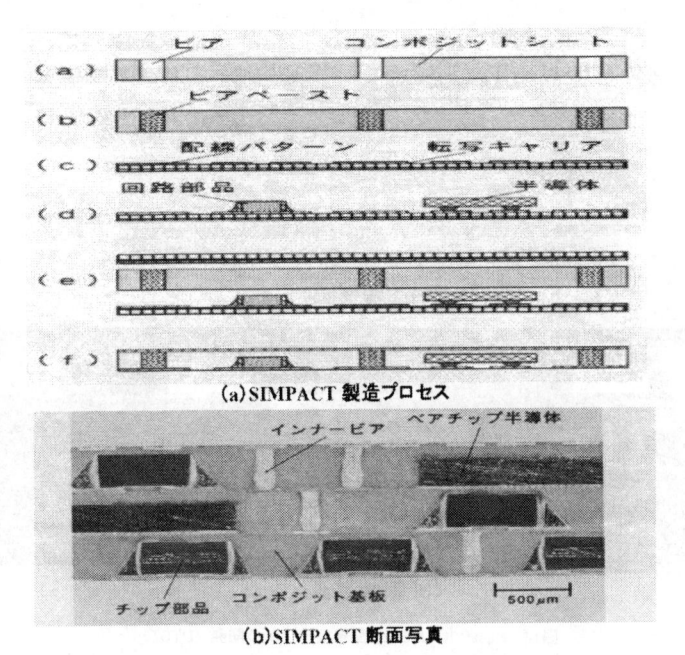

第 4 章 ユビキタス時代への実装技術

図13 SIMPACT 製造プロセスおよび断面写真（松下）

化タイミングの最適化を図り，部品内蔵とインナービア接続とを同時に実現するとともに高信頼性接続を実現している。

図14は，DTCTの導電性バンプにて層間の電気的接続を形成するビルドアップ配線板B^{2}it^{TM}と配線板にバンプ形成しデバイスAl電極にはなんらバンプ形成処理をしない新フリップチップ実装技術であるBossB^{2}it^{TM}を融合し，双方の技術を駆使し開発したEADモジュールの例である[8]。まず全体の配線板厚を調整するための従来の貫通めっきスルーホール（PTH: Plated Through Hole）手法により両面配線板を形成し，その表裏よりCu箔にAgペーストを印刷・乾燥しバンプ形成しプリプレグを貫通したものを突き当て積層プレスし，4層コンビネーションB^{2}it^{TM}コア配線板を形成する。そのコア配線板上に能動素子であるベアチップをBossB^{2}it^{TM}技術にてACPをアンダーフィルとしフリップチップ実装する。さらに両面B^{2}it^{TM}配線板上に新コア印刷法にてチップ厚より高さの高い大きな導電性バンプを印刷・乾燥し，デバイスホールを有するプリプレグを貫通し，BossB^{2}it^{TM}フリップチップ実装したコア配線板に突き当て真空熱プレスし，EADモジュールを開発している。

さらに，図15は新光電気が開発した極薄チップを内蔵したものである[9]。ベアチップは，わずか20μm^{t}と極薄にするためのストレスレリーフ技術を開発し，バックグラインド時のチッピング

(a)断面構造図

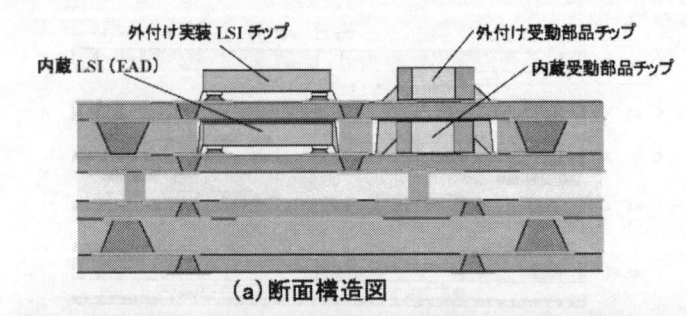

(b)断面写真

図14　BossB²it™＆B²it™配線板（EAD）の開発（DTCT）

防止をしている。内蔵実装手法としては，フェースアップ実装とフェースダウン実装の2タイプの技術開発を試みている。フェースアップタイプは，前もってSiチップのAl電極にCuバンプを形成し，デバイスホールを形成した熱硬化性フィルムをスルーホールコア配線板にラミネートし，接着剤にてデバイスホール内にマウントする。その上からRCC（Resin Coated Copper foil）をラミネートし，YAGレーザをAl電極上に形成したCuバンプを狙って照射しビアホールを形成し，Cuめっきにてフィルドビアと配線パターンをセミアディティブプロセスにて形成する。フェースダウンタイプは，前もってSiチップのAl電極にAuバンプを形成し，前タイプと同様にしてコア配線板上に形成した熱硬化性樹脂絶縁層のデバイスホール内に，アンダーフィルを介して超音波フリップチップボンディングし，同様にその上にRCCをラミネートしレーザビア方式のビルドアップ配線層を形成する。現状では，実デバイスではなく，キャパシタを形成したSi-TEGチップを開発し内蔵している。また，上記2タイプにて，接続部の応力解析を実施し，フェースダウンのフリップチップ接続の方がフェースアップより応力が小さく，かつ両タイプともチップ厚が薄いほど低応力であることを確認している。さらに表面実装するチップと，ビルドアップ配線板に内蔵するチップのサイズに関して，上方の表面実装するチップサイズが大きいほうが，Al電極インターコネクション部へのストレスが少なく高信頼性であると解析している。

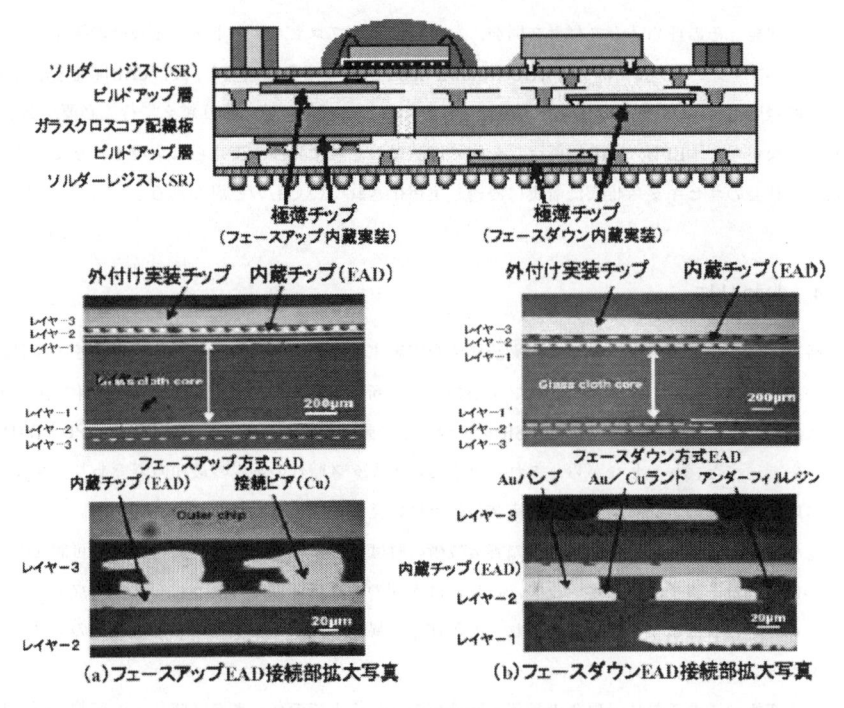

図15 極薄ベアチップ内蔵技術開発（新光電気工業）

3.4 EPD／EAD技術の今後の課題

　EPD技術に関しては，電気特性保証を容易に行うことが可能なKGC利用ということで抵抗・キャパシタなどの市販チップ部品内蔵タイプのフィルタ回路への応用事例や高周波モジュール開発への適用がなされつつある[10]。今後各々のチップサイズに対する内層コア配線板の板厚との内蔵実装設計ルールを，その長期信頼性試験結果を反映し明確化するとともに，プロセスの完成度を高める必要がある。また，膜素子タイプに関しては，特に誘電体膜に関しては，比誘電率の高いディカップリングキャパシタ形成のための新材料開発を材料メーカーが積極的に行う必要がある。さらに高精度化に関しては，厚膜素子に対するトリミング技術の開発，ならびに薄膜素子としての新機能材料とプロセス開発が今後必要となる。対環境条件を含めたそれらの受動素子膜のさまざまな電気特性仕様を，長期信頼性保障を含めいかに達成するかが本技術の実用化の鍵を握っていると言っても過言ではない。

　EAD技術に関しては，各社まだまだ開発の緒についたばかりで，今後詰めるべき問題点が多々ある。Siが主体のデバイスと熱的・応力的に整合が取れかつ電気信号伝搬特性の良好な有機絶縁

材料の開発とその埋め込みプロセス開発,ならびにインプロセステスト・評価技術の開発,さらにはリペア・リワーク技術開発とKGD (Known Good Die) の市場流通性と,設計CAD開発と応力・高周波・熱解析シミュレーション技術開発といった多くの技術障壁を乗り越えて行く必要がある。しかしながら,本EPD／EAD技術は,今後のIT産業の急峻な発展に支えられ実現されるであろう21世紀社会のユビキタス時代に着実に浸透し実用化されていくものと思われる。

4 おわりに

将来のユビキタス時代への究極の実装技術を実現するための繋となるであろう,高速・高周波素子実装技術としてのフリップチップ実装技術の最新技術動向と,SOCに代わり2007年以降に半永久的新パラダイムとなるであろうSIPを実現する受動／能動素子内蔵配線板技術 (EPD／EAD) について述べた。しかしながら,これらはまだユビキタス時代の実現の最初の姿であり,ユビキタス時代の究極のエレクトロニクス実装技術とはいえない。

それでは,究極のユビキタス時代の実装技術の解はどこにあるのか？ その辺りの可能性のひとつには,量子素子,バイオチップ,さらには人間の神経伝達機能のようにファンアウトの大変大きい新しい有機素子の出現と,それらの現在とは異なる概念の実装技術の出現とそのプロセス開発が考えられる。

その究極の姿の手前に,現在の最新実装技術の延長線上でのユビキタス時代への実装技術としての姿となりそうな技術が2つほど垣間見られる。ひとつはウェハレベルでの三次元実装により,システム全体を超小型化するとともに,チップ間接続配線をX-Y方向からZ方向にすることで桁違いの配線長の短縮化を図り,デバイスのI／Oバッファの負荷を低減し高速情報処理を達成するとともに低消費電力化をも達成する実装技術が考えられる。

いまひとつは,無線機能内蔵デバイスの出現が考えられる[11]。上述のウェハレベルの三次元実装では,配線長を桁違いに短縮するため二次元のX-Y方向の配線を三次元のZ方向の配線に置き換えることにより対応したが,本無線機能内蔵デバイス技術は,配線そのものを無用なものと考え,図16に示すように,デバイスチップ内部の回路を機能分割し各々の分割機能内に送受信アンテナおよび送受信回路を形成することから,さらにはデバイスチップ間の情報伝達をデバイス内に内蔵形成した送受信アンテナおよび回路による無線情報通信伝達により実現することで,膨大な量の配線を削減し,最終的には信号配線を皆無としてしまうことまで考えられる。これにより長距離配線による波形整形回路も不要となり,配線総数とデバイス端子数の大幅な削減が可能となる。さらに長距離配線によるデバイスI／Oバッファの増強も不要で,低消費電力化が達成可能となるとともに,長距離配線とそれを抑制するための微細配線技術開発による配線抵抗の増大と,長距

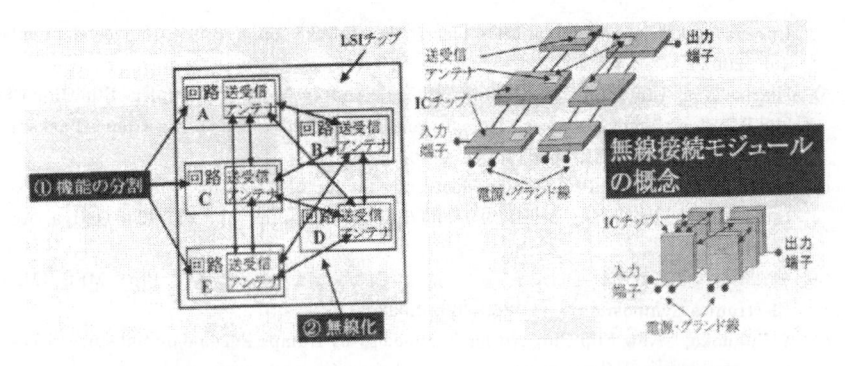

(a) 無線通信機能内蔵チップ(LSI)   **(b) チップ間無線情報伝達**

図16 無線通信機能内蔵チップおよびチップ間無線情報伝達

離配線による配線の浮遊容量の増大による立ち上り波形のひずみと配線遅延を，配線抵抗の低減化と配線絶縁材料の低誘電率化により対処すること無く，配線のRC遅延問題やノイズ低減問題を解消可能となる．これにより将来の究極のユビキタス時代の実装技術の姿を垣間見ることができ，多数のコンピュータをあらゆる人が奴隷的に活用するユビキタス時代の到来の足音を聞くことができる．

文　献

1) T. Motomura, F. Ueno, O. Shimada, Y. Sonoda and Y. Fukuoka, " New Flip Chip Attach Technology by Using Silver Paste Bumps " Proc. 9-th IMC, pp. 86-91, April, Omiya (1996)

2) F. Ueno, T. Motomura, H. Hirai, O. Shimada, Y. Sonoda and Y. Fukuoka, " New Flip Chip Attach Technology for Fine Pitch Interconnections Using Electroplated Copper Bumps Formed on a Substrate " Proc. 2-nd IEMT/IMC Symposium, pp. 364-368, April, Omiya (1998)

3) H. Hirai, T. Motomura, O. Shimada and Y. Fukuoka, " Development of Flip Chip Attach Technology Using Ag Paste Bump which Formed on Printed Wiring Board Electrodes " Proc. International Symposium on Electronic Materials and Packaging, pp. 1-6, November, Hong Kong (2000)

4) B. Zou et al, " Design and Reliability Study for Flip Chip Applications on Ultra-Thin Flexible Substrates Using Nano Pierce Connection System Technology" Proc. 2002

International Symposium on Microelectronics, IMAPS, pp. 818-824, Denver, September 4-6 (2002)
5) Charles W. C. Lin, Sam C. L. Chiang and T. K. Andrew Yang, "Bumpless Flip Chip CSP and BGA for Memory Devices" Proc. International Conference on Electronics Packaging (ICEP), pp. 416-421, April, Tokyo (2003)
6) Rao R.Tummala, "SOP: The Microelectronics for the 21st Century with Integral Passive Integration" Proc. The 3rd 1999 IEMT/IMC Symposium, pp. 217-224, Omiya, April (1999)
7) 朝日俊行, 菅谷康博, 小松慎五, 中谷誠一, "部品内蔵モジュール" Proc. MES (Micro Electronics Symposium), pp. 283-286, 2000年11月
8) Y. Fukuoka, "New Flip Chip Attach Technology by Bumps Formed on Substarte" The 1-st International Symposium on Microelectronics and Packaging, pp. 51-76, Korea COEX Convention Center, September (2002)
9) M. Sunohara, K. Murayama, M. Higashi and M. Shimizu, "Development of Interconnect Technology for Embedded Organic Packages" Proc. 53-rd Electronic Components & Technology Conference (ECTC), pp. 1484-1489, May, New Orleans (2003)
10) 今村達郎, 篠崎和広, 平井浩之, 笹岡賢司, 山口雄二, 島田修, 宇田尚典, 林宏明, 福岡義孝, "受動部品内蔵B^{2}it^{TM}配線板" Proc. MES (Micro Electronics Symposium), pp. 311-314, 2002年10月
11) 本多進, "電子部品内蔵配線板の最新技術動向" Proc. ISS産業科学システムズ『受動/能動デバイス内蔵多層プリント配線板技術最前線』, pp. 2-81, 2003, 9月30日, 日経BP:Micro Device 2003年8月参照

第2編

ユビキタス時代へのテクノロジードライバ

第5章　パーソナル・コンピュータ

八甫谷明彦*

1　はじめに

　ユビキタス時代の到来は，様々な情報ネットワークの中で必要とする情報を，時間や場所の制約を超えて，活用できるようになってきている。近年モバイル端末に対するニーズが拡大しており，インターネットの普及によって，いつでも，どこでも，リアルタイムにインターネットにアクセスし，必要な情報を取り扱えるモバイル端末への感心が高まりつつある。

　総務省がまとめた情報通信白書平成13年度版の中で，ブロードバンド利用者の端末利用動向およびブロードバンド・ネットワークの加入世帯数の推移が報告されている。

① インターネット利用者は，現在よりも今後の利用意向の方が高い端末として，パームトップや携帯ノートパソコン（以下ノートPC）といったモバイルが可能な移動系端末を望んでいる（図1）。

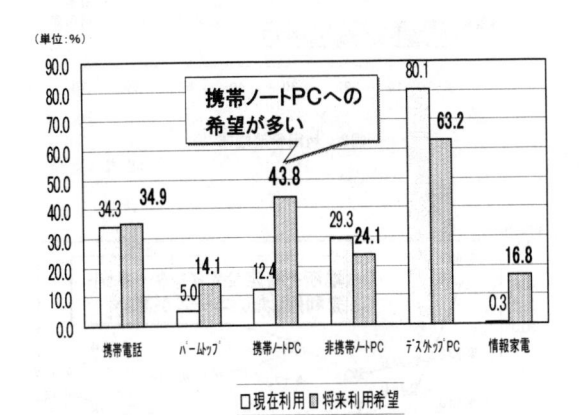

図1　現在利用している端末と将来利用希望する端末
（出典：総務省）

＊　Akihiko Happoya　㈱東芝　デジタルメディアネットワーク社　青梅デジタルメディア工場
　　実装開発センター　第一担当　主務

② ブロードバンド利用者は,非利用者と比較して,携帯ノートPCをより強く希望している(図2)。
③ 携帯ノートPCについては，ホテル，レストラン，図書館など利用可能な環境であればいつでも利用したいという意向が現われている（図3）。
④ 2005年には，約2,500万加入世帯がブロードバンドを利用すると予測されている（図4）。

携帯ノートPCは，身近な情報ツールとなり，どこでも持ち運べて簡単に使え，いつでもリアルタイムに最新情報（インターネット，電子メール）を入手できるものが求められている。そのためには，小型，軽量で持ち運びやすいサイズであり，頑丈さと使い易さを犠牲にしないことが必要である。また，場所を特定しないで利用できるワイヤレス機能があり，LANケーブルの配線をすることなく，好きな場所からワイヤレスでアクセスできることも求められている。

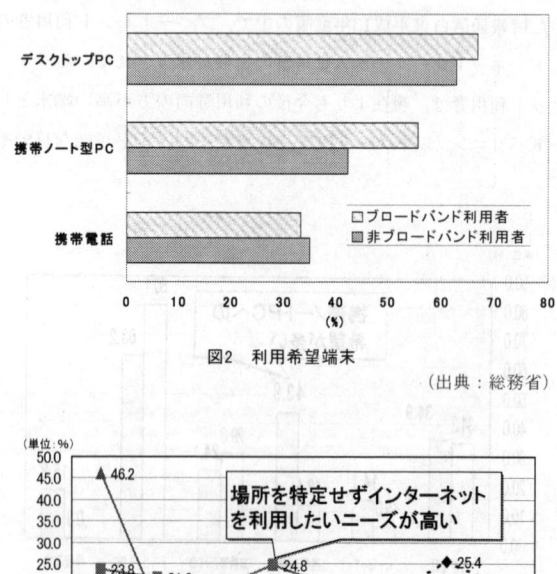

図2 利用希望端末

（出典：総務省）

図3 各端末を利用したい場所

（出典：総務省）

第5章 パーソナル・コンピュータ

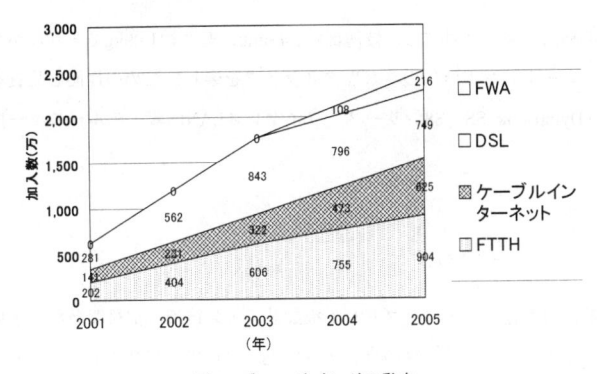

図4 ブロードバンドの動向
(出典：総務省)

表1 ハードウェア仕様

モデル名／型番	dynabook S8/210LNKWモデル(ワイヤレスLAN内蔵モデル) S8/210LNKW
(モバイル)テクノロジ	Intel® Centrino™ モバイル・テクノロジ
プロセッサ	超低電圧版Intel® Pentium® M プロセッサ1GHz
メモリ 標準/最大	256MB / 最大768MB（PC2100対応 DDR SDRAM）
チップセット	Intel® 855GM チップセット
ディスプレイ	12.1型低温ポリシリコン TFTカラー液晶、XGA 1,024×768ドット
本体キーボード	85キー（OADG109Aキータイプ準拠）、キーピッチ：19mm、キーストローク：1.7mm
ハードディスク	40GB（Ultra ATA100対応）
モデム	データ：最大56 k bps（V.90対応、ボイスレス、世界61地域対応）、FAX：最大14.4 k bps
LAN	ブロードバンド対応LAN 100Base-TX / 10Base-T
ワイヤレスLAN	IEEE802.11b準拠（Wi-Fi準拠、128bit WEP対応）1～11ch
PCカードスロット	TYPE II×1スロット(PC Card Standard準拠、CardBus対応)
SDカードスロット	1スロット
インタフェース	・RGB（15ピンミニD-sub 3段）×1 ・USB2.0×2 ・赤外線通信ポート（IrDA1.1準拠 最大4Mbps/115kbps）×1 ・マイク入力（3.5mmミニジャック）×1 ・大容量/中容量バッテリコネクタ×1 ・LAN（RJ45）×1 ・モデム（RJ11）×1 ・ヘッドホン出力（3.5mmステレオミニジャック）×1
バッテリ	リチウムイオンポリマー（バッテリパック）
駆動時間	約2.8時間 中容量バッテリパック装着時：約5.9時間 大容量バッテリパック（オプション）装着時：約8.5時間
ACアダプタ	AC100V～240V、50/60Hz
外形寸法(突起部含まず)	286mm（幅）×229mm（奥行）×14.9mm（最薄部）/19.8mm（高さ）
質量	約1.09kg（バッテリパック装着時）
プレインストールOS	Microsoft® Windows® XP Professional Service Pack 1

45

このような市場動向，要求に対応し，最薄部約1.49mm，軽さ約1.09kgでありながら，高機能・高性能を備え，ブロードバンド時代のユビキタスライフを楽しむための性能と品質をパッケージしたノートPC 「DynaBook SS S8シリーズ ワイヤレスLAN内蔵モデル」のキー技術を紹介する。

2 特　徴

同製品は，軽量，薄型化のために，プリント板設計，実装技術，部材開発などを見直した。プリント配線板の高密度化，主要チップのワンチップ化，次世代の高性能電池として注目されているリチウムイオンポリマーバッテリの採用など，ほとんどすべてを妥協のない新設計とした結果，おおよそ雑誌1冊分の薄さの，最薄部約1.49mm，軽さ約1.09kgのスリムでスタイリッシュボディなノートPCを誕生させた（図5, 6）。使いやすいボディデザインと高耐久性，ロングライフ，機動力の追究にこだわったノートPCである。主な特徴は次の通りである。

2.1 常に一緒に行動，離さず持ち歩きたい

場所を選ばずいつでも持ち歩いて，どこでも使いこなすために，持ち運びを考慮した薄さと軽さ，そして耐久性にこだわった。また，外出先で電源を気にせず安心して使うために，駆動時間を追及した。最薄部約14.9mm，軽さ約1.09kg，最大約8.5時間（大容量バッテリ接続時）のバッテリ駆動を実現している。

2.2 いつでも軽快に，ストレスなく使いたい

外出先でも，デスクでも，作業効率を損なわないために，机上での使用環境そのままの高性能な使い勝手と使いやすさと使い心地を考えた機能性と作業性にこだわった。デスクトップPCやA4

図5　dynaBook SS S8の外観　　　　　　図6　dynaBook SS S8の外観

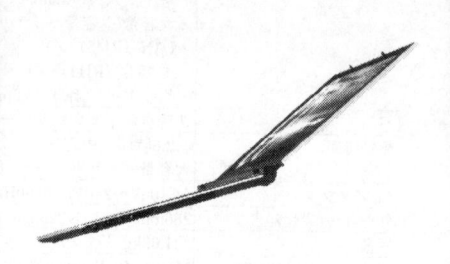

ノートPCと同等のサイズの19mmキーピッチキーボードとタッチパッドで快適に入力でき，クッキリと鮮明な12.1型低温ポリシリコン液晶で作業効率をアップすることができる。

2.3 ケーブルにとらわれずに，好きな場所で使いたい

今まで接続する場所にとらわれていたPCをケーブルから解放し，好きなところからのブロードバンドライフを楽しむために，ワイヤレスLANを本体に内蔵した。ビジネスではどこで作業してもデスクと同じ環境を再現でき，快適なモバイルオフィスを実現することができる。

3 操作性

薄さや軽さを追究したB5スリムPCだからといって，入力作業や操作性を犠牲にはできない。同製品はふだん使い慣れたA4ノートPCやデスクトップPCを使っているのと同じ環境や操作性をいつでもどこでも使えることを考え，機能性と作業性にこだわった製品づくりを目指した。

3.1 薄型低温ポリシリコンTFT液晶の採用

映像や文字を鮮明に映し出すことは，作業ストレスを減らし，効率アップにつながる。同製品は，大画面の12.1型低温ポリシリコンTFTカラー液晶を採用している。採用した低温ポリシリコン液晶は，従来のアモルファスシリコン液晶に比べ，シリコンの結晶性が高く，高輝度，高精細な表示が可能である。モバイル使用でも，映像や文字を高いコントラストで映し出し，作業効率をアップできる。

3.2 薄型キーボードの採用

キーボードの使いやすさが，ノートPCの使いやすさを左右するといっても，過言ではない。使いやすいキーボードは，入力の疲れやストレスを大幅に軽減する。開発した超薄型キーボードは，デスクトップPCやA4ノートPCと同等のサイズの19mmキーピッチである（図7）。キータッチにもこだわり，快適な入力を実現している。また大きめのエンターキーや使いやすい位置に配列された矢印キー，CapsLockが有効なときにはキーの裏側に点灯するライトなど，入力ミスによるストレスを最小限に減らし，操作性を高めている。

3.3 スクロール機能を備えた優れた操作性のタッチパッド

高機能なタッチパッドを採用し，快適な画面操作ができる。クリックやダブルクリックもパッド下のボタンを使用することなく，指先を軽くタップさせるだけでOK。好みに合わせたカスタマ

イズも可能である。

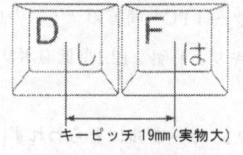

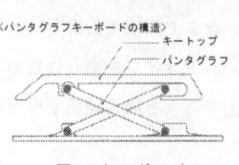

3.4 ワイヤレスLAN内蔵＆ブロードバンド対応LANと世界61地域対応モデム

ワイヤレスLANを内蔵しており，アクセスポイントとの組み合わせで，ワイヤレスでブロードバンドインターネットを楽しむことができる。Intel® Centrino™モバイル・テクノロジにより，ワイヤレスLAN機能があらかじめシステムに統合され，ワイヤレス環境でもネットワーク性能をフルに発揮できるように設計されている。同時にADSLモデムやCATV回線のモデムへダイレクトに接続できるブロードバンド対応LANコネクタと，データ最大56Kbps/FAX最大14.4Kbps対応モデムをダブル装備している。ネットワークにログオンしたり，モバイルでダイヤルアップ接続したりと，自在にアクセスが可能である。モデムはアジア，アメリカ，ヨーロッパなど世界61地域に対応しているため，国に合わせたモデムを購入する必要がない。環境に応じて3つのアクセス方法を選ぶことができ，情報収集や活用の幅を広げることができる。

図7　キーボード

3.5 ダイレクト・インで使えるSDカードスロット標準装備

切手サイズで大容量の記憶メディア，SDメモリカードをダイレクトに使用できるSDカードスロットを装備した（図8）。デジタルカメラ，PDAのデータを直接扱えるため，スピーディにデータを転送できる。またSDメモリカードを使用すれば，PCカードスロットを備えた他のPCとも容易にデータ交換ができ，フロッピーデイスクよりも大容量のデータが扱えて便利である。

3.6 細部にもデザインのこだわり

図9は同製品の側面部及び背面部である。コネクタ類を背面に集中させたインターフェースは，モバイル時にはカバーがホコリやチリの侵入を防ぎ，持ち運びにも心地よい感触をもたらす。デスク時にはケーブルの取り回しが効率的にでき，使いやすさを考慮している。

4　薄型化・軽量化実現のためのキーポイント

図10に示すように同製品の薄型化，軽量化を実現するのには多くの要素技術を新たに開発し，採用した。

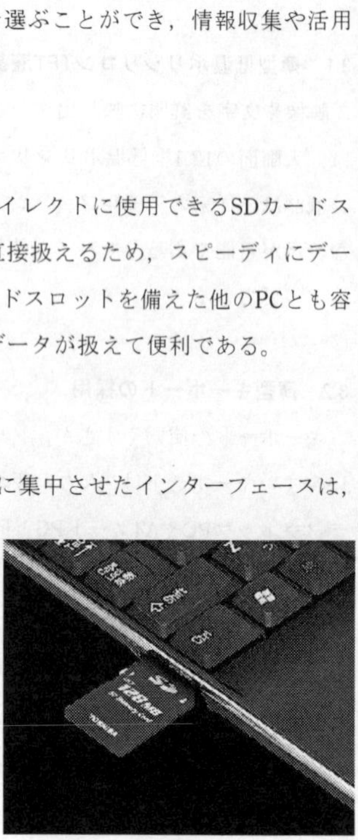

図8　SDカードスロット

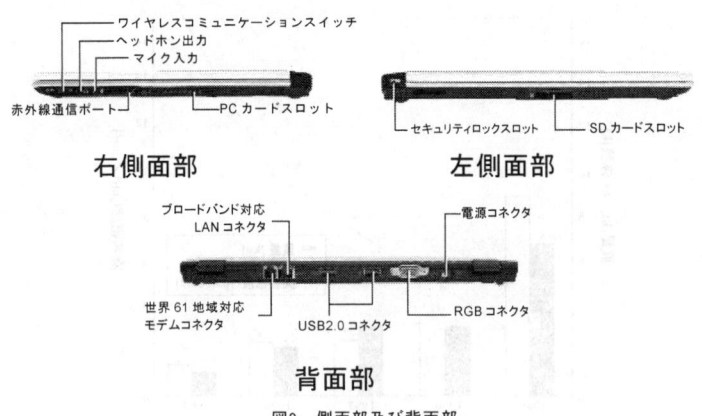

図9 側面部及び背面部

図10 薄型化・軽量化実現のための要素技術

4.1 プリント配線板技術

図11はノートPCの重量,体積及びプリント配線板の実装密度における推移を表している。実装密度は単位面積あたりのパッド（ピン）数である。ノートPCの高機能化や軽薄短小により,実装密度は高くなってきている。

同製品のメインボードには,板厚0.8mm,8層ビルドアッププリント配線板を採用した。プリント配線板の特徴は,高密度設計が可能で電気特性に優れている1-3層接続構造を採用したところである。この構造は図13のように表層信号層と3層目の信号層間に2層目のグランド層または電源層のシールド層を挟み込んだ構造となっている。表層から3層目までの接続は,レーザでダイレ

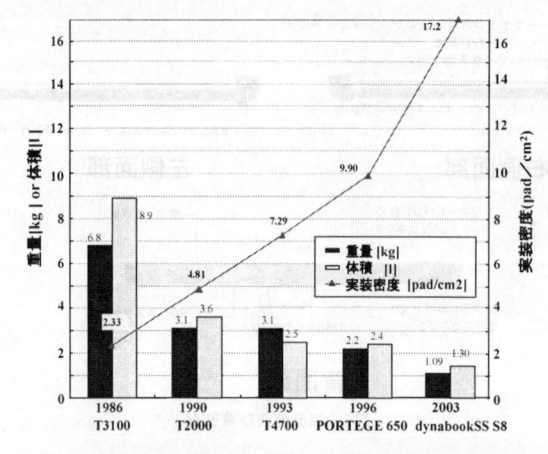

図11 ノートPCの重量，体積及びプリント配線板の実装密度

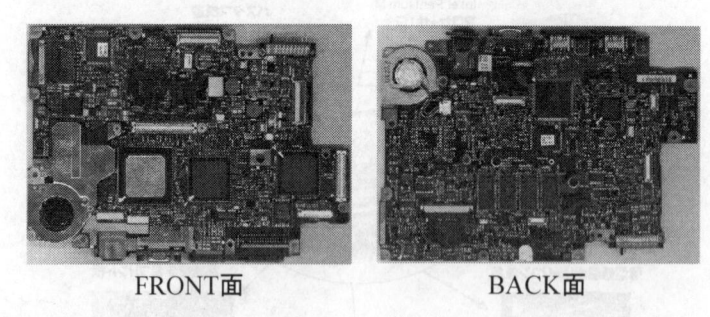

FRONT面　　　　　BACK面

図12 メインボード

クトに穴明けをするスキップビアを採用している。

このプリント配線板は，ノイズ抑制に適している特徴を持つ。信号スピードの高速化に伴い，プリント配線板上でのノイズ発生が問題となり，高速伝送を考慮した設計が必須となっている。高速伝送を考慮した設計としては，特性インピーダンスや差動インピーダンスの整合とクロストークノイズを削減することがポイントとなっており，本構造はこれらの課題を回避できる。特性インピーダンスや差動インピーダンスについては，絶縁層厚またはパターン幅の調整により，信号層をターゲット値に整合する構造になって

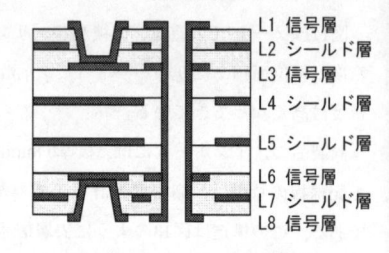

L1 信号層
L2 シールド層
L3 信号層
L4 シールド層
L5 シールド層
L6 信号層
L7 シールド層
L8 信号層

図13 メインボードの層構成

いる．表層と3層目の層間クロストークについては，2層目のシールド層によって遮へいしていることにより皆無にすることができる．

4.2　1.8型ハードディスク（HDD）の採用

　同製品は小型軽量の1.8型40GBハードディスクを搭載している．1.8型ハードディスクは，モータやLSIパッケージなどの薄型化や高密度実装技術の採用などにより，幅54mm×奥行き78.5mm×厚さ8mmのコンパクトサイズに40GBの大容量化を実現している．図14に2.5型HDDと1.8型HDDのサイズの比較を示す．従来のノートPCに搭載されている2.5型と比べて縦横で80%以下，底面積で58%のスモールサイジングと，約30gの軽量化を実現した．消費電力においても5.0Vから3.3Vへと低減化することによりバッテリ駆動のロングライフ化に貢献している．このような集積度の非常に高いハードディスクをモバイル環境でも安定動作させるため，耐振動性，耐衝撃性のための強度アップが施されている．図15のようにハードディスクの周囲を衝撃吸収ラバーでフローティングし，ハードディスク周りに外壁を作り，筐体で衝撃吸収ラバーをはさみ込む構造にすることで上下左右からの振動や衝撃から守る構造になっている．

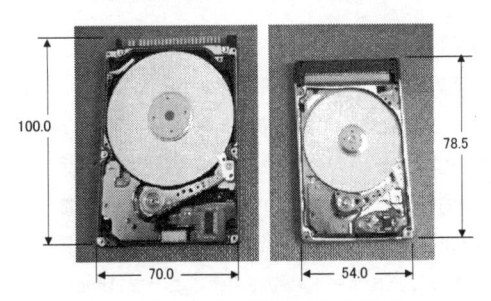

図14　2.5型HDDと1.8型HDDのサイズ比較

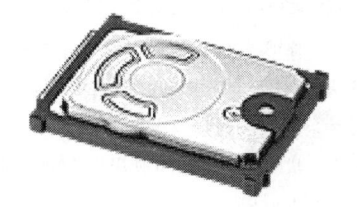

図15　ラバーフローティングしたハードディスク

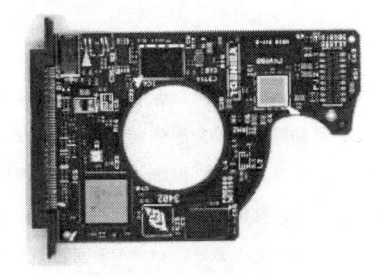

図16　1.8型HDDのメインボード

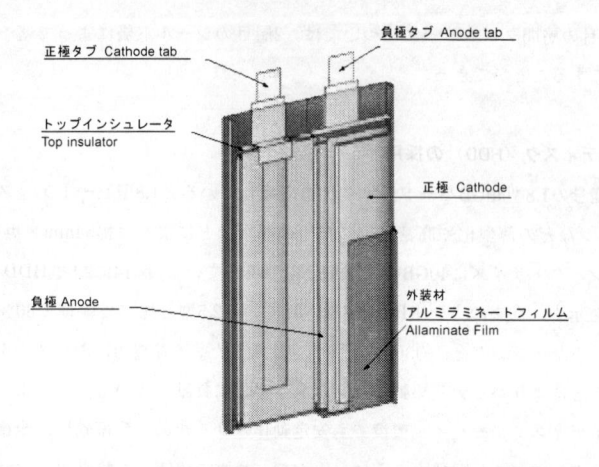

図17　リチウムイオンポリマーバッテリ

　図16は1.8型ハードディスクのメインボードの外観写真であり，総厚で1mmMaxを実現するため，0.4mm厚の薄型プリント配線板，薄型0.5mmピッチCSPの採用をしている．

4.3　リチウムイオンポリマーバッテリの採用
　軽快にモバイルで使用するためには，バッテリも軽く，長時間使用できるものでなくてはならない．標準バッテリで約2.8時間，大容量バッテリ接続時には約8.5時間というロングライフ駆動を実現した．また本体のスリム化をはかるために，バッテリの形状も自由に成形できるリチウムイオンポリマーバッテリを採用している（図17）．リチウムイオンポリマーバッテリは，電解液にゲル状の有機電解質を使用しており，液漏れの心配が少なく，安全性が高い．外装に金属ではなくレトルトパックのようなソフトケース（アルミラミネート）を使用することで11mmの薄型化および軽量化が可能となった．

4.4　薄型マグネシウム筐体と強度の高い筐体設計技術
　書類や雑誌と一緒にカバンやバックに入れて持ち歩くことの多いスリムノートPC．いつでもどこでも取り出して使うためには，移動時の振動や衝撃も考慮に入れなければならない．そのためには堅牢さも必須の条件と考えた．プラスチック樹脂より軽量で強度に優れたマグネシウム合金をボディ構造材に全面採用した．また，強度アップを図るためにマグネシウム合金板の肉厚を部分的に変える形成技術を採用している．たとえば，パネル側面部から中央部に向かって徐々に厚くなるように成型し強度を保つ工夫をしている．図18に示すように薄さを維持しながら高いボデ

52

薄型化された液晶パネル。

バスタブ構造の液晶背面図。

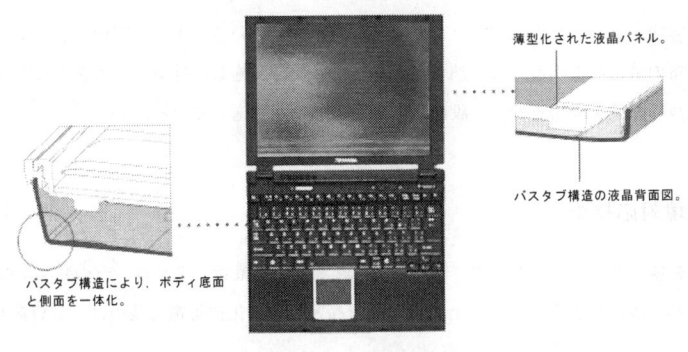

バスタブ構造により、ボディ底面
と側面を一体化。

図18　バスタブ構造

ィ剛性を実現するオリジナル設計の「バスタブ構造」を開発した。側面部の継ぎ目がない立体的な構造によって、ねじれに対する強度を大幅に向上させている。同製品は、液晶パネル背面部とボディ底部のどちらにもバスタブ構造を採用している。高いボディ剛性によって、パソコン内部を振動や衝撃から守ることができる。

　また、液晶パネルの軽量化は、ノートPCを90度以上開いた状態でも重量バランスを適切に保つために重要なポイントとなる。そこでガラスの厚さを薄型化した軽量パネルを採用した。薄型化によってガラスの柔軟性も増している。

　周辺機器やネットワークを接続するインタフェースは、背面に集中してレイアウトした。配線類をひとつにまとめることによって使いやすく、この部分にもマグネシウムを使うことで構造的にも強度をアップしている。

4.5　超低電圧版CPUの採用と冷却技術

　CPUパフォーマンスは高ければ高いほど、消費する電力は大きくなり、熱が発生し、バッテリでの駆動時間も相対して短くなる。同製品のワイヤレス内蔵モデルには、ワイヤレスノートPCのために生まれた最新技術であるIntel® Centrino™モバイル・テクノロジを採用している。この技術は、高いパフォーマンスで低消費電力を確立した「超低電圧版Intel® Pentium® Mプロセッサ1GHz（拡張版Intel SpeedStepテクノロジ搭載）」を搭載しており、駆動時の電圧レベルを超低電圧化することにより発熱量を下げて消費電力の低減化を実現し、バッテリ駆動時でもパフォーマンスを犠牲にすることなく長時間駆動を可能にしている。さらに、ワイヤレスLANの通信機能「統合型Intel® PRO／Wirelessネットワーク・コネクション」と「Intel® 855GMチップセット」を搭載し、バランスのとれたパフォーマンスを発揮することができる。

　PCの薄型化にとって放熱は一番の課題である。モバイル環境でのハードな使用条件を想定して、

薄型で低騒音,高耐久性の冷却ファンを開発し,実装している。また,図19に示すように機器内の温度分布の最適化を図るため,熱シミュレーションを実施し,排気口を大きくしたり,空気吸入口の個数や配置を決めるなど,設計段階から放熱対策を施している。

5 環境対応技術

最先端をゆく高性能のみならず"環境調和"を実現する最新テクノロジーの数々を凝縮させている。モバイルの理想を追求する上で不可欠な高密度実装化や省電力技術は,省資源化やCO_2の低減により,必然的に環境調和に結びつく。

5.1 ハロゲンフリー化

同製品のメインボード及び内蔵している1.8型ハードディスクのメインボードには,焼却時にダイオキシンや臭化水素の発生を抑えたハロゲンフリープリント配線板を採用している。ハロゲンフリープリント配線板は,青色のソルダーレジスト及びコンポーネントマーキングで環境調和型プリント配線板マーク(図20)を表示しており,従来品との判別ができるようにしている。

当社は1998年11月に世界で初めてハロゲンフリー多層プリント配線板の量産化に成功し,ノートPC DynaBook Sattellite2510に採用してから5年近い年月が過ぎた。採用当初はハロゲンフリー材料の生産量も少なく,材料メーカは日本だけであり,調達難,コスト高といった問題点があったが,近年,韓国,台湾,中国,ヨーロッパの材料メーカでもハロゲンフリー材が広く生産され,コストは従来FR-4材と同じレベル,調達面でも問題ない状況になりつつある。既に2003年からの

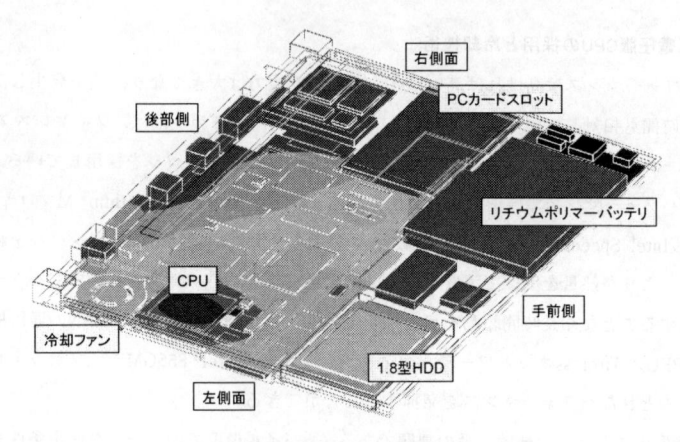

図19 熱シミュレーション

当社内で設計品しているノートPCのプリント配線板については，全面的にハロゲンフリー化をしている。今後は，OEM/ODM製品やユニットで購入している液晶，ハードディスクドライブ，光ディスクドライブなどのユニット品に内蔵しているプリント配線板についてもハロゲンフリー化を推進していく。

HALOGEN / ANTIMONY-FREE PWB

図20　環境調和型プリント配線板マーク

　ハロゲンフリー材は単に環境にやさしいだけの材料ではなく，様々なメリットを持っている。材料のメーカによって難燃手法が異なるため，特性は多少差異があるが，共通して次のようなことが言える。材料のガラス転移温度（Tg）は従来FR-4材より高く，リフロー工程での反りが少ないことやリフロー温度が上昇する鉛フリー実装に十分対応できる。また，Z方向の熱膨張係数も低く，スルーホール信頼性が高い。GHzを超えた高周波伝送では，伝送損失より誘電損失の影響が大きくなることが知られており，難燃剤に無機フィラーを使ったハロゲンフリー材の誘電正接は従来FR-4材の約半分であることから，ハロゲンフリー材は従来FR-4材よりも高周波の伝送に適した材料である。一般FR-4材の中には，ガラスクロスへの樹脂の浸透性が悪く，ガラス布フィラメントに沿って発生するCAF（Conductive Anodic Filament）の発生がしやすいものがある。ハロゲンフリー材は一般FR-4材に比べると樹脂の耐吸湿性が良く，CAFが発生しにくく，絶縁信頼性が高い。ハロゲンフリー材は，環境調和性と各特性面をグレードアップした特長を兼ね備えた次世代の材料である。

　しかし，まだハロゲンフリー材には解決しなければならない課題がある。一つは，材料メーカによる難燃手法が異なることから，材料特性にも差異があり，プリント配線板の製造性や電気特性面で取り扱いが複雑になっている。プリント配線板の製造性では，積層，ドリル加工，デスミア等の製造条件を材料メーカごとに設定しなければならない。電気特性では，一例として比誘電率について説明すると，ガラスエポキシの比誘電率はガラスクロスとエポキシ樹脂の含有率によって比誘電率が変化するが，図21はほぼ同一の樹脂含有量，同じ測定機を用いて同じ測定方法で，従来FR-4材とハロゲンフリー材4種類の比誘電率を1MHzから1GHzまで測定した結果である。ハロゲンフリー材の中には1MHzで比誘電率が5.0を超える材料もあり，採用する機器での電気的な影響を考慮または評価する必要が出てくる場合がある。材料のマルチベンダーをする場合は，材料が異なるごとに機器評価をする場合もあり，実際には時間も手間も割ける開発期間を持てない状況にある。

　もう一つの問題として，ハロゲンフリー材は広まったといっても採用率は全世界でまだ数％のレベルである。新しい材料を採用するには，材料→プリント配線板→実装→機器というステップ

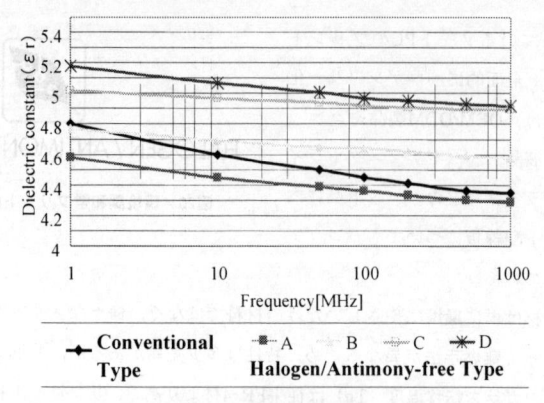

図21 各材料の比誘電率

で評価をするのが一般的であり，セットメーカは時間を要したり，採用を足踏んだりしている。以上のような様々な課題はあるが，世の中全体で採用率を増やし，デファクトスタンダードになることが必要であり，それが結果としてコストや調達面の問題を解決することができると共に環境調和製品の創出につながる。

5.2 鉛フリー化

同製品のメインボード及び内蔵している1.8型ハードディスクのメインボードには，Sn-Ag-Cu系の鉛フリーはんだを採用している。2000年度に発売したノートPCから鉛フリーはんだの採用を始め，順次拡大を進めている。また，ユニットメーカへも採用を働きかけており，100%鉛フリー化することを目標にしている。

5.3 グリーン購入

2001年4月よりグリーン購入法（国等による環境物品等の調達の推進等に関する法律）が全面施行されている。「グリーン購入」とは，製品やサービスを購入する際，購入の必要性を十分に考

図22 3R（Reduce/Reuse/Recycle）

小さいものを優先して購入することである。当社のノートPCは，グリーン購入法に対応した製品を積極的に開発・提供をしている。また，グリーン購入ネットワークに参加し，グリーン購入を促進するとともに，商品選択のためのデータベースへの情報登録など，積極的にグリーン購入への情報提供を進めている。

5.4 パソコンのリサイクル

資源循環型社会の構築のために，製品ライフサイクル全般において，3R（Reduce/Reuse/Recycle）の視点に立った環境配慮の取り組み項目を設定し，目標達成のための体制整備やツールの開発を行っている。

- Reduce（リデュース＝廃棄物の発生抑制）＝RD
  省エネ，省資源，長寿命化，有害物質削減，適正処理等
- Reuse（リユース＝部品等の再利用）＝RU
  製品・部品再使用，梱包材再使用等
- Recycle（リサイクル＝使用済製品等の原材料としての再利用）＝RC
  再資源化等

製品を生産し，顧客が使用し，不要になったら回収し処理するまで，そのすべてのプロセスにおいて環境への配慮，すなわちReduce（リデュース）Reuse（リユース）Recycle（リサイクル）の視点を意識し，環境への負荷を最小化することが環境調和型製品のコンセプトである。

6 おわりに

当社のノートPCに採用している「DynaBook」というロゴは，アラン・ケイ氏が提唱した"Personal Dynamic Media"という論文の中に理想のコンピュータとして名付けられている。「将来，コンピュータは老若男女，誰もが使えて双方向でコミュニケーションが出来るツールになり，オーディオも聴け，新聞も読める…」という考えがあり，当社のPC開発はそんな理想のマシン作りを目指すという願いからはじまり，"DynaBook"のロゴは1989年6月に発売された世界初のノートPC「DynaBook　SS001」から採用している。当時としてはこの考えは，ユビキタス社会を先取りしたものであり，現在の製品開発に引き継がれている。2003年1月には，図23のような"モバイル＆ワイヤレス"をイメージした新しいロゴマークも採用され，ユビキタスをイメージしたものとなっている。

個人の快適なワイヤレスライフスタイルの実現やシームレスなユビキタス，ワイヤレス環境によるビ

図23　新しいロゴマーク

ジネスの効率アップを目指し,「いつでも どこでも だれにでも 簡単に使えるモバイルPC」の実現のために,ユーザの意見を反映した製品を作り続ける。モバイル基本性能の向上のために次のようなアイテムについて取り組んでいきたいと考えている。
- 小型軽量で持ち運びに適したサイズの追求
- 長時間バッテリ駆動
- 起動時間の短縮(インスタント オン)
- 多様な通信手段のサポート
- セキュリティの確保

また,省エネルギー,環境負荷の低減,リサイクルへの取り組みといった環境調和型製品の創出についても合わせて力を注いでいく。

文　　　献

1) 総務省,情報通信白書平成13年度版,情報通信統計データベース
2) 高木伸行ほか,薄型・軽量ノートパソコンの実装技術,東芝レビュー, Vol.53,No.9,pp.65-69(1998)
3) 八甫谷明彦ほか,ノートパソコンにおけるビルドアッププリント配線板の採用事例,第12回回路実装学会講演大会論文, pp.205-206(1998)

第6章　携帯電話

朝桐　智*

1　概要

200万ピクセルを超えるカメラ付き携帯電話，高精細VGA（Video Graphics Array横640×縦480ピクセル）画面を有する携帯電話，そして地上波デジタルTVシステムが受信可能な携帯電話など，現在携帯電話の開発は第二世代から第三世代へと，まさしくユビキタス社会のコア商品の一つとして進化し続けている。携帯電話は，デジタルサービス開始から急速に普及し，多様なサービス（着メロ，メール，iモードなど）と技術（カラー液晶画面，カメラなど）とが目覚ましい発展を遂げてきた。

今やあらゆる年齢層の人間が，あらゆる場面において，気軽に携帯し，国内だけでなく世界各国いたる所で使用する環境にある。しかし，その商品ライフサイクル（寿命）は，約半年から1年であり，使い捨ての時代（モノの飽和）とは言え，最新鋭端末が出ればユーザーは直ぐに機種変更する。「次はどんな機能」「次はどんな形状（構造）」といったように，通信事業者には低コストでしかもきめ細かい種々のサービス力が，そして端末メーカには，それを支える高度な技術力が，要求されている。携帯電話は，まさしくサービスと技術とが一体となった商品であり，ユビキタス社会を支える成長エンジン（テクノロジードライバー）として君臨し，多種多様なモバイルライフスタイルに対応する差異化商品として，各メーカがしのぎを削って開発している。

2　携帯電話の変遷

携帯電話は，10年前のショルダータイプ（自動車電話）に始まり，弁当箱程度の大きさ，そして胸ポケットに収納可能な大きさへと軽薄短小化が進んだ（図1参照）。また，その形状（構造）についても，表示装置の大画面カラー化に伴い，バータイプからクラムシェルタイプ（二つ折り式）へ，さらに最近ではアドバンストクラムシェルタイプ（二つ折り回転式）へと，まさしくユ

---

*　Satoru Asagiri　㈱東芝　モバイルコミュニケーション社　モバイルコミュニケーションデベロップメントセンター　モバイルハードウェア設計第二部　要素・システム設計担当

ビキタス時代の多種多様なモバイルライフスタイルに対応するため，変幻自在な形へと変遷している（図2参照）。

現在主流となっているクラムシェルタイプの大きさは，体積100cm^{3}前後（厚さ20mm前後，重さ100g前後）である（図3参照）。クラムシェルタイプの携帯電話は，主に筐体，メイン液晶，サ

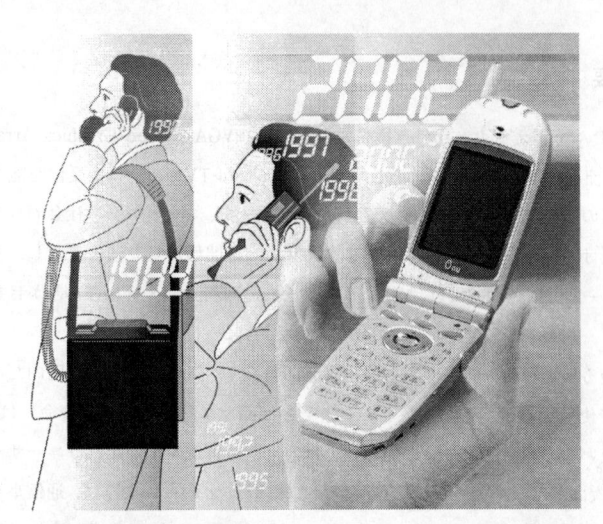

図1　携帯電話の変遷（株式会社東芝 モバイルコミュニケーション社 作成）

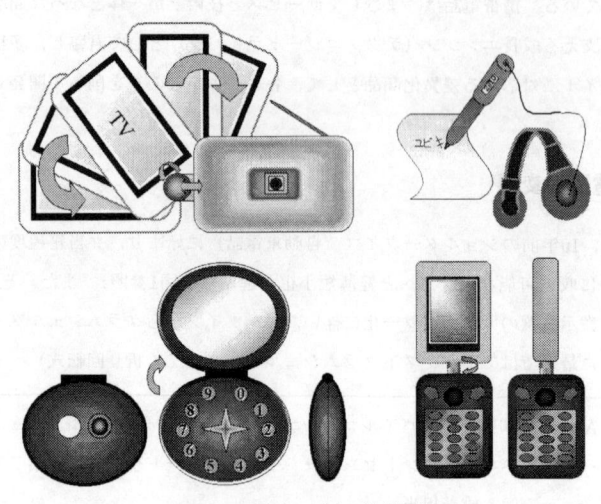

図2　ユビキタス時代の携帯電話

ブ液晶，カメラモジュール，上基板，下基板（RF回路，制御回路），キー基板，種々の電子部品，アンテナ，および種々のユニットをつなぐコネクタ（ケーブル）などから構成される。そして，このような携帯電話に内蔵された電子部品，モジュール，プリント配線板，および接合材料・補強材料の到る所に最新の実装技術が採用されている。

3 携帯電話の電子部品

電子部品が搭載されたプリント配線板ユニットを図3に示す。携帯電話の軽薄短小化に伴い，小型・薄型化の電子部品が採用されている。

3.1 受動素子（チップ部品）

携帯電話に多数実装される受動素子（抵抗，コンデンサ，コイルなど）は，直方体の形をしたチップ部品と呼ばれ，現在，外形寸法1.0mm×0.5mmの1005タイプが主流である。しかし，チップ部品の小型化の追求は止まる所を知らず，2002年からは外形寸法0.6mm×0.3mmの0603タイプが採用され，各携帯電話メーカとも開発段階では外形寸法0.4mm×0.2mmの0402タイプも検討されている。これらチップ部品の実装は，プリント配線板上にリフローはんだ付けで行われ，隣り

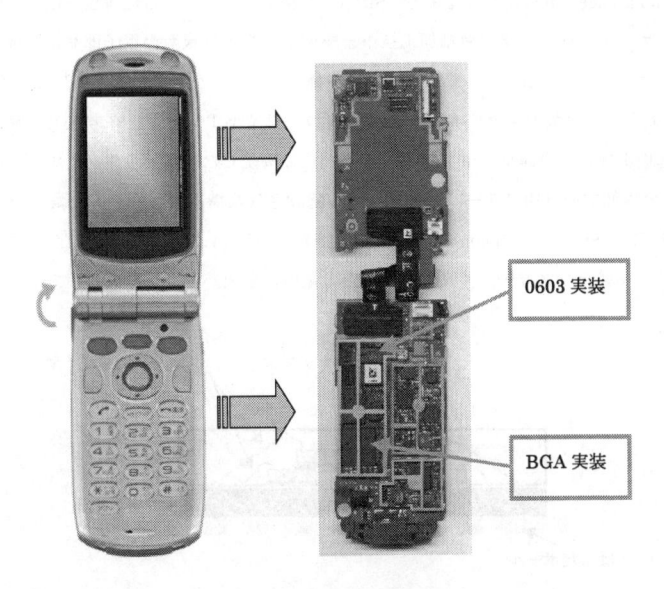

図3　携帯電話の電子部品

合うチップ部品同士の最隣接間隔は0.2mm以下である。これを実現させるため，チップ部品搭載装置（マウンタ）の能力を最大限に引出すようにマウント条件（マウントノズル，マウント速度など）の最適化が行われる。また，チップ部品が搭載されるプリント配線板の電極寸法や接合材としてのはんだペーストの特性は，ブリッジやはんだボールなどの不良を抑制し，かつ携帯電話の機械的衝撃に対する信頼性（接合信頼性）を確保するため，基板電極から部品電極にかけてはんだフィレットが形成されるように，最適化される。このように，チップ部品の小型化と実装技術は密接に関連しながら，携帯電話の軽薄短小化を実現してきている。将来，チップ部品が，0603タイプから0402タイプへとさらに小型化すれば，プリント配線板の中に内蔵することも可能となり，超小型携帯電話を実現させるために有効な手段の一つになると考えられる。

3.2 半導体パッケージ部品

携帯電話に搭載される半導体パッケージ部品の多くは，部品の底面に電極が配設されたリードレス形状のものが採用されている。特に，BGAはその代表格である。BGAは，1990年代後半から携帯電話に搭載されるようになった。その外形寸法は10mm^{2}程度（厚さ1.0mm程度）であり，電極数200ピン前後で，電極ピッチは0.8mmから0.65mmや0.5mmへと狭ピッチ化が進み，2004年には0.4mmの搭載も可能と思われる。また，最近ではBGAの内部に複数のLSIが積層されたSIP（System In Package）も採用されている。SIPは，携帯電話のさらなる軽薄短小化と多機能化を達成させるため，半導体チップの微細加工技術を駆使し，従来は複数の電子部品で実現させていた機能（システム）を一つ以上の半導体チップに集積させ，パッケージ化する技術である。例えば，図4に示すように，複数の半導体チップを積み重ね，ワイヤボンディング方式（半導体チップ上の電極と基板電極とを金属ワイヤで結線する方式）で接続した後に，全体をエポキシ樹脂などで封止し，その外部電極は鉛フリーはんだボールが配設された構造である。将来は，直径300mm（厚さ50μm以下）のSiウエハに50nm以下の微細加工技術を駆使した半導体チップが，プリント配線板に直接フリップチップ方式（半導体チップ上の電極に金属バンプを形成し，フェイスダウンで

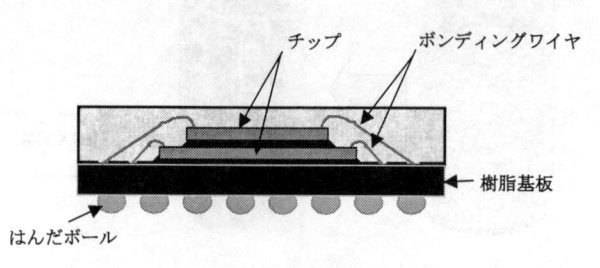

図4　SIP構造

第6章 携帯電話

直接基板に実装する方式)で実装されるか,又はこれらの超薄型半導体チップをSIPに加工されてからプリント配線板に実装されるようになり,さらに携帯電話の軽薄短小化と高機能化の技術ニーズにこたえることが出来るようになると思われる。

3.3 モジュール

携帯電話に搭載される代表的なモジュールは,液晶モジュールとカメラモジュールである。これらモジュールは,ユーザーが直接目の当たりにする機能であり,商品の顔となることから,高機能化と高信頼性を確保するため,実装技術の果たす役割は大きい。

液晶モジュールは,薄型かつ小型でありながら,可能な限りの大画面化と高精細化が進んでいる。現在は,QVGA(Quarter VGA 横320×縦240ピクセル)と言われる段階にあるが,今後TV放送の受信,地図情報の取得,三次元アプリケーションの多様化に対応させるためには,益々大画面化と高精細化の要求が高まると考える。その実装構造としては,液晶を駆動させる半導体チップを直接ガラス基板上やフレキシブル基板上に実装するCOG(Chip On Glass)やCOF(Chip On Film)である。また,液晶モジュールとプリント配線板(携帯電話の上基板など)との接続には異方性導電膜を駆使した熱圧着方式で,薄型化を達成している端末もある。

カメラモジュールは,小型でありながら,かつ100万ピクセルを超えるものが開発されている。光の情報を電気信号に変換するCCD(Charge Coupled Device:半導体受光素子)を用いたものや画像信号処理や電源などの周辺回路を1チップ化させたCMOS(Complementary Metal Oxide Semiconductor:相補型金属酸化被膜半導体)を用いたものがある。その構造は様々であるが,例えばCCDカメラモジュールの構造は,セラミックス基板などにCCDをワイヤボンディング方式やフリップチップ方式で実装し,その上に光学フィルターとガラスレンズとが配設され,またセラミックス基板などの裏面(CCD実装面の裏面)には受動素子,DSP(Digital Signal Processor)チップ,信号処理チップ,電源チップなどがはんだ付けされている。複雑な実装構造であるが,今後もピクセル増加に加え,さらなる小型・軽量化が予想されることから,高密度実装技術によるブレークスルーが期待されている。

4 プリント配線板

携帯電話のプリント配線板の変遷を図5に示す。携帯電話のプリント配線板は,1990年代後半からビルドアッププリント配線板(Build-up Printed Wiring Board)が,2000年前半から多層フレキシブルプリント配線板が採用され,携帯電話の軽薄短小化を達成するためには,必要不可欠なものとなっている。

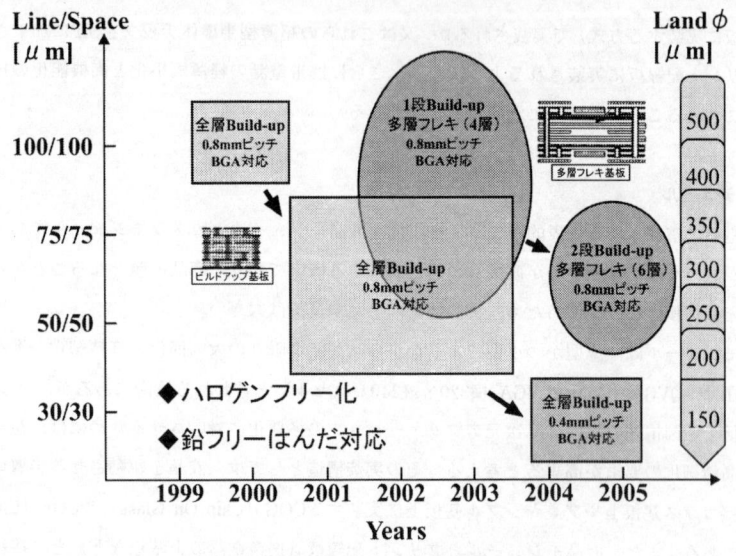

図5 携帯電話のプリント配線板の変遷

4.1 ビルドアッププリント配線板

　図6に示すように，ビルドアッププリント配線板は，ベース基材に絶縁材料とめっきとを組み合わせて，順次導体層を積み上げて形成される多層のプリント配線板である。ビルドアッププリント配線板は外層ばかりでなく内層にも微細な配線が形成できるような多層配線構造で，特にランダムな層間接続が可能，パッドオンビアが容易，ファインパターンに最適，薄板・軽量化達成などの特長があり，0.5mmピッチ以下のBGAを実装することが可能となる。今では，その種類も増え，例えば全層IVH（Interstitial Via Hole：導体層間接続穴）構造による自由接続と小型・軽量化を特長とするVia穴埋めビルドアッププリント配線板，オリジナル液状絶縁材と微細レーザー加工によるファインパターン層を特長とするレーザービルドアッププリント配線板など，基板メーカからは種々の工法が提案されている。今後は，動画によるデータ量の増加，ブルートゥース，GPS（Global Positioning System：全地球測位システム）や無線LAN（Local Area Network：構内通信網）等の多機能化が進み，電子部品の小型化・ファインピッチ化など次世代の高密度実装ニーズに対応した全層自由接続ファイン化対応の新構造ビルドアッププリント配線板が必須となるであろう。

4.2 多層フレキシブルプリント配線板

　多層フレキシブルプリント配線板は，ポリイミドフィルムなどが多層化された構造で，ビルドアッププリント配線板などのリジット基板に近い強度を持つ部分とフレキシブルな部分が一体化

第6章　携帯電話

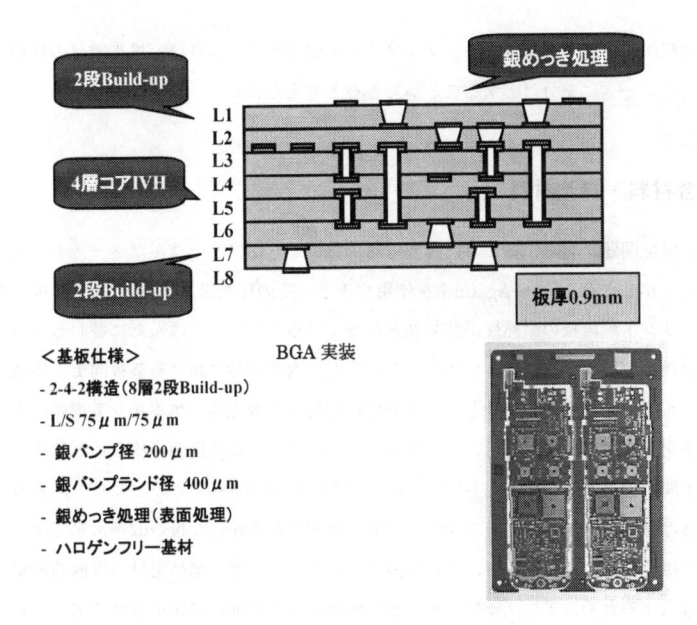

図6　ビルドアッププリント配線板の構造

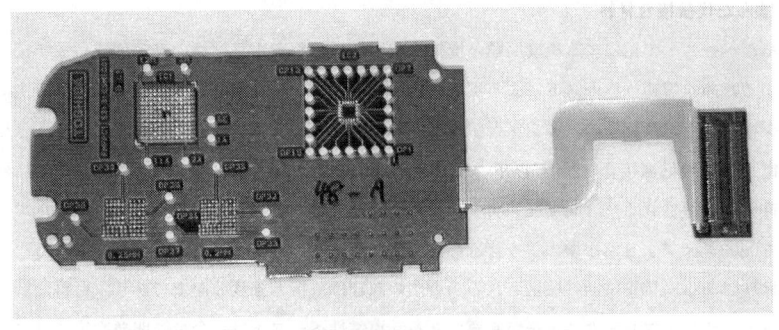

＜基板仕様＞
- 2-4-2構造(8層2段Build-up)
- L/S 75μm/75μm
- 銀バンプ径 200μm
- 銀バンプランド径 400μm
- 銀めっき処理(表面処理)
- ハロゲンフリー基材

図7　クラムシェルタイプ携帯電話評価基板（上基板とヒンジとの一体型）

されたプリント配線板である。特に、耐熱性、難燃性、電気特性、寸法安定性に優れている無接着剤のポリイミド銅張積層板で形成された多層フレキシブルプリント配線板は、携帯電話の薄型化を達成させるため、例えば図7に示すように、クラムシェルタイプ携帯電話の上基板とヒンジ部のケーブルとを一体化させる部位に採用されている。この場合、ヒンジ部のケーブルは数十万回の屈曲強度が必須となることから、無接着剤ポリイミド銅張積層板による多層フレキシブルプリント配線板が使用されている。現状では、0.5mmピッチBGAの実装は難しいとされているが、

今後高密度配線が可能な多層フレキシブルプリント配線板ができれば，携帯電話の外観デザインや高機能化のニーズに充分対応することができると考えられる。

5 接合材料・補強材料

鉛による環境問題に対応するため，携帯電話においても鉛フリーはんだペーストが使用され始めている。しかしながら，Sn-Ag-Cu系を使用すると，その作業温度は最大250℃前後となり，電子部品やプリント配線板の耐熱性がリスクとなっていることから，はんだに替わる導電性ペーストなど次世代接合材料が検討され始めている。また，携帯電話における基板同士の接続，及び液晶モジュールやカメラモジュールと基板との接続で異方性導電膜（エポキシ系樹脂の中にNiなどの導電粒子を分散させ，膜状にした接合材料であり，対向する電極間に挟み込み熱圧着すると，電極の上下間で導通が得られ，左右間は絶縁となる）が適用されている。ただし，異方性導電膜による実装は熱圧着となり，生産スループットが課題であるが，今後の改善次第では，はんだ代替の次世代接合技術の一つとして，注目を浴びている。その他，携帯電話の機械的衝撃に対する信頼性を確保するため，アンダーフィルなどの補強材料も積極的に使用されて来ている。

5.1 はんだ代替接合材料

はんだペーストの鉛による環境問題と携帯端末に採用される電子部品の高密度狭ピッチ接合を実現するため，導電性ペーストによる実装技術が注目を浴びている。導電性ペーストは，主にエポキシ樹脂など熱硬化型のバインダと銀などの導電粒子とから構成され，はんだペーストと比較して電子部品の低温接合（200℃以下のリフロー硬化でプリント基板の反り低減，かつ部品の熱劣化抑制が期待される）と高密度ファインピッチ接合（はんだブリッジなし，かつはんだボールなしで0603タイプよりも小型のチップ部品を実装できるなど期待される）が可能とされる次世代接合材料である。携帯電話へ採用されるか否かの課題は，接合強度の向上であり，材料設計と実装プロセス改良でブレークスルーが必要である。導電性ペーストは，今後の開発次第でははんだ代替となる可能性を秘めている。

5.2 補強材料（アンダーフィル）

携帯電話においては，軽薄短小化に伴う持ち運び性の向上とメール機能の発達から，落下衝撃やキー押し耐久に対する信頼性確保が必須となっている。特に，BGAなど接合強度が弱い部品についてはアンダーフィルによる補強を実施している場合が多い。しかしながら，アンダーフィルによる補強は，アンダーフィルの塗布領域を確保しなければならない。塗布領域には，アンダー

フィルのだれによる品質劣化を防止するため，部品を配置することができず，プリント配線板の高密度設計に悪影響を及ぼしている。また，補強対象となる部品が多くなれば，工数が増加し，製造面の負担が大きくなるといった問題やアンダーフィルを硬化してしまった後は，部品交換が難しいなどの品質問題もある。そのため，実装面からのアプローチでなく構造面の工夫でアンダーフィルレスを達成できないか，また製造負荷を軽減できる新型アンダーフィル（リフローはんだ付けと同時に硬化できるものやリワーク性のあるもの）の開発が進んでいる。今後，ユビキタス時代の携帯電話は，多種多様な場面での利用が予想され，高信頼性を確保しなければならない。今後，補強技術は実装技術と合わせて重要な位置を占めてくるのではないかと考えられる。

6 将来の展望

　携帯電話が社会に果たす役割は，益々大きくなると考えられる。単なる遠隔地を結ぶコミュニケーションの手段の一つでは収まらない，娯楽的な機能，社会システムを繋ぐ機能，など幅広いところで活躍することは間違いないと考えられる。その要求に応えるため，携帯電話端末を支える実装技術も，外観（構造）デザイン，ハードウエア，ソフトウエア，アプリケーション，環境などが円滑に，しかも高品質で機能されるよう進化して行かなければならないと考える。

　そのため，実装技術開発者は重要な役割を担っていると言っても過言でない。社会システムの円滑な運用のためには，携帯電話端末の品質の向上が挙げられる。開発のスピードを上げる一方，重大な機能不全や事故リスクがないか十分な品質と信頼性を鑑みて開発していく必要がある。特に，今後材料がらみでの安全面を含めた品質問題が発生する危険性があるため，材料を良く知り，使いこなす技術が要求されてくるものと思われる。

第7章　ウェアラブル機器

佐々木　健[*]

1　ウェアラブル機器とは

　ウェアラブル（wearable）とは英語で「身につけられる」という意味であり，ウェアラブル機器とは一般に身につけられる情報機器を指す．電子デバイスと情報技術の発展により身の回りの情報機器は小型軽量化が急速に進み，計時機能以外の機能を持つ腕時計やポケットに入る携帯電話などの携帯型からウェアラブルへと進化してきた[1,2]．腕時計や補聴器など，従来から存在するウェアラブル機器に加えて，ウェアラブルコンピュータ[3]やヘッドマウントディスプレイなどが既に実用化されつつあり[4,5]，今後はウェアラブル機器が産業界やファッション業界まで，広く世の中に普及していくと考えられる．「身につけられる」ウェアラブル機器と「持ち歩く」携帯機器の境界は明確に定めることはできないが，ここではやや狭義に捉えて身につけられるものに限定して考えたい．図1は現在製品化，またはプロトタイプが試作されているウェアラブル機器の装着位置，入出力情報，機能を示したものである．現状では多くの機能が腕時計型に集中しているが，今後はさまざまな形態のウェアラブル機器が出現すると考えられる．

2　腕時計

　ウェアラブル機器ということばが使われるようになる前から腕時計は身につける情報機器として存在し，今日でも一般の人々が日常的に身につける機器としては最も高度な精密機械であり，かつ電子情報機器でもある．ゼンマイを動力源とし，テンプの振動と歯車列によって計時する従来の機械式腕時計に代わり，1969年にクオーツ式腕時計が発明された．クオーツ式腕時計は水晶振動子の振動を電気的に数え，小さなステッピングモータにより歯車を回している．その後，表示デバイスとして液晶が開発されてデジタル表示の腕時計が出現し，現在は時針を動かすアナログ式と共存している．今日，大半の腕時計はクオーツ式であり，純粋な機械式腕時計は少なくなった．正確な計時のために標準時刻を受信する電波時計も補正のとき以外は水晶振動子による計時を行っている．

---

　　[*]　Ken Sasaki　東京大学大学院　新領域創成科学研究科　環境学専攻　助教授

第7章 ウェアラブル機器

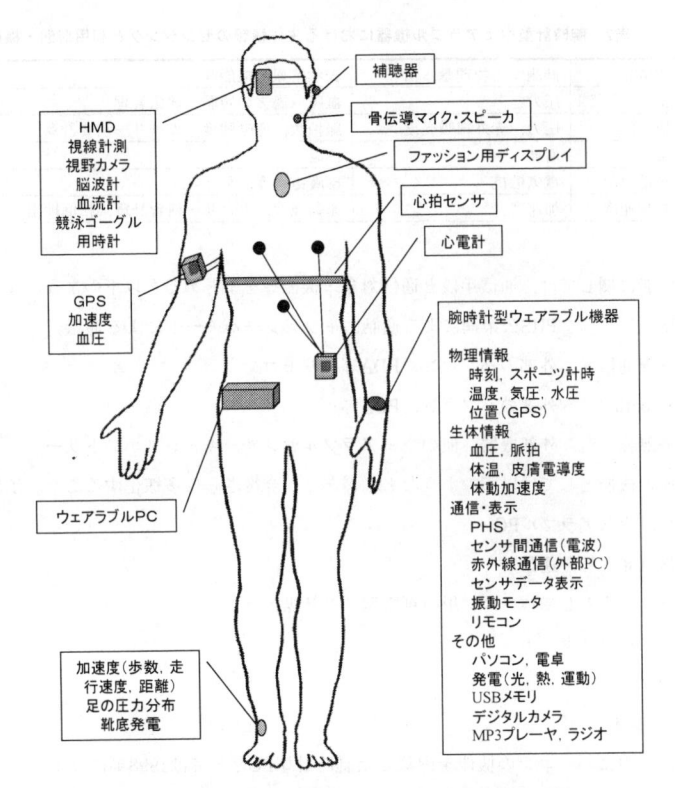

```
補聴器
骨伝導マイク・スピーカ
HMD
視線計測
視野カメラ
脳波計
血流計
競泳ゴーグル
用時計
ファッション用ディスプレイ
心拍センサ
心電計
GPS
加速度
血圧
腕時計型ウェアラブル機器
 物理情報
  時刻, スポーツ計時
  温度, 気圧, 水圧
  位置(GPS)
 生体情報
  血圧, 脈拍
  体温, 皮膚電導度
  体動加速度
 通信・表示
  PHS
  センサ間通信(電波)
  赤外線通信(外部PC)
  センサデータ表示
  振動モータ
  リモコン
 その他
  パソコン, 電卓
  発電(光, 熱, 運動)
  USBメモリ
  デジタルカメラ
  MP3プレーヤ, ラジオ
ウェアラブルPC
加速度(歩数, 走
行速度, 距離)
足の圧力分布
靴底発電
```

図1 ウェアラブル機器の装着位置, 入出力情報, 機能の一覧

　電子デバイスと情報技術の進歩により, 腕時計にも計時機能以外の様々な機能が付加され, 高機能化が図られ, 様々な製品が開発されてきた。製品化されている, あるいは近いうちに製品化が予定されている腕時計の機能を, 物理量のセンシング, 生体情報のセンシング, 通信・表示・メモリ等の機能などで分類すると表1と表2のように分類される。

表1　腕時計型ウェアラブル機器における物理量のセンシングと利用形態・機能

物理情報	計測する物理量, 情報	表示情報, 機能等
時間	水晶振動子の発振, 標準時刻電波の受信	時刻, 各種スポーツ計時, 目覚まし(アラーム)
温度	温度	体温, 外気温, 水温
圧力	気圧, 水圧	気圧(標高), 水深
位置	GPS	位置, 緯度経度, 移動速度, 軌跡, 道案内
地磁気	地磁気	方位, 姿勢

表2 腕時計型ウェアラブル機器における生体情報のセンシングと利用形態・機能

生体情報	計測する物理量，情報	表示情報，機能等
血圧	圧力	血圧（過去の履歴，健康管理）
脈拍	圧力，赤外線吸光度	脈拍数，運動強度，カロリー消費計算
体温	温度	体温
皮膚電導度	電気抵抗	皮膚電導度，発汗
体動加速度	加速度	運動強度，カロリー消費計算，転倒検出

通信機能に関しては，通信手段と通信対象・機能等をまとめると以下のようになる．

- PHS　　　　PHS公衆網による通話，トランシーバモードによる通話
- 赤外線通信　外部のパソコン，PDA等，リモコン
- Bluetooth　外部のパソコン，PDA等
- 微弱無線　　外部機器，他のウェアラブルセンサ，キーレスエントリー

その他の機能としては以下のようなものがあり，今後さらに多様化することが予想される．

- 電卓，ウェアラブルPC
- 発電（光，熱，運動）
- メモリ（主としてパソコン用の可搬型メモリ媒体として）
- デジタルカメラ
- MP3プレーヤ
- FMラジオ

腕時計の中にパソコンの機能を内蔵した腕時計型PCとしては1998年にセイコーインスツルメンツ㈱が「ラピュータ」を発売した．16ビットCPU，102×64ドットの液晶表示，赤外線ポートやシリアルポート，パソコンとの連携機能を持ち，様々なアプリケーションをユーザが開発できる環境を提供した．2000年にはセイコーエプソン㈱が「リストモバイルクロノビット」を販売した．パソコンとの連携によるスケジュール管理機能など，ビジネス用途を目的とした性能を持っている．2001年には日本アイビーエム㈱とシチズン時計㈱がOSにLinuxを搭載したWatchPadを発表した．主な仕様は32ビットCPU，320×240ドットの液晶表示，Bluetooth通信機能，などである．これらの腕時計型PCはパソコンの機能を持ち歩くために新たな機器を身につける必要がないという大きな特徴を持つ反面，機能的にはPDAや携帯電話と重なる部分が多く，表示画面が小さく入力にキーボードが使えないなど，マンマシンインタフェースの面で課題が残されている．

高付加価値の腕時計としては，電話帳やポケベルの機能を内蔵した腕時計も一時存在したが，携帯電話の普及した今日ではそれらの機能の意義は薄れてしまった．今後は情報セキュリティのための機能[6]など様々な機能を内蔵した腕時計が製品化されてくると思われるが，ウェアラブル機器という観点で腕時計を見ると，身につける機器としての長い歴史のおかげで老若男女を問わ

ず腕時計を身につけることに関して違和感を持つ者は少ないという他の機器に見られない大きな特徴があり，今後も先進的なウェアラブル機器のプラットホームとして重要な位置を占めると考えられる．

3 健康福祉・トレーニング機器

身につけるという形態を最大限に生かせるのが生体情報や身体の運動を計測するウェアラブル機器である．健康志向の高まりにより，スポーツや日常的なフィットネスにおけるトレーニングや運動強度測定のためのウェアラブル機器が製品化されている．

① 万歩計

身につける健康機器として最も身近なものは万歩計である．従来は歩行による腰の上下動によって振り子が振れる回数を機械的にカウントするものであったが，今日ではカウントは電子的に行い，表示は液晶表示である．最近では機械式振り子に代わり加速度計を用いているものもある．加速度計を用いると加速度の大きさから運動強度も評価することができ，運動によるカロリー消費の推定精度を上げることができる．

② 心拍計測

運動による体への負荷の大きさの指標としては心拍数が最もよく利用される．スポーツにおける心拍計測機器としては，センサを取り付けたバンドを胸部に巻き付けて信号を無線で腕時計に送信して表示するタイプが多い．心拍数は皮下の毛細血管中の血液の赤外線吸光度の変化によっても計測することができ，一般的で信頼性の高い計測部位は指先であり，指サックのようなものにLEDとフォトトランジスタを内蔵してセンサを皮膚に密着させて計測する[7]．この場合は信号は有線で手首の腕時計型表示器に送られる．手首においても脈拍の計測は可能ではあるが，信頼性，安定性，個人差への適応に課題があり，製品化されている例は少ない．

③ 運動強度評価

運動の強度は体の加速度の大きさと相関があるので，加速度センサを用いて運動強度を推定する機能を内蔵した万歩計やトレーニング・健康管理用腕時計がある．ただし，体の運動は個人差が大きく，測定部位の加速度から全身の運動強度を推定するためには性別，年齢，身長，体重，加速度のパターンなどの多くのパラメータを用いて補正しなければならず，運動強度の推定アルゴリズムは製品化しているメーカのノウハウとなっている．

④ 歩幅・速度・距離計測

ランニングにおいては速度や走行距離をリアルタイムに知りたいというニーズがあり，運動靴に装着した加速度センサを用いて歩幅と歩数から速度と走行距離を推定する機器が製品化されて

いる。センサデータは無線で腕時計に伝送され、そこで演算と表示が行われる。一般に加速度を積分して速度・距離を求める演算は累積誤差が大きくなってしまうが、靴の運動は着地した時点で速度が一度ゼロになるという性質を利用することにより、累積誤差を小さくしている。ただし靴の運動は姿勢も大きく変化するので、複数の加速度センサを用いて角加速度も計測し、靴の姿勢変化を求めた上で地面に対する水平方向加速度成分を求めている。

⑤ GPSによる位置計測

GPS測位において民間利用の精度を故意に低下させていたSA（Selective Availability）の制限が2001年に解除されたことにより位置計測誤差が10m程度にまで小さくなった。そのおかげでカーナビゲーションの精度が向上したばかりでなく、人間の歩行やランニングの計測にもGPSを利用することができる精度となった。ランニングの速度と走行距離計測用のGPS機器としては、タバコの箱サイズのGPS受信機を腕や肩に装着してデータを無線で腕時計に伝送するシステムが製品化されている。腕時計にGPSを内蔵した製品も存在するが、電池が小型なため寿命は1分ごとの計測で約3.5時間、連続計測で約70分である。

4 健康福祉機器・医療用具

医療福祉分野も身につけるというウェアラブル機器の特徴を最大限に生かせる分野である。

① 血圧計

通常の血圧計測は上腕部を圧迫し、心拍に同期して最高血圧と最低血圧を計測するが、一般家庭において簡便に血圧測定を行うために手首に装着して血圧測定ができる機器が実用化されている。圧力を測定する手首部と心臓の位置（重力方向に対する高さ）の差が血圧測定の誤差となるため、計測時に手首の高さを心臓と一致させる必要がある。そのため、機器内部に内蔵した加速度センサによって重力方向に対する腕の傾き角を計測して手首部の高さを推定し、装着者に対して手首の高さを調整する案内機能を持つ製品もある。現在の血圧計は測定するために腕を圧迫する必要があり、小型のポンプも内蔵している。光学的に検出できる血流の変化から血圧を推定する手法も考案されているが、実用化には至っていない。

② パルスオキシメータ

血中酸素飽和度（SPO2値）は動脈血のヘモグロビンの何％が酸素と結合しているかを表す値であり、呼吸器・循環器系の機能を診断する指標として病院内では標準的に計測されている。しかし退院後も体調を日常的にモニタするために在宅においてSPO2が計測できる機器が求められている。計測はLEDで発光した赤色と赤外の2種類の光を皮膚の表面から体内に照射し、吸光度の違いからSPO2値を求める。一般的なSPO2測定器は指の腹に光を当てるためのLEDとフォトトラン

ジスタを内蔵した指サックまたはクリップ形状の機器と，卓上型の計測機器で構成される。SPO2計測を指輪型にウェアラブル化して拘束感を減らしたものが実用化されている。これは指輪の内面にLEDとフォトトランジスタが内蔵されており，指の先端ではなく指輪を装着する指の根元付近で計測する。測定結果は微弱無線により室内に設置された中継器に送られ，そこから病院などの医療施設へデータが転送される。

③ 心電計

日常生活を行いながら心電図を連続的に記録することに対するニーズは高く，心電図をテレメトリーによって記録する装置が米国のHolterによって1949年に開発され，後にテープレコーダに記録する装置が開発された。長時間記録を行うためテープ走行速度は遅く，一般のオーディオカセットテープの24mm/sに対してホルター心電計は数mm/sである。今日ではデジタル化が進んだためテープ型は減り，コンピュータとのインタフェイスが容易なコンパクトフラッシュメモリやSDメモリなどの規格に対応したデジタル式ホルター心電計が製品化されている。重量は電池を含めて数十グラムである。

長時間計測の場合は電極を胸部に貼り付ける必要があるが，通常は電極を貼り付けずに本体を衣服の中にぶら下げておき，本人が異常を感じたときのみ計測器本体を押しつけて計測するタイプも開発されている。

④ 補聴器

日常的に身につける時間が長く，利用人口も多く，かつ歴史が長いという点では，補聴器は腕時計と並んで実用化されているウェアラブル機器の代表例である。腕時計と異なるのは，なるべく目立たないほどよい，という要求であるが，高密度実装，長寿命化の技術が必要なのは共通である。今日の補聴器は耳の穴にすっぽり入るほど小型化が進み，さらにデジタルフィルタによって従来のアナログ回路では不可能だった選択性の高いさまざまなフィルタイリング機能，例えば特定の背景音を抑制する，などを実現している。

5 マンマシンインタフェース

① ヘッドマウントディスプレイ（HMD）

ウェアラブル機器は人間が身につけるものであるから，人間との情報の入出力手段が重要である。視覚表示デバイスとしては通常の液晶パネル以外にウェアラブル機器用としてヘッドマウントディスプレイ（HMD）がある。HMDは以下の3種類に分類できる。

a.視野を完全に遮るタイプ：アイマスクのように視野全体を覆い，その中に映像が投影される。映画鑑賞，ゲーム，バーチャルリアリティ用である。

b. 視野を部分的に遮るタイプ：表示部が潜望鏡のように目の上部または脇から突き出ている。現在ウェアラブルコンピュータ用として実用化されているもののほとんどがこのタイプ。工場内のメンテナンス，組立，物流の仕分け作業等で既に利用されている。

c. 視野をほとんど遮らないタイプ：ホログラムなどの光学系を利用して，普通の視野の中に表示画像がオーバーレイされる[8]。

現状ではHMDはまだサイズが大きく特殊機器を装着している感が否めないが，小型軽量化が進むにつれ応用分野が広がることが予想されている。

② 視線計測

視線は音声と同様に両腕の動きを妨げない情報発信手段であり，体の不自由な方の情報伝達，カメラの自動焦点機構における注視点検出，戦闘機のパイロットの操作入力，などに利用されている。視線計測は，光学的手段による虹彩の境界（白目と黒目）検出，画像処理による虹彩または瞳の中心位置検出，照射した光源の角膜反射像（プルキンエ像）の位置検出などによって行われている。今後はHMDに付加機能として組み込まれていることが予想される。

③ 骨伝導マイクロフォン・スピーカ

騒々しい環境の中での音声の入出力や，携帯電話のハンズフリー化のための手段として，骨伝導マイクロフォンと骨伝導スピーカがある。これは頭部の骨を伝導する振動によって聴覚神経を刺激することで音声を伝え（骨伝導スピーカ），発声した音声は骨の振動によって検出する方法（骨伝導マイクロフォン）である。骨伝導スピーカやマイクロフォンを貼り付ける部位としては，こめかみ付近，頭の頂上付近，喉の側面などが多い。耳に差し込むイヤホンが骨伝導マイクロフォンを兼ねるタイプもある。

④ 触覚ディスプレイ

携帯電話の着信を知らせる振動モータは触覚ディスプレイの一種である。バーチャルリアリティの分野では機械的な振動によって人工的に触感を創り出す手法が研究されており，将来はウェアラブル機器においても重要な情報入出力手段になると考えられる。

6 衣服とファッション分野

ウェアラブル機器を衣服と融合させる研究も進められている[9]。光ファイバを繊維に織り込んだディスプレイや，導電性の繊維を織り込んでMP3プレーヤを内蔵した服が試作されている。こうした衣服が実用化されるまでには繰り返しの屈曲や洗濯に耐える素材，人体との親和性，電源の小型化など，技術的に解決すべきことが残されている。今後，衣服の中で自由に電気信号を伝達し，情報を入出力する技術が開発されれば，ウェアラブル機器は急速に普及し，新たな市場を形

成すると考えられる。

文　　　献

1) 板生清,「ウェアラブルへの挑戦」, 工業調査会（2001）
2) 板生清監修,「ウェアラブル情報機器の実際」, オプトロニクス社（1999）
3) 「進化を続けるウェアラブル機器」, ネイチャーインタフェイス, 10号, pp.28-30（2002）
4) 大和裕幸,「ウェアラブルで現場が変わる－産業環境とウェアラブル情報システム－」, ネイチャーインタフェイス, 10号, pp.10-15（2002）
5) 「造船現場で利用され始めたウェアラブルPC」, ネイチャーインタフェイス, 10号, pp.24-27（2002）
6) 「個人情報を守る"Security Watch"」, ネイチャーインタフェイス, 14号, pp.54-55（2003）
7) 天野和彦,「慢性維持透析の患者さんのQOLを高める試み－ウェアラブル脈波モニタによる心血管系の適応の測定－」, ネイチャーインタフェイス, 10号, pp.66-69（2002）
8) 「ウェアラブルの普及に朗報－ホログラムを用いた眼鏡型ディスプレイ－」, ネイチャーインタフェイス, 11号, p.22（2002）
9) 「着るコンピュータが生活を変える」, ネイチャーインタフェイス, 11号, pp.18-21（2002）

第8章　表示ディスプレイとしての電子ペーパー

面谷　信*

1　はじめに

　ユビキタス時代において表示媒体はどうあるべきかについての議論において，電子ペーパーという媒体の登場が期待されている。このとき電子ペーパーの概念をどのように捉えるかは実にまちまちであり，必ずしも統一された概念が定まっている現状ではない。ユビキタス時代に求められる電子ペーパーのあるべき姿や機能を素朴に考えてみると，まず次のような要望が媒体に期待されるイメージとして考えられる。

① 優れたヒューマンインタフェース性（機械としての存在を感じさせない）
② マルチメディア性，双方向性（いろいろな入出力に使える）

　これらの要望を実現するための具体的要件も考え合わせると①，②の要望は次の表1のように整理される。
　①と②の要望は技術的には方向性の異なる要求であり，一括してひとつの目標として捉えることは難しい。そこで本報告ではまず①（優れたヒューマンインタフェース性）の方向性に絞って報告中に取り扱うことにしたい。この方向性に対応する技術は，電子ペーパーをはじめとしてデジタルペーパー[1,2]，ペーパーライクディスプレイ，リライタブルペーパー，フレキシブルディスプレイ等々のキーワードを耳にする機会が多くなっていることでわかるように，最近多くの関心を集めている。これらは，ユビキタスという概念に対する回答としてより以前に，読むと疲れる

表1　ユビキタス社会において電子ペーパーに期待される内容

要　　望	具体的要件
①優れたヒューマンインタフェース性	薄型コンパクト
	フレキシブル
	見やすい
	扱いやすい
	壊れにくい
②マルチメディア性，双方向性	動画表示
	音声が出せる
	入力機能（画像，音声）がある

＊　Makoto Omodani　東海大学　工学部　応用理学科　光工学専攻　教授

第8章 表示ディスプレイとしての電子ペーパー

ディスプレイや場所をとるテレビ等々，現在の表示媒体に対する不満や要望に応える次世代の表示媒体をめざす意図で，積極的な研究開発が着々と進められつつある。

このような研究開発の動向について，本報告では，まず電子ペーパーに望まれるフレキシブル化やペーパーライク化の狙いについて，整理をしてみたい。実は，この分野では色々な概念が入り乱れて若干混乱しやすい点があるので，交通整理をしておこうということである。次に整理を行った狙いの中で特に"読む"行為の快適性に焦点を絞って，電子ペーパーの狙い，目標，実現形態について解説する。

2 目標の整理

2.1 フレキシブル化

まずフレキシブル化というキーワードであるが，これについては達成レベル分けを明確にする必要がある。一口にフレキシブル化といっても色々な達成段階があり，その段階別に何がメリットとして期待されるかが当然異なる。従って単にお題目のようにフレキシブル化を標榜するのではなく，どのようなメリットを期待してのフレキシブル化かを明確に意識する必要がある。

表2にフレキシブル性を4段階に分類し，各々の段階でどんな特別なことが実現され，どのような使い道が生まれるかということを整理してみた。何のためにフレキシブルにしたいのかを先に考え，そのためにはどのレベルのフレキシブル性が必要かについて冷静に目標設定する必要がある。

この表中で特に次のようなことを指摘しておきたい。例えばレベル1（弾性有り）という段階は一見フレキシブル性と言えないようなレベルに感じられるが，落とせば壊れて当然というガラス製の重いディスプレイと異なり，落としても壊れない紙や本に近い気軽な取り扱いを達成する意義の大きなステップと考えられる。一方レベル4（折り畳める）は紙に近い究極の理想のように感じられるが，折り畳む機能が欲しければ，硬いディスプレイにコンパクトな蝶番を付ければよ

表2 フレキシブル性のねらい整理

達成レベル	達成内容	実現メリット	想定用途例
1) 弾性あり	落としても壊れない 結果的に薄く軽い	気楽に取り扱える 持って歩ける	電子本，電子新聞 携帯TV
2) 曲面形成可能	曲面に表示可能	曲面部品等に表示可能	車載機器ディスプレイ
3) 曲げ戻し可能	曲げる物に表示可能 巻ける	服につけられる 巻取収納による小型化	電子服，電子布 携帯電話用サブディスプレイ
4) 折れる	折り畳める	大画面をポケット収納	？？

く，折れ目をつけても大丈夫な表示媒体という大変難しい課題をわざわざ達成する必要性は低いと思われる。すなわちレベル4は，難しい割にはあまり実入りの多くなさそうなステップと考えられる。このように，フレキシブル性ということに関しては，達成目標のレベル分けを明確に意識すべきである。

2.2 ペーパーライク化

次にペーパーライク化というキーワードであるが，このキーワードは次のような2つの狙いを含むものである。

① 紙のように読みやすい。
② 紙のように薄い。

これら2つの狙いに対し技術的に達成すべきことは当然大きく異なる。すなわち技術開発の方向性が大きく異なることを留意すべきである。

この際，用途としてその媒体で何をしたいのかについても，大きく異なる典型的な次の2つの狙いがあり得る。

a) 本を読みたい。
b) テレビを見たい。

これら二組の組み合わせを次の表3のように整理してみた。テレビを見るような用途には②"薄い"という狙いのみが意味を持つのに対し，本を読むような用途に対しては①"読みやすい"，②"薄い"という両方の狙いが有益なものとして意味を持っている。

2.3 表示技術の守備範囲

上記のように使用用途を分けて考えることには次のような重要な意味がある。表示技術の狙う領域は様々であり，例えば文書を読むための性能項目および表示内容と，テレビ画像を見るためのそれとは大きく異なっている。より具体例としては，例えば本を読むための電子ペーパーの狙う性能項目は，静止画かつモノクロでも視認性が良ければ第1世代として充分に存在価値がある

表3 ペーパーライク媒体の用途と狙い

用途 \ 狙い	(1) 紙のように読みやすい	(2) 紙のように薄い
(a) 本や書類を"読む"（静止画）	◎ 電子本など	○ 電子本など
(b) TVを"見る"（動画）	−	○ ペーパーTVなど

(◎：極めて有意義，○：有意義)

と考えられるが，TV・パソコンの画面表示用としてはカラーかつ動画がほぼ必須であろう。そこで，表示媒体の機能領域として動画の必要性，カラーの必要性と表示内容を少し強引に分類整理してみると図1のような3次元の表現が可能である。この図の中で特徴的なのは，電子本などで文字を読むための媒体と，テレビとして動画を見るための媒体とでは，達成すべき性能の領域が対照的に異なることである。

従って，"フレキシブル"や"ペーパーライク"ということを達成しようとするときに，動画は？ カラーは？ というような基本機能部分の必要性の有無が，想定する用途により全く変わってくるということに注意しなければならない。もちろんすべてが達成できる全能的な技術を手中にしているのなら，用途別に分けて考える必要はないが，TV・パソコンで大量の文章を読みたいとは思えない現状を見れば，そのようなオールマイティ技術は今のところまだ現れていないのが実情である。

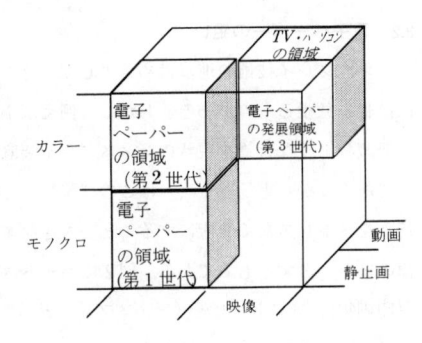

図1 表示技術の狙う領域
（表示内容，動き，表示色）の3軸で整理

3 電子ペーパーの狙いと動向

3.1 電子ペーパーの位置付け

前節の整理の中で用いた"電子ペーパー"という言葉をどのような定義で使うかについては色々な見解があり得る。両極端には電子本などの"読む"媒体に用いられる媒体を電子ペーパーととらえる立場，フレキシブルなテレビを実現する媒体を電子ペーパーととらえる立場，あるいは包括的にそのすべてを電子ペーパーととらえる立場もあり得ると考えられる。

本報告中での筆者の立場は，電子本に用いられるような文字を中心とした静止画をストレスなく読ませる媒体を電子ペーパーの少なくとも第1段階の大きな目標としてとらえるものである。その視点に立って，次に電子ペーパー技術の狙いと動向に焦点を絞って次に述べる。

すなわち，以下では表3に整理した狙いの中で(1)"紙のように読みやすい"媒体により，(a)"本を読みたい"という方向性について特化して解説を進める。(2)"紙のように薄い"という狙いについては読みやすさを実現する要素のひとつとして以下の議論に含まれる部分もあるが，(b)"テレビを見たい"という狙いの方向性については，別途の議論に譲ることとしたい。

3.2 電子ペーパーの狙い

ディスプレイ技術の進歩はめざましく，その進歩には目を見張るものがある。しかし，例えば小説を一冊読むような行為を現状のディスプレイ装置で行うであろうか。電子ペーパーはこの"読む"という行為をストレスなく可能にすることを大きな達成目標のひとつとするものである。図2にハードコピー（印刷物），ソフトコピー（ディスプレイ表示）との関係からとらえた電子ペーパーのコンセプトを示す[3,4]。電子ペーパーは現状のハードコピーとソフトコピーの各々の長所を併せ持つ理想メディアをめざす技術目標としてとらえることができる。

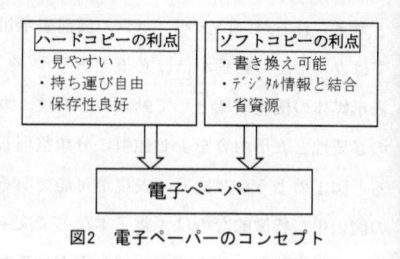

ハードコピーの利点	ソフトコピーの利点
・見やすい ・持ち運び自由 ・保存性良好	・書き換え可能 ・デジタル情報と結合 ・省資源

電子ペーパー

図2 電子ペーパーのコンセプト

3.3 電子ペーパーの達成目標

電子ペーパーの達成目標のリストを表4に示す。これらの達成目標はあくまで理想であり，すべての項目の最終達成目標が同時に満たされることを要求するものではない。すなわち，このリスト中の特定項目の組み合わせをあるレベルまで達成することにより，特定の使用目的に合致した実用製品を生み出すことが可能と考えられる。表中には例として電子本や電子新聞に求められるであろう必須項目と，一時使用書類（色々な必要文書を机上に並べて作業する形態を想定）に求められる必須項目とを個別に想定して記入した。このように用途によって求められる達成項目が異なることに注意すべきである。

このため各項目の重要度は用途次第であり，順位付けをすることは難しいが，表中にはある程

表4 電子ペーパーの達成目標

分類	項目	達成目標	用途別の必須項目 電子本 電子新聞	用途別の必須項目 一時使 用書類	一般的 必須度
基本機能	視認性	印刷物レベル	○	○	A
	書換性	用途に応じた書換回数	○	○	A
	像保存性	維持エネルギ不要		○	B
	書込エネルギ	小さいほど望ましい			B
付加機能	加筆性	表示面に加筆可能			C
	加筆情報入力	即時取込・表示			C
	カラー表示	フルカラー表示			C+
取扱性	可搬性	手軽に持ち運べる	○	○	B
	薄型性	紙の厚さが理想		○	B+
	屈曲性	巻ける〜畳める			C

(A：第1世代の必須項目，B：第1世代の要望的項目，C：第2世代で狙う項目)

度一般的に考えられる必須度をA＞B＞Cのランクに分けて筆者の私見として示した。この中で例えばカラー表示に敢えて低いCランクが与えてあるのは，見やすい表示をたとえ白黒でも早期に実現することを現状に対する最優先課題と位置付ける考え方に基づくものである。

3.4 電子ペーパーの実現形態

　電子ペーパーの形態は，大きくは，(a) 現状のLCDのように自身で書き換え機能を持つもの，(b) サーマルリライタブルのように書き換え機能は別置きとなるもの，(c) 自身で書き換え機能を持たない表示部に書き換えユニットを一体化させたものの3つに分類することができる。それらの中間形も含む具体的な実現形態として4つの典型的な形態と，その長・短所等について整理した結果を表5に示す[3]。表に示した様々な形態は，各々用途によって使い分けられるべきものであると考えられる。この中で例えば巻物型は携帯電話等の小型の装置に一体化可能な形態であり，携帯性と表示の見やすさを両立する新しい商品コンセプトの可能性を示すとも考えられる。

4　電子ペーパーの果たす役割

　電子ペーパーは，現在ある代表的な二つの表示媒体である紙とディスプレイに対し，それらの"いいとこ取り"をしたような第3のメディアとして位置づけられ，ユビキタス社会において機械的な固い装置を感じさせない視覚情報用窓口として期待される。一方少し別の観点から見ると，この第三のメディアは，図3に示すように「コンピュータとネットワークで形成される仮想世界の情報を，新聞・本・書類などの物理的存在物と同じ現実世界に持ち込む」という重要な役割を

表5　電子ペーパーの実現形態

分類	プレート型	巻物型	ブック型	ペーパー型
書換装置	内蔵	付属	内蔵，付属別置き	別置き
長所	リアルタイム書き換え可能	媒体は1枚でよい 小型化可能	一覧性良好	媒体はペーパーライク化可能
短所	コンパクト化には限界	一度に複数画面は見られない	ペーパー型よりかさばる	一覧したい情報多ければ複数枚必要

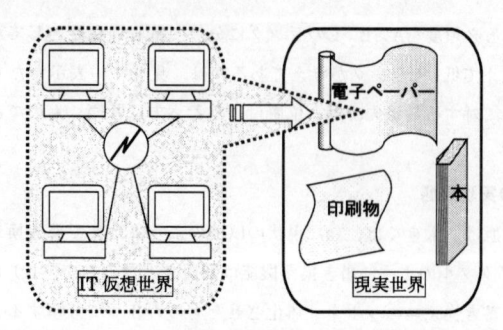

図3 電子ペーパーの役割（手で触れられないコンピュータと
ネットワークの世界を，触れられる現実世界に引き込む）

果たすと考えられている。このような位置づけと役割により，電子ペーパーは加速度的に進みつつある情報化社会を，よりヒューマンフレンドリーで快適なものにすると期待される。このようなヒューマンフレンドリー性はまさにユビキタス社会の達成目標の最重要目標として考えられるものであり，電子ペーパーはそのようなユビキタス社会構築におけるキー技術のひとつとして期待され早期の開発が望まれるものである。

5 おわりに

本報告では，まずユビキタス社会に向けて登場が待たれる電子ペーパーに期待される重要要件と考えられるフレキシブル化，ペーパーライク化というキーワードをどう捉えるべきかという観点について見解を示し，それぞれ狙いを細分化した整理を行い，狙う用途から逆に達成すべき技術目標を設定する考え方が必要なことを述べた[5]。そこでは特に，読むための媒体として特化した電子ペーパーの概念，目標，実現形態，について述べた。

電子ペーパーの目標として標榜されるフレキシブル化・ペーパーライク化というキーワードから展開が期待される世界は非常に有意義かつ広大である。本報告ではその中で"読みやすい媒体の実現"という狙いに特に焦点をあてて述べたが，紙のようなテレビやシートパソコンの実現をめざすような狙いも他方においてもちろん重要である。

また，冒頭に述べたとおり，ここで述べた内容は電子ペーパーに期待されると考えられる二つの項目①優れたヒューマンインタフェース性，②マルチメディア性，のうち①の方に特に着目したものとなっている。ユビキタス社会対応という観点では②のマルチメディア性の追求に関する検討ももちろん必要であるが，この方向性についての具体的な検討はまだこれからという段階であり，ユビキタス社会への対応をめざし，今後急速に検討のペースを上げることが必要と考えら

れる。

　いずれにせよ，電子ペーパーの分野はユビキタス社会の趣旨に合致して人間が情報ハンドリングをもっと快適に行えるようにしようとする有益性と，それを実現する技術やサービスの開発や製造の市場性について今後きわめて大きな期待の持てる領域であることは，疑う余地がないであろう。

文　　　献

1) 塩田玲樹,"デジタルペーパー",電子写真学会1997年度第3回研究会, p.26（1998）
2) 面谷信,"ディジタルペーパーのコンセプトと動向",日本画像学会誌, 128号, pp.115-121（1999）
3) 面谷信,"ディジタルペーパーのコンセプト整理と適用シナリオ検討",日本画像学会誌, 137号, pp.214-220 (2001)
4) 面谷信（分担執筆）,"第9章 デジタルペーパー",「デジタルハードコピー技術（監修:岩本明人，小寺宏曄）」,共立出版, pp.244-246(2000)
5) 面谷信,"表示媒体のフレキシブル化・ペーパーライク化の動向", O plus E, vol.25, No.3, pp.275-279(2003)

第9章 RFIDタグチップ

宇佐美光雄[*]

1 はじめに

非接触ICカードの普及に伴い,無線で認識する技術に注目が集まっている.この技術の利用は決して新しいものではないが,普及が進んでいる大きな要因は,半導体技術が進展するのに伴い,現実的な価格で機能を提供できるようになったシステムLSI技術の恩恵に帰するものと考えられている.非接触ICカードは人間が所持するものであるが,この世の中の物品を認識する目的として,RFID(Radio Frequency Identification)タグチップ技術[1～3]が改めて注目されている.この技術の利用範囲は広いが,近年進展が目覚ましいインターネット技術とリンクして,有価証券や各種金券類の偽造防止や認証に利用しようとする動きが出てきた[4～6].RFIDタグチップは従来の非接触ICカードチップと比較して,紙やフィルムに埋め込まれて,さまざまな物品に貼付されることが多い.RFIDタグチップの実現においては,機械的強度,回路,デバイス,アンテナ,組み立てなどでRFIDタグチップ固有の技術が要求される.今後,広範囲に普及すると思われる優れたRFIDタグチップを開発するために,その小型化技術について述べてみたい.

2 小型化が進むRFIDタグチップ

世の中に広範囲に広がった装置を見渡すと,小型化が成功したことが大きな普及要因となったものが多い.たとえば,携帯電話などは典型的な一例である.その装置の小型化はICチップの小型化,高性能化や実装のコンパクト化によることは論を待たないところである.ユビキタス社会を下支えすると考えられているRFIDタグチップにおいても全く同様のことが言える.最近のRFIDタグチップの先端的なICチップでは図1に示すように指の指紋にも匹敵するサイズまで小型化が進んできている.

---

[*] Mitsuo Usami ㈱日立製作所 中央研究所 知能システム研究部 研究主幹

第9章 RFIDタグチップ

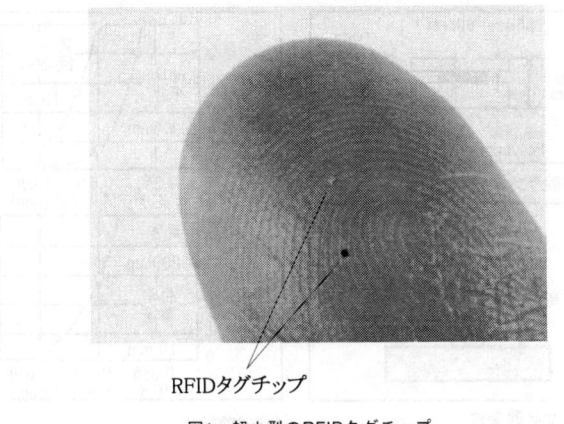

図1 超小型のRFIDタグチップ

3 RFIDタグチップの機械的強度特性

　非接触ICカードを含めて，人体に携帯するものや，物品に貼付されるRFIDタグチップには従来の比較的強固なパッケージに封入されたICチップが使用される環境よりもさらに過酷な機械的ストレスが印加される。貼付される対象の媒体がプラスチックや紙などであるため，媒体が薄いことと，各種財布や鞄の中に入れられたり，その他，製造，流通，消費の場でさまざまなストレスを受けるためである。RFIDタグチップを広く普及させるためには，紙媒体のような薄い媒体に埋め込まれて使用される環境をよく考慮した技術が是非必要となる。このような目的のために，紙媒体との親和性を配慮する検討を行うことが，RFIDタグチップの機械的強度向上技術というべき項目である。

　一般に紙媒体のように薄いものにICチップを組み込んだ例は少なく，従って，RFIDタグチップにおいてもっとも懸念すべき点は機械的強度をどのように確保するかである。各種の機械的強度試験があるが，その中でも衝撃試験は厳しい試験であると考えられている。これは，図2に示すように柔らかいシリコンゴムの上に薄型RFIDタグチップの試験サンプルを置き，上から30gの重りを落下させ耐衝撃性をみる試験である。この試験では，対象とするRFIDタグチップサイズを0.3mm角，0.5mm角，1.0mm角などのサイズにして，重りの落下の高さや回数を変えてICチップが破壊するまでの強度をみたものである。試験の結果，ICチップサイズを0.5mm角以下にすることにより，耐衝撃強度の向上がみられることが分かった。実験したICチップの厚さは0.06mmである。重りの先端の曲率半径に依存するが，ICチップを小さくすることは衝撃に対して強くすることにつながることが定量的によく理解できる。ICチップを小さくすることは，製造過程でのICチ

85

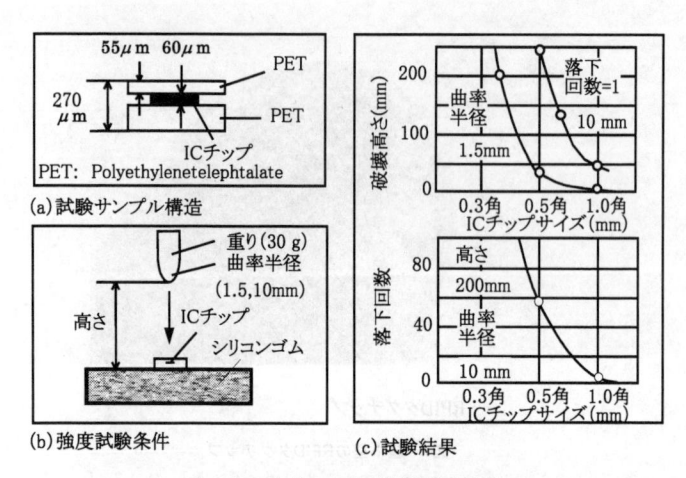

図2 RFIDタグチップの機械的強度特性

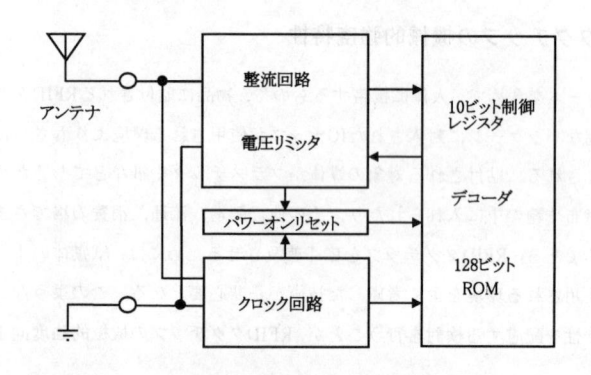

図3 RFIDタグチップの回路構成

ップ歩留まりを確保できることと合わせて機械的強度技術にも有利であることは注目すべきことと考えられる。

4 RFIDタグチップの回路技術

RFIDタグチップは小さなICチップでありながら，電池なしで無線読取を行う機能を実現するため，アナログとデジタルの回路をコンパクトにICチップ内に詰め込んでいる。RFIDタグチップの基本回路構成はシンプルである。図3に示すRFIDタグチップの回路構成により主な回路技術を説明する。この図3はRFIDタグチップ内部の回路構成を示したものである。まず，整流回路は電磁

波を直流電源電圧に整流するための役割を果たしている。アンテナ端子からの2.45GHzの電磁波はこの整流回路により内部のアナログ回路やデジタル回路を動作させるための電圧となる。電池なしで電磁波エネルギで動作するICチップでは電源用の平滑コンデンサは必須である。

　従来例では500－600pFと大きな値であったが，回路構成が簡潔なRFIDタグチップとなると100pFと小さな値とすることも可能となる[4]。電圧リミッタは，RFIDタグチップがリーダに近づいた状態のとき，リーダから過大な電磁波エネルギを受けて整流回路が過大な電圧を発生させ，ICチップ内部の微細CMOS（Complementary Metal Oxide Semiconductor）のトランジスタの破壊を防止する機能をもっている。パワーオンリセット回路は回路動作のスタートとエンドを制御し，クロック回路はクロック波形を復調する機能をもっている。メモリはこの図3の例では128ビットの認識番号を格納したROM（read only memory）である。メモリ内容は10ビットの制御レジスタとデコーダにより1ビットずつ選択されて，リーダに送信される。書き込み型メモリを搭載する場合には，書き込み型のメモリセルと書き込み回路を搭載する必要がある。CMOS技術の微細化とともに，超小型サイズであっても機能追加できる余地が十分あり，インテリジェントデバイスとしてRFIDタグチップが進化していく魅力を秘めている。

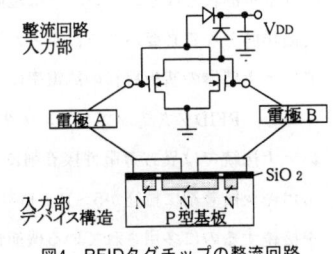

5　RFIDタグチップの整流回路と通信特性

　バッテリレスで電磁波をエネルギとして動作するためには，RFIDタグチップの入力部には整流回路が必要である。また，RFIDタグチップと外部アンテナを接続するために，ICチップ表面に電極を設ける必要がある。図4で示す構造は整流回路と入力部分のICチップデバイス構造を示している。この整流回路では，2個のトランジスタのゲートが入力端子となるために，ICチップ上部表面から2個の電極を取り出しており，これは通常のICチップと同じ電極構造となっている。P型基板の電位はこの2個の電極とは別の電位となっている。

　RFIDタグチップにアンテナを接続し，トランスポンダとして評価した結果を図5に示す。RFIDタグチップのアンテナの平面形状は図5の右上に示すようにストレート型形状をしており，そのなかにアンテナスリットと称するインピーダンスマッチング用の溝を有している。このアンテナスリット長によってアンテナのインピーダンスとRFIDタグチップの入力インピーダンスをマッチングしている。図5は，リーダ出力電力が300mWで，リーダアンテナ利得が13dBiのときの通信距離を評価した結果を示し，最大通信距離は300mmとなっている。有価証券

図4　RFIDタグチップの整流回路

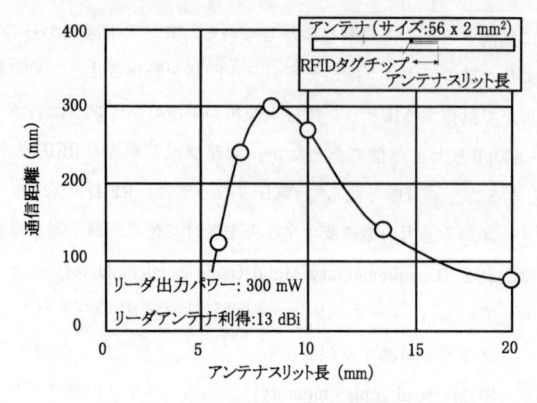

図5 RFIDタグチップの通信特性

等の偽造防止などの応用では十分な通信距離であると言える。このアンテナスリット長をレーザトリミングなどの加工方法を適用することも可能であり，CMOSプロセス変動にも対応して最適長に調整することにより，常に通信距離のピーク点を得ることもできる。

6 RFIDタグチップのアンテナ技術

RFIDタグチップのアンテナは使用するキャリア周波数や，アンテナ材料，要求される通信特性などに従って各種技術がある。また，アンテナ技術は，アンテナとICチップを接続する技術や量産製造技術とも関連して多様な技術選択肢が存在する技術分野である。図5はマイクロ波帯を利用したRFIDタグチップとアンテナ技術の例を示している。一般に2.45GHzや915MHzのマイクロ波帯を利用したキャリア周波数の高いRFIDタグチップのアンテナでは，放射電磁波を利用するため，ダイポール型のアンテナ形状となる。

一方，13.56MHzの短波帯を用いるRFIDタグチップでは誘導電磁波を利用するため，アンテナはコイル形状となる。アンテナは電磁波エネルギをICチップに供給するため，キャリア周波数と共振状態となる必要があり，アンテナの長さは，波長の約2分の1が最適の長さとなる。ただし，アンテナ導体の基板材料の誘電率により若干の波長短縮効果が発生し，アンテナの長さは少し短くなる。RFIDタグチップとアンテナ材は各種接続法があるが，RFIDタグチップの複数電極のアンテナ接続では異方導電性接着剤による接続もよく利用される[5]。異方導電性接着剤は熱硬化型エポキシ接着剤に粒径が5～10μmの導電性粒子が分散されているもので，液晶ドライバICチップを接続するのに多用されている機能性接着剤である。RFIDタグチップとアンテナの接続においても，薄型性と量産性に優れた異方導電性接着剤は大いに活用されていくものと考えられる。

7 RFIDタグチップの信頼性

　RFIDタグチップは微細CMOS技術を採用しているために，上記で述べたリーダとICチップが近づいたとき発生する過大電源電圧に対する考慮を行っておく必要がある．図6はRFIDタグチップ内にある電圧リミッタの特性を示している．この図6では，RFIDタグチップ内部に強制的に電源電圧を印加して，クロック周波数100kHzで動作させたときのRFIDタグチップの負荷電流変化を示したものである．電源電圧が2.1Vを超えるあたりから急激に負荷電流が増大しており，過大な電源電圧がRFIDタグチップに印加されないようになっていることがわかる．電波でエネルギを得るため一般には大きな電圧はRFIDタグチップの中では発生はしないが，RFIDタグチップがリーダに極めて接近すると過エネルギ状態となり，発生する電源電圧は微細CMOSのゲート破壊電圧を突破してしまう．そのため，2.3V位で電源電圧にクランプがかかる電圧リミッタ回路をRFIDタグチップは内蔵して内部回路を保護している．ユビキタスデバイスは大量のデバイスがさまざまな環境，条件で使用されるために，信頼性を高める技術を検討しておく必要があり，電圧リミッタはその典型的な例である．なお，静電気に対しての配慮であるが，RFIDタグチップが外部のアンテナに接続した段階で直流的にRFIDタグチップの2端子はショートされている状態となるため，十分に高い耐静電気特性を確保している．

8 さらに進歩したRFIDタグチップ技術

8.1 両面電極ICチップ向き整流回路

　一般にICチップの回路技術とデバイス技術は一体と考えるべき技術であるが，特にRFIDタグチ

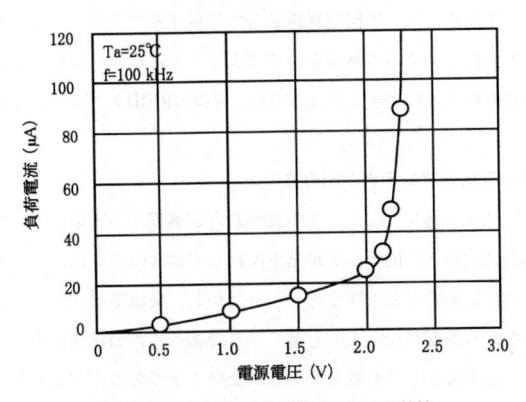

図6　RFIDタグチップの電圧リミッタ特性

ップの場合，ICチップサイズが小型であることをよく配慮したデバイス技術が望まれる。従来のRFIDタグチップでは，ICチップの表面から2端子の電極を取り出し，ワイヤボンディングやバンプ接続方法によって，アンテナに接続されていることが多い。ところが，将来さらにICチップサイズが小さくなると，ICチップ表面の面積がさらに小さくなり，それぞれの端子面積と端子間隔が小さくなっていくのは必然である。このことはICチップとアンテナを接続する面からみると，高度な位置合わせ精度を要求し，技術難度を高めてしまう。また，接続面積の低減は接続信頼性の面からは好ましいことではない。

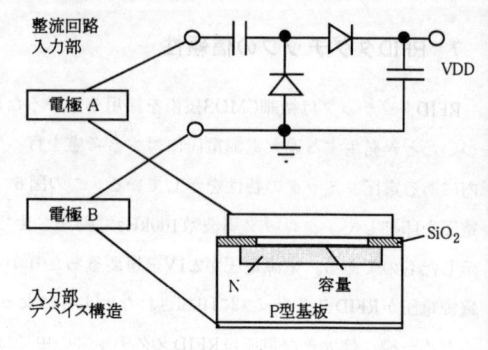

図7 両面電極RFIDタグチップの整流回路

　接続の信頼性は大量に使用されるユビキタスデバイス全体の信頼性を支配的に決める重要な要素をもっている。あえていえば，ICチップとアンテナの接続のためにICチップサイズが限定されてしまう恐れもある。アンテナ接続端子は回路において直接RFIDタグチップの整流回路と接続する。従来の全波整流回路を用いた整流回路では，2個のMOSトランジスタのゲート端子がアンテナからの入力端子となることが多く，ICチップ上部表面から2個の電極を取り出さざるを得ない。この場合，RFIDタグチップの基板電位はこの2個の電極とは別の電位となっている。図7はRFIDタグチップのデバイス技術例として倍圧整流回路を用いた両面電極ICチップ向き構造を示している。P型基板の電位は整流回路の共通電位とし，かつアンテナ接続電位とすることができる。このために，ICチップ下面をアンテナ接続電極として利用することができる。この構造にすると，ICチップの上面と下面に一個ずつの電極を持てばよいことになり，接続の柔軟性を向上させることが可能となる。電極サイズも大きくとれるため，将来のRFIDタグチップに適する構造といえる。

8.2 両面電極ICチップ向きアンテナと組み立て

　両面電極ICチップは文字通り，ICチップの表面および裏面から1端子ずつの電極をもつICチップである。この構造にすると，ICチップが上下反転して図8のように，アンテナ端子と接続してもなんらICチップ動作に影響をおよぼさない。あたかも，交流電源プラグの正逆を意識せずコンセントに差してもなんら問題がないことと全く同じである。両面電極ICチップのメリットはICチップが回転したり，上下反転しても電気的問題がないことである。すなわち，多数のICチップを砂粒のように扱って，同時に配列し，アンテナに転写するという手法を採用できることを意味し

第9章 RFID タグチップ

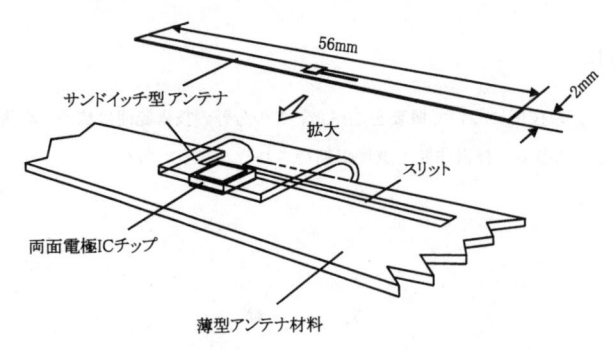

図8 両面電極RFIDタグチップのアンテナ接続

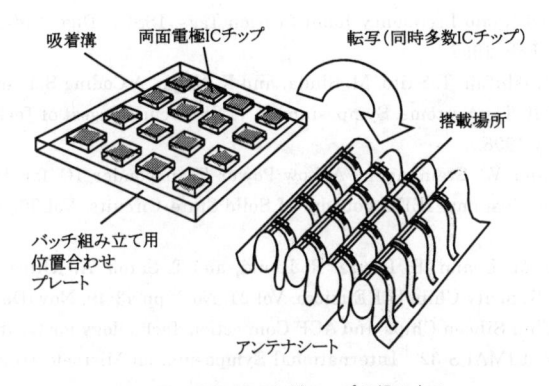

図9 両面電極RFIDタグチップの組み立て

ている。ICチップの組み立ては接続方法とも密接に関連するが、小さなICチップを取り扱うRFIDタグチップの場合、ICチップハンドリングをいかに効率的に行うかという大きな課題がある。多様な技術やアイデアがあるものの、表面から2端子という構造のままでは、接続技術の進展におのずと限界があるものと考えられる。両面電極ICチップ構造を利用した組み立て製造例に関して図9により説明する[6]。図9においては、バッチ組み立て用位置合わせプレートにRFIDタグチップを集合体として扱って散布し、振動、吸着を行い、その吸着溝にICチップを吸着させ配列させる。残ったICチップは排出する。その後、アンテナシート上に同時に多数のICチップを転写し、一括してRFIDチップのアンテナ接続を行う。

この技術は今後の次世代ユビキタスデバイス技術としてその進展が大いに期待できる技術といえる。

9 おわりに

RFIDタグチップの技術について概要を述べた。この分野の技術範囲は広く,今後の展開を活発化するため,さらに多くの技術開発と進展が期待されるところである。

文　献

1) D. Friedman, H. Heinrich, and D.-W. Duan, A Low-Power CMOS Integrated Circuit for Field-Powered Radio Frequency Identification Tags, ISSCC Digest of Technical Papers, pp. 294-295, Feb. 1997.
2) S. Tanaka, T. Ishifuji, T. Saito, M. Shida, and K. Nagai, A Coding Scheme for Field-Powered RF IC Tag Systems, Symposium on VLSI Circuits Digest of Technical Papers, pp. 230-231, May 1998.
3) U. Kaiser and W. Steinhagen, A Low-Power Transponder IC for High-Performance Identification Systems, IEEE Journal of Solid-State Circuits, Vol.30, No.3, pp.306-310, Mar. 1995.
4) K. Takaragi, M. Usami, R. Imura, R. Itsuki, and T. Satoh, An Ultra Small Individual Recognition Security Chip, IEEE micro, Vol.21, No.6, pp.43-49, Nov./Dec. 2001.
5) M. Usami, Thin Silicon Chips and ACF Connection Technology for Contactless IC Cards, Proceedings of IMAPS 32nd International Symposium on Microelectronics, pp.309-312, Oct. 1999.
6) M. Usami, A. Sato, K. Sameshima, K. Watanabe, H. Yoshigi and R. Imura, Powder LSI: An Ultra Small RF Identification Chip for Individual Recognition Applications, ISSCC Digest of Technical Papers, pp.398-399, Feb. 2003.

第10章　マイクロコンピュータ

松為　彰*

1　ユビキタスとマイクロコンピュータ

　本書のタイトルにも含まれている「ユビキタス」という語は，元来，「ユビキタス・コンピューティング」を略したものである。ユビキタス（Ubiquitous）とは，ラテン語で「遍在する」「どこでも」といった意味を持ち，「ユビキタス・コンピューティング」の和訳は「どこでもコンピュータ」となる。身の回りの環境に多くのコンピュータやセンサ，アクチュエータを埋め込み，それらの協調動作によって人間の生活を快適にする，というのがユビキタス・コンピューティング環境を活かした未来イメージである。

　ユビキタス・コンピューティング環境を実現するには，協調動作のノードとなる小型で高性能，かつ安価なマイクロコンピュータ（超小型コンピュータ）を大量に供給できる必要がある。ハードウェアの面では，20世紀後半から大きな発展を見せた半導体技術が，ユビキタス環境の実現を支えてきた。一方，ユビキタス環境を実現するためには，そのノードとなるマイクロコンピュータの制御用ソフトウェアも重要である。特に，昨今ではマイクロコンピュータの高性能化やソフトウェアの高機能化に伴い，制御用ソフトウェアの開発工数も飛躍的に増大しており，ユビキタス向けソフトウェアの開発効率の向上が大きな課題となっている。

　本章では，まずコンピュータ界から見た「ユビキタス」の意味や本質について説明し，後半では，ユビキタス向けソフトウェアの開発効率の向上を目的としたT-Engine（ティー・エンジン）プロジェクトに関して説明を行う。

2　ユビキタス・コンピューティングとは

2.1　ユビキタス・コンピューティングの歴史と基本概念

　1990年代の初頭に，「ユビキタス・コンピューティング」の意味で「ユビキタス（Ubiquitous）」という語を使い始めたのは，XEROX社のPARC（Palo Alto研究所）にいたMark Weiserであるとされている。彼は，身の回りにさまざまな大きさのコンピュータを置き，人々の日常の活動を支援

---

*　Akira　Matsui　パーソナルメディア㈱　取締役開発本部長

する研究を進めた。具体的には，Tabと呼ばれる手のひら大のコンピュータやLiveboardと呼ばれる黒板大の共同作業用ディスプレイ，オフィス内での位置認識用に各人が身に付けるActiveBadgeなどを提案している（表1）。この後も米国では，コロンビア大学のKARMA, UCBのThe Endeavour ExpeditionおよびSmartdust, DARPAのe-Textiles（電子の布地）などの研究が行われているが，その大きな目的の1つは軍事利用であり，研究の背景は日本と少し異なる。

「ユビキタス・コンピューティング」と同じような概念は，"Everywhere Computing", "Calm Cumputing", "Invisible Computing"など，別の用語で表現されることもあった。また，日本では，1984年から始まったトロンプロジェクトにおいて，「ユビキタス・コンピューティング」と同じ概念を超機能分散システム（HFDS: Highly Functionally Distributed）ないしは電脳強化環境（Computer Augmented Environment）と名づけ，それを実現するOSやアーキテクチャの研究を行っていた。用語については，1990年代初頭に米国で提唱された「ユビキタス」に収斂しつつあるものの，その概念の研究やそれを実現するためのコンピュータの設計については，米国より日本のトロンプロジェクトの方が先行していたという点は注目に値しよう。

ところで，少し前には「仮想現実」（VR: Virtual Reality）という概念や技術も注目を集めていた。これは，コンピュータで現実世界の動き（画像，音，振動など）をシミュレーションし，実際にはその場に存在しない環境を人間に体験させようという技術であり，その典型的な応用例はコンピュータゲームである。また，各種の訓練用シミュレータなど，現実世界での実体験が難しい場

表1　米国におけるユビキタス・コンピューティングの研究

・XEROX PARC(Mark Weiser)
　　　Tab　　　　　1人で数百個持つ手のひら大のコンピュータ
　　　Pad　　　　　1人で数百枚，机上で広げて使うノート大のコンピュータ
　　　Liveboard　　黒板大の共同作業用のディスプレイ
　　　Active Badge　各人が身に付け，オフィス内での位置を認識するバッジ

・コロンビア大学：KARMA
　　　外界が透けて見える透過型ディスプレイと空間位置センサーの組み合わせ
　　　レーザプリンタの保守マニュアルを表示。電子機器を使った現実強化

・UCB：The Endeavour Expedition
　　　地球規模の適応型情報ユーティリティーを構築
　　　センサー／アクチュエータ搭載のマイクロマシン(MEMS)をサポート

・UCB：Smartdust
　　　空中に浮くほど微細な粒子上にコンピュータやセンサーなどを搭載
　　　多数の粒子が通信しあって自由度の高いセンサーを構成

・DARPA：e-Textiles(電子の布地)
　　　繊維とエレクトロニクスの融合を目指し，繊維上に電子素子を実装
　　　ジャケットの一部が燃えたときのシステム再構成などを研究

合などにも，仮想現実の技術を活かしたシステムが有用である。さらに，コンピュータ端末を通じて世界各地のいろいろな情報（数値や文字の情報に限らず，画像や音も含めた情報）を閲覧できるインターネットのウェブ機能も，コンピュータによる現実世界のシミュレーションであるという意味で，仮想現実に通じるものがある。これに対して，本書のテーマとしている「ユビキタス」は，コンピュータの作ったバーチャルな世界（画面など）を対象とするのではなく，リアルな現実世界の強化を目的としており，コンピュータ自体は黒子に徹する（見えない＝Invisible）であるという意味で，「仮想現実」とは対極的な概念である。言うまでもないことだが，この両者は，どちらが重要とか優劣をつけられるようなものではなく，相互に補いつつ，人間の生活を便利で豊かなものにするIT技術の両輪として，今後とも活用していくべきものであろう。

2.2 ユビキタス・コンピューティングの応用イメージ

ユビキタス・コンピューティングの応用イメージは，生活全般にわたって，いろいろと考えられる。たとえば，テレビと電話機のそれぞれに内蔵されたコンピュータが会話できれば，この2つの機器の協調動作により，通話中は自動的にテレビの音量を下げるような仕掛けが実現できる。また，ユビキタスと並んでホットなテーマになりつつある無線IDタグ（RF-ID）の技術を組み合わせることにより，身の回りのさまざまな「モノ」を認識し，その位置や組み合わせの情報を加味して，さらに広範囲の協調動作をすることができる。このような例を表2に示す。

ちなみに，表2に記載した例は，あくまでも現存する電子機器や情報家電，生活形態などの延長線上でのアイデアであり，ユビキタスの応用例がここに書いた範囲に留まるわけではない。今後，ユビキタス環境の発展につれて，これまでに存在しなかった新しいタイプやジャンルの機器が生

表2　ユビキタス・コンピューティングの応用イメージ例

- 家電間の協調動作
    - 通話中は自動的に音量が下がるAV機器など
- ユビキタス端末としての携帯電話の活用
    - 家庭内のリモコン，セキュリティーの制御やモニターとして
- より高度なセンサー技術とその活用
    - エアコンやスポット空調と連動したスマート衣類
- ロケータ付日用品
    - なくしたり忘れたりしても，所在がすぐに分かる
- 製品寿命までのモニタリング
    - 温度，湿度，腐敗センサー付き食料品
- 製品の使い方の警告やアドバイス
    - 飲み合わせを警告するインテリジェント薬ビン
- 会社や業界を超えたバリューチューン
    - 自動分別情報を持つインテリジェントゴミ

まれ，それが将来のビジネスや社会に対して，インターネットや携帯電話に匹敵するほど大きな影響を与える可能性もあり得る．将来，ユビキタス関連でどのような新商品や新サービスが生まれ，それが人間の生活をどのように変えていくのか—それは現時点で予想できることではなく，これからの技術者や製品企画担当者のアイデア次第と言える．

ところで，「ユビキタス」という用語は，「ユビキタス・ネットワーキング」，すなわちどこでもネットワーク，どこでも端末といった意味で使われることもある．こちらの方が具体的なイメージはわきやすいため，用法としては定着しやすいし，両者で意味的なオーバラップもあるので，この用法が間違いとは言い切れない．しかしながら，Mark Weiserが最初に述べた意味での本来の「ユビキタス」は，彼の研究内容からも分かるように，「ユビキタス・ネットワーキング」ではなく「ユビキタス・コンピューティング」である．「ユビキタス」の概念が，どこでもインターネットを見られるといった程度の「ユビキタス・ネットワーキング」の意味に留まるのではなく，コンピュータ制御のインテリジェントなモノや環境の協調動作を実現するという意味で，より広い可能性を秘めたものである点に注意されたい．

2.3 ユビキタス・コンピューティングに必要な技術

次に，ユビキタス・コンピューティングの実現に必要な技術について説明する．ユビキタス・コンピューティングの本質は，位置や周囲の環境を認識し，それに合わせたリアルタイムな反応をすることであり，この概念を"Context Awareness"と呼んでいる．具体的には，コンピュータや通信ネットワークが人間の生活空間を認識し，各種センサーからの情報（温度／湿度／天候／風量／明るさ／…），モノや人の位置と空間情報（この部屋にはどこに誰がいる？／何がある？／…），モノや人の属性情報（この人は日本語と英語のどちらを理解するか？／目が不自由か？／暑がりか寒がりか？／入浴直後か？／…）などを把握しつつ，それらの情報に対してリアルタイムに反応し，たとえばエアコンや家電の制御，ドアや窓の開閉などを行う．

こういったユビキタス環境を実現するためには，次のような要素技術が必要である．

(a) 組込みプロセッサ技術

超小型，低消費電力のマイクロプロセッサや，これを用いた組込みシステムの開発技術

(b) 超小型センサー技術およびマイクロマシン技術（MEMS）

半導体と共存して実装できるようなもの

(c) 無線通信／ネットワーキング技術（プロトコル）

短距離にある非常に多数（100～10000個）のコンピュータを，高度に遅延なくどう結ぶか？

(d) 超分散処理技術

多数のコンピュータがどのように協調動作するか？

(e)　位置検出技術

部屋の中，机の中といったレベルでの位置情報を把握する機能（現状のGPSより細かい精度と早いレスポンスが必要）

(f)　非接触デバイス

RF-ID，非接触カードなどの存在検出および読み出し，書き込みの技術

(g)　実世界ユーザインタフェースとディスプレイ技術

できるだけコンピュータを意識させないインタフェース方式や，そのための入出力デバイス，特にディスプレイに関しては，超小型，超薄型，超軽量，超低消費電力などの要求を満たすもの

また，上記の要素技術と若干重複するが，ユビキタス環境の実現に必要な技術の特性として，次のような点も重要である。

(A)　高いリアルタイム性

反応速度が十分に早いことはもちろん，起動時間が短いなどの特性も重要である。

(B)　エフォートレス

使い方の学習が容易で，誰でも簡単に使える。また，新しい機器を設置する際にも，インストールや設定などの手間がない。たとえば，ネットワーク家電のようなものの場合，ネットワーク接続のために複雑な設定をする必要がなく，誰でも簡単に設置できる。

(C)　高い信頼性と安定性

動作が安定しており，安心して利用できる。

(D)　フォールトトレランス

耐故障性を持つ。また，一部の要素が故障しても，他の要素により自動的に代替され，システム全体での信頼性を確保する。

(E)　省電力，省資源

地球環境への負荷が少なく，省電力，省資源であり，リサイクルにも配慮されている。

(F)　高いセキュリティ

クラッキングなどの攻撃に対して強固なガードがある。また，セキュリティのかかった部分に対しては，耐タンパ性（分解による解読が不能）を持つ。

(G)　高い開発効率

ユビキタス環境のノードとなる新しい電子機器のハードウェアやソフトウェアを，効率よく開発できる。特にユビキタス環境では，機器のバリエーションが増え，1つの機器を大量生産するよりも，多品種少量生産になったり，機器のカスタマイズを要する場面が増える。こういった要求に対して，低コストかつ短い期間で対応できる。

上記の要求の多くは,「ユビキタス」に限らず,一般的なシステム構築の際にも重要な,ある意味では当たり前の話である。しかしながら,社会全体に対する今後の影響力を考えると,ユビキタス・コンピューティング環境の実現において,上記の点は特に重要である。「ユビキタス」が社会の信頼を得て,社会に浸透していくためには,上記のような要求を満たすユビキタス環境の構築が必須となるであろう。

一方,ユビキタス環境を実現することが,上記の要求を満たす手段となる場合もある。たとえば,ユビキタス環境の充実によりエアコンのキメ細かい制御が可能となれば,省電力,省資源に貢献するし,万一エアコンが故障した場合には,天候や外気温,風量などを確認した上で自動的に窓を開けるなどの措置がとられ,部屋の空調制御という目的に対してフォールトトレラントな実現手段を提供する。

3 ユビキタスを支えるT-Engine

3.1 T-Engineとは

前節の最後にも述べたように,ユビキタス・コンピューティング環境を実現するには,ネットワークのノードとなる電子機器を効率よく開発する必要がある。そのための開発プラットフォームとして,2002年から始まったT-Engineプロジェクトが注目を集めている。

T-Engineプロジェクトの前身にあたるのがTRONプロジェクト[1]である。TRONプロジェクトでは,1980年代前半のプロジェクト開始当初から,組込み機器の制御用ソフトウェアの開発効率の重要性を主張し,ITRONというリアルタイムOSの標準仕様を提供してきた。リアルタイムOSの利用により,各種の制御用ソフトウェアやデバイスドライバ,ミドルウェア(各種のシステムから共通に使われる汎用性の高いソフトウェア)などを,OS制御下のプログラム実行単位である「タスク」として部品化することができる。また,リアルタイムOSの仕様の標準化により,上記のようなソフトウェア部品の共通化や使い回しも効くようになる。こういったメリットから,数多くのマイクロコンピュータの上にITRON仕様に準拠したリアルタイムOSが実装され,携帯電話やAV機器を中心に,ITRONを利用した製品も多数開発されてきた。現在では,組込み機器の分野におけるITRONのシェアが50%を超えるまでになっている[2]。

ところが,前節で説明したようなユビキタス環境を実現するには,現状以上に高度で多種多様な電子機器を,短期間で効率よく開発していく必要がある。そのため,制御用ソフトウェアの生産性はますます重要視されるようになり,ソフトウェア部品の共通化や蓄積に対する要求も従来以上に厳しいものとなってきた。こういった背景から,ITRONの20年間のノウハウを活かしつつ,標準化の範囲の拡大や内容の深度化を行い,新たなプロジェクトとしてリニューアルを図ったも

第10章 マイクロコンピュータ

のがT-Engineプロジェクトである．本プロジェクトはT-Engineフォーラム[3]およびその参加会員各社によって運営されており，ユビキタス・コンピューティング環境を効率よく実現するためのプラットフォームの標準化と，その上で動く各種のソフトウェア部品（ミドルウェアやデバイスドライバなど）の開発効率向上，蓄積，流通促進を目的としている．T-Engineフォーラムは2002年6月に22社でスタートし，2003年12月現在では，世界の主要な組込み用マイクロコンピュータメーカー，ソフトウェアメーカー，組込み機器メーカー，家電メーカーなど，約280社が参加する大きなプロジェクトとなっている．

T-Engineの仕様に準拠したユビキタス機器の開発評価用ボードは，2003年11月現在で9機種が発売済みまたは発売予定であり，SH，M32R，MIPS，ARM7，ARM9など，32ビット組込み向けマイクロコンピュータの大部分をカバーしている（表3）．これらのボードは，比較的高度なユーザインタフェースを持つ標準T-Engineと，よりコンパクトでユーザインタフェースの少ない機器を想定したμT-Engineの2種類に分類され，それぞれの入出力デバイスはもちろん，基板の寸法やコネクタの位置に関しても標準仕様が定められている（表4）．そのため，ソフトウェア部品の互換

表3 T-Engine開発評価用ボード

種類	名称	CPU アーキテクチャ
標準 T-Engine	T-Engine/SH7727 開発キット	SH3-DSP
	T-Engine/SH7751R 開発キット	SH-4
	T-Engine/V_R5500 開発キット	MIPS
	T-Engine/ARM720-S1C 開発キット	ARM7(EPSON)
	T-Engine/ARM720-LH7 開発キット	ARM7(SHARP)
	T-Engine/ARM920-MX1 開発キット	ARM9(DragonBall)
	T-Engine/ARM922-LH7 開発キット	ARM9(SHARP)
μ T-Engine	μ T-Engine/M32104 開発キット	M32R
	μ T-Engine/V_R4131 開発キット	MIPS

表4 標準 T-Engineと μ T-Engine

	標準 T-Engine仕様	μ T-Engine仕様
CPU	32 ビット	
MMU	必須	任意
RAM	16M バイト〜	4M バイト〜
フラッシュメモリ	4M バイト〜	
シリアルI/O	38400bps〜	
カレンダークロック	あり	
サウンドCODEC	あり (IN:1ch, OUT:2ch)	なし
eTRONチップI/O	あり	
LCDパネルI/F	あり	なし
タッチパネルI/F	あり	なし
拡張ボードI/F	あり	
その他のI/F	PCMCIA スロット TypeⅡ×1 USB ホスト×1	CF カードスロット TypeⅡ×1 MMC カードスロット×1
ボードサイズ	75mm×120mm	60mm×85mm

99

性のみならず，ボードの取り付け方法といった物理的・機械的な仕様に関しても，高い互換性を保っている．

標準T-Engineやμ T-Engineのボードサイズは，従来からハードウェアメーカー等が製品化していた開発評価用ボードと比べて，極めてコンパクトになっている．そのため，このボードを，最終的なユビキタス機器の制御用コンピュータボードとしてそのまま組み込んで利用できる場合も多い．また，基板の物理形状やコネクタ位置などが標準化されていることにより，プロトタイプの開発中に他社製のT-Engineボードに変更する必要が生じた場合にも，ケースなどの機械部品をそのまま流用できるというメリットがある．大手を含む多数のメーカー間で，こういった広範囲の標準化を達成することにより，ハードウェア，ソフトウェアから最終機器への組込み方法まで含めた総合的な開発効率の向上を目指しているのが，T-Engineプロジェクトである．

3.2 標準リアルタイムOS: T-Kernel

T-Engine用の標準リアルタイムOSが「T-Kernel」である．T-KernelはT-Kernel/OS（Operating Systemの略），T-Kernel/SM（System Managerの略），T-Kernel/DS（Debugger Supportの略）の3つの部分から構成されており，T-Kernel/OSでは，タスクのスケジューリングや同期・通信など，リアルタイムOSの基本機能を実現する．また，T-Kernel/SMではシステム管理に関する機能を実現し，T-Kernel/DSではソフトウェアデバッガの機能を支援する．T-Kernelの仕様書は，「T-Kernel標準ハンドブック」[4]という一般書籍として発売されており，書店等で入手できる．また，T-Kernelのソースプログラムは，2003年末より，一般向けにも公開される（本稿執筆時点での予定）．

このうちのT-Kernel/OSでは，ほぼ従来のITRONに相当する機能を実現する．T-Kernel/OSの基本機能やAPI（Application Program Interface）は，ITRONとほぼ同様であるため，ITRONに慣れ親しんだ技術者であれば，T-EngineやT-Kernelへの移行がスムーズに行える．T-Kernel/OSは，ITRONの20年間のノウハウを集約しつつ，その仕様をT-Engine向けに改訂したものである．

一方，T-Kernel/SMは，ミドルウェアやデバイスドライバなどのソフトウェア部品を組み込むための標準インタフェースを規定し，これらのソフトウェア部品のモジュール化を支援する機能を持つ．これに相当する機能は，従来のITRONの仕様には含まれておらず，T-Engineプロジェクトにおいて新たに標準化された部分である．

3.3 T-Engine用のミドルウェアと開発キット

T-Engine上には，前項で説明した標準リアルタイムOS「T-Kernel」の上に，数多くのミドルウェアやデバイスドライバが実装されている．その中でも特に代表的なものは，ファイル管理，プロセス，イベント管理などの機能を提供するT-Kernel Extensionと，GUI関連の機能を提供する

100

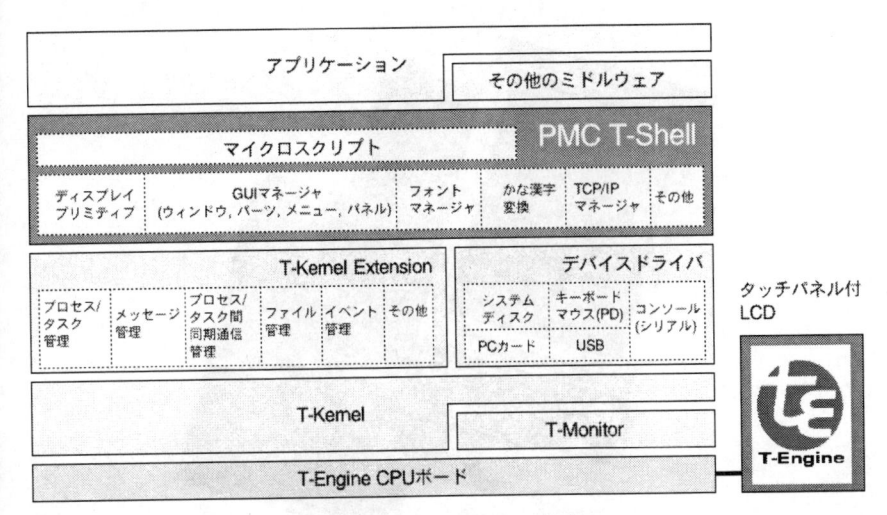

図1 T-Engineのソフトウェア構成図

T-Shellである（図1）。

　T-Kernel Extensionで提供されるファイル管理機能では，TRONのネイティブ形式のファイルフォーマットのほか，Windowsなどで利用されているFAT形式のファイルフォーマットも扱えるようになっており，既存のパソコン等とのデータ交換も容易である。また，T-Kernel Extensionのプロセス管理では，独立したメモリアドレス空間や資源管理機能を持ち，仮想記憶にも対応した「プロセス」という処理単位の機能を提供する。これは，LinuxなどのUNIX系OSでいう「プロセス」とほぼ同じ意味である。一方，T-Kernel Extensionのイベント管理とは，タッチパネル，マウス，キーボードなどからの入力情報や，ATAカードやUSBストレージ等といったディスクの接続状態に関する情報を，統一的に扱う機能である。

　T-Kernel Extensionの上には，必要に応じて，T-ShellというGUI管理用のミドルウェアを実装して利用する。T-Shellには，図形や文字などを画面に描画するディスプレイ・プリミティブ，ウィンドウやパーツ（画面上に表示されるスイッチ類）などの画面管理用の機能のほか，かな漢字変換機能，ネットワーク接続用のTCP/IP，ビジュアル言語「マイクロスクリプト」などの機能を持っている。このうち，特に文字に関しては，JISやUnicodeで定義された文字に限らず，最大150万字を利用可能な多漢字機能を備えており，多数の人名用漢字が必要な電子政府向け端末や，文字による豊かな表現力が必要な電子ブック向けの応用にも対応できるのが特長である。

　このほかにも，JPEGやMPEGなどの画像，動画関連の機能，MP3などのサウンド関連機能，音声認識や音声合成，手書き文字認識，BluetoothやIPv6などの通信関連，セキュリティ関連の機能

図2　T-Engine/SH7727開発キットのボード写真

など，数多くのミドルウェアや各種のデバイスに対するデバイスドライバがT-Engine上に移植・開発されており，それらを組み込むだけで，最終製品に必要な機能を短時間に実現できる。そのため，ユビキタス機器の最終製品の開発者は，その製品が独自に持つ機能の開発に専念でき，プロトタイプや最終製品の開発期間や開発工数を大幅に削減できる。これが，T-Engine利用のメリットである。

　ちなみに，従来の組込み機器向けミドルウェアは，ソースプログラムで供給されるのが一般的であり，実行や評価を行うためには，最終製品を開発するミドルウェアの利用者自身が，評価対象のミドルウェアを自分のハードウェアに移植する必要があった。そのため，組込み機器用のミドルウェアの試用や評価が手軽に行えず（試用のためにかかる手間や費用が大きい），結果として組込み機器のソフトウェア開発が難しくなる原因の1つとなっていた。

　これに対して，T-Engineプロジェクトでは，リアルタイムOSだけではなく，ハードウェアや開発環境も含めた実行用プラットフォームが標準化されているため，パソコン用のパッケージソフトウェアを買ってくるのと同じ感覚で，組込み機器用のミドルウェアを購入し，T-Engine上で試用したり，プロトタイプの開発にそのまま利用できる。特に，ミドルウェアをソースプログラムで供給する必要がなく，オブジェクトプログラムでの供給が可能となるため，試用やプロトタイプ開発のためのミドルウェアを低価格で販売するなど，ミドルウェア開発者側のビジネス形態の自由度が高まるというメリットもあり，これによる組込み機器の市場全体の活性化も期待されて

いる.

　T-Engineベースの最終製品を開発したり，T-Engine用のミドルウェアやデバイスドライバを開発したりするユーザのために，「T-Engine開発キット」という商品が用意されている[5]．T-Engine開発キットは，T-Engineの開発評価用ボードと，標準リアルタイムOSのT-Kernel，開発用のファイルシステムなどを備えたT-Kernel Extension，ボード上の各種デバイスをサポートするデバイスドライバ，Linux上で動くCコンパイラ等のクロス開発環境，それに各種のドキュメント類をパッケージ化したものであり，パーソナルメディアから購入できる．

4　今後の展望

　ユビキタス・コンピューティング環境は，人間の社会や生活に対して多くの利便をもたらすばかりではなく，機器の協調動作による節電などにより地球環境への負荷を減らし，社会全体をサステーナブルにする（持続性を高める）ことにも貢献する．すなわち，情報のやり取りによる最適制御により，省エネと快適性を両立させるといった効果もある．こういった理由もあり，「ユビキタス」の実現には，単なる一時期の流行以上の大きな期待がかかっていると言えよう．

　しかしながら，ユビキタス環境の実現には，多くの課題もある．主に運用面やソフトウェアの問題を考えても，誰でも簡単に使えるか，日々のシステムの運用に十分な信頼性や安定性が得られているか，セキュリティ面での不安はないか，こういった要求を満たす制御用ソフトウェアを効率よく開発できるかといった課題があり，「ユビキタス」が一般社会に浸透する真の技術となるには，これらの課題を解決していく必要があろう．

　T-Engineプロジェクトでは，開発プラットフォームの標準化によりソフトウェア資産の有効活用を図るのみならず，eTRON (Entity TRON)[6]と呼ばれるセキュリティ機能により，ユビキタス環境の実現に不可欠の強固なセキュリティ基盤を提供し，上記の課題の解決を目指す．eTRONの詳細に関する説明は略すが，今後は，T-Engine上に蓄積されたソフトウェア資産に加えて，eTRONのセキュリティ機能や電子課金機能も活用することにより，EC (Electronic Commerce) 向けのユビキタス機器も開発されていくことが期待される．

　また，T-Engineプロジェクトでは，センサーネットワークなどの構築を意図した，コイン大の超小型コンピュータによるnT-Engine（ナノ・ティーエンジン）の研究も進んでいる．T-EngineやμT-Engineベースのユビキタス機器によるノードに，nT-Engineによる軽快なネットワークを加えることにより，より広範囲に深度化したユビキタス・コンピューティング環境が構築されていくであろう．

　本稿を通じて，「ユビキタス」の意義と，その実現を支えるT-Engineプロジェクトについてご理

解いただければ幸いである。

文献およびウェブサイト

1) トロンプロジェクト（http://www.tron.org/）
2) リアルタイムOSの利用動向の調査（http://www.assoc.tron.org/jpn/research/）
3) T-Engineフォーラム（http://www.t-engine.org/）
4) 坂村 健監修, T-Engineフォーラム編著,「T-Kernel標準ハンドブック」, パーソナルメディア刊, ISBN4-89362-210-2
5) T-Engine開発キット（http://www.personal-media.co.jp/te/）
6) eTRON（http://www.tron.org/tronproject/tp_etron.html）

第11章 センサ及びセンシング・システム

三林浩二[*]

1 ユビキタス社会におけるセンサ

　社会のユビキタス化が進むなか，センサについてもユビキタス情報デバイスとしてのニーズが高まっており，いつでもどこでも一般の人が手軽に扱え，生体に関する情報や我々を取巻く環境情報を，意識することなく連続的に計測可能なセンサやセンシング・システムが求められている[1~3]。また近年，センサ技術やマイクロデバイス技術が発展し，ユビキタス的な情報デバイスとしても活用されつつある。

　しかしこれらデバイス計測の対象となるものは，温度や湿度，圧力，光など物理情報がほとんどである。健康診断や医療計測などで明らかなように，主要な生体情報には化学や生化学に関するものが多く，身体を傷つけることなく，生体化学情報をモニタリングすることができる，そのようなセンサが特に求められている。

　一方，住環境での高気密・高断熱の省エネルギー住宅化が進むなか，住宅建材から放出されるホルムアルデヒドなどの揮発性化学物質が問題となっている。また生体から発する匂い対しても高い関心が寄せられており，疾病が原因の臭気や生理代謝に伴う匂い，食品鮮度に起因する香りなど，匂いの化学情報としてのニーズが高まっている。

　本章では，ユビキタス計測を意識した，身体に直接装着し生体化学情報をモニタリングすることを目的とするウエアラブルセンサや，生体臭や揮発性環境汚染物質を高感度に高いガス選択性にて計測することができるガスセンサ（バイオ・スニファ）とその応用計測について説明する。さらに，近年の情報通信技術の発展と情報インフラの整備に伴い発展した，移動体通信を利用したモバイル・モニタリングシステムについても紹介する[4]。

2 ウエアラブルセンサと経皮酸素モニタリング

　ユビキタス・センサにおいて高感度化や応答性，高い選択性，安定性などのセンサ特性が求められるが，その一方，マイクロデバイスに代表されるように，半導体加工技術を用いることでデ

---

[*] Kohji Mitsubayashi　東京医科歯科大学　生体材料工学研究所　教授

バイスの小型化を図り，特性に優れたデバイスを大量かつ安価に供給できるようになった。また生体計測への利用を考える上で，小型＆軽量と同様にセンサの"柔軟性や装着性"という特性もユビキタス生体計測には重要である。

そこで，薄膜の機能性高分子膜を基板材料とし，半導体加工技術を施すことで，柔軟性に優れた酸素センサが開発され，皮膚表面に貼り付けることで血中酸素の非侵襲計測に適用されている。

2.1 ウエアラブル酸素センサ

ウエアラブル酸素センサは，"機能性高分子"を母材とする「ガス透過性膜」の柔軟性に着目し，この膜を"構造部材"として用いたもので，薄い膜状のクラーク型酸素センサである。

センサの作製（図1）はまず，ガス透過能を有する機能性材料であるガス透過性膜（FEP（テトラフルオロエチレン―ヘキサフルオロプロピレン共重合体）膜,膜厚:25μm）上に半導体加工技術にて，白金電極（厚さ:2000Å）と銀電極（厚さ:3000Å）をパターン形成し，その後，銀電極に塩酸による塩化処理を施し，銀／塩化銀電極（対極・参照電極）とした[5]。次に，メンブレンフィルタ（孔径：12μm）と金属溶着性膜（膜厚:50μm）を積層し，KCl電解液（0.1 mmol/l）を包含するように全端部を熱溶着し，短冊形状として作製した。

作製したセンサでは短冊状の電解液側を感応部として，他方の側を計測用端子部として用いることができ，使用した金属溶着性膜がガス透過性は有さないことから，ガス透過性膜面のみより透過してくる酸素分子を検出することができる。このセンサをアンペロメトリック計測（−600mV vs. Ag/AgCl）に供することで，市販の酸素電極と同様，溶存酸素を0〜8.0mg/l（相関係数＝0.999）の範囲で定量することが可能である。

ウエアラブル酸素センサは薄膜構造で膜厚が84μmと薄く（図2），それぞれの膜が元来有する

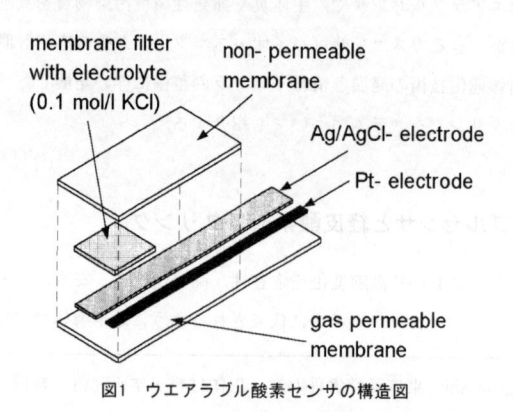

図1　ウエアラブル酸素センサの構造図

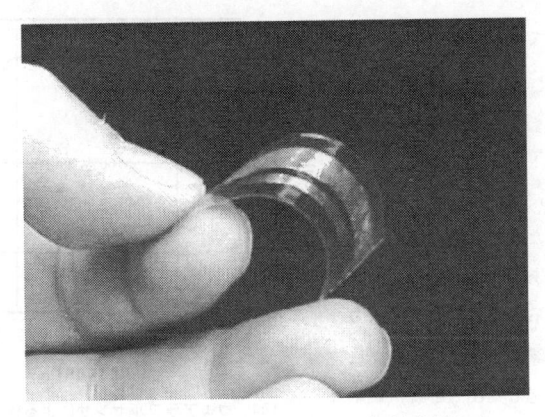

第11章 センサ及びセンシング・システム

図2 ウエアラブルセンサの外観（曲げた状態）

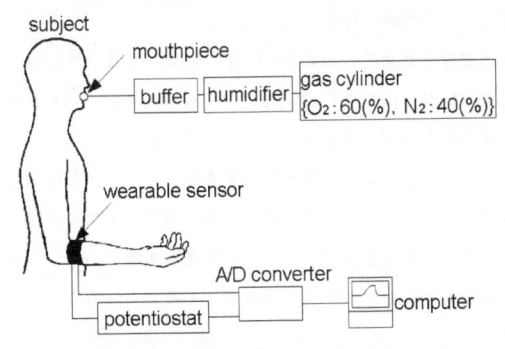

図3 経皮酸素モニタリングの実験系

柔軟性を維持している。また作製において，危険な試薬や材料，そして煩雑な工程を必要とせず，生体への装着や小型化が可能である。

2.2 ウエアラブルセンサによる経皮酸素モニタリング

一般に皮膚を加温することで，動脈血酸素濃度（PaO_2）は皮膚表面への透過度が増加することが知られており，この原理をもとに非観血で，PaO_2を経皮モニタリングすることができる[6,7]。つまり，ウエアラブル酸素センサの酸素感応部を皮膚部に貼り付けることで，動脈血の酸素濃度変化を非観血的に計測することができる。

実験では座位の被験者において，エタノール溶液にて皮膚表面（肘内側）を消毒，角質層の脂質を除去し，次に感応部が皮膚面に接するようにフレキシブル酸素センサを装着し，その上を市販温熱帯にて被い固定した（図3）。本システムの評価はまず，設定温度に皮膚を加温し，大気（約

107

21%O_2）吸引状態でセンサ出力を安定化させた後，被験者に加湿した60%O_2ガスを10分間吸引させ，そして再び大気ガスに戻し，その過程でのセンサの出力応答を調べた．図4は，温熱帯により皮膚温を約39℃に加温した状態における，経皮計測の実験結果である[8]．

この図からわかるように，センサ出力の安定後，60%酸素の吸引による動脈血酸素濃度の増加に応じた出力応答が観察され，本システムにて経皮酸素計測が可能であることが確認された．市販の経皮

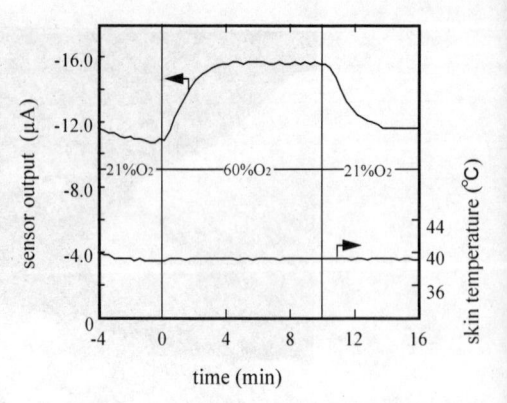

図4 ウエアラブルセンサによる経皮酸素計測と皮膚温のモニタリング出力

電極では皮膚の酸素透過度を高めるため43.5℃程度に皮膚の加温を行うが，この図からもわかるように薄膜センサでは，低温火傷を生じ難い39℃の皮膚加温においても計測が可能であり，加温を全く必要としない経皮酸素計測の可能性も見出されている．

ウエアラブルセンサは，化学センサに柔軟性や装着性という特性を付加したデバイスであり，貼り薬のように皮膚表面に装着することで計測が可能である．また同様なデバイス技術により動脈血の二酸化炭素ガス濃度を経皮計測するセンサの開発も可能であり，今後のユビキタス・バイオモニタリングにおける有用なセンシング・デバイスと考えられる．

3 匂い成分連続計測用バイオ・スニファ

近年，米国では食品や化粧品などの産業を中心に，エレクトロニック・ノーズの開発が進んでいる．我々の生活においても，有害性を有する環境臭や生体の代謝に伴う匂い成分が存在し，これら揮発性化学物質を日常の生活で，高感度・高選択性でモニタリングすることが求められている．そこで，バイオセンサの技術を利用したガスセンサ，"バイオ・スニファ"（sniffer: クンクン匂いを嗅ぐ，sniffer dog: 捜査犬）が開発されている．バイオ・スニファは既存の無機デバイスであるガスセンサと異なり，生体触媒を認識素子として用いることで，高いガス選択性を有する．

3.1 アルコール用バイオ・スニファ

図5にアルコールガス用バイオ・スニファの構造図を示す[9]．

このセンサは，アルコール酸化酵素の固定化膜をクラーク型酸素電極の感応部に装着した酵素

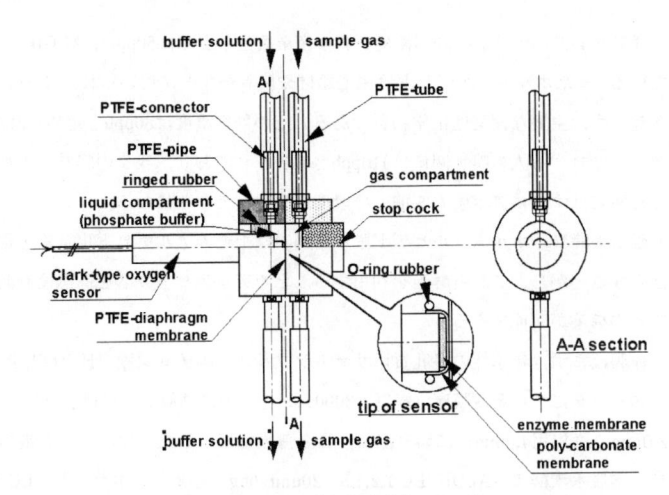

図5 アルコールガス用バイオ・スニファ

電極を，気液2相セルに組み合わせて構成されている。気相と液相のコンパートメントには独立したガスサンプル用と緩衝液用の2つの管路が設けられ，両コンパートメントは撥水性を有する多孔性ポリテトラフルオロエチレン（PTFE）膜により隔てられている。このセンサでは気相セル内のガス成分が多孔性の隔膜を介して液相内部に拡散し，液相内の酵素電極にて検出することが可能である。

ガス計測では，ガス発生器にて発生した標準ガスまたは混合ガスを反応セルに流入させる。またリン酸緩衝液を循環させることで液相コンパートメント内の余剰なガス成分や酵素生成物を除去し，連続的なガス計測が可能となる。作製したセンサについてエタノールガスに対する特性を調べたところ，人間の嗅覚（検出下限界0.36 ppm）に匹敵するレベルである0.358～1242 ppmのエタノールガスを定量することが可能であった。

また図6は本センサと市販のアルコール用半導体ガスセンサの選択性を比較したものである。この図からわかるように，半導体ガスセンサではエタノールのほか，他の溶媒ガスにも応答を示し，エタノールに混合すると真値が得られない。一方，バイオ・スニファでは酵素の基質特異性に基づく高い選択性が得られ，混合ガスの影響もほとんど受けないことがわかる。

なお，本センサを改良した「スティック型スニファ」とその呼気計測への応用について，4節で後述する。

3.2 アルデヒド用バイオ・スニファ

現在，6種類ものアルデヒド化合物が環境庁により，「特定悪臭物質（全22物質）」と指定され

ており，例えばアセトアルデヒドの許容濃度を日本産業衛生学会では50ppm，ACGIHでは100ppmと定められている。またホルムアルデヒドは住宅建材や接着剤などに用いられ，「シックハウス症候群」を引き起こす，主要な揮発性化学物質である。その許容濃度は80ppbと定められているが，ホルムアルデヒドに対する人の嗅覚閾値は410ppbと報告されており，我々の嗅覚でホルムアルデヒドを知覚した時にはすでに許容値の5倍もの濃度を吸引したことになる。

アルデヒド脱水素酵素やホルムアルヒデド脱水素酵素は上述のアルデヒド化合物を認識し，触媒作用をもたらすことから，これら酵素を利用することでアルデヒドガスを高感度計測可能なバイオ・スニファの構築が可能である。

本センサの作製はまず，親水性の多孔質ポリテトラフルオロエチレン膜（H-PTFE膜, pore size 0.2μm）に，スパッタにて白金薄膜層（膜厚：3000Å）を片面に積層し，短冊状（長さ：50.0mm，幅：液相用2.0mm，気相用4.0mm）に切り出し，白金薄膜電極とした。次に，白金電極の感応部側に①アルデヒド脱水素酵素（ALDH, EC 1.2.1.5, 20units/mg）と②ジアホラーゼ（EC 1.8.1.4），③光架橋性樹脂（PVA-SbQ, SPP-H-13(Bio)）の混合液（重量比2：1：60）を，白金電極を形成した反対面より，H-PTFE膜に塗布・含浸させた。その後，冷暗所で1時間乾燥させ，蛍光灯を30分間照射し，光架橋により酵素を包括固定化し，酵素電極を作製した[10]。

この電極でのアルデヒドの計測原理は図7で示すように，アルデヒド化合物の存在下において，ALDHの脱水素反応にて生成される還元型NADを，ジアホラーゼとメディエータであるフェリシアン化カリウムを用いて電極反応へと導き，還元フェリシアン化カリウムの酸化電流（+81mV vs. Pt）によりアルデヒド化合物の濃度を計測するものである。

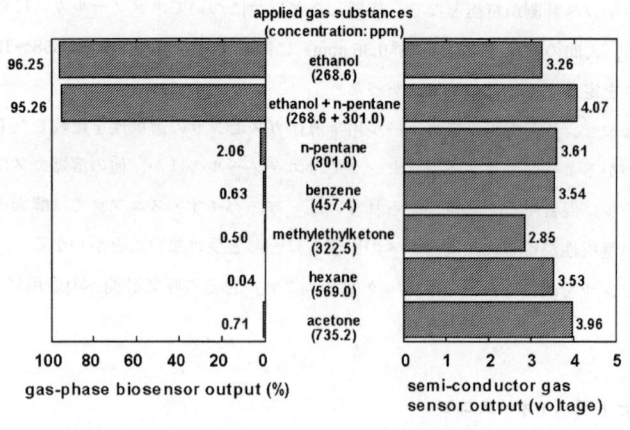

図6 アルコール用スニファのガス選択性

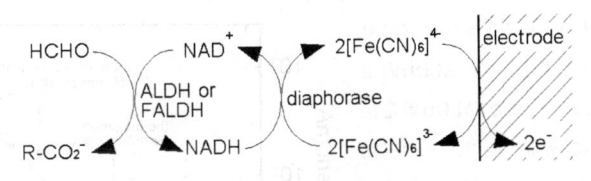

図7 アルデヒド化合物の計測原理

気相用のアルデヒド用バイオ・スニファでは，上述の酵素電極を隔膜反応セルに組込み，対極として白金線を液相側管路に装着し，構築した。気相系の実験では，フェルトと活性炭のフィルターにて濾過した標準エアーを，ガス発生装置（Permeater, Type: PD-1B-2）を介して，濃度調節した対象ガス（アセトアルデヒド，ホルムアルデヒド，他）を気相用バイオセンサシステムへと流入させ，センサ特性を評価した。

図8は，孔径の異なる二種類の撥水性の多孔質ポリテトラフルオロエチレン隔膜

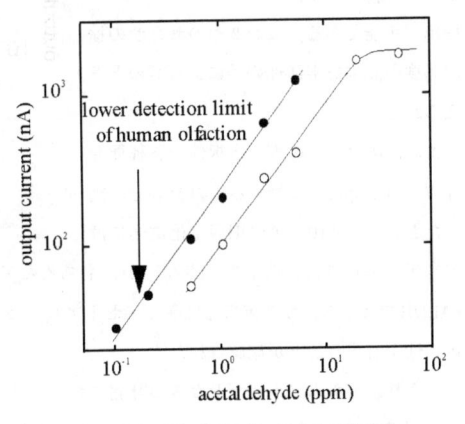

図8 アセトアルデヒドに対する検量特性

（A-135，孔径：20〜30 μm，膜厚:0.13 mmとG-110：孔径：1〜2 μm，膜厚：0.25 mm）を用いたセンサのアセトアルデヒドガスに対する検量特性を示す。

この図からわかるように，孔径の違いにより検量特性が異なり，孔径1〜2 μmでは0.525〜20 ppm，孔径20〜30 μmでは0.105〜5.25 ppmの範囲でアセトアルデヒドガスの定量が可能で，孔径20〜30 μmを選択することで人嗅覚での悪臭強度レベル3（0.150ppm）に相当する感度が得られ，先述の許容濃度（日本産業衛生学会：50ppm，ACGIH：100ppm）以下でアセトアルデヒドの定量が可能な性能である[11]。

また，図8における2つの検量線の相違は隔膜の孔径差に起因するもので，孔径が大きい隔膜ほど気相セルのガス成分が容易に液相セルへの滲入し，低濃度領域でのアセトアルデヒドの計測が可能となる。しかし，孔径の大きい隔膜ではセンサ特性の劣化が著しいことから，本センサシステムでは使用時における必要な定量範囲や寿命などを考慮し，隔膜の孔径を選択する必要がある。

次にホルムアルデヒドの計測では，アルデヒド脱水素酵素に同様に，ホルムアルヒデド脱水素酵素（FALDH, EC 1.2.1.1, 1unit/mg）を固定化した電極も作製し，センサ特性を比較した。

図9は両センサのホルムアルデヒドに対する検量特性を示したもので，ALDH固定化電極では10ppbより，またFALDH固定化電極では40ppbから定量可能で，人の嗅覚（410ppb）より優れた感度が得られ，許容濃度（80ppb）以下でホルムアルデヒドの検出が可能である。なお2つのセンサの検出感度の差は酵素活性の差によるものと考えられる。

また，両センサのガス選択性を各種揮発性ガス（2ppm）に対する出力をもとに調べたところ（図10），ALDH固定化電極ではアルデヒド以外には応答を示さないが，もちろんアセトアルデヒドガスには応答を示す。一方FALDHではさらにガス選択性は高くアセトアルデヒドガスにもほとんど応答を示さず，高いガス選択性を有することが確認された[12]。

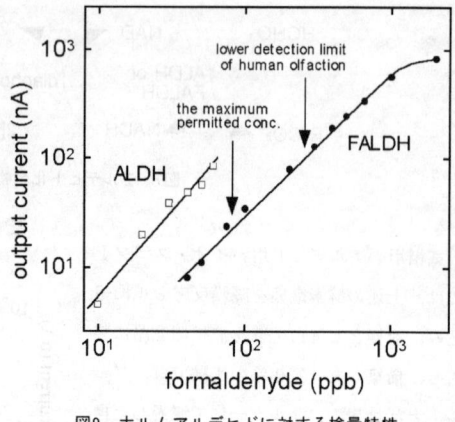

図9 ホルムアルデヒドに対する検量特性

つまり，ホルムアルデヒドガスの計測においては，ALDHとFALDHの二つのセンサの特性の違いを利用することで，ALDH固定化電極にて高感度に，またFALDH固定化電極にて高い選択性でホルムアルデヒドガスを検出，定性することが可能である。

このようにアルデヒドガス用バイオ・スニファを利用することで，特定悪臭物質であるアルデヒドガスについて環境モニタリングすることができる。その他，飲酒後の呼気中には微量のアセトアルデヒドが含まれることから，後述する呼気中アルコール計測とともに，「悪酔いの度合い」や「アルコール・アルデヒド代謝能」の呼気診断へと応用が可能である。

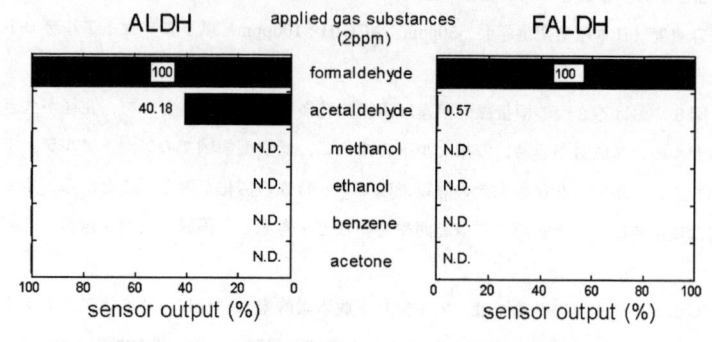

図10 ALDHとFALDH固定化バイオ・スニファのガス選択性の比較

4 スティック型バイオ・スニファと呼気計測応用

前節で述べたように,バイオセンサを気相計測に用いることで,選択性に優れたガス計測が可能であるが,より簡便にユビキタス計測を行うデバイスとして,スティック型のバイオ・スニファがある。このスティック型バイオ・スニファは連続的なガス計測には適さないが,操作方法が簡単であることから,日常での生体臭や環境臭のユビキタス計測に適するデバイスである。

4.1 アルコール用&アルデヒド用スティック型バイオ・スニファ

図11はアルコールガス用のスティック型センサの構造図を示したものである[13]。センサの作製は定性濾紙(膜厚:0.25mm)の表裏面にカーボンペースト(Electrodag505SS)と銀・塩化銀ペースト(Electrodag6037SS)を各々塗布,乾燥させ両電極を形成し,所望の形状(幅:2.0mm)に切断し,シアノアクリレート系接着剤を塗布することで電極中央部をモールドし不感応化し,電極の両端部にセンサ感応部と端子部がそれぞれ設けており,センサ感応部にアルコール酸化酵素を光架橋性樹脂にて包括固定化している。

計測では10μlのリン酸緩衝液でセンサ感応部を湿潤させた後,サンプルガスを充填したサンプルバック内に挿入し,アルコール存在下でAODの酸化反応により生成される過酸化水素を定電位電流計測(+900mV vs. Ag/AgCl)にて検出し,定量した。このセンサではガス濃度の連続的な変化を捉えることはできないものの,試験紙のように簡便にガス計測ができ,先に示した隔膜気液セルを用いたバイオ・スニファと同等の定量特性(1.0~500ppm)とガス選択性が得られる。

同様に,アルコール代謝での生成物であるアセトアルデヒド用のスティック型バイオ・スニファも開発された。センサはアルコール用スニファと同様,積層構造のスティック型デバイス(幅:3mm)とし,親水性の多孔質ポリテトラフルオロエチレン膜(H-PTFE膜,孔径:0.2μm)の両面

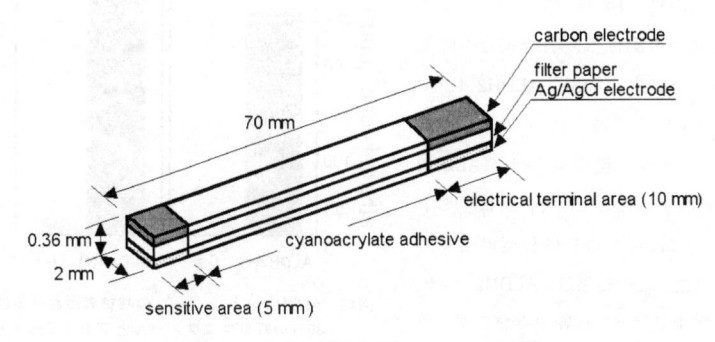

図11 スティック型バイオ・スニファの構造

に，スパッタリングにて白金（膜厚：3000Å）電極を両面に形成した後，接着剤で電極中央部を
モールドしている。なお，白金層への酵素固定化が困難なため，電極の感応部に別途，酵素固定
化用のH-PTFE膜を積層し，アルデヒド脱水素酵素（ALDH: EC1.2.1.5）を光架橋性樹脂にて包括
固定化している。作製したセンサのアセトアルデヒドに対する定量特性としては，0.11～10ppm
の範囲でアセトアルデヒドガスを定量可能である。

4.2 呼気中アルコール＆アルデヒドの簡易計測

この2種のスティック型スニファを，飲酒後の呼気成分の簡便計測に用いた。

呼気計測では，実験の趣旨を被験者に説明し理解を得たのち，5.5%アルコール濃度のビール350mlを摂取，一定間隔にてサンプルバックに呼気を採取し，作製したバイオ・スニファにて呼気中アルコールとアセトアルデヒドガスの計測を行った。なお，被験者には予めエタノールのパッチテストを実施し，ALDH2活性型（＋）と不活性型（－）の検定を行い，飲酒後の呼気成分濃度を比較した。飲酒後の呼気計測を行ったところ，アルコール（図12）とアセトアルデヒドともに飲酒後30分をピークとし，その後のアルコール代謝分解に基づく出力の漸次減少が観察され，本センサにて呼気成分の簡便計測および経時モニタリングが可能であった。

さらにALDH2（＋）活性型と（－）不活性型の被験者における飲酒後30分の呼気濃度を調べた結果（図13），ALDH2（－）の被験者において呼気アルコールとアセトアルデヒドともに濃度レベルがALDH2（＋）の被験者に比して高く，特にアセトアルデヒドにおいては10倍程度の濃度差が確認された。この結果は，ALDH2の活性がアセトアルデヒドの代謝のみならず，可逆性を有するアルコールの代謝にも影響を

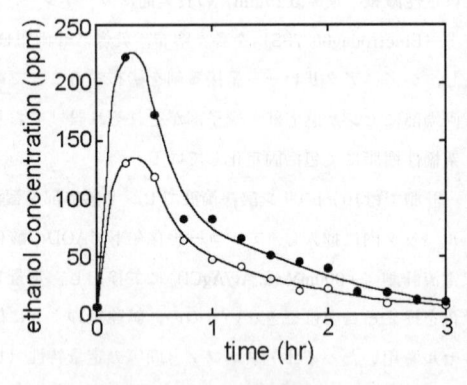

図12 ALDH（＋）と（－）の被験者における飲酒後の呼気中アルコール濃度変化の比較（各5名の平均値）

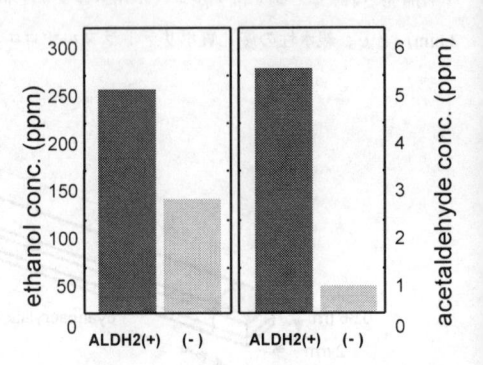

図13 ALDH（＋）と（－）の被験者における飲酒後30分の呼気中エタノールとアセトアルデヒドの濃度比較（各5名の平均値）

第11章 センサ及びセンシング・システム

与え，その代謝度合いが呼気へと反映しているものと考えられる。

ここで示したように，作製した2種のバイオ・スニファにて，飲酒後の呼気に含まれるエタノールとアセトアルデヒドのガス濃度をそれぞれ求めることができ，さらにはアルコール代謝能や酔いの度合いを，呼気の匂い成分にて非観血的に評価可能であった。

その他，スティック型バイオ・スニファは魚臭成分トリメチルアミンによる鮮魚の非破壊鮮度評価や，メチルメルカプタンは畜肉の鮮度評価に，また住環境での建材や家具のホルムアルデヒドガスの簡便計測などへの応用も可能である。

5 移動体通信を用いたモバイル生体モニタリング

ユビキタス・モニタリングにおいてセンサと共に重要なのが，被験者が意識することなく，連続計測できる，そのようなセンシング・システムである。近年では通信技術やインフラの整備により，携帯電話やPHSなどの移動体通信の利用価値が高まっており，モバイル生体モニタリングが容易に行える。つまり，ウエアラブルセンサなどと小型の計測装置，移動体通信を組み合わせることで，①被験者自身によるモニタリング，②自宅のPCでの情報管理，③医療機関や警備会社など，第三者によるモニタリングなどが可能となる。ここでは，薄膜サーミスタを利用した4chのモバイル・モニタリングシステムを紹介する。

このシステムは，被験者側における①「モバイル計測装置」（約210g：乾電池を除く）と，観測者側における②「基地モニタリング装置」により構成されている（図14）。そして①「モバイル計測発信装置」では，ウエアラブルセンサとして温度サーミスタ（JT Thermistor, 103JT-100, 石

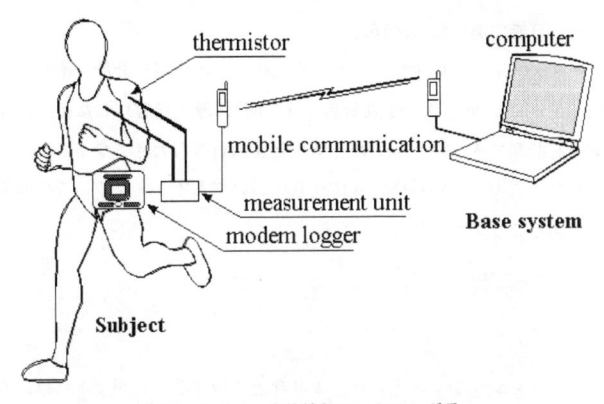

図14　モバイル生体情報モニタリング系

塚電子株式会社)を用い，自作した乾電池駆動の携帯型温度計測器と接続し，体温を電圧値(0-5V)に変換し，モデムロガー(Modem Logger, ML-7, T&D)，モデムカード(Mobile Card, Triplex N, 日本電気株式会社)を介して，携帯電話による情報転送が可能な可搬システムとした。また，②「基地モニタリング装置」はモデムカードを組み込んだノート型コンピュータと携帯電話により構成されており，①「モバイル計測装置」の温度計測データを断続的に取り込み可能なシステムである。

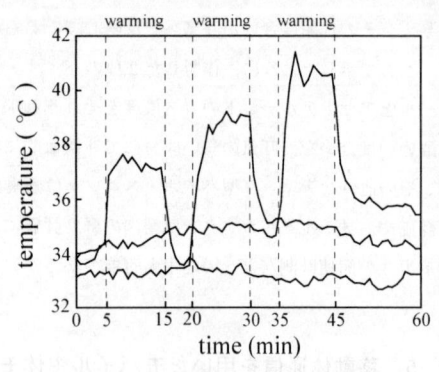

図15 加齢による涙液ターンオーバー率の変化

遠隔計測ではシステム実験として，①「モバイル計測装置」を被験者に携帯させ，温度サーミスタを被験者の測定部位に取り付け，体温変化を一秒間隔で連続的に計測する。そして携帯電話を介して，②「基地モニタリング装置」から測定値情報をモデムロガーにより，コンピュータにデータを転送，保存し，体温の変化を画面表示させることができる。

計測実験ではまず，健康医療器具である皮膚加温用の温熱帯〔43℃〕をサーミスタ上部に取り付け，外部加温を行った。また，実際にエルゴメータによる軽い運動をした状態における皮膚温変化[14]についても本システムにて計測適応し，遠隔地よりモニタリングを行った。

本システムを用い，3チャンネルでの計測(加温なし〔5分間〕，左前腕部肘外側43℃加温〔10分間〕，左肘外側43℃加温〔10分間〕，左上腕肘外側43℃加温〔10分間〕，加温なし：加温の間隔は5分間とする)を行った結果，安定した皮膚温と温熱帯による温度上昇，下降による皮膚温変化を測定することが可能であった(図15)。

次にエルゴメータを使用した軽運動時における大腿部の皮膚温を計測(静止状態〔5分間〕，40(W)運動負荷〔5分間〕，80(W)運動負荷〔5分間〕，静止状態)した結果，静止状態において安定した皮膚温を計測でき，40(W)，80(W)と運動負荷が大きくなるにしたがって皮膚の温度上昇が観察された。このことから軽い身体運動においても本システムにて皮膚温変化も簡便に遠隔計測が可能であることが示された。

6 おわりに

最初に述べたようにセンサやシステムを，より身近に扱えることができれば，有用な生体情報や環境情報をユビキタス社会で扱うことができ，きめ細やかな情報化社会を構築できるものと期

待される。本章では特に，柔軟性という特徴を付加した各種ウエアラブルセンサと，高いガス選択性を有するバイオ・スニファとその応用，移動体通信を利用したモバイル・モニタリングについて紹介を行った。

文　　献

1) H. Tanioka, S. Nagato, *Mod. Med. Lab.*, 18, 564 (1990)
2) T.R. Stolwijk, J.A. van Best, H.H.P.J. Lemles, R.J.W. de Keizer, J.A. Oosterhuis, *Int. Ophtalmol.*, 15, 377 (1991)
3) A. Romano, F. Rolant, *Meatb. Pediatr. Syst. Ophthalmol.*, 11, 78 (1988)
4) M. Yamashita, K. Shimizu, and G. Matsumoto, Technical Report of IEICE, MBE95-40, 06 (1995)
5) H. Suzuki, A. Sugama, N. Kojima, *Anal. Chim. Acta*, 233, 275 (1990)
6) R. Huch, A. Huch D.W. Lubbers, *J. Perinat. Med.*, 1, 183-191 (1973)
7) N.T.S. Evans, P.F.F. Naylor, *Respiration Physiology*, 3, 38-42 (1967)
8) K. Mitsubayashi, Y. Wakabayashi, D. Murotomi, T. Yamada, T. Kawase, S. Iwagaki, I. Karube, Sens. & Actuators B, 95, 373-377, 2003
9) K. Mitsubayashi, K. Yokoyama, T. Takeuchi, I. Karube, *Anal.Chem.*, 66, 3297(1994)
10) K. Ichimura, *J. Polymer Science*, 22, 2817-2828 (1984)
11) Kohji Mitsubayashi, Hirokazu Amagai, Hidenori Watanabe, Yoshinori Nakayama, Proceedings of Eurosensors XVI, 1179-1182, 2002
12) K. Mitsubayashi, H. Amagai, H. Watanabe, Y. Nakayama, Abstract book of The seventh world congress on Biosensors (May 16, Kyoto), P2-3.53 (2002)
13) Matusnaga H., Toda S. and Mitsubayashi K., *Abstract book of The seventh world congress on Biosensors* (May 16, Kyoto), P2-3.79 (2002)
14) Wakabayashi, Y., Mitsubayashi, K., Taya, Y., Nomura, Y., Journal of Advanced Science, 14 (1&2), 35-36, 2002

第12章 電源としての燃料電池

神谷信行*

1 はじめに

　燃料電池の開発研究は，今まさにブームである。その中でも小型，超小型といわれるものはその用途の特殊性もあり，かなり期待されている。小型のものを考えると，作動温度はそれほど高く設定できないし，重量も軽いことが要求されるなど多くの制限がある。

　現在広く使われているリチウムイオン電池はわずか10年ほどの間にマイクロ電源の市場を占有した。軽くて，エネルギー密度も高く，使い勝手も良い。これほどの優れものはないが，それ以上に携帯電話などの利用機器の機能が発達し，それに伴って消費電力が増えることになったからである。リチウムイオン電池の研究は毎年開かれる電池討論会の発表の大部分を占めるほど，研究も盛んで，注目されてはいるが，現在のリチウムイオン電池のエネルギー密度を大幅に超す新規な電池が開発されない限りユーザーを満足させることはできない状況になりつつある。

　マイクロ燃料電池は理論的にはリチウムイオン電池の数倍のエネルギー密度を持っている。このため，高度化し，エネルギー消費増加が著しい携帯機器，ポータブル機器用に対応し，ユーザーの満足する駆動時間を達成できる電源として大いに注目されている。

　表1のリチウムイオン電池の0.6Wh/gとメタノールの6Wh/gを単純に比較すれば10のエネルギー密度を持つことになり，燃料電池が理論上10倍のエネルギー密度を持つという証拠になっている。

2 マイクロ燃料電池の位置づけ

　機能の多様化に合わせて，モバイル機器の消費電力は増加の一途をたどっており，電子機器の省エネルギーが計られているとはいえ，電源としての革新がどうしても必要な時期になっている。携帯電話における動画の送受信やデジタルカメラの付加，フラッシュ機能などで待機中で40mW程度，通話中で1W程度といわれた従来の消費が大幅に増加することが予想される。ノートパソコンでは機能の高性能化で30～40W，ピーク時には60Wの電力消費が行われる。パソコンなどは現状でも1～2時間の連続使用はどうしても要求されるところであるが，さらに8時間程度の連続使

＊　Nobuyuki Kamiya　横浜国立大学大学院　工学研究院　機能の創生部門　教授

第12章 電源としての燃料電池

表1　燃料別体積密度・重量密度

燃　料	体積密度／Whcm^{-3}	重量密度／Whg^{-1}
H$_2$（液体）	2.3	33.0
LaNi$_5$H$_6$	2.9	0.4
CH$_3$OH	4.7	6.0
二次電池		
リチウムイオン電池	0.3	0.6

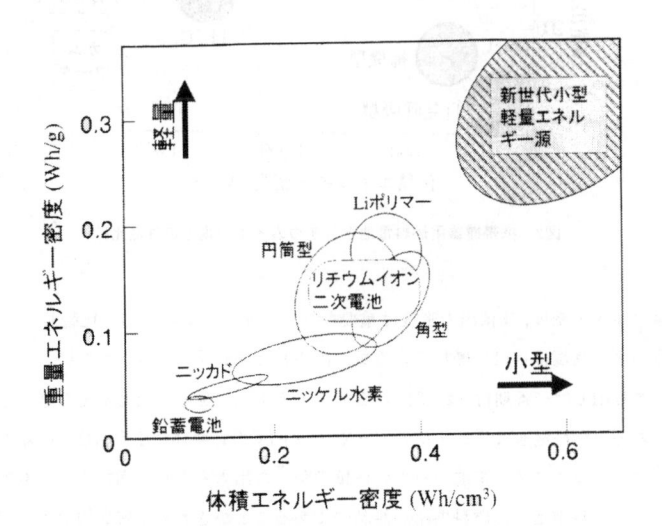

図1　各種二次電池のエネルギー密度の比較[1]

用にも耐えるような，しかも二次電池では充電の短縮が要求されることになると，エネルギー密度のブレークスルーを期待する他はない。

　図1には種々の二次電池の体積エネルギー密度と重量エネルギー密度の関係を示す。当然ながらエネルギー密度が上がればそれだけコンパクトになり，軽量になることを示し，ニッカド電池，ニッケル水素電池，リチウムイオン電池とエネルギー密度の飛躍的な進展を見ることができる。ニッケル水素電池が電池の販売の統計に出てきたのが1993年，リチウムイオン電池は1995年である。この身近な期間に世代の交代が行われ，ニッカド，ニッケル水素，リチウムイオンの各二次電池へと生産実績は変化した。リチウムイオン電池の技術はきわめて高く完成に近いため，この種の電池をさらに小型軽量化することは容易なことではない。

　図2は携帯機器用燃料電池とリチウムイオン電池の性能比較をしたものである。リチウムイオン電池の代替として燃料電池を考えた場合，どうしてもコンパクトさが要求されるため，図に示さ

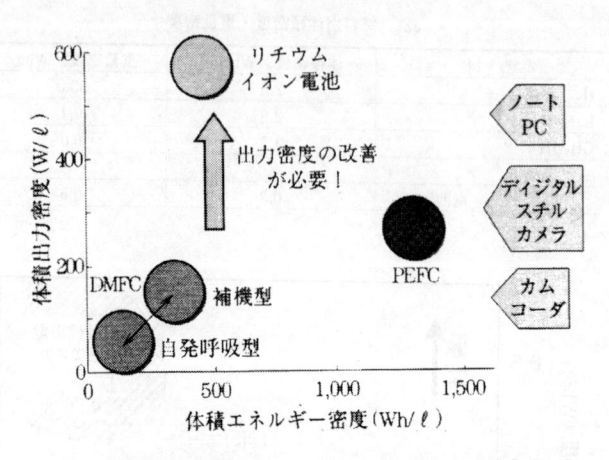

図2 携帯機器用燃料電池とリチウムイオン電池の性能比較[2]

れた体積エネルギー密度,体積出力密度は重要なファクターである。図1と比較してみると,PEFCは体積エネルギー密度は格段に優れているが,出力密度は必ずしも大きくない。小型軽量エネルギー源としてDMFCは一番期待されてはいるが,エネルギー密度,出力密度のどれをとっても難しい状況にある。燃料電池はデジタルカメラやノートPCの必要体積出力密度(機器の最大消費電力を積載したリチウムイオン電池パックの体積で割った出力密度)を満たすことも容易とはいえない。しかし,燃料電池では燃料供給が無制限であることがきわめて特異的なことでリチウムイオン電池と優位性を比べることができる。携帯電話ではエネルギー密度が大きなファクターになるが,現在のリチウムイオン電池の充電器として考えるならば,十分対応できるであろう。

3 DMFCの開発状況

2節ではエネルギー密度を考えた場合DMFCがかなり悲観的ではあるが,多くの研究が発表されている。この中には車載用の可能性も含め,超小型のものまでDMFCの期待を膨らませるデータが多い。

LANL (Los Alamos National Laboratory) の電池特性はDMFCの特性としてよく比較される(図3)[3]。日本自動車研究所のデータもいっしょに示す[4]。LANLの特性は130℃のものであるので一概に比較はできないが,DMFCとして,これだけの性能が持続すれば自動車への搭載も期待される。1996年に発表されたものであるが,その後1998年にはセル効率18〜34,36%をクリア。19%の時,0.27W/cm^2 (0.5V),36%の時,0.13W/cm^2 (0.5V)を報告している。

1999年にはSiemensでDMFC 7セルスタックが開発された。0.5V、メタノール-酸素で0.25W/cm^2、空気で0.1W/cm^{2}の出力が得られている。

図4に携帯電話に搭載したDMFCの模式図を示す[5]。実際に電池を作動させた実験例は報告されてはいるが、メタノールが100%反応して生成物がCO_2と水になっているのか、メタノールや中間体としてのホルムアルデヒド等の排出に関してはどうかなどについての報告はほとんど見られていない。

携帯用電源、超小型電源としては2000年にMotorola社の携帯用DMFC（直接形メタノール燃料電池）の発表でブームに火がついた感がある。Power Holsterは6セル直列で4V×20mA=80mWの携帯用のマイクロ燃料電池を開発した（図5）。携帯電話は待機中で40mW程度、通話中で1W程度であるので、燃料電池だけでは十分なエネルギーは得られないが、電源の二次電池の充電用として使うことを考えれば問題はないだろう。

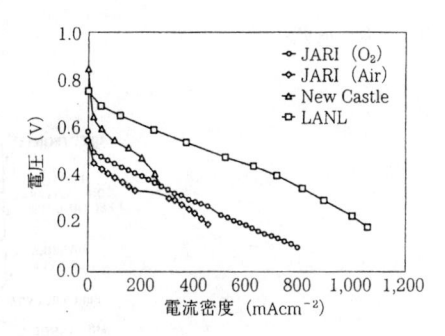

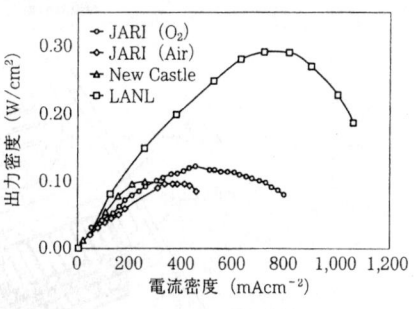

図3 DMFCの電池特性
左はV-I特性、右は出力密度-Iの関係

燃料電池の実用化でネックになっている主な課題は以下に示すが、コストは避けられない問題点である。現在燃料電池の価格は数千U.S.$/kW以上といわれているが、ガソリンエンジンではその100分の1の数十U.S.$程度であるから、技術面だけでは解決できそうもない。それに比べて、携帯電話のリチウムイオン電池の価格が数千U.S.$弱であることを考えると、見通しは明るい。それでもPower Holster社の2001年発売予告が延期になっていることから、少しくらい高くてもとか、燃料利用率が少々悪くてもいいということ以外に重要な問題が残されているものと思われる。

東芝はノートパソコン用のDMFCを開発した（図6）。カシオはマイクロ改質器を使ったパソコン用メタノール燃料電池を開発した（図7）。どちらも、PCと一体になった構造をしており、まだまだ、性能については十分でない点もあるが、近々に市場に出す計画をしている。YUASAも100Wと300WのDMFCを発表し（図8）、2003年には市販する予定という。一般にパーフルオロスルホン酸膜では加湿を必要とするが、YUASAは加湿を必要としない方法を開発した。

表2に現在開発中、ニュースリリースされたDMFC、純水素、改質水素を使ったマイクロ燃料電

ユビキタス時代へのエレクトロニクス材料

池の一覧を示す。

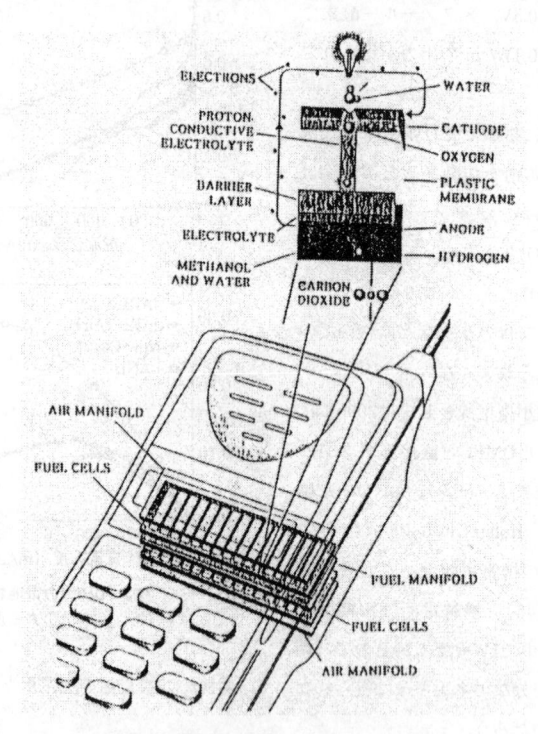

図4 携帯電話に搭載したDMFCの模式図

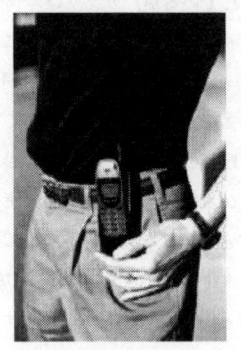

図5 Power Holster prototype™ の携帯電話

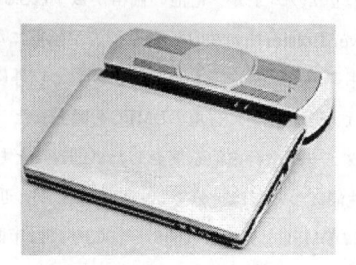

図6 東芝ノートパソコン用 小型メタノール燃料電池

第12章 電源としての燃料電池

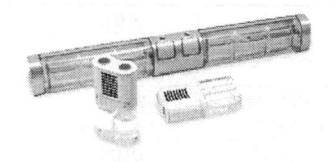

上段：ノートPC用モジュール
下段：デジタルカメラ用モジュール
（イメージ）

実用化のイメージ

超小型改質器（マイクロリアクター）
表・裏

図7　カシオ計算機のマイクロ改質器を使ったメタノール燃料電池

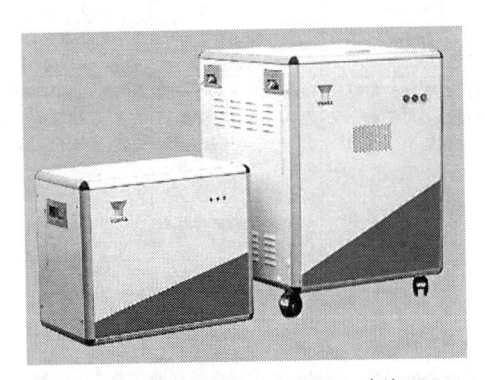

図8　YUASAのPC用DMFC．左は100W，右は300W

4　燃料の多様化

　DMFCはもちろんメタノールを燃料とするが，液体であることの優位性はあるが，メタノールの毒性などを考えると必ずしもメタノールに限ったことではない。ここでは最近報告されたいろいろな燃料を使った例を紹介する。

表2 小型燃料電池の開発動向

	多目的	ノートパソコン		
メーカー名	YUASA	カシオ計算機	Fraunhofer Institute(独)	Smart Fuel Cell
目標実用化時期	2003年	2004年	未定	2004年ころ
使用燃料	メタノール	メタノール	水素ガス	メタノール
発電方式	DMFC	メタノール改質方式	純水素方式	DMFC
出力密度	100W	100mW cm^{-2} (20℃)	不明	不明
特徴	作動時間:8時間 燃料タンク:2l 寸法:W350×L380×H420(mm)、25kg 主な用途:キャンプ用電源、災害時非常用電源、遠隔観測機器用電源、ロボット用電源	FCパックの大きさはLiイオン電池パックと同じでキーボードと液晶パネルをつなぐヒンジ部に収納。重さはLiイオン二次電池の半分 20時間駆動可能	水素吸蔵合金に水素を吸蔵。14Vで50Wの出力。駆動時間3時間。スペースを余計に取る必要はない。	コストはLiイオン二次電池とほぼ同じ。150mlのカセットテープ大のカートリッジを使い8～10時間駆動可能。純メタノールを使用。出力25W クロスオーバ対策済

	携帯用		PDA (Personal Digital Assistant)		カメラ一体型VTR
	Samsung Advanced Institute(韓国)	MTI Micro Fuel Cell(米)	東芝	Motorola Labs(米)	Fraunhofer Institute(独)
	2004年ころ	2004年	2004年ころ	未公表	未定
	メタノール	メタノール	メタノール	メタノール	水素ガス
	DMFC	DMFC	DMFC	DMFC	純水素方式
	max 50mW cm^{-2}	不明	30mW cm^{-2}	未公表	80mW cm^{-2}
	FCはクレジットカード大。待ち受け時50mAで26時間、通話時500mAで2.6時間、max 50mW cm^{-2} で2.6W	PDA付き携帯電話に外付けして駆動。データ採取中	10mlのメタノールで約4V 40時間駆動可能。40℃で作動。95%メタノールと水タンクを内蔵。メタノールを3～6%まで希釈して使用	出力は100mW。外形サイズは5cmx5cmx1cm。小型化に成功	FCだけで駆動可能。直径3cmx高さ5cmの金属製タンク12lの水素ガス。ガス圧1.5気圧 出力はmax10W 8V-160mAcm^{-2} で80mW cm^{-2}。3時間駆動

4.1 イソプロピルアルコール

　一般に室温程度の温度では電気化学的にC-C結合を切断することは難しい。従って，2-プロパノールは次式のようにアセトンを生成して反応は止まる。この反応は2-プロパノールの脱水素反応と，生成した水素のアノード酸化の組み合わせと考えることもできる。

$$CH_3CH(OH)CH_3 = CH_3COCH_3 + 2H^+ + 2e^- \qquad (1)$$

アセトンを生成するとした電池

$$CH_3CH(OH)CH_3 + 1/2O_2 = CH_3COCH_3 + H_2O \qquad (2)$$

の起電力は$U^o = 1.10V$

　この反応の逆となる次の反応は発熱反応で触媒存在下で容易に進行する。

$$CH_3COCH_3 + H_2 = CH_3CH(OH)CH_3 \quad (3)$$

したがって，別の見方では2-プロパノール／アセトンは水素貯蔵の一つの方法と考えることもできる。反応生成物のアセトンに水素を添加して2-プロパノールを作り，再利用することが可能であろう。大型の燃料電池の燃料としては不向きであるが，マイクロ燃料電池の燃料としては興味のある物質である。

4.2 エチレングリコール[6]

エチレングリコール（EG）はC-C結合を持った多価アルコールであり，分子が大きいこと，C-C結合を持っていることからCO_2とH_2Oにまで完全に反応することは難しいが，アルカリ中ではよく反応し，グリコール酸やギ酸塩を生成して反応は止まる。

EGは子供たちが誤って口に入れたとしても危険性は低い上，蒸気圧が低いので取り扱いは容易である。反応が進んでグリコール酸などがたまると電解質としてのアルカリの濃度も低下して，電解質の劣化が起こるが，燃料であるEGを燃料カートリッジで挿入する際にアルカリ電解質も同時に加え，その際，電解質と反応性生物を取り出すようにすれば電池は元の状態に戻って電池性能も回復することができるものと思われる。

図9，10はEGとメタノールを400mVに保ったPt電極上で反応させ，酸化電流がどのように変化するかを示している。メタノールの反応に比べてエチレングリコールの反応がよりスムーズに起こっていることがわかる。EGはメタノールと異なり，反応の過程でCOが出来にくく，Ptなどの触媒が被毒を受けにくいと報告されている。

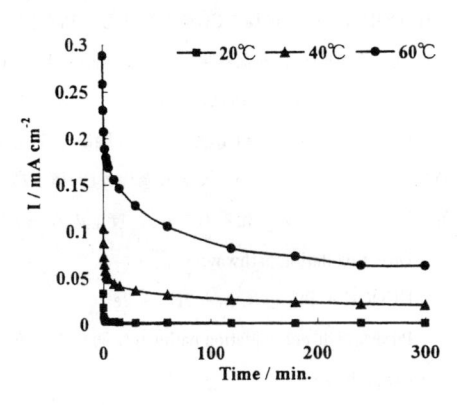

図9　1M KOHに溶解した1M EGの400mV vs. RHEにおける電流－時間経過
　　電極：Pt，温度：20，40，60℃

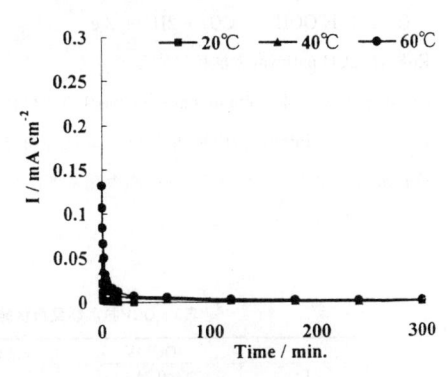

図10　1M KOHに溶解した1M メタノールの400mV vs. RHEにおける電流－時間経過
　　電極：Pt，温度：20，40，60℃

4.3 ギ酸を燃料とした燃料電池

ギ酸はメタノールから二酸化炭素へ酸化される際に生成する安定な反応中間体である。ギ酸はメタノールが4電子酸化された状態であり，CO_2までは残り2電子の酸化ではあるが，理論起電力は1.652Vでメタノールの1.381Vよりも大きい。ギ酸はアルカリ中ではCO_2までは反応しにくいが酸性中ではメタノールよりも電極反応性がある。ギ酸はメタノール同様毒性があるが，固体高分子電解質のクロスオーバがメタノールよりも少ないこと，高い反応性を考慮すると，取り扱いさえ注意すれば，小型の燃料電池用の燃料として十分期待のできる燃料である。

HCOOHは反応の過程でCO種を生成し，Ptを被毒するが，PbをUPDでPt表面に吸着させ，被毒を回避する実験を試みた結果，メタノール由来のCO種とは幾分異なることがわかった。分光学的には，どちらもCO種がPt触媒を被毒していることが確かめられている。

ギ酸を燃料とする燃料電池アノード触媒の研究は多くあるが，PtだけよりもPt-Ruの方が電池特性は優れていることから反応の過程でCO種が被毒を起こしていることは理解できるが，Pt-Pd触媒が効果的だという報告もあり[7]，反応のルートは必ずしも1つだけではないと思われる。

・Direct oxidation pathway:

$$HCOOH + Pt° \rightarrow CO_2 + 2H^+ + 2e^- \tag{4}$$

Pd触媒はdirect oxidation pathwayに適している。

・CO pathway:

$$HCOOH + Pt° \rightarrow Pt-CO + H_2O \tag{5}$$

$$Pt° + H_2O \rightarrow Pt-OH + H^+ + e^- \tag{6}$$

$$Pt-CO + Pt-OH \rightarrow 2Pt° + CO_2 + H^+ + e^- \tag{7}$$

$$Overall: HCOOH \rightarrow CO_2 + 2H^+ + 2e^- \tag{8}$$

Ru触媒はCO pathwayの酸化に適している。

CO stripping cyclic voltammometryのpeak電位はPt/Ruで0.41V vs. DHE，Ptで0.6V，Pt/Pdで0.67Vとなっており，Pd触媒はCO酸化にはあまり有効ではない。表3ではPt-Pd触媒はOCVおよび低電流密度領域では高い活性を示すが，高電流密度になって反応が進むとCO種の生成が多くなるようである（図11）。

表3 OCVおよび負荷状態における電池特性

	OCV/V	i at 0.5V /mAcm^{-2}	W at 0.26V /mWcm^{-2}
Pt	0.71	33	43
Pt/Pd	0.91	62	41
Pt/Ru	0.59	38	70

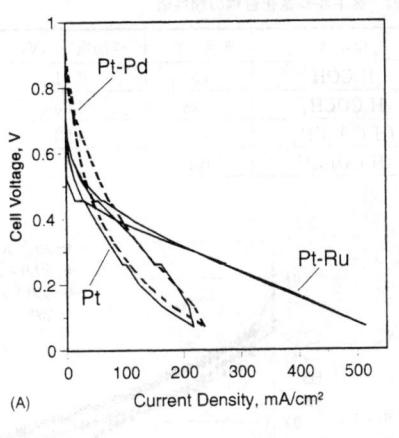

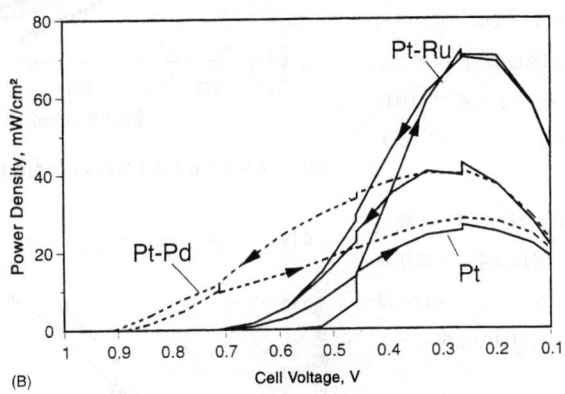

図11 ギ酸/O_2の電池特性
(A) セルの分極曲線，(B) 出力密度，アノードには5M HCOOH，カソードはO_2を供給

4.4 ジメチルエーテル

ジメチルエーテル（CH_3OCH_3，DME）はメタノール2分子を脱水して得られ，エーテルとして広く知られているエチルエーテルとよく似た性質を持っている。メタノールが毒性を持っているのに対して，ジメチルエーテルは加水分解されにくいのでメタノール類似の毒性はない上，エチルエーテルのような麻酔性もない。沸点は−23.6℃，室温では気体であるが，4気圧程度に加圧すれば容易に液化できる。ライターのブタンガスのように燃料カートリッジに加圧状態で詰め込めば燃料貯蔵，輸送，供給が容易に行える。

ジメチルエーテル燃料電池（DMEFC）の研究はバラード社から報告がなされているが[8]，高温

表4 メトキシ基化合物の物性値

	化学式	沸点（℃）	理論電圧（V）
メタノール	H_3COH	65	1.21
DME	H_3COCH_3	-25	1.20
DMM	$(H_3CO)_2CH_2$	42	1.23
TMM	$(H_3CO)_3CH$	101	—

ではメタノールとほぼ同じ程度に反応することがわかっている。詳しい反応機構はわからないが，電極での反応性は温度が高くなるにつれて高くなり，加湿の影響を強く受けるなど加水分解で生じたメタノールが反応している可能性は大きいが，DMFCに比べてファラデー効率が高いことが特徴で，DMEのクロスオーバが少ないことなどが大きな利点である。

堤らはDMEFCの特性を詳しく調べている[9,10]。図12，図13は電流－電圧特性，出力特性を示している。図12には後に述べるDMM，TMMの結果とともに示している。

高温になるにつれて出力密度は急激に上昇し，$0.1W/cm^2$を越す特性が得られている。一方，DMEの反応生成物にはギ酸やホルムアルデヒドもわずかに検出されており，小型燃料電池の商用化に対しては検討の余地が残されている。

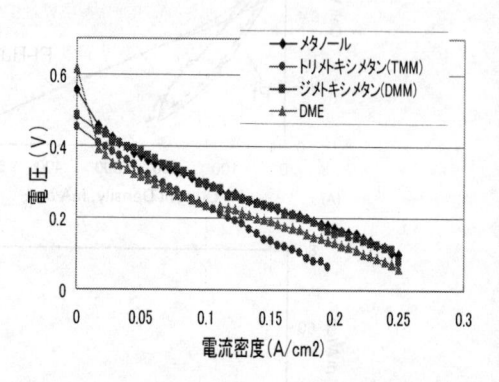

図12 メトキシ基を含む燃料を使った燃料電池のI-V特性

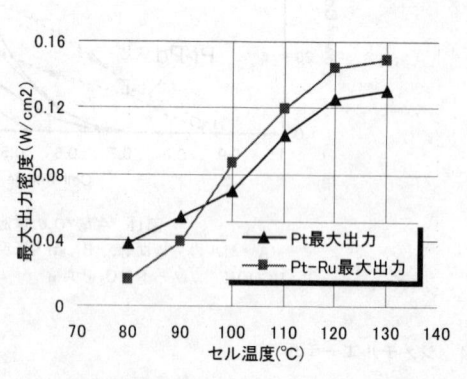

図13 DME燃料電池の出力特性の温度依存性

4.5 水素化ホウ素燃料の電池特性[11]

小型燃料電池の燃料として純水素が超小型ボンベ等で入手できれば，そのまま燃料として使うこともできるが，二次的には金属水素化物，吸着材等で燃料電池に供給することも可能である。

カーボンナノチューブやグラファイトナノチューブが水素を吸蔵するものとして注目されたが，実際にはそれほどの吸蔵性能はないようである。

水素化ホウ素カリウム（KBH_4）は水と反応させることによって純水素を得ることができ，小型の装置で水素供給ができる点で優れている。水素化ホウ素カリウムをアルカリ水溶液中に溶解させると安全で安定な水素貯蔵，水素供給材料となり，マイクロ燃料電池規模の水素発生源となりうる。水素供給量は触媒の働きで調整ができる。Na塩を使ったときの反応は次の通りである。

図14 水素化ホウ素錯体を使った燃料電池
アノード：水素化ホウ素錯体水溶液
カソード：H_2O_2水溶液

理論的には　　$NaBH_4 + 2H_2O \rightarrow NaBO_2 + 4H_2$　　　　　　　　　(9)

実際には　　　$NaBH_4 + 6H_2O \rightarrow NaBO_2 \cdot 4H_2O + 4H_2$　　　　(10)

このように水素化ホウ素化合物を水素の貯蔵，発生源として考えた場合の起電力は水素－酸素燃料電池と変わらないが，この化合物中の水素はハイドライド（プロトライド）であり，H^-の状態になっている。これは水素ガスのHよりもさらに2電子還元された状態であり，水素化物そのものを反応させるほうが，より多くのエネルギーが得られる。

酸性固体高分子膜を考えた場合は

　　アノード：$BH_4^- + 2H_2O \rightarrow BO_2^- + 8H^+ + 8e^-$　　（$E°=-0.41V$）　　(11)

　　カソード：$O_2 + 8H^+ + 8e^- \rightarrow 4H_2O$　　（$E°=1.23V$）　　(12)

アルカリ性膜を使う場合は

　　アノード：$BH_4^- + 8OH^- \rightarrow BO_2^- + 6H_2O + 8e^-$　　（$E°=-1.24V$）　　(13)

　　カソード：$2O_2 + 4H_2O + 8e^- \rightarrow 8OH^-$　　（$E°=0.40V$）　　(14)

どちらの場合も全体の反応は

　　$BH_4^- + 2O_2 \rightarrow 2H_2O + BO_2^-$　　（$U°=1.64V$）　　(15)

このように通常のH_2-O_2燃料電池に比べて高い起電力が期待され，室温でフッ化水素吸蔵合金とニッケルを電極に小型の燃料電池が試作された（図14）。2wt%のBH_4^-と3wt%H_2O_2を用い，1V，100mAの出力が得られている。

4.6　その他の水素含有有機化合物，無機化合物

・アスコルビン酸（ビタミンC）水溶液を用いた燃料電池

アスコルビン酸（AA）はビタミンCとして古くから知られた物質である。また，還元剤として

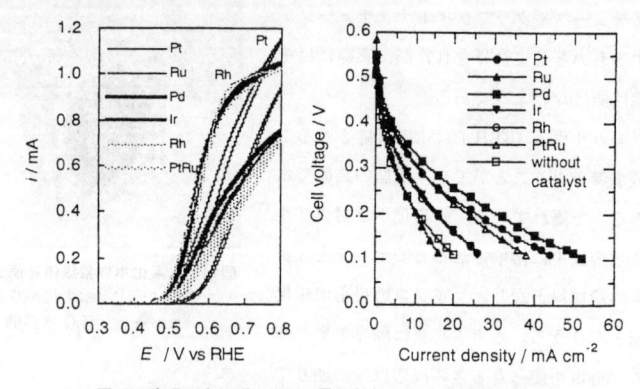

図15 室温におけるAAFCの電池特性に対する触媒の効果
(a) 1M AA+0.5M H_2SO_4の電流-電位曲線
(b) 電流-電圧特性

も種々の化学反応で使われることがある。AAは電極で酸化されるとデヒドロアスコルビン酸（DA）になり、大きな過電圧を加えない限り、この物質を生成して反応は終わる。AAを使った燃料電池の特徴は燃料であるAA、生成物であるDAともに無害な物質であること、アノードには特別な触媒を使わなくても作動し、アノード過電圧が低い。また、燃料のクロスオーバが少ないのでエネルギーロスは少ない。しかし、AAそのものは燃料としては高価であり、大容量の電気を取り出すことは無理だとしても、マイクロ燃料電池の燃料としては一つの可能性を持っている。

電池反応は次のように書くことができる。

アノード： $AA = DA + 2H^+ + 2e^-$ (16)

カソード： $1/2 O_2 + 2H^+ + 2e^- = H_2O$ (17)

アノードに種々の貴金属ブラック（3mgcm^{-2}）、カソードに白金ブラック（5mgcm^{-2}）を用い、Nafion117の両面にホットプレスし10cm^{2}の電極を作った。アノードに1M AA水溶液を、カソードには空気を自然拡散させたとき、Pd電極でOCV0.55V、35mAcm^{-2}で最大出力6.2mWcm^{-2}を得た。比較のためメタノールを使ったところ、Pt-Ru触媒で16mWcm^{-2}を得た。

DMFCアノード触媒としてはPt, Pt-Ru, Irが必要であるのに対してAAFCのアノード触媒としてはPd, Ru, Rh等いろいろな触媒が効果的である（図15）。

5 燃料電池周辺の新しい技術

現在、携帯用、超小型燃料電池としては、PEFC, DMFCタイプが中心になって開発が進められ

第 12 章　電源としての燃料電池

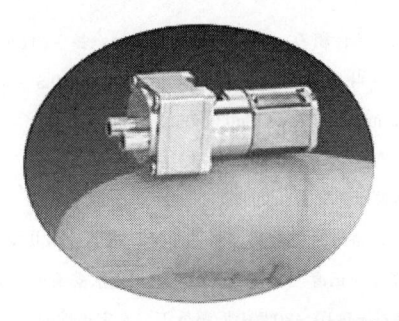

図16　オーモリテクノスが開発した世界最小級ポンプ

図17　PBOナノコンポジットイオン交換膜[12]

ているが，電極，高分子膜など，様々な支援が必要であり，新しい材料，部品の開発が進められている。

　マイクロ化するためには，さまざまな周辺技術が必要になる。燃料電池の出力の中で，自立運転のためにどれだけのエネルギーを消費するかは深刻な問題である。超小型の燃料電池はできるだけ自発呼吸型が要求されるが，マイクロ改質器やマイクロポンプの性能が向上すればそれらを使う可能性もでてくる。図16は手のひらに乗る世界最小のマイクロポンプであり，メタノール供給，ガス送付に期待されている。

　ポンプは縦横8mm，奥行きが5mmの直方体。外側に吸入口と排出口が付いている。内部は十字形をした内輪と，ヒトデの形をくりぬいたような外輪がともに回転し，すきまが広がると液体を

吸い込み，狭くなると排出する仕組み。ポンプの後ろには，長さ約1cmの円柱型モーターが取り付けられている。重量10g以下吐出流量0.1～10 ml/min, 吐出圧力0.5～1kPa, 消費電力0.5W以下。
'03/6/5 http://www.chugoku-np.co.jp/News/Tn03060533.html

PEFC, DMFCでは膜の働きを助けるために加湿が必須条件になっているが，低湿度下でも作動可能な燃料電池イオン交換膜が開発された。

東洋紡は，固体高分子形燃料電池で使用されるイオン伝導性ポリマー（ICP：Ion Conducting Polymer）として，優れたイオン伝導性を持つ高耐熱型炭化水素系ポリマー「SPNポリマー」の技術開発に成功し，80℃，相対湿度10～20%の低湿度下でも実用性のある出力特性が得られた。

さらに，高分子材料の中で最も優れた耐熱性と強度特性を持ったPBO（Polyphenylene Benzobis Oxazole）の微多孔支持フィルムと「SPNポリマー」を複合化したナノコンポジットイオン交換膜を用い，PBOに強度や弾性率などの機械特性を，ICPにイオン伝導性を持たせて，イオン交換膜トータルとしての性能向上をはかった。このようなことから，現在実用化されているフッ素系ポリマーによるイオン交換膜では達成困難であった，100℃以上の高温下での使用が期待されている[12]（図17）。

文　　献

1) 梅田，超小型燃料電池の開発と今後の展望, p.4 (2003)
2) 風間智英, 電子材料, 2003, 25 (2003)
3) X.Ren, M.S. Wilson, S. Gottesfeld, *J. Electrochem. Soc.*, 143, L13 (1996)
4) 前田　啓ほか, 自動車研究, 22, 412 (2000)
5) R.G. Hockaday *et al.*, 2000FUEL CELL SEMINAR, 791 (2000)
6) 松岡, 千葉, 稲葉, 入山, 安部, 小久見, 松岡, 電気化学会第69回大会講演要旨集, p.80 (2002)
7) C. Rice, S. Ha, R.I. Masel, A. Wieckowski, *J. Power Sources*, 115, 229 (2003)
8) J.T. Muller, P.M. Urban, W.F. Holderich, K.M. Colbow, J.Zhang, D.P. Wilkinson, *J. Electrochem. Soc.,* 147, 4058 (2000)
9) 高木, 伊藤, 古川, 為我井, 堤, 平成14年度電気学会東京支部茨城支部研究発表会, p.53 (2002)
10) 亀山, 菊池, 中野, 小又, 堤, 平成14年度電気学会東京支部茨城支部研究発表会, p.54 (2002)
11) 須田, 燃料電池, 1 (2), 39 (2001)
12) http://www.toyobo.co.jp/press/press158.htm

第3編

高分子エレクトロニクス材料

第13章 ユビキタス時代に求められる機能性高分子材料

若林信一[*1], 小山利徳[*2]

1 はじめに

「いつでも」「どこでも」「だれとでも」の言葉で表現される"ユビキタス"社会については，総務省の「ユビキタスネットワーク技術の将来展望に関する調査研究会」[1]をはじめとして，関連企業各社からコンセプトやイメージが示されている。

ユビキタス時代は，2005年から2010年程度が想定されており，キーワードとしては，高速・大容量ネットワーク，モバイルコンピューティング，ワイヤレス通信，ウェラブルコンピューター，等々が挙げられる。しかし，現時点での具体的製品としては，モバイルPCや携帯電話，PDA等で，将来どのような製品群が登場してくるのかは，先のコンセプトやイメージだけでは明確ではなく，今後の開発に期待するところが大きい。そのため，これら将来の電子機器に使用される材料に，具体的にどのような機能が要求されるかを見極めることは非常に難しい。

一方で，電子機器の発達は，シリコンチップの性能向上に伴うパッケージや実装技術の変遷で表現することができる。図1にシリコンチップを実装する半導体パッケージの推移を示したが，多ピン領域，少ピン領域ともに一貫して高密度化，小型化，薄型化の方向に進んでいることがわかる。さらに今後は，三次元を含むマルチチップ化や各種素子を内蔵するシステムモジュール化の方向に進んでいくと予想される。

本章では，これら最近の実装技術の高度化に伴う有機系実装基板の開発状況を解析し，その技術の方向性から，今後の材料に必要となる機能を捉えていくことにする。

2 高密度化

表1に半導体の技術ロードマップとしてITRSが発表した技術動向の抜粋を示した[2]。シリコンチップおよび実装されるパッケージともに高密度化，高速化がさらに加速することが見てとれる。

[*1] Shinichi Wakabayashi 新光電気工業㈱ 取締役 基盤技術研究所長
[*2] Toshinori Koyama 新光電気工業㈱ 基盤技術研究所 材料研究部 主任研究員

図1 半導体パッケージの推移

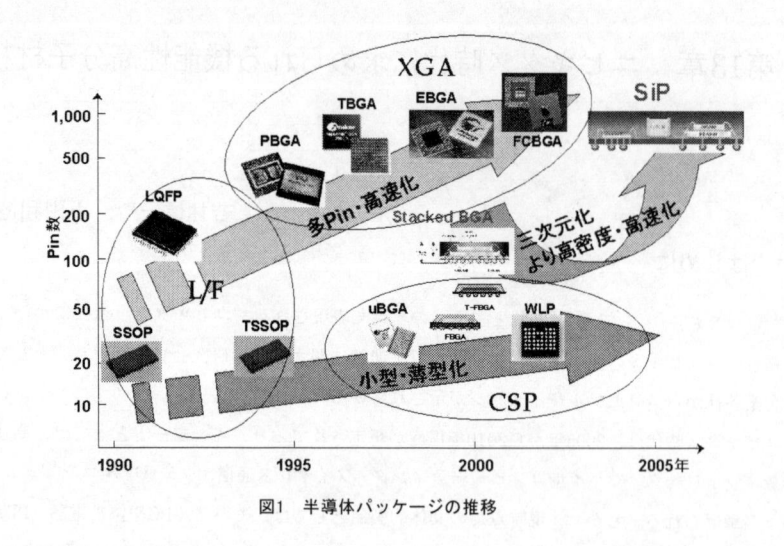

そのためには新たな技術的展開が必要で，ITRS自身も2005年以降は何らかのブレークスルーが必須であるとしている。ユビキタス時代を実現するための電子機器は，シリコンチップの高性能化が基本となるが，その能力を十分に引き出し機器全体として機能させるためには，シリコンチップを実装する半導体パッケージの高密度化が必須となる。

ここでは，高密度化の観点から，ビルドアップ基板，一括積層基板，フレキシブル基板を例にして，それらに用いられる材料に要求される機能について述べる。

2.1 ビルドアップ基板

チップ実装基板の高密度化に対応するために，ここ数年大きくその需要を伸ばしてきたのがビルドアップ工法を用いた多層基板である。一言でビルドアップ工法といっても，各種工法が提案，実施されており，詳細プロセスは成書に委ねるが，一般的な例を図2に示す。

まずコアとなる両面銅張り積層板（CCL）にメカニカルドリルでスルーホール（TH）を開口，銅めっきにより両面の導通をとる。TH部を樹脂で穴埋め後，TH直上にビアを形成するために銅めっきし，配線形成を行う。ここでは，レジストパターニング後にエッチングするサブトラクティブ法が主に用いられる。この上に絶縁樹脂を積層し，レーザーによりブラインドビアを開口する。無電解銅めっきにより層間の導通をとり，レジストパターニング後に電解銅めっきするセミアディティブ法により配線形成を行う。絶縁樹脂積層から配線形成の工程を必要な層数繰り返した後，最上層にソルダーレジストを形成する。レジスト開口パッド部に無電解Ni/Auめっき後，チ

第13章　ユビキタス時代に求められる機能性高分子材料

表1　International Technology Roadmap for Semiconductors (ITRS 2002 update)

	2001	2003	2005	2007	2010
MPU/ASIC 配線ピッチ (nm)	150	107	80	65	50
チップサイズ (mm^2)					
コストパフォーマンス品	170	186	204	204	268
高性能品	310	310	310	310	310
パワー：シングルチップパッケージ (Watts)					
コストパフォーマンス品	61	81	92	104	119.6
高性能品	130	150	170	190	218
コア電圧 (Volts)					
コストパフォーマンス品	1.8	1.2	1	0.9	0.6
高性能品	1.1	1	0.9	0.7	0.6
パッケージ最大ピン数					
コストパフォーマンス品	480-1200	500-1452	550-1760	600-2140	780-2782
高性能品	1700	2057	2489	3012	4009
動作周波数：オンチップ (MHz)					
コストパフォーマンス品	1700	3090	5170	6740	12000
高性能品	1700	3090	5170	6740	12000
動作周波数：チップボード間 (MHz)					
コストパフォーマンス品	166/600	200/726	300/878	300/1063	300/1415
高性能品	1700	2057	2488	3011	4009
チップ実装ピッチ (μm)					
フリップチップ (μm)	160	150	130	120	90
ペリフェラル (μm)	150	120	100	80	45
パッケージ配線幅 (μm)					
2列ファンアウト／層	34.2	32.1	27.8	25.7	19.2
3列ファンアウト／層	21.8	20.4	17.7	16.3	12.2
4列ファンアウト／層	11.4	10.7	9.3	8.5	6.4

ップ実装部にプリソルダーバンプを形成し，必要に応じて各種部品搭載して完成する。

　ビルドアップ工法は，現在も材料とプロセスが一体となって進化を続けている工法であり，今後も高密度多層基板の主要技術である。

　ビルドアップ基板に用いられるコア用CCL基材とビルドアップ層の代表的な材料の特性を，表2，表3に示した。

　コア基材では，高周波用途のPTFE系やPPE系，軽量化を目的としたアラミド不織布材料が特徴的である。チップ接続パッドの狭ピッチ化に対応するためには，パッケージとの熱膨張係数(CTE)差を小さくして応力を低減する必要がある。パッケージのx，y方向のCTEはコア基材のそれでほぼ決まるが，現状は15ppm/℃前後であり，今後10ppm/℃以下のコア基材が望まれる。

　ビルドアップ用絶縁材料は，ここではシート形態のみを挙げたが，後述する各種プロセス適応性を満足するために，樹脂変性等による機能付与が容易なエポキシ系が主流である。エポキシ系樹脂は誘電正接等の電気特性面では限界があり，PTFEやPPEを用いた材料が提案されている。特異な材料として，PTFEを多孔化して熱硬化性樹脂を含浸した材料がある。PTFEの電気特性を生

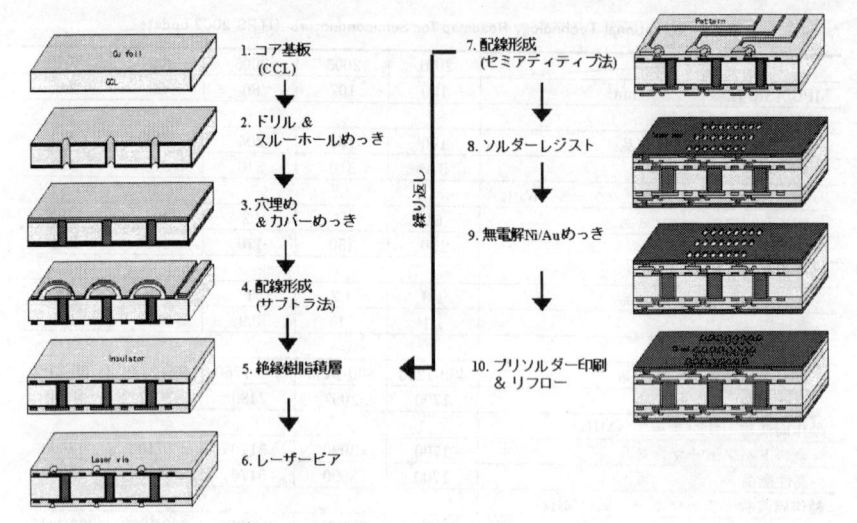

図2 ビルドアップパッケージのプロセスフロー

かしながら，プロセス適応性を改良した例である。しかし，これらPTFEやPPEは，銅配線との密着が十分に確保できないため，適用範囲に制約がある。

コア基材，ビルドアップ材ともに，機械物性や電気特性，耐環境性等，今後のさらなる高機能化の面からは，各種特徴ある高分子材料の利用が期待される。しかし，全く新たな材料系を見出すのは，開発期間，コスト，生産性の点で不利であり，また単一樹脂系では付与しなければならない特性が多岐にわたるため，技術的困難性が予想される。例えば図3に示した各種エンジニアリングプラスチックのような既存材料を利用して，アロイ化や複数材料の組み合わせによる開発が有用ではないかと考えられる。

表2 各種CCL基材の特性

組成 項目	単位	エポキシ系 高Tg品	エポキシ系 ハロゲンフリー	ポリイミド系	PPE系	ガラスフッ素	フッ素樹脂	アラミド不織布エポキシ
比誘電率	1MHz	3.5～4.5	3.5～5.0	4.5	3.2	2.5	2.2	3.5
誘電正接	1MHz	0.01～0.03	0.01～0.03	0.005	0.001	0.004	0.0001	0.035
ガラス転移温度	℃	160～180	150～160	180	195	220	20～40	165
曲げ弾性率	GPa	27～30	27～30	49	30	13	3.5～4.5	7～8
CTE X,Y	ppm	13～18	15～20	15～18	10～15	18	26～60	8～10
CTE Z	ppm	20～50	20～50	50	60	55	85～290	105～115
吸水率	%	0.5～1.0	0.5～1.5	0.5	0.1	0.2	0.05	1.0

第13章 ユビキタス時代に求められる機能性高分子材料

表3 各種ビルドアップ材料

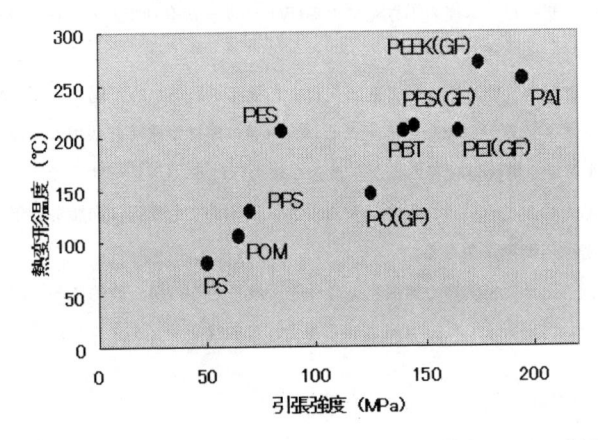

	エポキシ系			PPE系	テフロン系	
弾性率（GPa）	4	3.5	4.6	5	15	12
引っ張り強度（MPa）	90	45	80	53	79	73
伸び率（％）	3.8	2.5	5.7	1.5	0.5	40
線膨張係数（ppm）	60	36	45	45	19	60
Tg（℃）	150	200	180	185	220	140
吸水率（％）	1.8	0.2	1.2	0.2	0.13	0.2
誘電率（1MHz）	3.8	2.8	3.3	3.1	3.2	2.8
誘電正接（1MHz）	0.018	0.003	0.016	0.003	0.004	0.016

図3 各種エンジニアリングプラスチックの物性[3]

（高分子材料最前線（工業調査会2002）より抜粋）

① コア層

コア層としてはガラスクロス含浸エポキシ材料が一般的であるが，高密度化の観点では，ガラスクロス含浸タイプはスルーホールの狭ピッチ化に対して小径穴の加工が難しい等の問題がある。板厚を薄くすることで250μmピッチ程度までは対応できるが，それ以下ではガラスクロスに沿ったマイグレーションの問題が生じる。また，薄板では剛性が小さくなり，ビルドアップ工程による反り等のため，チップ実装時に問題が生じやすくなる。ガラスクロスのような無機材料による強化なしで，厚さ0.1mm程度でも充分な曲げ強度を有する材料が求められる。

② ビルドアップ絶縁層形成

銅箔またはPETをベースにしたBステージ状態の樹脂シートを，真空プレスまたは真空ラミネータにより積層する方法が一般的である。ここで重要になるのは，積層後の平坦性と絶縁層厚さの均一性である。下層配線の厚さによる配線間の窪みへの埋め込みのため樹脂流動粘度を低くし

過ぎると，特に真空ラミネータでは配線の凹凸に追随してしまうために平坦性が悪くなる。逆に充分な流動性が確保できないと，配線の粗密の影響を受けて面内の厚さの不均一が生じる。広い温度域で安定した溶融粘度が得られ，また圧力による影響を受けにくい流動特性を有する材料が求められる。

③ マイクロビア形成

開発初期にはフォトビアかレーザービアかで議論されることもあったが，プロセスマージンや信頼性の面からレーザービアプロセスが主流となっている。現在はCO_2レーザーが主体であるが，$\phi 50\mu m$以下の小径化にはレーザービーム径の小さくできるUVレーザーが有利であり，各々の特徴を生かした使い分けがされていくと考えられる。

CO_2レーザーでは熱分解による加工であり，ビア底に炭化した樹脂が残るため，過マンガン酸化合物等によるいわゆるデスミア処理が必須となる。これは，次項の配線形成時と共用の工程であるが，ビア径の拡大，作業環境や廃液処理等の面から改善が求められる。UVレーザーではアブレーションによる加工であるため，こういった懸念は少ないが，低出力でも確実に樹脂が昇華飛散しないと樹脂表面に再付着する問題が生じる。

また，絶縁層のCTEを下げるためにSiO_2等の無機フィラーを分散させるのが一般的であるが，加工速度と形状を考えるとない方が好ましく，含有させる場合には粒径をサブミクロン以下にすることが必要となる。

④ 配線形成

今後の微細化や配線精度が求められる用途には，セミ・アディティブプロセスが基本となる。一般的には過マンガン酸系化合物によるデスミア処理により，樹脂表面を粗化して無電解銅めっきによる密着性を確保している。デスミア処理による粗化が困難な材料では，図4に示すように銅箔を利用したプロセスも提案されている。

いずれにしても，何らかの方法で樹脂表面を粗面化することでアンカーを形成し，その効果を利用して配線密着性を得る手法が用いられる。しかし，今後のさらなる微細配線形成を目指すと，この樹脂表面の粗さが配線形成を困難にすることとなる。図5には，各種粗化面上に配線を形成した場合のSEM像を示した。さらに，図6に粗度を変えた際の配線形成能力の比較をグラフで示した[4]。Ra=0.83は，デスミア処理による粗度に相当するもので，L/S=20μm程度までは配線形成に特に支障はないが，L/S=16μmの領域になると大きく配線形成に影響が出ることになる。これは粗度が大きいため，凹凸内部のシード層エッチングのために配線下部へのアンダーカットが進み，プロセスマージンが狭くなったことによるものである。このことは，サブトラクティブプロセスでも同様と考えられる。すなわち，L/S=20μmをきる微細配線形成のためには，できるだけ低粗度で配線の密着性を確保することが必要であり，例えば樹脂表面改質等により化学的密着力

図4　銅箔使用プロセス

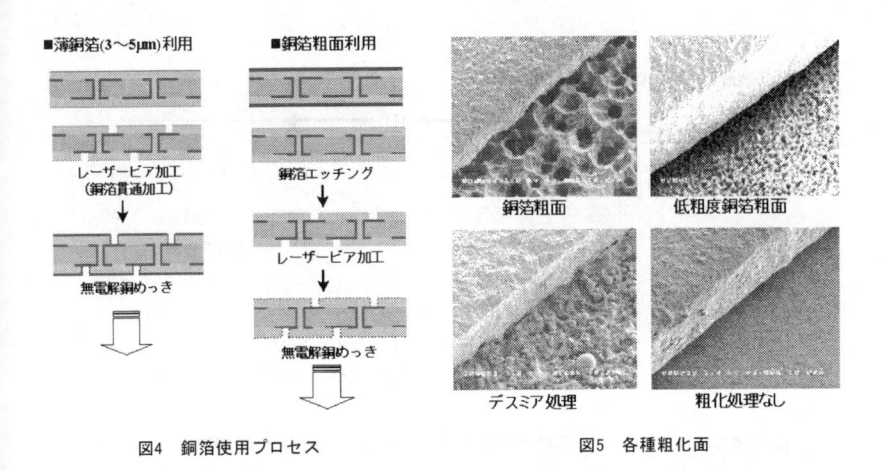

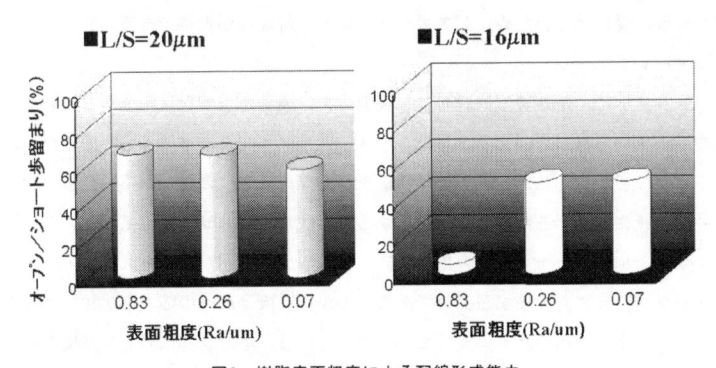

図5　各種粗化面

図6　樹脂表面粗度による配線形成能力

の得られる材料が求められると考えられる。

　なお，図6のデータは，クリーン度等の考慮されていない雰囲気によるものであり，異物による外乱因子によって歩留まりが低くなっているが，実際には80％以上の歩留まりが要求される。

　また，微細配線形成のための特にセミアディティブプロセスでは，高アスペクト比で高解像度のフォトレジスト材料が必要になる。最終的配線厚さ15μmを得るためにはレジスト厚さ25μm前後が必要であり，現状では，このときのフォトレジストの限界解像度はL/S=15μm程度である。今後必要となるL/S=10μm以下のためには，新たな反応系が必要になると考えられ，例えば，LSI製造の半導体用フォトレジストがそうであったように，図7に示すような化学増幅タイプのフォトレジストが候補となる可能性がある。化学増幅タイプは，露光により光酸発生剤から生じた酸

光酸発生剤：Ar₃S⁺・CF3SO3⁻

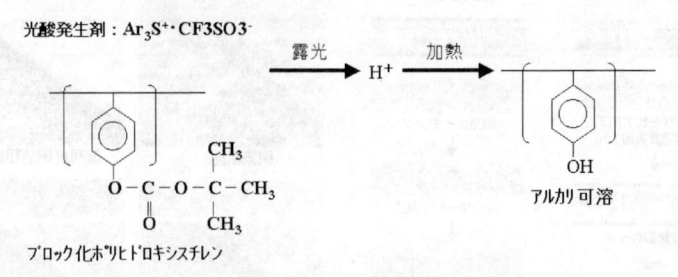

図7　化学増幅タイプフォトレジストの例[3]
(高分子材料最前線（工業調査会）より抜粋)

が，その後の加熱によりポリマー側鎖を分解して，現像液に可溶な構造に変化させるものである。従来の単純な光重合によって現像液に対する溶解度差を出すタイプに比べて，レジスト厚さや光透過性等の影響を受けにくいため，高アスペクト比での解像性が期待できる。

⑤ ソルダーレジスト

ソルダーレジストは，最外層に位置して基板全体を保護する重要な役割であるにも関わらず，比較的軽視されている材料といえる。フォトイメージャブルである必要から，安価なエポキシアクリレート系が一般的であるが，その化学構造上，耐湿絶縁性に問題がある。今後の開口部の狭ピッチ化や薄膜化に対応するためには，残存する親水性基を減らせる反応系が求められる。具体的には，エポキシ樹脂のカチオン重合化やシアネート樹脂の利用が考えられる。

また，チップ実装部に直に接する部分であることから，接合部への応力を緩和できるような機械的特性が，今後より求められるようになると考えられる。応力緩和に対して直接の解になり得るかは判らないが，樹脂単体で高強度・高伸び率の特徴を有するポリイミド系材料も可能性を秘めている。従来の感光性のポリイミドは，パターン形成後にイミド化や溶剤揮発のための高温処理が必須であったが，最近では汎用溶剤可溶のポリイミドも提案されてきている。他材料との複合化による低コスト化がはかれれば，その機械的特性や絶縁性は魅力である。

2.2　一括積層基板

一般に行われているビルドアップ工法の欠点は，従来工法によるプリント基板をコア層として用いているためコア層の高密度化に限界があること，および，層数が多くなると工程が長くなり，歩留まりも低下することにある。これに対応するために，各層を独立に形成した後に一括して積層する工法が提案されてきている。図8に，そのいくつかを例示したが，いずれも特徴あるプロセスと材料を用いている[5]。a)は片面銅箔付き熱可塑性フィルムにレーザーでビアを開け，導電

性ナノペーストを充填し，一括積層時にナノペーストの焼結と熱可塑性フィルムの接着を同時に行うものである。b) は，接着層付絶縁層をレーザー開口して導電性樹脂で充填し，別のフィルム上に配線形成したものを絶縁層上に転写するプロセスが特徴である。c) は，片面導箔付基板にレーザービア開口した後，導箔を給電層として電解銅めっきとはんだめっきをしてパターニング後，積層時にはんだを溶融させて層間導通をとるのが特徴である。d) は，c) とプロセスは似ているが，低CTEのアラミドフィルムを芯材としてBステージ樹脂でサンドイッチ構造を作り，接着層なしで積層可能としている。いずれも，従来のプリプレグ材にドリルスルーホール加工し

a) 熱可塑性樹脂＋導電性ペースト

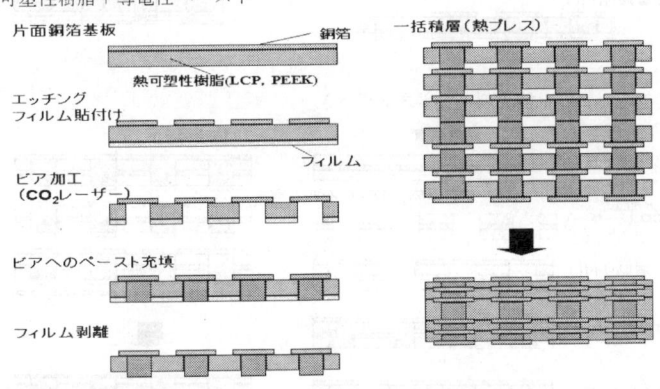

b) 転写方式＋導電性ペースト

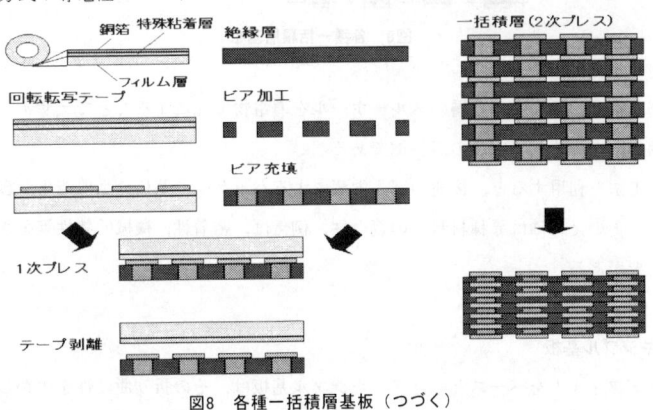

図8 各種一括積層基板（つづく）

143

c) プリプレグ材＋銅ポストめっき

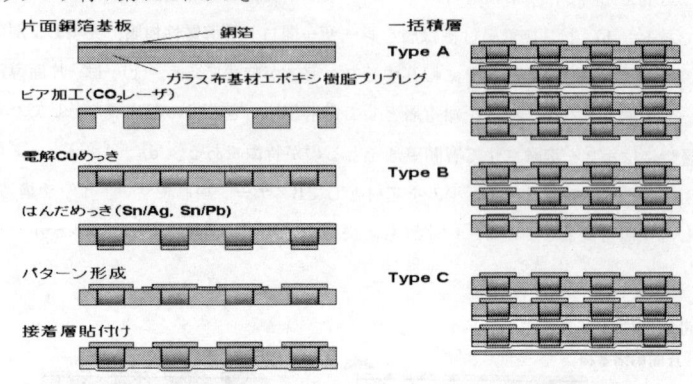

片面銅箔基板 — 銅箔
ガラス布基材エポキシ樹脂プリプレグ
ビア加工（CO_2レーザ）
電解Cuめっき
はんだめっき（Sn/Ag, Sn/Pb）
パターン形成
接着層貼付け

一括積層
Type A
Type B
Type C

d) アラミドフィルム＋接着剤＋銅ポストめっき

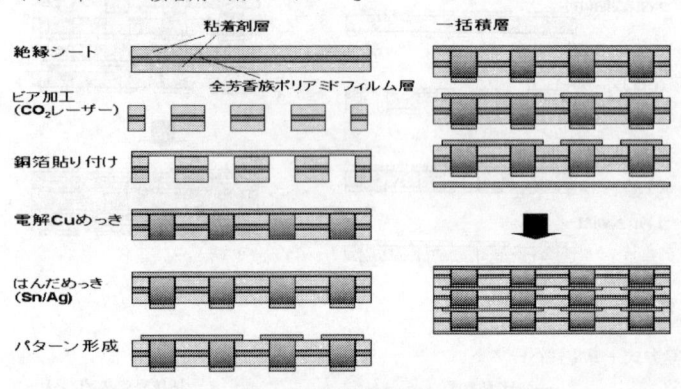

絶縁シート — 粘着剤層
全芳香族ポリアミドフィルム層
ビア加工（CO_2レーザー）
銅箔貼り付け
電解Cuめっき
はんだめっき（Sn/Ag）
パターン形成

一括積層

図8　各種一括積層基板

た多層積層基板とは異なり，各層のスルーホールを導電物で充填することでデザインの自由度を上げ，適用範囲を広くしているのが特徴である。

　これらの工法を利用すると，後述の部品内蔵によるパッケージ基板の高機能化が容易となると考えられる。そのためには異種材料への適合性，例えば，密着性，機械的特性等をさらに最適化していく必要がある。

2.3　フレキシブル基板

　ポリイミドフィルムをベースとしたフレキシブル基板は，その折り曲げ性を生かした配線基板として使用されてきたが，最近ではチップを実装した後に配線部を折りたたんで使用する場合も

第13章　ユビキタス時代に求められる機能性高分子材料

ある。チップ実装基板では配線の微細化が必須となるが，銅箔材を用いた材料ではその粗度が大きいため微細化ができない。スパッタシード層による材料も提案されているが，高価であり，クロム等の密着層が必須であったりして問題がある。密着層を必要とせず，フィルムに直接めっきが可能な材料が望まれる。

また，これまで単層基板として用いられるのが主であったが，今後はスルーホールを形成した後の両面配線，さらには多層化が必要となる。多層化に関しては，図9に示す各種工法が提案されているが，いずれも複合材によるものである[6]。今後は，前項の一括積層と同様の特性が求められるものと考えられる。

a）一括積層方式（導電ペースト）

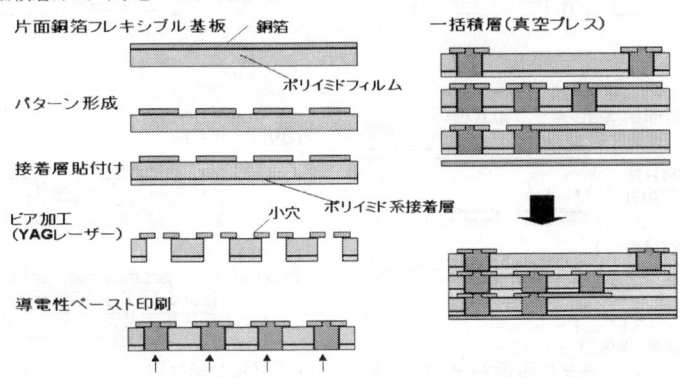

b）ビルドアップ方式

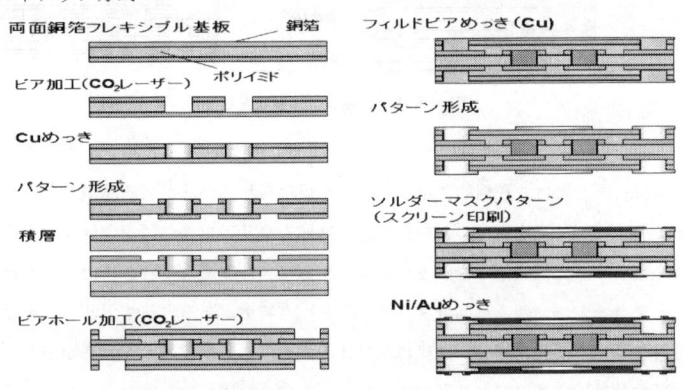

図9　各種フレキシブル多層基板（つづく）

c）一括積層方式（接着層＋はんだ）

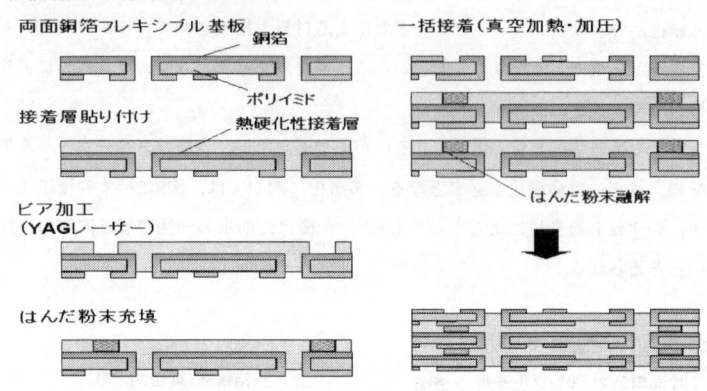

両面銅箔フレキシブル基板／銅箔／ポリイミド

接着層貼り付け／熱硬化性接着層

ビア加工（YAGレーザー）

はんだ粉末充填

一括接着（真空加熱・加圧）

はんだ粉末融解

d）ビルドアップ方式

両面銅箔フレキシブル基板／銅箔／ポリイミド

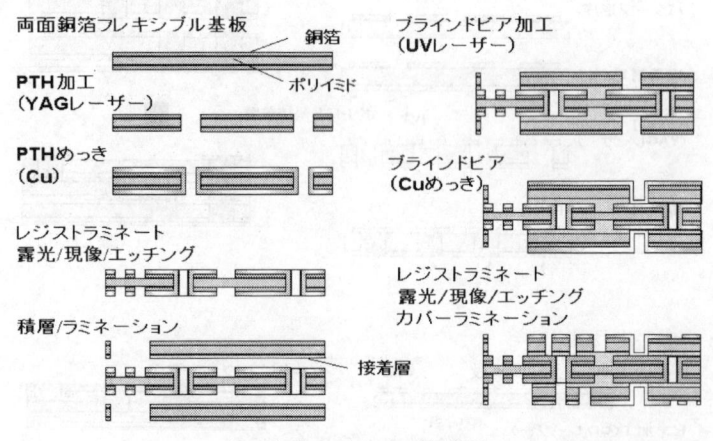

PTH加工（YAGレーザー）

PTHめっき（Cu）

レジストラミネート　露光/現像/エッチング

積層/ラミネーション／接着層

ブラインドビア加工（UVレーザー）

ブラインドビア（Cuめっき）

レジストラミネート　露光/現像/エッチング　カバーラミネーション

図9　各種フレキシブル多層基板

　フィルム系材料としては，圧倒的にポリイミドが用いられているが，液晶ポリマーやアラミド等もポリイミドにない特徴を有しており，前述の課題をクリアできれば，今後期待の持てる材料である。液晶ポリマーは低吸水率でCTEが自由に制御でき，環境に左右されにくい安定した電気特性を示し，アラミドフィルムは高強度で低CTEという特徴がある。液晶ポリマーをはじめとする熱可塑性材料は，多層化の場合には絶縁層自体の流動による位置ズレ等の課題もあるが，他材料との組み合わせ等によるプロセスとのマッチングが取れれば，その特徴を生かせる可能性が高いと考えられる。

表4 各種フィルム材料特性

	PI カプトン (EN)	PI ユーピレックス(S)	LCP I型 (BIAC)	LCP II型 (Vecstar)	アラミド アラミカ	アラミド ミクトロン	PEEK	PEI	PES
弾性率（GPa）	5.7	9.1	6.0	8.0	14.7	13.0	3.2	2.4	2.0
引っ張り強度（MPa）	350	520	120	350	392	460	93	110	72
伸び率（％）	57	42	5	16	20	80	70	90	12
線膨張係数（ppm）	16	12	16	−5	2	13	46	55	55
吸水率（％）	1.3	1.4	0.04	0.04	2.8	1.5	0.35	1.0	1.4
湿度膨張係数(ppm/％)	24	10	—	—	25	15	—	—	—
誘電率（1MHz）	3.5	3.5	3	3	3.7	3.7	3.1	3.2	3.9
誘電正接（1MHz）	0.003	0.0013	0.003	0.003	0.011	0.011	0.006	0.009	0.017
融点（℃）	—	—	335	288	—	—	334	—	—

3 大容量・高速化

3.1 インピーダンスマッチング

電気信号を伝送する際にまず議論される特性が特性インピーダンス（Z_0）であり，この特性インピーダンスの整合が配線設計では重要になる。一般的な伝送線路は，マイクロストリップライン構造とストリップライン構造で設計され，その時の特性インピーダンスは図10に示す式により記述できる。どちらも配線幅と厚さおよび絶縁層の誘電率と厚さの関数で表され，図11に示すように各々の僅かの変動が特性インピーダンスに影響を与えるため，これらを精度良く制御する必要がある。配線および絶縁層厚さについては，プロセスコントロールとは別に，より高精度の制御のためには，2.1項で述べたような積層時の流動性や配線形成の際の低粗度化等の材料特性を適切に付与することが必要になる。

また，材料の誘電率も重要な因子であるが，この誘電率は，信号周波数や吸湿量，加熱により影響を受ける場合がある。特に，吸水率の大きな材料では吸湿により誘電率が変化して特性インピーダンスのズレを引き起こしてしまう問題が生じる。安定した信号の伝送のためには，湿度や温度等の環境による変化が小さい材料が求められる。

Micro Strip Line

$$Z_0 = \frac{60}{\sqrt{\varepsilon_{re}}} \ln \frac{5.98h}{0.8W+t}$$

$$\varepsilon_{re} = 0.475\,\varepsilon_r + 0.67$$

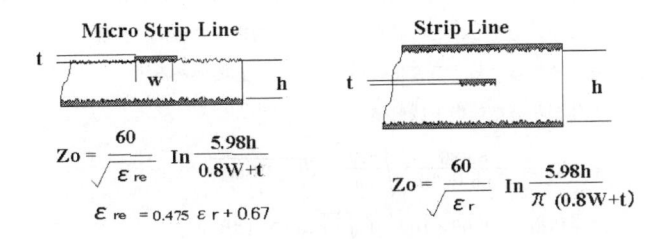

Strip Line

$$Z_0 = \frac{60}{\sqrt{\varepsilon_r}} \ln \frac{5.98h}{\pi(0.8W+t)}$$

図10　伝送線路構造

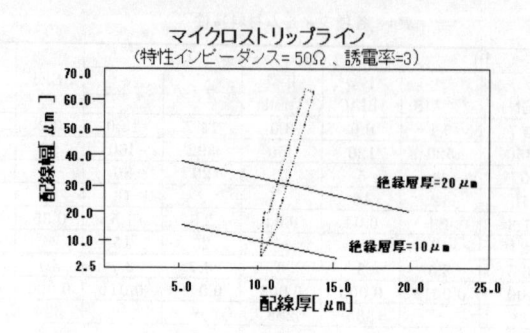

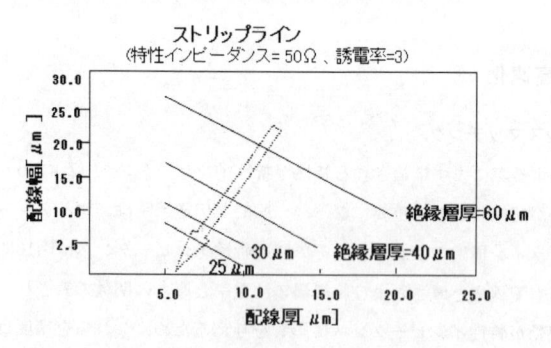

図11 特性インピーダンス

3.2 配線の伝送特性

電気信号の伝送では，まず前項の特性インピーダンスが整合していることが重要で，その上で伝送損失を小さくする必要がある。特に，今後の高周波大容量伝送では，いかに伝送損失を小さくできるかが大きな課題となっている。伝送損失は下記の式で表され，このとき材料特性では，誘電正接が重要である。誘電正接の異なる各種絶縁材料を用いた際の伝送損失と周波数の関係を図12に示した。なお，-3dbは一般のデジタル信号で，-1dbは通信分野で許容される損失といわれている。高周波信号になるほど，誘電正接の小さな材料を用いることで，伝送損失を小さくする効果があることになる。しかし，この誘電正接も前記誘電率同様に，環境による影響を受ける場合があるため，湿度や温度に対する変化の小さな材料が必要である。

伝送損失 ＝ 導体損＋誘電体損＋放射損

$$導体損 = \frac{8.686}{Z_o\ h\ (w/h)} \sqrt{\frac{\pi\ \mu\ c}{\sigma}}\ \sqrt{f}\ [dB/m]$$

$$誘電体損 = 9.09\times 10^{-8}\ f\sqrt{\varepsilon r}\ \tan\delta\ [dB/m]$$

Zo：特性インピーダンス　σ：導電率　μc：真空透磁率×導体の比透磁率
f：周波数　εr：比誘電率　tanδ：誘電正接

第13章 ユビキタス時代に求められる機能性高分子材料

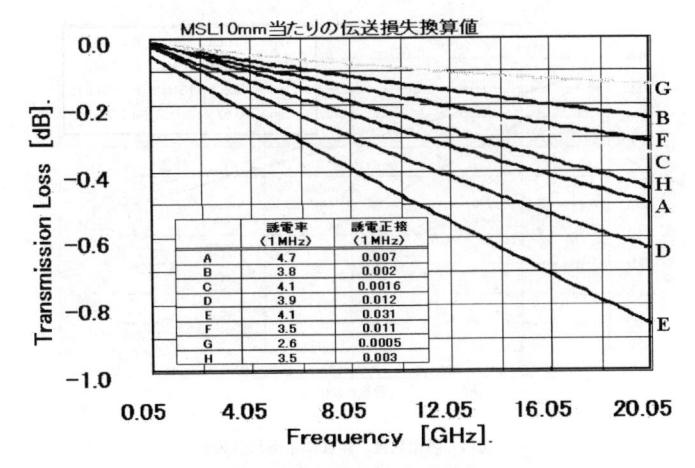

図12 各種絶縁材料と伝送損失

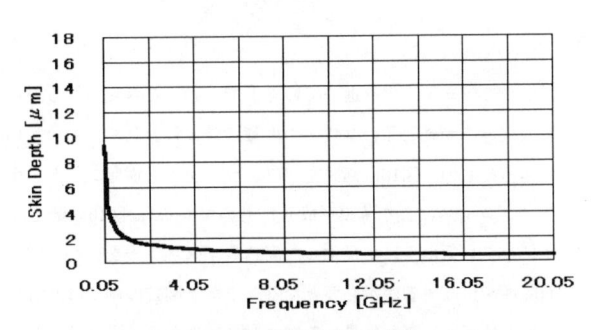

	誘電率 (1MHz)	誘電正接 (1MHz)
A	4.7	0.007
B	3.8	0.002
C	4.1	0.0016
D	3.9	0.012
E	4.1	0.031
F	3.5	0.011
G	2.6	0.0005
H	3.5	0.003

図13 信号周波数と表皮効果

　また，周波数が高くなると，信号は導体の表面付近で伝送される表皮効果という性質が顕著になる。図13に，信号周波数と伝送される信号の導体からの厚さの関係を示したが，4GHzを超えると導体表面1μm程度しか信号が伝送されないことになる。ここで問題となるのは導体の表面粗度であり，2.1項の配線形成で述べた樹脂表面粗度を小さくし，導体表面粗度を小さくすることがここでも必要であることがわかる。

　絶縁材料の誘電正接と表面粗度の異なる材料による伝送損失への影響を実測した結果が図14である[7]。この例では，誘電正接を10^{-3}レベルまで下げられれば数十GHzの領域まで低損失で伝送が可能であると言える。また，表面粗度の効果は小さく見えるが，配線のデザインルールによっては寄与が大きくなる可能性があり，この結果だけでは判断できない。

149

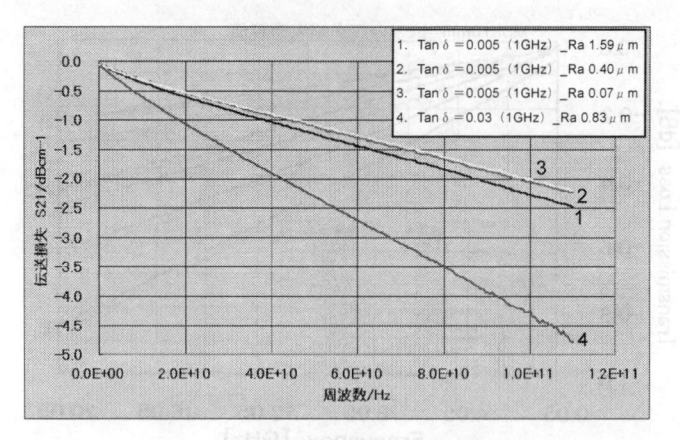

図14 誘電正接, 粗度による伝送損失

4 部品内蔵

実装基板の高密度化やモジュール化を進めていく上で, 必須と考えられるのが部品の内蔵であり, キャパシターや抵抗等の受動部品の基板への内蔵は既に行われている。図15は, チップキャパシターを直接埋め込んだもの, 図16は高誘電率フィラーを含む樹脂シートを積層したもの, 図17は基板に直接ドライプロセスにより薄膜形成したものである[8]。図16の例では, 直接材料の機能化に繋がるが, サブミクロン以下に小径化した高誘電率フィラーをいかに均一に分散させ, さらに他のプロセス適応性を付与するかが必要となる。また, 図17の例では, 耐スパッタリング性や特殊な無機膜との密着性等, 従来とは異なるプロセス特性が要求されることになる。

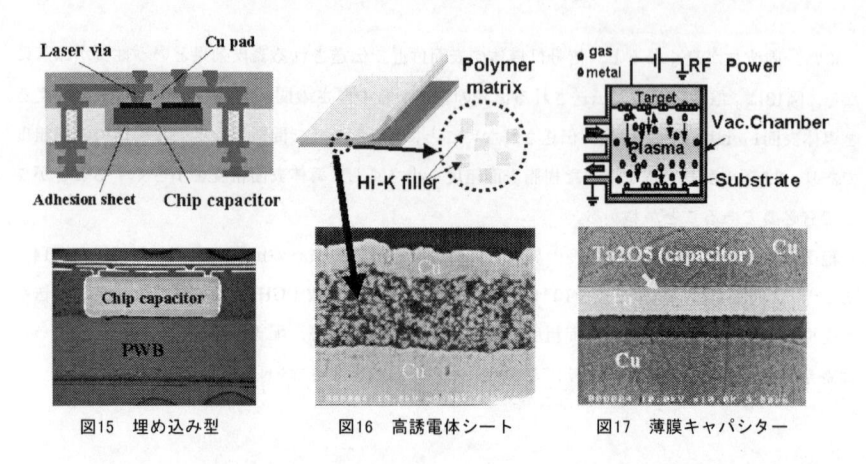

図15 埋め込み型　　図16 高誘電体シート　　図17 薄膜キャパシター

第13章 ユビキタス時代に求められる機能性高分子材料

また，さらに機能の向上を目指すと，シリコンチップのような能動部品を内蔵することも必要となってくる．図18は，シリコンチップを薄くした後，ビルドアップ基板内に内蔵した例である[9]．この場合は，絶縁層内に全く機械物性の異なるシリコンチップが存在し，さらに狭ピッチでの接続バンプが形成されることになるため，表面実装以上の各種応力への対応が必要になる．図19に，その応力解析の一例を示した．チップのサイズや厚さにより接合部にかかる応力が異なってくるが，絶縁材料の機械特性も直接これに影響を与えることになる．単純には，内蔵部品とCTEを合わせることが予想できるが，x,y,z方向の強度や伸び，絶縁樹脂層内部のミクロな応力緩和等について，熱的影響を含めて考慮しなければならない．

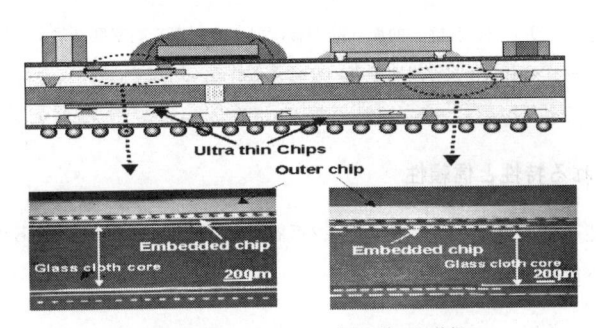

図18 薄シリコンチップを内蔵した基板

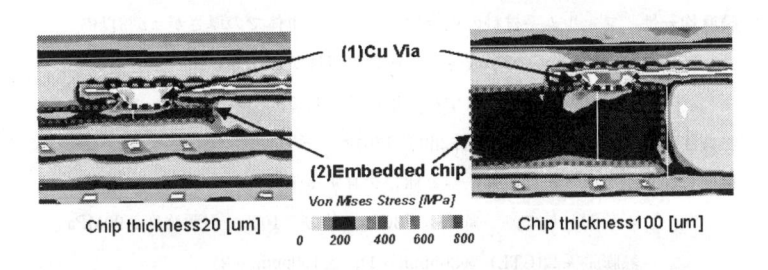

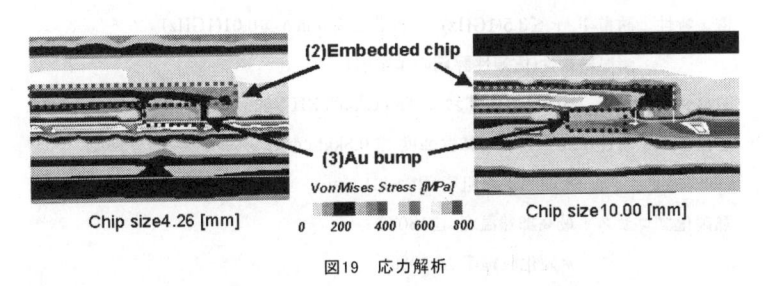

図19 応力解析

151

また，上記で例示した内蔵部品との接合はいずれもレーザービアを用いているが，部品へのダメージを考慮するとフォトイメージャブル材料も検討の必要があると考えられる。今後のさらなる高密度化によるビア数の増加と小径化への対応と合わせて，部品内蔵という新たな機能付与のために，フォトビアプロセスをもう一度見直す必要があるかもしれない。

ビルドアップ用層間絶縁材料としてフォトビアプロセスが主流になれなかった理由は，一つは感光性およびパターン現像性を付与するために最終硬化膜の特性が十分に得られず，信頼性面の問題が解消できなかったことにある。もう一つの理由としては，ビア開口の安定性であり，露光・現像によるプロセスが，確実で均一な形状という点でレーザープロセスに対抗できなかったということである。

これらの課題をクリアできれば，前記部品内蔵に対する利点や高密度に対する位置精度という点でアドバンテージを生かせる可能性が高いと考えられる。

5 要求される特性と信頼性

前項までに述べた材料で，特にビルドアップ系層間絶縁材料に要求されると考えられる特性および，信頼性評価項目を以下に示す。

5.1 要求特性

① 膜厚均一性：フィルム系材料の場合は，フィルム単体での厚さが±5%以内
　　　　　　　絶縁層として形成された後の平坦性が$1.5\mu m$以内
　　　　　　　配線の凹凸を吸収する平坦化率として95%以上
② 熱特性：Tg≧200℃，半田耐熱性260℃,120秒
③ 機械特性：バランスの良い弾性率と伸びを有する強靭性があること
　　　　　　＊一例として，　弾性率≦3GPa，伸び≧10%，引張強度≧90MPa
　　　　　　熱膨張係数(CTE)　≦30ppm($\alpha 1$)，　≦100ppm($\alpha 2$)
④ 電気特性：誘電率 ε≦3.5(1GHz)，　誘電正接 tanδ≦0.01(1GHz)
　　　　　　耐湿絶縁性(信頼性評価の項参照)
⑤ 耐湿性：吸水率　≦0.5%　(PCTおよび85℃/85%RH雰囲気 24時間後)
⑥ 金属との密着性：90℃ピール試験強度　≧0.8kgf/cm
　　　　　　　　　＊樹脂表面粗度　Ra≦$0.1\mu m$
⑦ 熱硬化プロセス：最高加熱温度　≦180℃
　　　　　　　　　＊硬化収縮率　≦10%

5.2 信頼性評価

① プレコンディショニング：JEDEC レベル3
② サーマルサイクル(T/C, 気相)：$-55℃⇔125℃, 1000$サイクル
　　　　　　　　　　　　判定　外観異常なし，抵抗変化率 $≦±10\%$
③ サーマルショック（T/S, 液相）：$-55℃⇔125℃, 1000$サイクル
　　　　　　　　　　　　判定　外観異常なし，抵抗変化率 $≦±10\%$
④ 絶縁性(HAST)：$85℃/85\%, 3～5V, 1000$時間
　　　　　　　　　$135℃/85\%, 3～5V, 200$ 時間
　　　　　　　　　　　　判定　外観異常なし，絶縁抵抗 $≧10^8 Ω$
⑤ 高温放置(HTS)：$150℃, 1000$時間後
　　　　　　　　　　　　判定　外観異常なし，抵抗変化率 $≦±10\%$
⑥ 耐湿性(PCT)：$121℃, 100\%, 100$時間
　　　　　　　　　　　　判定　外観異常なし，抵抗変化率 $≦±10\%$, 絶縁抵抗 $≧10^8 Ω$

6 さらなる高機能化に当たって

6.1 Low K チップ対応

シリコンチップ内の信号高速化のため，従来のSiO_2に変わり，より低誘電率な絶縁材料を用いる動きがある。Low K材料としては，SiO_2にカーボンをドープしたSiOC，有機ポリマー系のSiLK等が代表的であるが，これらの材料はいずれも機械的特性が弱く，わずかな応力によっても問題が生じる場合がある。特に接合部のバンプピッチが狭くなるほど，この問題は深刻になることが予想される。

これに対応するため，実装基板側でも構造等による検討が進められているが，デザイン上の制約が生じる場合が多い。チップとの接合部への応力を小さくするという観点から，絶縁材料等の内部で応力緩和できるようなシステムが作れれば，根本的解決となり得るかもしれない。

6.2 光配線

信号の高速，大容量伝送を進めていくと，光信号に行き着く。通信手段としての光ファイバーは，既に完全に実用領域に達しているが，今後はよりシリコンチップに近いところで光信号伝送が用いられることが予想される。基板上に光導波路を形成したり，基板内で光と電気信号の変換が行われることになる。光導波路材料も，最近では多種提案されてきているが，基板材料として用いるためには，伝送特性だけでなく，他材料のプロセス適応性や使用時の耐環境性等，さらに

改善が必要と思われる。

7 おわりに

ここまで，有機系実装基板の開発状況をベースに，今後の材料に求められる機能や特性について述べてきた。耐環境性のように共通して要求される特性もあるが，使用される実装基板の形態や構造によって，必要となる機能は大きく異なっていると言える。しかも，同時に複数の機能や特性を持たなければならない。すなわち，エポキシ系樹脂に代表されるような，従来のオールマイティな材料は存在し得ず，まさに適材適所な材料の開発と選択が必要である。

電子機器の発達に直接関わってきたパッケージおよび実装技術は，設計，プロセス，材料の各々がうまくかみ合った結果として成立してきた。バックグラウンドとなる"材料"，それを形にするための"プロセス"，最終的な機能を持たせる"設計"が連携することによって全体が形成される。ユビキタス時代を前にして，これら各要素技術のより強い連携と相互の理解が必要であると考える。

文献

1) http://www.soumu.go.jp/joho_tsusin/policyreports/chousa/yubikitasu_d/
2) http://public.itrs.net/
3) 図解 高分子材料最前線，(株)工業調査会
4) K.Kobayashi, "Fabrication of Fine Line Patterns for Advanced Build-up Package" in Proc.2001 International Conference on Electronics Packaging (ICEP), Tokyo, Japan, April.2001, pp.393-398
5) 長野工科短期大学校公開技術講演会「最新の高性能多層基板技術」(2002.7.24)より
6) 「第4回プリント配線板EXPO」専門技術セミナー (2003.1.24) より
7) 第13回マイクロエレクトロニクスシンポジウム (MES2003) 論文集, p.84-87
8) 堀川泰愛，「次世代樹脂パッケージ用埋め込みキャパシタの開発」エレクトロニクス実装学会誌, Vol.5, No.7, NOV.2002, pp.641-645
9) M. Sunohara, K.Murayama, M.Higashi, M.Shimizu, "Development of Interconnect Technologies for Embedded Organic Packages" in Proc. 53st Electronic Compponents and Technology Conference (ECTC), New Orleans, California Louisiana USA, May.2003, pp.1484-1489

第14章　エポキシ樹脂の高性能化

小椋一郎*

1　はじめに

　利用者がいつでも，どこでも，誰とでも情報のやりとりができ，しかもそれが日常生活の隅々まで行き渡る環境が「ユビキタス社会」であり，そのような時代，つまり「ユビキタス時代」が近い将来，実現されようとしている。その実現のための原動力のひとつが，高性能モバイルデバイスの開発であり，それを支援する高性能エレクトロニクス材料の登場である。
　一方，エポキシ樹脂はエレクトロニクスデバイス分野の主要材料であり，昨年度は総需要のおおよそ約4割に相当する5万トン程度のエポキシ樹脂が，プリント配線基板や半導体封止材やレジストインキ分野などで消費された。
　当社では「ユビキタス時代」を実現可能な高性能エポキシ樹脂に照準を絞った開発を行っている。本稿ではその開発品の一例を紹介する。

2　高性能エポキシ樹脂

　表1に当社の高性能エポキシ樹脂の開発品一覧を示す。記載の製品に関して，以下に解説する。

表1　当社の高性能エポキシ樹脂の開発品例一覧

製品タイプ	製品名 EPICLON	主な特長	適用デバイス例
1　ナフタレン型（液状）	HP-4032D	低粘度液状 高耐熱性	アンダーフィル材
2　ナフタレン型	EXA-4700	超高耐熱性（全エポキシ樹脂中最高Tg）	BGA
3　ジシクロペンタジエン型	HP-7200	超低吸湿性 低誘電率／誘電正接	鉛フリーハンダ 高周波基板
4　柔軟強靭型	EXA-4850	液状柔軟強靭性 高密着性 低収縮性	アンダーフィル材 フレキシブル配線基板

---

*　Ichiro Ogura　大日本インキ化学工業㈱　機能性ポリマ事業部　エポキシ樹脂技術グループ　主任研究員

2.1 ナフタレン型液状エポキシ樹脂 EPICLON HP-4032D

EPICLON HP-4032Dは図1で表される2官能のナフタレン型液状エポキシ樹脂であり、ベアチップ実装用途の高性能液状封止材用エポキシ樹脂として使用されている。特に図2に表されるフリップチップ用の先端アンダーフィル材分野での需要が増加している。

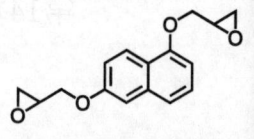

図1 HP-4032Dの分子構造

HP-4032Dは以下に示す特性をバランスよく兼備している。これらの特性はアンダーフィル材などの先端液状封止材が要求する特性によく合致している。

① 優れた硬化性
② 高耐熱性
③ 高密着性
④ 低線膨張係数と低内部応力
⑤ 優れた機械強度

HP-4032Dは1,6-ジヒドロキシナフタレンをベースとした2官能型エポキシ樹脂であり、精密エレクトロニクス材料用向けに適合するように、分子蒸留製法で高純度化した製品である。したがって、通常製法で得られるタイプよりも、純度、流動性、色相などの品質が大幅に向上している。

HP-4032Dの樹脂性状値を表2に示す。汎用のビスフェノールA（BPA）型エポキシ樹脂と比較すると、HP-4032Dの粘度（25℃）は分子量が小さい割には高い。これはナフタレン骨格の高配向性が強い分子間凝集力を誘起しているためであるが、酸無水物硬化剤と配合した場合には、その分子間凝集力が解放されて、その配合物粘度は逆に低くなる。よって実用上の問題は小さく、流動性の優れたアンダーフィル材を提供できる。

図3にHP-4032Dの酸無水物配合物のゲルタイムデータを示す（BPA型、BPF型と比較）。HP-4032Dはゲルタイムが短く硬化性や成形性が優れる。最近は生産性向上やデバイス損傷防止のた

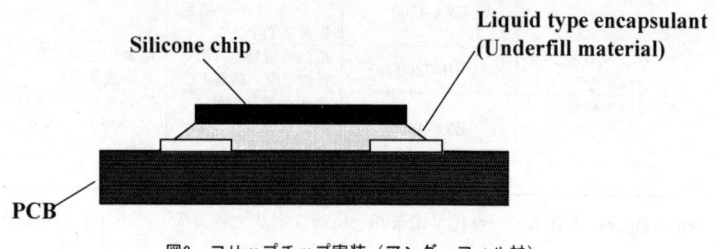

図2 フリップチップ実装（アンダーフィル材）

第14章 エポキシ樹脂の高性能化

表2　HP-4032Dの樹脂性状値（汎用BPA/BPF型との比較）

	Unit	HP-4032D Naphthalene Distilled	EPICLON 850S Bisphenol A Standard	850CRP Bisphenol A Distilled	830S Bisphenol F Standard	830CRP Bisphenol F Distilled
Appearance		Yellow colored liquid or crystalline	Colorless liquid		Colorless liquid	
E.E.W.	g/eq.	140	187	172	169	159
Viscosity	25°C, mPa.s	23,000	13,000	4,500	3,800	1,300

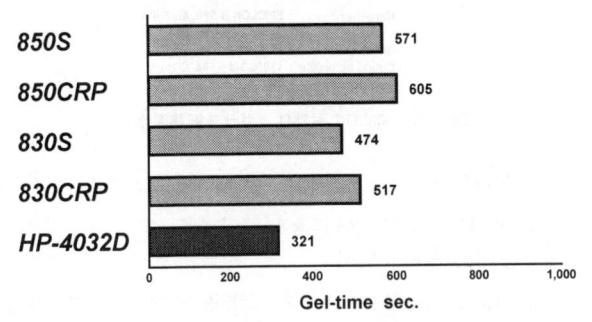

Gel-time sec.

- 850S: 571
- 850CRP: 605
- 830S: 474
- 830CRP: 517
- HP-4032D: 321

Hardener : EPICLON B-570, MeTHPA Stoichiometric ratio
Accelerator : BDMA 0.8 phr
Curing temperature : 150°C

図3　HP-4032Dの硬化性（ゲルタイム）

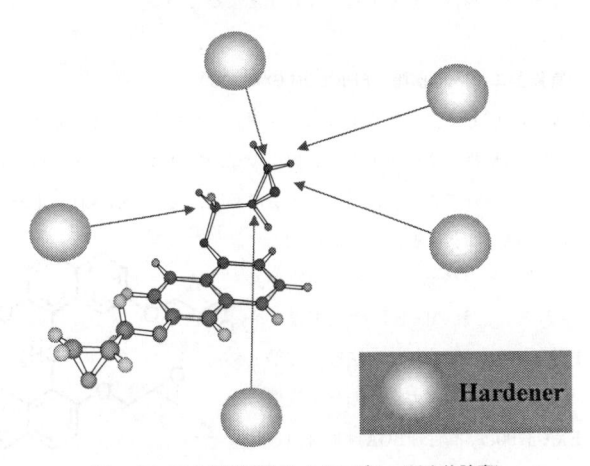

図4　HP-4032Dの速硬化性メカニズム（低立体障害）

	Tg °C
850S	152
850CRP	149
830S	142
830CRP	136
HP-4032D	167

Hardener   : EPICLON B-570, MeTHPA
              Stoichiometric ratio
Accelerator : BDMA 0.8 phr
Curing schedule : 110℃/3hr + 165℃/2hr
Method   : DMA

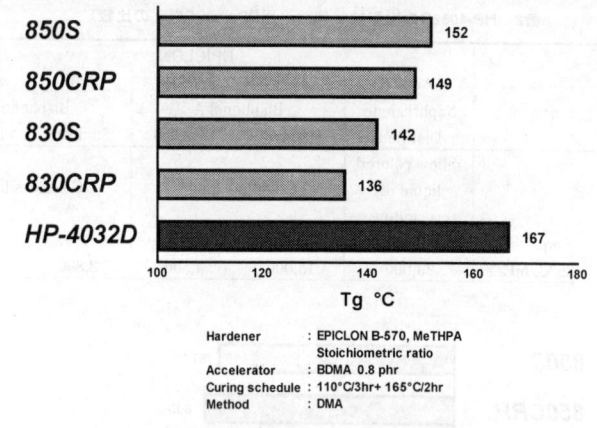

図5　HP-4032Dの耐熱性（ガラス転移温度）

めに，低温あるいは短時間硬化システムが好まれる傾向にあるが，このエポキシ樹脂はそれらの要求に適合できる。この優れた硬化性は図4に表されるように，ナフタレン骨格の平面構造に起因する（硬化反応阻害する立体障害が小さい）。

HP-4032D硬化物は，図5に示すように，ナフタレン骨格の剛直性と高架橋密度（←高エポキシ基密度）の相乗効果により，液状エポキシ樹脂中最高水準のガラス転移温度をもつ。

以上述べてきたように，HP-4032Dは先端液状封止材用が要求する諸特性を高いレベルでバランスよく満足する高性能液状エポキシ樹脂であり，今後ますます需要が増加すると考えられるフリップチップ用アンダーフィル材として不可欠な存在となっている。

2.2　ナフタレン4官能型エポキシ樹脂　EPICLON EXA-4700

EPICLON EXA-4700は図6で表されるようなナフタレン骨格をもつ4官能型エポキシ樹脂であり，その硬化物のガラス転移温度は全エポキシ樹脂のなかでは最高レベルにある。

ところで最近の半導体分野で急増中のパッケージ形態に，図7で示されるボールグリッドアレイ（BGA）がある。BGAは実装密度向上や高速化などの利点があるが，成形後のパッケージ反り不良が課題として指摘される。これの防止には成形温度（180℃程度）よりも大幅に高いガラス転移温度が効果的である。このことから超高ガラス転移温度型エポキシ樹脂のEXA-4700は，高性能BGA封止材用として大いに期待されており，既に実用化が始まって

図6　EXA-4700の分子構造

158

第14章　エポキシ樹脂の高性能化

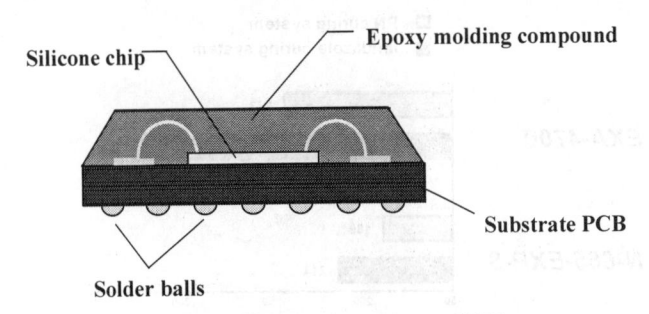

図7　ボールグリッドアレイ（BGA）の構造例

表3　EXA-4700の樹脂性状値（汎用クレゾールノボラック型との比較）

	Unit	EPICLON EXA-4700 Naphthalene	EPICLON N-665-EXP-S Cresol novolac
Appearance		Brown colored solid	Yellow colored solid
E.E.W.	g/eq.	162	203
Softening point	ºC	92	69
Melt viscosity	150ºC,mPa.s	350	350

いる。また将来性が大いに期待される自動車向け半導体や、高密度実装基板であるビルドアップ基板においては，信頼性向上の目的でより耐熱性が優れるエポキシ樹脂への要求がますます高まっており，この樹脂はそれらのニーズにも適合できる。

EXA-4700は2,7-ジヒドロキシナフタレンのメチレン基架橋2量体をベースとした4官能型エポキシ樹脂である。市販品のなかでこれほど構造的純度が高い4官能エポキシ樹脂は多くない。表3にEXA-4700の樹脂性状値を示す。

EXA-4700の硬化性と硬化物物性の特長（ECNと比較）を以下にまとめる。これらの特性は，冒頭に述べたBGA用封止材に対する要求特性によく合致している。

① 優れた硬化性
② 超高ガラス転移温度
③ （超高ガラス転移温度の割には比較的低い）吸湿率

繰り返すが，最大の特長はナフタレン骨格の剛直性と高架橋密度と高い立体対称性から得られる超高耐熱性（超高ガラス転移温度）である。ガラス転移温度データを図8に示す。半導体封止材用の汎用硬化剤系でのガラス転移温度は，ECN硬化物よりも50℃以上も高い。またイミダゾール触媒硬化系でのそれは，実に330℃にも達し，エポキシ樹脂の領域を超える。

このようにEXA-4700は，全エポキシ樹脂中で最高レベルのガラス転移温度を硬化物に付与でき

159

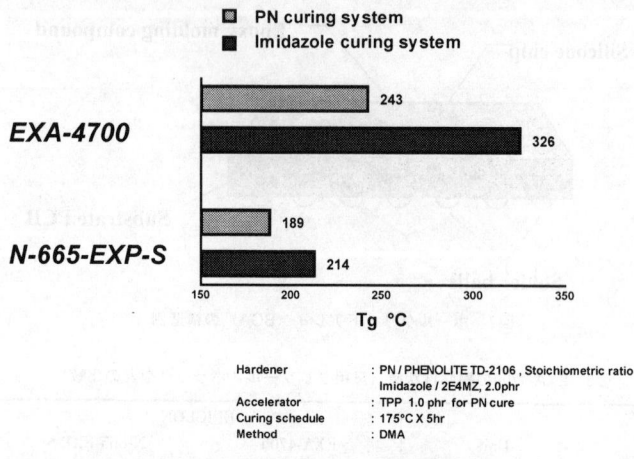

```
                    ■ PN curing system
                    ■ Imidazole curing system

                              243
    EXA-4700
                                              326

                          189
    N-665-EXP-S
                              214
           150    200    250    300    350
                         Tg °C

    Hardener        : PN / PHENOLITE TD-2106 , Stoichiometric ratio
                      Imidazole / 2E4MZ, 2.0phr
    Accelerator     : TPP 1.0 phr for PN cure
    Curing schedule : 175°C X 5hr
    Method          : DMA
```

図8　EXA-4700の耐熱性（ガラス転移温度）

る。実際，BGAに使用した場合，他の高耐熱性エポキシ樹脂を使用した場合よりも，パッケージ反りを大幅に低減できる事例が報告されている。

以上述べてきたことから，EXA-4700は超高ガラス転移温度が要求されるBGAやビルドアップなどの先端アプリケーションに最適なエポキシ樹脂である。最近，これらの分野ではイミド樹脂やシアネートエステルや各種ラジカル重合系の新興樹脂でエポキシ樹脂を代替しようとする動きがある。しかし，エポキシ樹脂のもつ優れた成形性や密着性などの特性はこれら新興樹脂から得ることは不可能に近く，そういった技術背景を鑑みても，この超高耐熱性エポキシ樹脂の価値は高い。

2.3　ジシクロペンタジエン型エポキシ樹脂　EPICLON HP-7200

EPICLON HP-7200はジシクロペンタジエン（DCPD）骨格をもつ多官能型エポキシ樹脂であり，その硬化物の低吸湿率は極めて低く，高耐熱性エポキシ樹脂としては最も優れた耐湿性をもつエポキシ樹脂のひとつである。

ところで現在の半導体分野では，表面実装（SMT）型パッケージ用が主流になっている。さらに最近は環境問題対応の観点から，鉛フリーハンダ化が進みつつあり，それに伴う表面実装温度の上昇は，封止材の耐ハンダクラック性を再び大きな問題としている。これの防止策として封止材の低吸湿化が効果的であり，HP-7200は高性能な表面実装封止材用エポキシ樹脂として，近年その需要を大きく伸ばしている。

HP-7200の分子構造式を図9に示す。これはジシクロペンタジエン（DCPD）とフェノールの重

付加物をベースとした2〜3個／分子の平均官能基数をもつ多官能型エポキシ樹脂である。バルキーな脂肪族環状炭化水素骨格基を高濃度に含有している点が構造上の特徴である。そのためビスフェノールA型エポキシ樹脂やクレゾールノボラック型エポキシ樹脂（ECN）などと比較して，HP-7200のエポキシ基濃度は25％程度低く（エポキシ当量が高く），それによって得られる硬化物中の極性基（活性水素型硬化剤と組み合わせた場合は水酸基）濃度が低い。それがこの卓越した低吸湿率の原因である。

HP-7200シリーズには表4に示すように，標準グレードのほかに，分子量（平均官能基数）が異なる2種類のグレード（HP-7200L，HP-7200H）がある。それぞれに溶融粘度，硬化性，耐熱性などに特色があるので，用途や要求特性によって使い分けられている。HP-7200Lは流動性，HP-7200Hは成形性と耐熱性がより優れる。

HP-7200はECNなどと比べて溶融粘度が低く，成型時の流動性を損なうことなく，シリカが高充填化された封止材を設計できる。シリカ高充填型封止材は，吸湿率と線膨張係数が低く，その結果，実装時の耐ハンダクラック性が優れる。

HP-7200の特長（ECN比較）を以下にまとめる。これらの特性は，冒頭に述べた表面実装用封止材に必要とされる特性によく合致し，鉛フリーハンダシステムが要求する厳しい特性にも適合している。

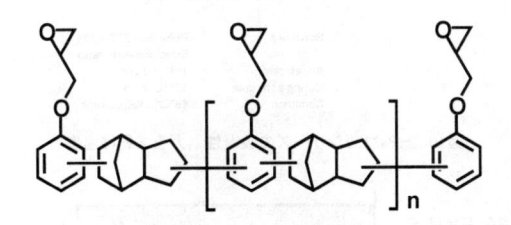

図9　HP-7200の分子構造

表4　HP-7200シリーズの樹脂性状値
　　　（汎用クレゾールノボラック型との比較）

	Unit	EPICLON HP-7200L	EPICLON HP-7200 DCPD	EPICLON HP-7200H	N-665-EXP-S Cresol novolac
Appearance		Brown colored solid			Yellow colored solid
E.E.W.	g/eq.	248	257	275	203
Softening ponit	°C	56	60	83	69
Melt viscosity	150°C, mPa.s	30	60	380	350

① 低吸湿率
② 高耐熱性（高粘度グレード）
③ 低弾性率（実装温度域）
④ 高密着性
⑤ 低誘電率／低誘電正接

吸湿率データを図10に示す。このデータに示されるように，これの吸湿率はECNのそれよりも40%以上も低い。さらにシリカ高充填化効果との相乗効果で，極めて吸湿率が低い封止材を提供することも可能である。

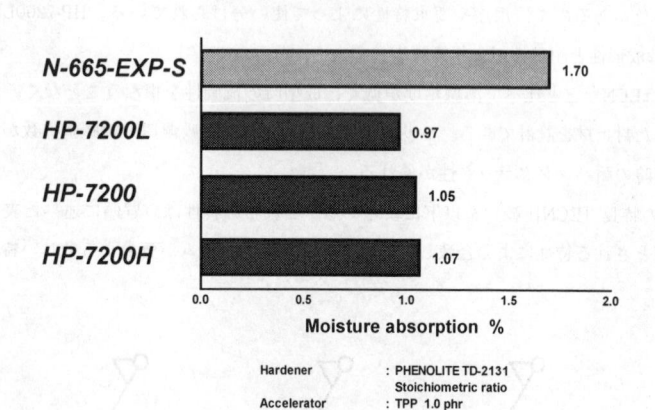

	Moisture absorption %
N-665-EXP-S	1.70
HP-7200L	0.97
HP-7200	1.05
HP-7200H	1.07

Hardener : PHENOLITE TD-2131 Stoichiometric ratio
Accelerator : TPP 1.0 phr
Curing schedule : 175°C × 5hr
Condition : 85°C/85%RH, 300hr

図10　HP-7200シリーズの吸湿性（ガラス転移温度）

	Dielectric constant (1MHz)
N-665-EXP-S	4.1
HP-7200L	3.7
HP-7200	3.6
HP-7200H	3.6

Hardener : PHENOLITE TD-2131 Stoichiometric ratio
Accelerator : TPP 1.0 phr
Curing schedule : 175°C × 5hr

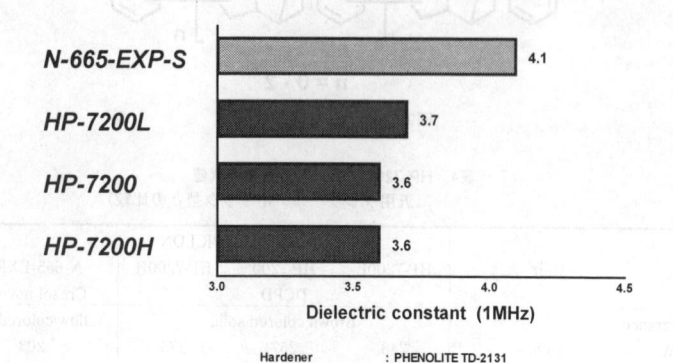

図11　HP-7200シリーズの誘電特性（誘電率）

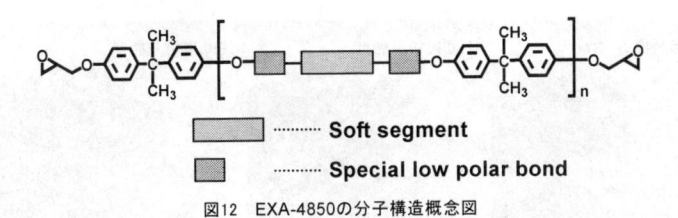

第14章　エポキシ樹脂の高性能化

▭ ……… Soft segment
▭ ……… Special low polar bond

図12　EXA-4850の分子構造概念図

　また高周波デバイスの要求される誘電特性に関しても優れており，図11に示すような低誘電率を硬化物に付与する。一般的に誘電特性は耐熱性（ガラス転移温度）と相反関係にあるので，このエポキシ樹脂の特異的な特性バランスの良さが高く評価されている。

　このようにHP-7200は優れた流動性，耐湿性，耐熱性，密着性，電気特性をバランスよく兼備したエポキシ樹脂であり，特にその吸湿率は高耐熱性エポキシ樹脂としてはきわだって低い。このようなことからHP-7200は半導体封止材だけでなく，次世代の各種高周波デバイス用の材料としても大いに期待できる。

2.4　柔軟強靭性エポキシ樹脂　EPICLON EXA-4850

　エポキシ樹脂の最大の欠点は古くから言われることであるが，「硬くて脆い」ことである。エレクトロニクス分野のみならずエポキシ樹脂の全アプリケーション分野から，その改良を強く求められてきたが，これまでエポキシ樹脂単体の技術（分子設計）としては抜本的な改良は成し遂げられていないのが現状であろう。

　当社ではこの課題解決を目指し，長年に渡って鋭意研究した結果，極めて高いレベルの柔軟強靭性を具備するEPICLON EXA-4850を開発した。

　このエポキシ樹脂の分子構造概念図を図12に示す。これは柔軟性骨格が特殊な低極性結合基を介して導入された変性BPA型エポキシ樹脂である。現在，分子量や粘度が異なる2グレードを準備しているが，いずれも液状であり幅広いニーズに適合可能である。この樹脂の主な特徴を以下にまとめた。

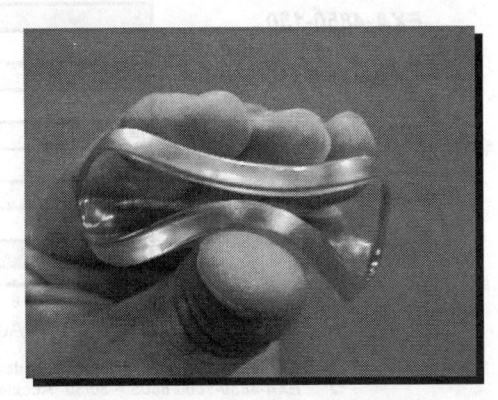

① 卓越した柔軟強靭性
② 高密着性

写真1　EXA-4850の柔軟強靭性（TETA硬化系）
＝3mm厚試験片の180度曲げ試験の模様＝

163

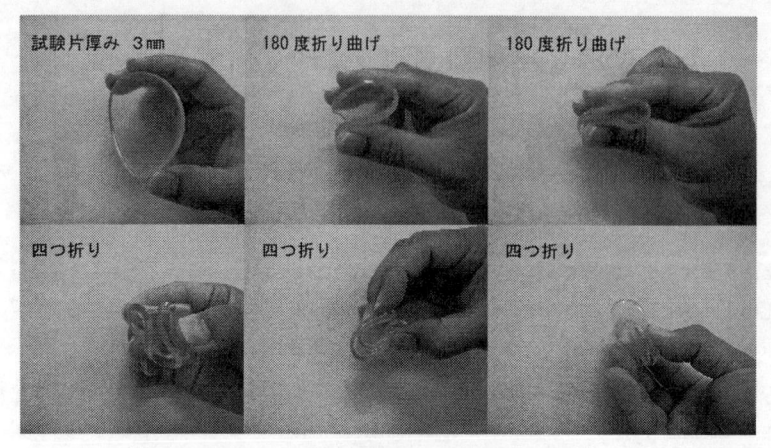

写真2 EXA-4850の柔軟強靭性（D-400硬化系）
＝3mm厚試験片の180度曲げ試験の模様＝

表5 EXA-4850の密着性

			EPICLON	
	Unit		EXA-4850-150 Novel	850S Bisphenol A
Adhesive strength	(1)	Mpa	17	10
Dupont impact	(2)	1kg/50cm	○	×
Flexing test	(2)	$\phi=2mm$	○	×

(1) Hardener : EPICLON B-570, MeTHPA, Accelerator : BDMA , Curing schedule : 110℃/3hr+165℃/2hr
(2) Hardener : TETA , Curing schedule : 150℃/1hr+165℃/2hr, Coat thickness 50μm

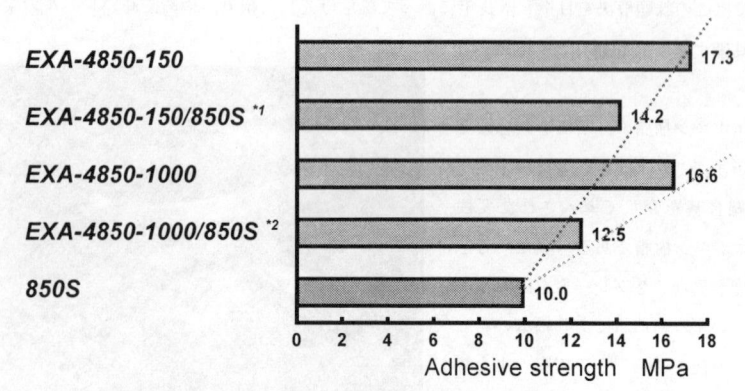

EXA-4850-150 17.3
EXA-4850-150/850S *1 14.2
EXA-4850-1000 16.6
EXA-4850-1000/850S *2 12.5
850S 10.0

Adhesive strength MPa

*1 : EXA-4850-150/850S = 50/50 Hardener : EPICLON B-570, MeTHPA
*2 : EXA-4850-1000/850S = 50/50 Accelerator : BDMA
Curing schedule : 110¢ªC/3hr+165¢ªC/2hr

図13 EXA-4850の密着性（鋼板との剪断接着力）

③ 低硬化収縮性

　最大の特長は，卓越した柔軟強靱性である。写真1は3mm厚の円盤状試験片の180度屈曲試験にも全く問題なく耐える様子を写したものである。写真2のように柔軟性硬化剤（ジェファーミンD-400等）と組み合わせることによって，信じられないような柔軟強靱性が発現し，四つ折り屈曲試験にも容易に耐える。しかも繰り返し負荷試験でも白化や劣化は見られない。従来の柔軟性エポキシ樹脂の代表格であるポリアルキレンエーテル変性エポキシ樹脂の同試験結果（スライスチーズ上に簡単に割れる）と比較すれば，その柔軟強靱性は驚異的とも言える。

　また抜群の密着性も有し，表5と図13のように高い接着力を示す。硬化収縮も非常に小さく，これが優れた寸法安定性や密着性の原因として機能する。

　これらのことから，特に柔軟性が強く求められる先端回路基板周辺材料（フレキシブル配線基板用接着剤，あるいはそれ自体のバインダー樹脂）や，高度な耐ヒートサイクルクラック性（低応力性）が求められる半導体周辺材料（アンダーフィル材，パッケージ基板ビルドアップ材）や車載用部品（基板，接着剤）などの用途で，この製品の真価が発揮されることを望んでいる。

第15章　ポリイミドフィルム

下川裕人[*1]，小林紀史[*2]

1　はじめに

ポリイミドはスーパーエンジニアリングプラスチックの中でも最高の耐熱性を有するポリマーとして広く知られている。宇部興産のポリイミドフィルム「ユーピレックス-S」に至っては、明確なTgが存在せず、熱分解開始温度は500℃以上と最高の耐熱性を示す[1]。

ポリイミドの歴史はその性能に比して意外といえるほど長く、1963年に米国DuPont社よりアルミニウムに匹敵する耐熱性プラスチックとして発表された[2]。開発から40年余を経ているが、ポリイミドは現在でも商用材料の中で高耐熱性プラスチックの最高位としての地位を不動のものとしている。さらにポリイミドは耐熱性が高いだけでなく、高強度・高弾性率などの機械特性、高絶縁性、低誘電率などの電気特性、更には耐薬品性・耐環境特性などに優れる材料であることから、宇宙開発分野に端を発し、今日では航空産業、電子情報機器の実装材料など高い信頼性が要求される幅広い分野で使用されるようになった。特に電子材料分野においては、ポリイミドの使用されていない電子機器はほとんどないといえるほどに著しい拡大を遂げた。

近年では、耐熱、耐環境、電気、機械の優れた諸特性に加え、様々な特殊機能を付与された新しいポリイミド製品が次々に開発されており、応用分野は急速に拡大を続けている。

本章では、高耐熱性ポリイミドフィルムを中心に、その特徴、特性などを他の耐熱性フィルムとの比較を交えて紹介し、さらに代表的な用途、最新のトピックスについても簡単な説明を加えることにする。

2　ポリイミドの化学構造と特質

ポリイミドとは、イミド結合を有するポリマーの総称である。このうちには、主鎖にイミド結合を有する直鎖状ポリイミドと、環状イミド構造を有する環状ポリイミドがある。それぞれの構

---

*1　Hiroto Shimokawa　宇部興産㈱　機能品ファインディビジョン　機能品技術開発部
*2　Norifumi Kobayashi　宇部興産㈱　機能品ファインディビジョン　ポリイミドビジネスユニット

第15章 ポリイミドフィルム

造を図1に示す。一般にポリイミドといえば，合成が比較的容易で有用性の高い，環状ポリイミドを指す。さらに，イミド環，あるいはイミド結合部以外の構造により，大きくは脂肪族ポリイミド，芳香族ポリイミドに分別され，より耐熱性に優れるのは芳香族ポリイミドである[3]。

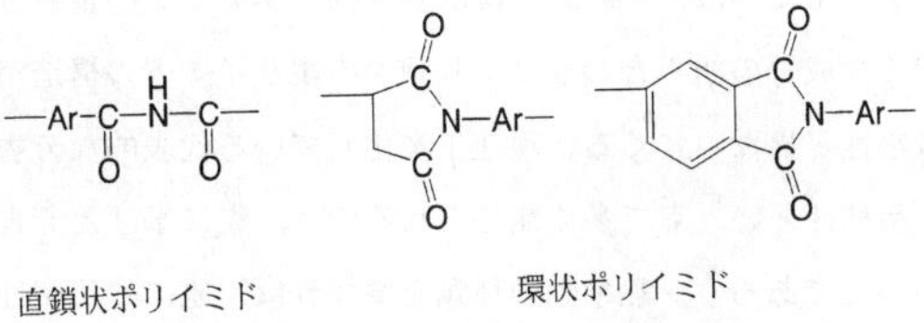

直鎖状ポリイミド　　環状ポリイミド

図1　直鎖状，環状イミド構造[3]

　表1に示すカプトンやユーピレックスのような芳香族環状ポリイミドが，ポリイミドの中でも最も耐熱性を有する構造である。この理由には，複素環や芳香環などの環構造が主鎖中に多数存在するため分子運動の自由度が制限され剛直であること，かつまた原子間の結合エネルギーが総体的に大きいこと，π電子共役系の存在で分子間相互作用が強いことなどが挙げられる。また，分子内あるいは分子間でCT（ChargeTransfer）錯体を形成し，これが凝集力をより強固にしているとも言われている[4]。

表1　カプトン，ユーピレックスの分子構造

化学構造	商品名
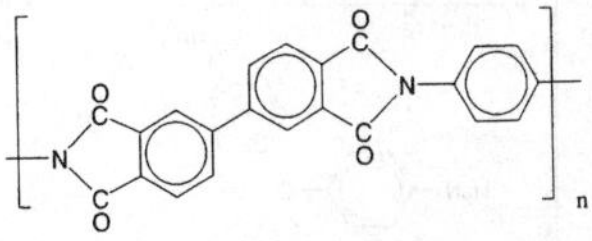	ユーピレックス-S
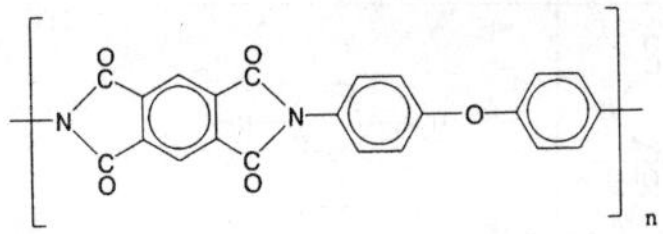	カプトン-H アピカル-AH
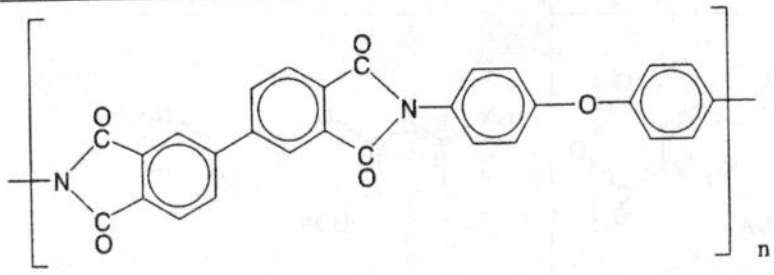	ユーピレックス-R
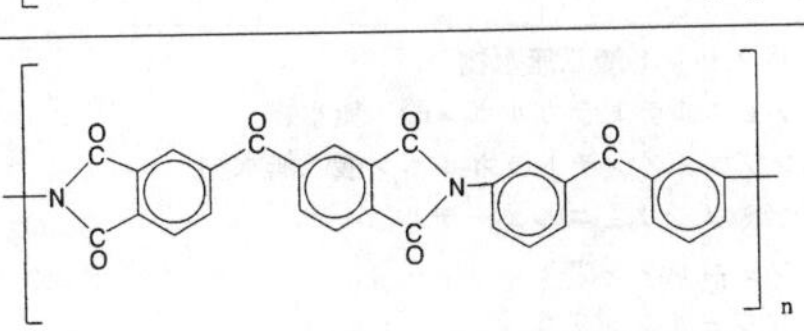	LARK-TPI

167

ポリイミドは，一般的には酸無水物とジアミンの重縮合によって得られる。これら酸成分とジアミン成分の組み合わせにより種々のポリイミドの構造が考えられ，その構造により耐熱性や機械物性が異なってくる。現在工業化している代表的な芳香族ポリイミド原料を表2に示した。

耐熱性という点で多く論じられるのは，先に挙げた芳香族環状である非熱可塑性ポリイミドについてであろう。熱挙動の種類を挙げれば，他に熱可塑性ポリイミド，熱硬化性を付与したポリイミドなどがあるが，これらについては，本章では紹介に留めたい。

ポリイミドはその化学構造に由来し，耐熱性のみに留まらず各種特性が高度にバランスした優れた材料である。特に各種特性に優れる「ユーピレックス-S」が有する特徴を以下に列挙する。

① 耐熱性…あらゆるエンジニアリングプラスチックの中で最高の耐熱性を示す。
② 機械特性…軟鋼並みの強度を有す。
③ 耐薬品性…あらゆる有機溶剤に不溶。その他の酸，アルカリなどほとんどの化学薬品に対して耐性を有している。
④ 電気特性…絶縁性に優れ，低誘電率，低誘電正接である。
⑤ 耐環境性…低吸水率である。耐候性に優れる。耐寒性に優れる。

表2 芳香族ポリイミドの代表的な原料

酸無水物	ジアミン
PMDA	DADE
BPDA	PPD
BTDA	BDA

PMDA：ピロメリット酸二無水物
BPDA：ビフェニルテトラカルボン酸二無水物
BTDA：ベンゾフェノンテトラカルボン酸二無水物
DADE：ジアミノジフェニルエーテル
PPD：パラフェニレンジアミン
BDA：ベンゾフェノンジアミン

⑥ 吸湿膨張性…PET並みの吸湿膨張率が得られる。低吸湿性のものも開発されている。
⑦ 耐放射線性…宇宙環境でも利用される,優れた特性を示す。

各種特性の詳細については,後述を参照されたい。

3 ポリイミドフィルムの製法[3, 5]

高い耐熱性を示す全芳香族環状ポリイミドは多くの場合融点をもたず,適当な溶媒がないため,そのままでは,成形加工ができない。このため,自己支持性を有するポリイミドフィルムを得るためには,以下のような手法が用いられる場合が多い。まず,ポリイミドの前駆体であるポリアミック酸（ポリアミド酸）の溶液を調製し,これを流延して製膜を行う。この後,加熱あるいは化学的処理により脱水閉環（イミド化）し,ポリイミドフィルムを得る。

この手法は一般的に二段合成法と言われる方法で,以下の図2に示す化学反応過程を経る。ポリイミドが開発されてから40年以上が経過するが,実用性の点においては古典的なポリアミド酸を経由するこの二段合成法が汎用性のある方法として現在でも広く採用されている。

この他にもポリイミドの合成法としては,一段合成法,三段合成法と呼ばれる方法があり,それぞれ以下の特徴を有している。

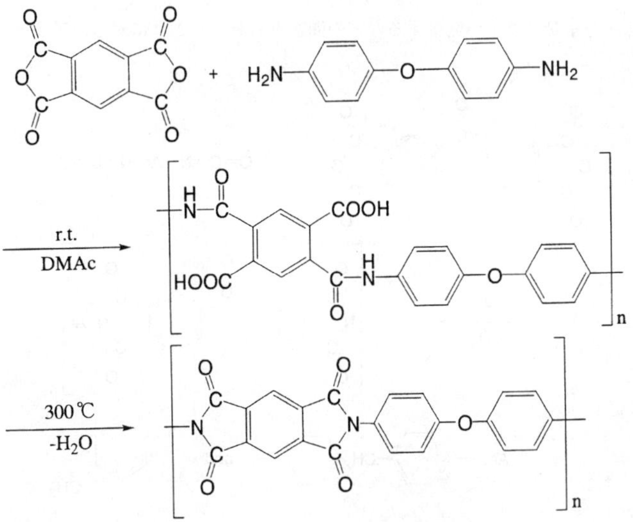

図2 ポリイミド二段合成法の化学反応式[6]

A 一段合成法

芳香族ポリイミドは一般には有機溶剤に溶解しないが，ある組成のポリイミドは可溶性であり，一段合成法が可能になる。この場合は，テトラカルボン酸二無水物とジアミンを高沸点溶媒中，150～200℃に加熱し縮重合させると一挙にポリイミド溶液が得られる。この一段合成でもやはりポリアミック酸を経由してポリイミドになるのは二段合成法と同様である。得られるポリイミドの分子量は溶液中の水と平衡関係にあり，水分量で分子量が変化する。水分量が多くなると分子量が低くなり，水分量が少なくなると分子量は高くなる。一般には，高重合度のポリイミドを製造するのが目的であるので，イミド化の際に副生する水を溶媒との共沸により除去する。この方法は主鎖中に柔軟性成分を含有するポリイミド，すなわちシリコーン変性ポリイミド，熱可塑性ポリイミド，接着性ポリイミドなどの合成には広く用いられている。しかしながらこれらのポリイミドは，粉体やペレット状の製品形態にされることが多い。また，一段合成法としてジアミンの代わりにジイソシアネートを用いる方法なども開発されている。

B 三段合成法

この合成法は二段合成法と同じく，モノマーから不溶不融の最終製品を完成するために，加工性の良い中間体のステップを設けるものであるが，二段合成法より更に1ステップを増やし，ポリイミドの異性体であるポリイソイミドを経る方法である。

ポリアミック酸は，ある種の溶剤に可溶であり，加工性も有しているが，イミド化の過程で副生水が発生し，分子量の低下が発生するなどの問題点もある。これに対し，アミック酸を脱水閉

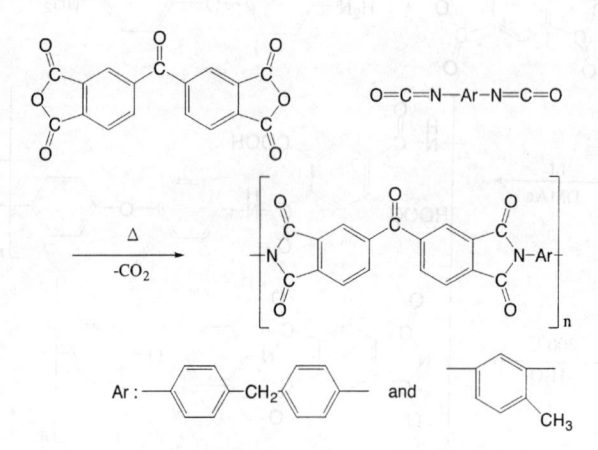

図3 ポリイミド一段合成法の反応式[6]

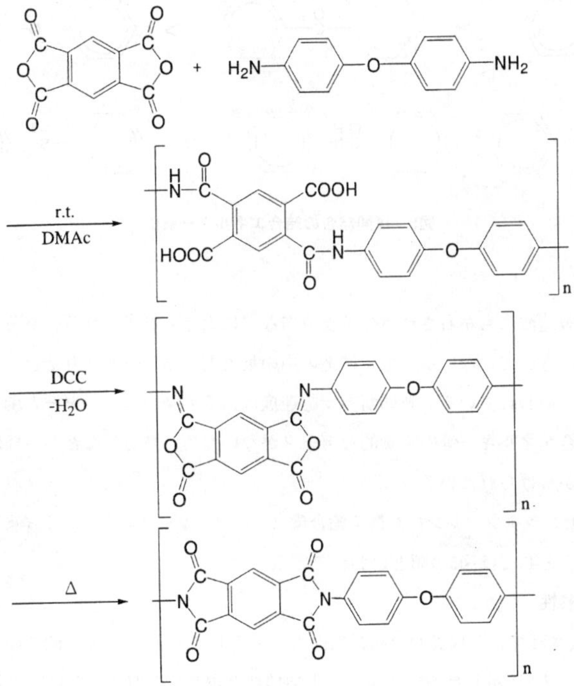

図4 ポリイミド三段合成法の反応式[6]

環してなるポリイソイミドはイミド化に際し水が副生しないという利点に加え,その非対称構造によって溶解性に優れ,多くの極性溶剤に可溶である。また,溶融粘度が低く成形加工性に優れているといった利点もある。

4 ポリイミドフィルムの特性[7]

4.1 耐熱性

ポリイミドの特性の中で最も特徴的なものは耐熱性である。高分子材料の耐熱性には,高温まで軟化せず外力に耐えることを意味する物理的耐熱性(可逆的)と,高温雰囲気下に長時間さらされた時,特性の低下が無いことを意味する化学的耐熱性(不可逆的)の2つがある。

4.1.1 物理的耐熱性

可逆的である物理的耐熱性は,一次構造(モノマー組成)に由来する分子の絡まりや配向など

171

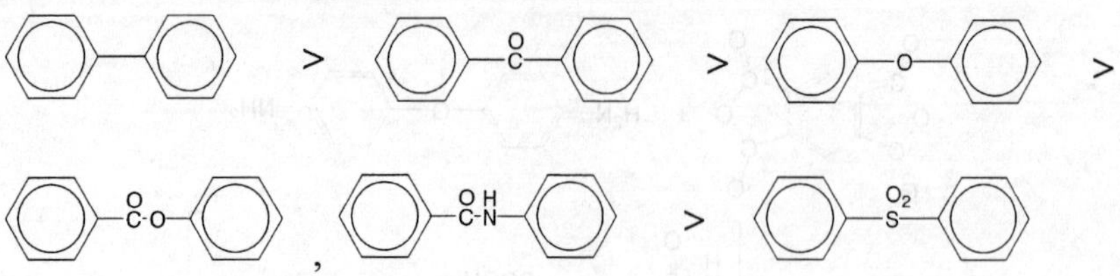

図5　環間結合の結合エネルギー順位

の高次構造や，製造法にも左右される分子量分布などに大きく影響される。高分子の劣化反応はまだ充分明らかにされていないが，化学構造の中の最も弱い結合（非共有結合）が熱切断されることに起因するといわれている。熱切断の反応速度は，その結合エネルギーと関係しているが，芳香環の間の結合エネルギー等の定量的なデータがないため，熱分析などから経験的に次のように耐熱性の順位がつけられている。

芳香環（ベンゼン＞ナフタレン）＞複素縮合環（ベンゾアゾール類＞ベンツイミド）＞複素単環
また，環間結合としては図5の順といわれている。

4.1.2 化学的耐熱性

表3に現在市販されている代表的な高耐熱性ポリイミドフィルムの2万時間での引張り強度の半減温度を示した。表2に示した各フィルムの化学構造と併せて参照されたい。市販のポリイミドフィルムはベンゼン環単環，ビフェニル型，エーテル型の構造から成り立っており，ビフェニル構造を有し，エーテル結合がない「ユーピレックス-S」は2万時間での引張り強度の半減温度が290℃という高い化学耐熱性を示す。

4.1.3 他のプラスチックとの比較

一般的な耐熱性の指標として，2万時間の耐熱寿命（強度の半減値）に相当する温度が温度指数（TI：Temperature Index）として用いられる。ポリイミド以外のプラスチックを含めたTIの一覧を表4に示す。ポリイミドフィルムはクラスCで最も耐熱性がある材料に区分される。その他にPEEKフィルムなどが挙げられるが，高耐熱性ポリイミドフィルムは総じて耐熱寿命温度が250℃以上と高く，「ユーピレックス-S」はその中でも非常に高い耐熱性を示す[8]。

4.2 機械的特性

芳香族ポリイミドフィルムは高い引張り強度と引張り弾性率を示す。これは，ポリイミドの芳香族直鎖状分子が剛直な構造になっていることに起因している。（BPDA／PPD）型ポリイミド「ユーピレックス-S」は最も剛直な分子構造を有しており，引張り強度が390MPa（室温）と軟鋼

第15章 ポリイミドフィルム

表3 代表的な芳香族ポリイミドの特性比較

		ユーピレックス-S		ユーピレックス-R		カプトン-H	
耐熱性	半減温度[1*]	290℃		250℃		270℃	
耐薬品性		強度保持率	伸び保持率	強度保持率	伸び保持率	強度保持率	伸び保持率
	10%NaOH[2*]	80%	60%	85%	80%	劣化	
	氷酢酸[3*]	100%	95%	110%	105%	85%	62%
	P-クレゾール[4*]	90%	90%	55%	140%	100%	77%
	水 pH=1.0[5*]	95%	85%	100%	90%	65%	30%
	pH=10.0[6*]	95%	85%	105%	95%	60%	10%
吸水率[7*]		1.2		1.3		2.9	
絶縁破壊強さ[8*] (kV/mm)		272		280		276	
誘電率		3.5		3.5		3.5	
誘電正接		0.0013		0.0014		0.003	
体積抵抗 (Ω・cm)		10^{17}		10^{17}		10^{18}	

1* 引張り強さが2万時間で半減する温度, 2* 常温, 5日浸漬, 3* 110℃, 36日浸漬, 4* 200℃, 22日浸漬, 5* 100℃, 14日浸漬, 6* 100℃, 4日浸漬, 7* 23℃, 24時間浸漬, 8* 25μm厚フィルムでの測定

表4 各種プラスチックフィルムの温度インデックス[9]

耐熱クラス	温度（℃）	プラスチックフィルム
Y	90	
A	105	
E	120	PETフィルム, トリアセテートフィルム
B	130	PArフィルム, PSFフィルム, (PETフィルム)
F	155	
H	180	PPSフィルム, PEIフィルム
C	180を超えるもの	PESフィルム
		ポリイミドフィルム, PEEKフィルム,
		PTFEフィルム, PFAフィルム

並みの値を示す。

　図6に市販されている3種のポリイミドフィルムの応力～歪曲線を示した。この中で（BPDA／PPD）型「ユーピレックス-S」は他の2種（BPDA／DADE）型「ユーピレックス-RN」,（PMDA／DADE）型「カプトンH」に比べ約2倍の引張り強度と, 2倍以上の引張り弾性率を示す。これは（BPDA／PPD）型の分子構造が剛直なことに加えて, 分子鎖秩序が高いことに起因しているといわれている。

4.3 耐薬品性

芳香族ポリイミドフィルムはあらゆる有機溶剤に不溶で，ほとんどの化学薬品に対しても充分な耐性を示すが，一般的にアルカリに対する耐性に劣っている。しかしビフェニル型ポリイミドはアルカリに対しても充分な耐性を示す。これはビフェニル構造に隣接するイミド結合のカルボニル基がベンゼン単環に隣接するイミド結合のカルボニル基に比べ，アルカリ存在下でも加水分解を受けにくいためと考えられる。

表3に芳香族ポリイミドフィルムの耐薬品性を示す。

4.4 吸水率

一般的にポリイミドはイミド結合を有することから高い吸水率を示すが，分子構造の違いによってその値が異なっている。ポリイミドの吸水のメカニズムは明確でなく，これらを単に分子鎖秩序の違いで説明することは難しいが，BPDA型ポリイミドとPMDA型ポリイミドではかなり大きな差が認められている。

表3にポリイミドの吸水率を示す。

4.5 その他の物性

これまで述べてきた物性のほかにもポリイミドはいくつかの特徴的な特性を有している。その一つは電気特性で，誘電率は約3.5とフッ素樹脂には及ばないものの比較的低い値を示す。表3にポリイミドフィルムの電気特性の一部を示す。

また，耐放射線性にも優れており，γ線照射や電子線照射に対し，充分な耐性を示すとの報告もある[10]。

5 ポリイミドフィルムの用途

5.1 電子材料分野での用途

従来，ポリイミドの電気産業での用途は主にエナメル線用被覆材であったが，1970年代後半からの半導体の集積化の進展に伴い，LSIのバッファーコート材としての地位を確立していった。このような経緯で電子材料業界に認知されたポリイミド材は，1980年代になって，半導体内部に留まらずエレクトロニクス全般に用途を拡大していった[11]。その中でも各種製品の薄型・小型化，配線の高密度化に伴い，配線基板としてのポリイミドフィルムの用途が大きく拡大しており，現在に至っても情報電子機器分野の進歩に伴って，その適用範囲，需要は拡がり続けている。

以下にポリイミドフィルムの配線基板としての用途を紹介する。

第15章 ポリイミドフィルム

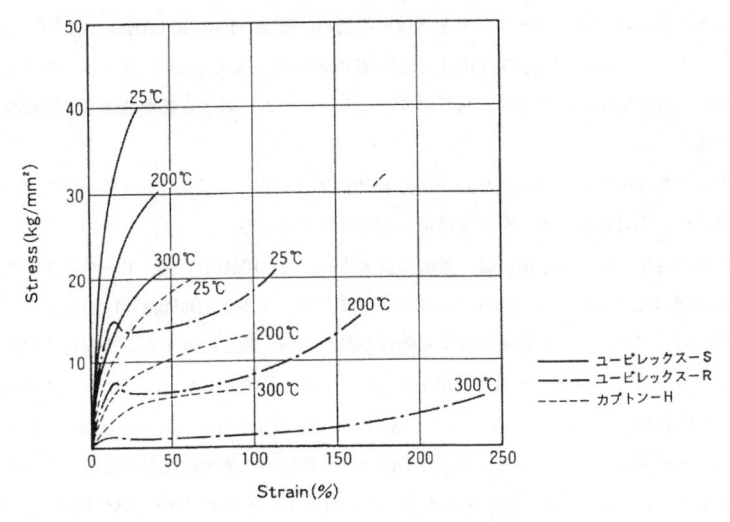

図6 ポリイミドフィルムの応力一歪曲線

5.1.1 TABテープ基材

　TABとは，Tape Automated Bondingの略で，ポリイミドフィルムを数十mm幅のテープ状に裁断し，基材として使用する[12]。テープ基材には写真や映画のフィルムと同様なスプロケットホール（ガイド穴）が設けられ，搬送と同時に各種加工工程での位置決めのための基準穴としても利用される。TABテープにはポリイミドフィルム上に直接導体が形成された2層テープと，ポリイミドフィルム上に熱硬化性の接着剤を介して導体が積層された3層テープの2種類がある。2層テープは絶縁性，耐熱性などには優れるが，価格的には不利であり，現在は3層テープの需要が多い。

　3層TABテープの製造工程を簡単に説明する。所定幅（35，48，70mm幅など）に裁断された長尺状のポリイミドフィルムに，熱硬化性接着剤を貼付して加熱すると溶融しないが軟化する段階（Bステージ）にする。ついでスプロケットホールやデバイスホール（半導体チップを実装する場所に形成される回路基板上の穴）などをプレス成形機で打ち抜き加工された後，銅箔を熱圧着して銅張積層板（CCL）を形成する。銅箔はパターンやリード形成のために，レジスト塗布，マスク露光，現像，エッチング工程が施される。この後，オーバーコート層が設けられ，Sn，Auなどのめっき処理が行われて回路基板として完成する[13]。最近で

図7 ユーピレックス-Sを用いたTABテープ

は，パッケージの小型化，多ピン化等を実現するためにBGA（Ball Grid Array），CSP（Chip Size Package），さらにはCOF（Chip On Film）などの技術が開発，導入され[14]，狭ピッチ化の進展も著しい。それに伴いTABテープ基材であるポリイミドフィルムに対する要求特性も，高度化しているといえる。

TABテープ基材への要求特性を表5に示す。前述のような狭ピッチ化，実装技術の進歩に伴って，要求特性の中でも寸法安定性，耐熱性は最も重要な特性である。

TAB技術が開発されてから長い間，無水ピロメリット酸（PMDA）と4, 4'-オキシジアニリン（ODA）を構成モノマーとするポリイミドフィルム「カプトン」（DuPont社）が主にテープ素材として用いられてきた。宇部興産ではより剛性が高く，熱，吸湿に対する寸法安定性に優れるビフェニルテトラカルボン酸二無水物（BPDA）系ポリイミドフィルム「ユーピレックス-S」を開発し，現在TABテープのポリイミドフィルム基材としては第1位の市場占有率となっている。この結果は「ユーピレックス-S」が先に挙げたTABテープ基材への要求特性を高度にバランスさせた材料であることによる。「ユーピレックス-S」は，市販ポリイミドフィルム材料の中では最も剛性（例えば引張り弾性率など）が高いため，他の材料に比べ厚みを薄くすることができる。また，熱膨張係数も精密に制御され，加熱収縮率も小さいため，累積ピッチ精度に優れる。これらの特性は先に挙げた分子構造に由来するものであるが，それのみならず，フィルム製造工程における各種条件の膨大な検討成果と緻密な条件制御により達成されている。

5.1.2 FPC基材

FPC（フレキシブルプリント配線板）とは，基材となるポリイミドフィルムの片側あるいは両側に銅配線を有したもの，と定義することができる[14]。広義には先に挙げたTABを含む場合もあるが，TABの製造装置や製造方法，特性，用途などが一般のFPCと異なることから，ここでは区別することとした。

表5 TABテープ基材フィルムの要求特性

項目	要求特性
物性	・高弾性率で薄くできること ・熱膨張係数が小さく，ばらつきが少ないこと ・湿度膨張係数が小さく，ばらつきが少ないこと ・ICの連結（ボンディング），実装時のハンダ工程（リフロー）に耐えうる耐熱性 ・絶縁信頼性が高いこと（高温・高湿度環境下）
加工性	・プレス加工時の打ち抜き性が良好なこと ・接着剤，封止樹脂に対する接着性が良好なこと ・各工程での寸法安定性が良好なこと（ピッチ精度，反り，ねじれ） ・搬送に耐えうる強靭さがあること

第15章 ポリイミドフィルム

FPCの作製法を概略すると，まずTABと同じく接着剤を介して銅箔と貼り合わせた3層銅張積層板（3層CCL）かあるいは，スパッタ・めっき法などにより接着剤を使用せずポリイミドフィルム上に銅層を形成して得られる2層銅張積層板（2層CCL）を作製する。その後にサブトラクティブ法により片面あるいは両面の銅層をパターニングして，ポリイミドフィルム上に配線を形成するというのが一般的である。通常は更に，得られた銅配線の上からカバーレイと呼ばれるポリイミドフィルムを貼り合わせてFPCが完成する。TAB方式と異なり，スプロケットホールを形成してテープ状で自動搬送するといったことはなく，量産性に不利であるものの，設計の自由度は高いと言える。

FPCにおいてもTAB同様，携帯電話やデジタルカメラなどの高機能化，小型化などに伴って，配線の微細化，実装技術の高度化が加速されている。それに伴って基材であるポリイミドフィルムや銅張積層板への要求特性は高度化，多様化している。耐熱性，寸法安定性などにおいて不利になる，接着剤を必要とする3層CCLではそれらの要求に応えられなくなってきており，接着剤を使用せず，ポリイミドの特性を発揮できる2層CCLが注目されている。2層CCLについては，後述の最近のトピックスの中で触れたい。

5.2 電子実装材料以外の用途

宇部興産では既に紹介した「ユーピレックス-S」「ユーピレックス-VT」以外に「ユーピレックス-RN」を上市している[15]。

「ユーピレックス-S」では配線板基材のほかに，真空プロセスで金属薄膜を形成する基材として用いられ，医療用センサ（人体に直接触れない用途）に応用されている。この用途では，薄膜形成プロセスに耐えうる耐熱性と表面平滑性が特に要求される。また，電子実装でも使用されるが，シリコーン系粘着剤を片面に有した高耐熱性の粘着テープなどにも使用されている。

「ユーピレックス-RN」は，BPDAとDADEを原料としたポリイミドフィルムである。この組成のポリイミドはガラス転移温度（Tg）が285℃付近にあり，このTg付近でフィルムが軟化する特性を利用して，金型による熱プレス加工で簡単な形状の成形体が得られる。主な用途として，スピーカーコーンやTAB工程で用いられるスペーサーテープ（リールに巻いた加工途中のTABテープの接触を避ける目的で使用）などがある。また宇宙分野においても，フィルム上に真空プロセスによって金属薄膜を形成させたものが熱制御膜（MLI）の部材として使用されている[16]。この用途では宇宙環境で使用するために，軽量，高強度，高耐熱，耐放射線性など種々の特性が要求される。

「ユーピレックス-VT」は，「ユーピレックス-S」の優れた特性を継承し，フィルム表面に熱融着性を有したポリイミドフィルムであり，熱圧着により金属箔ほか各種基材との積層体を得るこ

177

とができる。例えば、ステンレス箔との熱圧着により得られる積層材は薄型面状ヒーターやHDDサスペンションなどに用いられる。熱融着型ポリイミドフィルム「ユーピレックス-VT」は接着剤レスの2層銅張積層板「ユピセルN」に使用され、高い評価を受けているが、高強度、高耐熱、高寸法安定性などの特色を兼ね備え、簡便な手法で各種基材との積層体を作製できるという特色を生かし、様々な用途への展開を見せている。この「ユーピレックス-VT」の特徴については後の項にて述べる。

6 需要動向

芳香族ポリイミドフィルムのほとんどは、東レ・デュポン、鐘淵化学工業、宇部興産の3社から国内ユーザーに供給される。

東レ・デュポン社の「カプトン」は、フレキシブルプリント回路（FPC）をはじめ車両用や産業用モーターのコイル絶縁用に使用されている。鐘淵化学工業の「アピカル」は「カプトン」と同じ分子構造を持っており、特性的にもよく似ているため、「カプトン」と同様の用途に使用されている。

一方、当社ポリイミドフィルム「ユーピレックス」はカプトンやアピカルとは異なった分子構造を持ち、その優れた寸法安定性と低い吸湿性と言う特徴から、TABテープ用途やファインピッチのFPC、LOC（ICチップの回路側とリードフレームとを両面テープで接着したパッケージ構造）テープ用途で利用されている。

表6にポリイミドフィルムの国内需要予測をまとめた。

携帯電話、PDA、ノートパソコン、デジタルカメラなどの小型電子機器で、今後更に小型化、軽量化が要求されると、プリント配線板の細線化・高密度化・極薄化が加速する結果、材料に求められる電気特性（低誘電率、低誘電正接、体積抵抗、表面抵抗等）を満足する材料として、益々ポリイミドフィルムの需要が拡大する事が予想される。

特に、携帯電話はその牽引役となり液晶画面のカラー化、カメラ、GPSの搭載など、多機能化、小型化、軽量化が急速に進んでおり、ポリイミドフィルムを使用したフレキシブル配線基板も従来の3層材料から、より高密度化、極薄化が可能な接着剤を用いない2層材料へと変わってきてい

表6 ポリイミドフィルムの国内需要予測

(単位：トン)

2001	2002	2003	2004	2005
1,800	2,000	2,300	2,500	2,800

る。

また，ノートパソコンの液晶パネル，デスクトップパソコンの液晶モニター，PDP（プラズマ・ディスプレイ・パネル），液晶TV等のディスプレイ駆動回路用基板としてもポリイミドフィルムを基材とする動きが活発である。

7 製品規格

7.1 タイプ

7.1.1 ユーピレックス（BPDA系）

ユーピレックスにはSタイプ，RNタイプ，VTタイプの3種類がある。

Sタイプは，他社フィルムと比べても高耐熱性，高寸法安定性，高弾性率の特徴を有するフィルムである。また，化学的性質に優れることは様々な化学処理に対しても優位なポリイミドである。

RNタイプは，高温時の伸びが大きい（加工が難しいポリイミドフィルムの中で深絞り加工を施すことができる数少ない特徴を有する）ことや，耐放射線性（用途としては人工衛星を保護する熱制御フィルム等）に優れるのが特徴のフィルムである。

VTタイプはSタイプをコアとして両表層が熱融着タイプの接着剤レスで，銅箔やその他の金属箔と貼り合わせが可能なポリイミドである。Sタイプをコアに持つがゆえに，Sタイプの機械的性質や電気的性質を継承している。

7.1.2 カプトン（PMDA系）

カプトンの標準タイプのHタイプ，Hタイプより熱収縮率を小さくしたVタイプ，更に寸法安定性を良くしたENタイプがある。

7.1.3 アピカル（PMDA系）

アピカルの一般グレードであるAHタイプ，寸法安定性を小さくしたNPIタイプ，更に吸水率，吸水膨張率を小さくしたHPタイプがある。

8 最近のトピックス

8.1 熱可塑性ポリイミドフィルム

ポリイミドの成形加工性の問題を解決する目的で，熱可塑性のポリイミドの開発がなされており，「AURUM」（三井化学）などが開発されている[19]。「AURUM」はフィルム成形も可能であるとされている。各社，ポリイミドフィルムの高付加価値化と用途拡大を目指し，熱可塑性ポリイ

表7 各社ポリイミドフィルムの製品規格[17,18]

厚み (μm)	宇部興産 ユーピレックス-S	宇部興産 ユーピレックス-RN	東レ・デュポン カプトンEN	鐘淵化学工業 アピカルHP
7.5	7.5SN			7.5HP
10				10HP
12.5	12.5SN		50EN	12.5HP
25	25S	25RN	100EN	25HP
37.5	40S	38RN	150EN	50HP
50	50S	50RN	200EN	
75	75S	75RN	300EN	
125	125S	125RN		

ミドフィルムが数種開発されている[20]。これには例えば，デュポンの「カプトンKJ」や「カプトンLJ」，鐘淵化学工業の「PIXEO（ピクシオ）」などがあり，主にボンディングシートとしての用途展開がなされている。しかし低温度域にガラス転移温度が存在するため，「カプトンH」や「ユーピレックス-S」のような非熱可塑性の高耐熱性ポリイミドフィルムには耐熱性が劣ると考えられる。これに対し，宇部興産が開発した熱融着型ポリイミドフィルム「ユーピレックス-VT」は，3層一括成形を実現した独自の製法により，「ユーピレックス-S」の優れた耐熱性，機械特性などの諸特性を継承した，フィルム表面に熱融着性を有するポリイミドフィルムである。

以下に新しいポリイミドフィルムのトピックとして「ユーピレックス-VT」を紹介する。

8.1.1 ユーピレックス-VT[21]

通常，FPCなどに用いられる銅張積層板は，ポリイミドフィルムと銅箔とをアクリルあるいはエポキシ等の接着剤により接着させた3層構造のものが一般的であった。この接着層の存在により耐熱性の低下，寸法安定性の低下を起こしていた。「ユーピレックス-VT」は接着剤を用いることなく，銅箔，ステンレス，アルミニウム等の金属あるいはセラミック等に300℃程度で熱融着可能なポリイミドフィルムである。その際の圧力は，プロセスや基材によって異なるが一般的な範囲の数値である。ユーピレックス-VTは図8に示した基本構造を有する「ユーピレックス-S」をコアとして開発された全芳香族ポリイミドフィルムであり，重合，製膜に関して特殊な工程は不要で，既存の設備を使用できる。以下にユーピレックス-VTの優れた特性を挙げる。

ユーピレックス-VTの諸特性を表8に示した。比較のため当社製「ユーピレックス-S」の値も示している。ユーピレックス-VTの機械強度は，「ユーピレックスS」の60〜70％の特性を有しており，高い機械特性を示している。また，加熱収縮率は「ユーピレックス-S」と同等であり，熱膨張係数は用途上，18ppm程度に制御しており，CCLとした場合に優れた寸法安定性を示す。また，

各種電気的特性も,「ユーピレックス-S」と同等であり, 本材料をフレキシブル基板として使用する際に高い信頼性を示している。

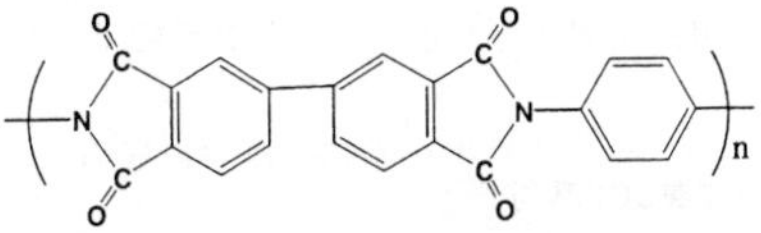

前項でも述べたが, 熱融着型ポリイミドである「ユーピレックス-VT」は耐熱性, 高い寸法安定性, 良好な機械特性及び電気特性, 耐薬品性等, ポリイミドの高い基礎物性を生かした材料であり, フレキシブル基板として適した材料であるといえる。用途としては, FPC, COF, TCP, MCML, リジッドフレックス, 多層基板, 高周波基板などが考えられ, いくつかは既に商品化されている。また熱融着させる材料は銅箔だけでなく, ステンレス, アルミニウム, セラミックス

図8 ユーピレックス-Sの構造

表8 ユーピレックス-VTの諸特性

グレード 特性項目	単位	ユーピレックス-VT			ユーピレックス-S		試験方法
フィルム厚さ	μm	25	38	50	25	50	ASTM D882
引張り強さ	MPa	507	513	499	553	463	ASTM D882
引張り弾性係数	MPa	7189	7350	7306	9797	9366	ASTM D882
(引裂き強さ)	kg	2.5	3.4	4.5			IPC-TM650
(引裂き伝播抵抗)	g	9.3	15.7	25.2			IPC-TM650
熱膨張係数 CTE (50-200℃)	ppm/℃	○ 18.3	○ 17	○ 18.8	10.9	13.1	微小線膨張計
吸湿膨張係数 CHE	ppm/%RH	40,60,80% 8	40,60,80% 11	40,60,80% 13	12	12	ASTM D570
熱収縮率	200℃ MD/TD 平均	0.08/0.05					
	300℃ MD/TD 平均	0.31/0.24	0.2	0.42/0.03			
吸水率	%	1.1	1.27	1.48	1.25	1.44	ASTM D570
表面抵抗	Ω	>18.8×10^{16}	>18.8×10^{16}	>18.8×10^{16}	>10^{17}	>10^{16}	ASTM D257
体積抵抗率	Ω·cm	3.6×10^{16}	3.6×10^{16}	3.6×10^{16}	5×10^{16}	6×10^{16}	ASTM D257
絶縁破壊電圧	kV	6.8	9.0	11.0	6.4	10.8	ASTM D149
誘電率	1 MHz	3.3	3.3	3.3	3.3	3.3	IPC-TM650
	1 GHz	3.3	3.3	3.3			ストリップライン
誘電正接	1 MHz	0.002	0.002	0.002			ASTM D150
	1 GHz	0.004	0.004	0.004			
フィルム単体耐折り曲げ性 (MIT)	(回)	>100000	>100000	>100000	100000	35000	ASTM D2176

など用途に応じて対応することが可能である。

8.2 2層CCL基材[22]

先にも述べたように、フレキシブル配線板の基材（CCL）には3層構造（3層CCL）と2層構造（2層CCL）がある。3層CCLは絶縁層となるポリイミドフィルムと導体層となる銅箔をエポキシ系やシリコーン系の接着剤で貼り合わせた構造である。一方、2層CCLは接着剤を用いずに製造される。フレキシブル配線板の主な用途である携帯電話やその他の携帯電子機器、LCD（液晶ディスプレイ）などの進歩に伴い、基板への要求特性も急激な高まりを見せ、2層CCLがその用途を拡大している。ポリイミドメーカー各社が、2層CCL用ポリイミドフィルムの開発にしのぎを削っている状態にあり、ポリイミドフィルム開発の現状を知る上で、欠くべからざる要素と言えよう。ここでは、2層CCLの現状とその基材に求められる特性について、宇部興産の開発した2層CCL「ユピセルN」、「ユピセルD」の紹介を交えて簡単な解説を加える。

8.2.1 2層CCLの製造法

2層CCLにもその製造法により数種のものがある[14]。ポリイミドベース2層CCLの製造方法を表9に示す。表中に示したように、2層CCLの製造法は(1)キャスト法、(2)スパッタ、めっき法、(3)ラミネート法に大別できる。既存の2層CCLはキャスト法、スパッタ／めっき法が主流であるが、以下のような問題を抱えている。①ピンホール ②銅箔厚みの薄膜化（Cu厚み：$10\mu m$以下）への対応が困難 ③銅とポリイミドのピール強度 ④価格である。

8.2.2 ラミネート方式2層CCL「ユピセルN」

宇部興産では、上記の熱融着型ポリイミドであるユーピレックス-VTと銅箔とをラミネート法により熱融着させることにより銅張積層板（ユピセルN）を開発した。熱融着の条件は300℃以上、圧力20kg/cm²程度で接着可能である。熱融着させる方法としては、連続ラミネート法と真空圧着法を適用している。

表9 各種無接着剤タイプCCLの比較[14]

	めっき法	キャスティング法	ラミネーション法
ベース層の選択	自由度大	自由度小	自由度小
ベース層の厚さ	使用可能なフィルムに依存	自由度大	他のフィルムと組み合わせれば自由度大
導体層の選択	自由度小	自由度大	自由度大
導体層の厚さ	自由度大 $5\mu m$以下も可	使用する金属箔に依存	使用する金属箔に依存
両面積層板	製作は容易	単独では困難	製作は容易
ロール状材料	容易	可	可

第15章 ポリイミドフィルム

本製法で得られるユピセルN（2層CCL）は以下の特長を有している。
① 接着剤フリーであるため，接着剤に起因する特性低下がなく，ハロゲンも発生しない環境調和型材料である。
② 銅とポリイミドの接着性が優れ，特に高温時における剥離強度保持力が高い。
③ ポリイミド層には，業界で定評のある「ユーピレックス-S」と殆ど同等の品質を持つ「ユーピレックス-VT」を用いているため信頼性に優れる。
④ フィルム特性に由来して，寸法安定性，耐屈曲性，ハンダ耐熱性に優れる。
⑤ レーザー加工性に優れている。

薄い銅箔（9μm）での2層品が作製可能。

8.2.3 めっき方式2層CCL「ユピセルD」

実装技術の進展の中で，フレキシブル配線板上に直接チップを実装するCOF（Chip On Film）

表10 ユピセルNの特性値

試験項目	測定条件			測定値	試験方法
	状態	剥離法	単位		
銅箔引き剥がし強度	常態	90°	N/mm	1.1	IPC-FC-241B 規格準拠
	熱間	初期値	T剥離	N/mm	1.4
		250℃時	T剥離	N/mm	1.3
	耐熱ピール強度	200℃，7日後	90°	N/mm	1.1
	耐薬品ピール強度	2N-HCl	90°	保持率%	100
		2N-NaCl	90°	保持率%	100
寸法安定性	Cuエッチング後		MD	変化率%	−0.060%
			TD		−0.025%
	熱処理150℃×30分		MD	変化率%	−0.080%
			TD		−0.035%
	耐屈曲性		MD	回	110,000
			TD		150,000
	ハンダ耐熱性：300℃　1分				異常なし
	吸水性		−	%	1	IPC-TM650
	耐折性　R0.4		MD	回	48	JPCA FC01
			TD		48

＊上記数値は代表値
＊測定サンプル：BE1210（ポリイミドフィルム25μm，電解銅箔18μm，両面板）

表11 ユピセルDの特性

項目	測定条件		単位	特性値	試験方法
銅膜ピール強度	常態		N/m	1000	IPC-FC-241B 規格準拠
	耐熱ピール強度	PCT×100hr 後		800	
		150℃×24hr 後 (in air)		800	
耐薬品ピール強度	2N-HCl			1000	
	2N-NaOH			1000	
寸法安定性	Cuエッチング後　　　(MD)		変化率%	0.00	
	(TD)			0.01	
	熱処理後150℃×30分　(MD)			-0.01	
	(TD)			-0.01	
ハンダ耐熱性：300℃×1分				異常なし	

CCL特性値　ユピセルD Cu厚/PI厚＝8/38：(SU3215)
＊上記数値はカタログ値であり，保証値ではない

技術が開発され，高密度実装に不可欠な技術となってきている。この手法では，チップ接合時の位置合わせを行うため銅をエッチングした後のポリイミドフィルムの透明性が求められたり，チップ接合時に変形を起こさないよう高い物理的耐熱性が要求されたりと，これまでにない，あるいはこれまで以上の特性が必要となる。現状，銅層除去後のポリイミドフィルムの透明性という点で2層CCL製造法としては，めっき法が最適である。また高い物理的耐熱性という点では，「ユーピレックス-S」が優れていることはこれまで述べてきた通りである。しかしめっき法には，ポリイミドフィルムと銅層との密着性（ピール強度）が低いという問題があった。宇部興産は，これらの問題を解決しためっき法2層CCL「ユピセルD」を開発した。「ユピセルD」は絶縁層として耐熱性に定評のある「ユーピレックス」をメタライジングに適すよう最適化を行い，従来ではなしえなかった高いピール強度を実現した。

ユピセルDが有する特性を表11に示す。前項で紹介した「ユピセルN」とともに，高いピール強度と寸法安定性のほか，「ユーピレックス」が有する優れた諸特性を有した2層CCLとして，用途を拡大していく考えである。

9　おわりに

ポリイミドフィルムはその優れた諸特性により，信頼性ある材料として活躍してきた。更に近年では，電子・情報分野で飛躍的発展を遂げ，今日の社会で必要不可欠な材料となった。ポリイ

ミドフィルムの材料としての重要性がますます高まっている現状に，われわれ開発者も性能と品質の向上をもって応えていかなければならないと意を新たにする。また，他の材料との複合化や，緻密な分子設計により，ポリイミドの更なる用途の拡大と発展に大いに期待する。

文　献

1) 毛利裕, 繊維と工業, 50, p.96（1994）
2) C. E. Sroog, inPolyimides, FundamentalsandApplications, M. K. GhoshandK. L. Mittal, eds., pp. 16, MarcelDekker, NewYork（1996）
3) 今井淑夫, 横田力男, 最新ポリイミド～基礎と応用～, pp. 454, エヌ・ティー・エス（2002）
4) 今井淑夫, 横田力男, 最新ポリイミド～基礎と応用～, pp. 78-100, エヌ・ティー・エス（2002）
5) 井上浩, 高分子, 46 [8] pp. 566-569（1997）
6) 躍進するポリイミドの最新動向II, p. 9, 住ベテクノリサーチ（2000）
7) エレクトロニクス実装材料の開発と応用技術, pp. 1417, 技術情報協会（2001）
8) 南智幸, 小坂田篤, 工業用プラスチックフィルム, 加工技術研究会（1991）
9) 沖山聰明, プラスチックフィルム［加工と応用］, 技報堂出版（1995）
10) 躍進するポリイミドの最新動向II, 住ベテクノリサーチ, p. 120（2000）
11) 今井淑夫, 横田力男, 最新ポリイミド～基礎と応用～, p. 327, エヌ・ティー・エス（2002）
12) 今井淑夫, 横田力男, 最新ポリイミド～基礎と応用～, p. 556, エヌ・ティー・エス（2002）
13) 畑田賢三, TAB技術入門, 工業調査会（1990）
14) 沼倉研史, 高密度フレキシブル基板入門, 日刊工業新聞社（1998）
15) 石井拓洋, コンバーテック, 9, p. 10（1996）
16) 躍進するポリイミドの最新動向II, 住ベテクノリサーチ, p. 235（2000）
17) 東レ・デュポン,「カプトン」カタログ
18) 鐘淵化学工業,「アピカル」カタログ
19) 今井淑夫, 横田力男, 最新ポリイミド～基礎と応用～, p. 242, エヌ・ティー・エス（2002）
20) 躍進するポリイミドの最新動向II, 住ベテクノリサーチ, p. 20（2000）
21) COF実装の高密度化における材料・工法の問題点とその対策, p. 3, 技術情報協会（2003）
22) 柴田充人, エレクトロニクス実装学会, 2, p. 54（2003）

第16章　溶剤可溶ポリイミド

板谷　博*

1　序

科学技術の発展は日進月歩であり，特に原料，エネルギーの保有に乏しい日本では，科学，技術の発展が国家の将来像を大きく左右する。科学技術の発展には論理の展開とそれに伴う技術革新が要求される。今日では，更にエネルギーと環境保全の対策が技術構成の必須要因となっている。時代の要請と共に技術は変化し，革新されて新しい社会が発展し続けることが出来る。

ポリイミドは宇宙開発の要請に基づいて開発され，1963年デュポン社によって企業化された。絶縁性，機械特性に優れた超耐熱性樹脂である。

電子機器，半導体の高集積化，軽量化，微細化，高密度化が進むにつれて，ポリイミドの需要は増大し，必須の材料となっている。反面，ユーザーの要求が単純な組成のポリイミドでは解決が困難となり，多くの要素を含んだポリイミドが期待され，低誘電性，耐マイグレーション性，寸法安定性，密着性，耐湿性，透明性，更には加工性の改善などの要請が行われるようになった。

2　従来のポリイミド

耐熱，絶縁性に優れたポリイミド—KAPTON—は広く利用され，今日，電子・電気部品の必須材料になっている。

1963年に上市されたデュポン社のKAPTONを1970年代に初めて入手した時，その外観の華麗さ，触感に加えて耐熱，絶縁，耐薬品性等の優れた特性を知り，新しいエンジニアリングプラスチックの到来が予感された。と同時に，その組成を知った時は驚きも感じた。それは，ピロメリット酸ジ無水物とジアミノジフェニルエーテルによって構成される不自然さである。ピロメリット酸は1個のベンゼン環に4個の陰性基を持つ分解しやすい化合物であり，なぜジアミノジフェニルエーテルが構成要素なのかが最大の関心となった。筆者はピロメリット酸ジ無水物を他の酸ジ無水物に変えることで，ポリイミドの改質の研究を開始した。当時，化学業界ではPd-カップリング

---

*　Hiroshi Itatani　㈱ピーアイ技術研究所　取締役会長

第16章 溶剤可溶ポリイミド

反応が競争しながら開発が行われていた。筆者らは宇部興産㈱でPd-カップリング反応の開発を行い、Cu-カップリングによるシュウ酸合成、ベンゼンカップリングによるビフェニル合成のプロセスを確立した。ついで、ビフェニルテトラカルボン酸ジ無水物の合成、ポリイミドの開発と進展し、1983年宇部興産㈱でU-pilexが企業化された。今日では、ポリイミドフィルムの規格品として、KAPTONとU-pilexは広く利用されている。

KAPTON、U-pilex双方とも溶媒に難溶である。従って溶剤可溶のポリイミド中間体—ポリアミック酸—を合成し、ついで脱水する二段階反応によってポリイミドが製造される[1]。図1に従来のポリイミドの製法とブロック共重合ポリイミドの製法を比較する。KAPTON型ポリイミドの合成は、極性溶媒（N-メチルピロリドンやジメチルホルムアミド等）中にピロメリット酸ジ無水物とジアミノジフェニルエーテルを仕込み、10℃以下の低温で重縮合し、高分子量、高粘度のポリアミック酸を生成する。ポリアミック酸は溶液中不安定であり、それ自身は交換反応を行っている。加熱や水分によって容易に分解し、室温に放置すると分解を始める。GPCによる分子量の測定が行われないため粘度を測定して反応の終点を決める。しかし、見かけの粘度と分子量は必ずしも一致せず、実際、筆者らの合成したポリアミック酸4バッチ中では、1バッチが不良品であった。通常の実験で固有粘度（ηinh）は0.3程度のものしか得られない。無水の溶媒、高純度の

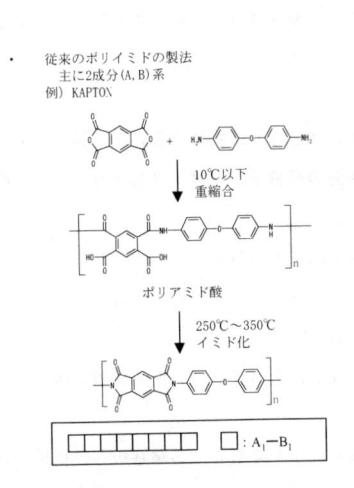

- 従来のポリイミドの製法
  主に2成分(A, B)系
  例）KAPTON

- ブロック共重合ポリイミドの製法 (LSP 5,502,411)
  主に4成分系 (A_1, A_2, B_1, B_2)系

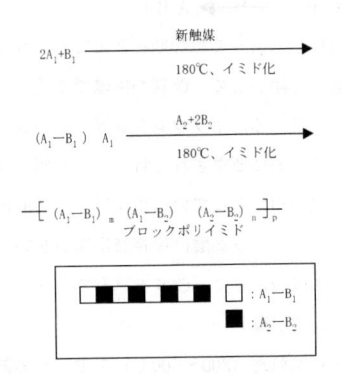

$2A_1+B_1 \xrightarrow[\text{180℃、イミド化}]{\text{新触媒}}$

$(A_1-B_1) \quad A_1 \xrightarrow[\text{180℃、イミド化}]{A_2+B_2}$

$\bcancel{ (A_1-B_1)_m \ (A_1-B_2) \ (A_2-B_2)_n }_p$
ブロックポリイミド

□ : A_1-B_1
■ : A_2-B_2

製法の特徴

1. 従来のポリイミドは溶媒に難溶
2. ポリアミド酸（ポリイミド中間体）の溶液が生成
3. ポリアミド酸溶液を流延、熱処理(250～350℃) して、ポリイミドをフィルムにする

製法の特徴

1. ブロック共重合ポリイミドは溶媒に可溶
2. 新触媒の存在下、溶媒中で加熱し、逐次反応によってブロック共重合ポリイミド溶液が生成
3. ブロック共重合ポリイミド溶液を流延し、溶媒を気化(200℃)してフィルムにする

図1 ブロック共重合ポリイミド

精製した原料を用いて，ジアミンの中に酸ジ無水物を加える操作によって固有粘度4以上を合成するには熟練を必要とする．強いフィルムを作るためには固有粘度が8以上必要であり，そのためには特別に企画された装置を使用する必要がある．生成したポリアミック酸溶液は冷凍保存するが，溶解して使用する場合，固有粘度が変化して利用できなくなる場合がある．また，ポリアミック酸からポリイミドフィルムを製造する過程も容易ではない．200℃付近で解重合するため200℃の滞留時間を短くして昇温する．300℃を過ぎて脱水イミド化反応が行われるが，フィルムは収縮して結晶化を始める．結晶軸を揃えるための製膜速度のコントロール，強い力のテンションの対応等，ポリイミドのキュアに特別の対策が必要である．引っ張り方向と直角に結晶軸が並ぶため，中央部と端部の結晶軸を出来るだけ揃えるため，製膜速度が非常に遅いという欠点がある．また，50cm幅では操作は比較的簡単ではあるが，1m幅になると飛躍的にエンジニアリングが困難になり，2m幅では更に困難が増すため高度の製膜技術が必要とされる．他方，ポリアミック酸溶液及びその改質液は各種の電子材料部品に使用されている．レジスト，オーバーコート，液晶材料，多層基板等々である．ポリアミック酸は冷凍保存で2ヶ月の保存期間であり，早急に使用する必要があり，一度開封すると使用し尽くすのがよい．海外に輸送する場合，冷凍保存で出荷し，到着した時点で再冷凍を行って内陸に移送するという不便がある．冷凍保存されたポリアミック酸は開封して使用してみないと実用に耐えるかどうかは判らない．ポリアミック酸は常に分子内で交換反応が行われている．分子量が変動している．

$$A+B \xrightarrow{C} A\text{-}B\text{-}C$$

と逐次反応によって添加順を変えても，ランダム共重合体となり，物性に悪い結合種が製品の特性を著しく阻害して，改質が困難である．一般に多成分の高分子がブロック共重合によって改質が行われている．ポリウレタン等はその良い例である．

ポリイミドに要求される特性，その他について，以下にまとめる．

① 現在用いられているポリアミック酸経由で製造するプロセスを改善すること
  ・ポリアミック酸は保存安定性が悪い．再現性も難しい．
  ・多成分にして，改質を試みても分子間での交換反応によって，ランダム共重合体となって改質が難しい．
  ・高温処理（300〜500℃）をするため熱処理を繰り返すと変質し，多層基板への利用が難しい．

② ポリアミック酸で供給されると冷凍保存で2ヶ月間の保証期間であり，解凍してみないと使用できるかどうか判らない．分子量，分子量分布の規制がない．

③ ポリイミドは高耐熱性，高絶縁性から，微細加工性まで多くの用途によって要求特性が様々である．

188

第16章 溶剤可溶ポリイミド

- Low-k（高周波領域，高密度で特に要求される）
- 寸法安定性（高密度配線では特に要求される）
- 耐湿性
- 透明性
- 加工性の改善（成形品としての利用）
- 接着性，密着性の要求

これらの要求にはポリアミック酸の改質によっては解決が困難である。

④ ポリアミック酸ではなく，溶剤可溶のポリイミドを一段で合成する技術を確立し，ポリイミドの特性を把握する必要がある。

3 溶剤可溶ポリイミド

ポリイミドは酸ジ無水物と芳香族ジアミンの縮合化合物の総称である。KAPTONやU-pilexがポリイミドに規格化されているため，溶剤難溶として理解されているが，実際には二成分系のポリイミドは，溶剤に可溶なものが多い。更に三成分系にすると溶解度が増す。酸ジ無水物と芳香族ジアミンの組み合わせ方法，分子量及び分子量分布等によっても，溶媒に対するポリイミドの溶解性に差があり，可溶性ポリイミドを合成するノウハウがある。例えば，A＝酸ジ無水物，B＝芳香族ジアミンとするとき，両末端がAのオリゴマー（A–B–A）の時は溶媒に対して難溶であり，逆に両末端がBのオリゴマー（B–A–B）の時は可溶となる。この組み合わせは非常に重要なノウハウである。具体的に2段階反応で下式に示されるポリイミドは可溶となることが知られている。

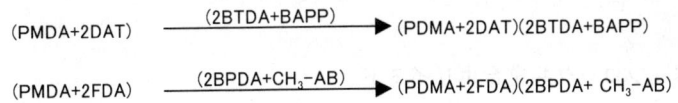

$$(PMDA+2DAT) \xrightarrow{(2BTDA+BAPP)} (PDMA+2DAT)(2BTDA+BAPP)$$

$$(PMDA+2FDA) \xrightarrow{(2BPDA+CH_3-AB)} (PDMA+2FDA)(2BPDA+CH_3-AB)$$

溶媒可溶ポリイミドを合成する場合，検討される内容を以下に示す。

① 触媒を何にするか
② 溶媒を何にするか
③ 毒性に対する問題の解決

従来からH種電線にはポリイミドが使用されている。この場合，フェノールが使用されている。これは，フェノールがポリイミドを溶解させる有力な溶媒であると同時に，イミド化を促進すること，つまり触媒が要らないという利点から選択されているためである。

U-pilexの開発の初期においてはp-クロロフェノールが使用され，ポリアミック酸ではなく，直接ポリイミド溶液を調製してポリイミドフィルムが作成されたポリイミドガス分離膜も同時にフ

189

ェノール溶媒中で直接イミド化して分離膜が製造された。さらに有効なフェノール性溶媒として，フェノールとレゾルシノールの混合溶液，フェノールと4-メトキシフェノールの混合溶液が挙げられる[2]。

しかし，フェノール性溶媒は毒性が強く，臭気も甚だしく悪いため，クローズドシステムでないと利用できない不便さがある。そこで，極性溶媒としてポリアミック酸の合成に利用されるN-メチルピロリドン，ジメチルアセトアミド，N-メチルホルムアミド，スルホラン等の利用が求められた。これらの溶媒中，酸ジ無水物と芳香族ジアミンとを，直接イミド化する触媒としてp-トルエンスルホン酸やリン酸塩を用いる方法，イソシアネートを用いる方法等が知られている[3]。

p-トルエンスルホン酸やリン酸系触媒を用いると，触媒がポリイミド溶液に残留する。従って，ポリイミドと触媒の分離が必要になる。手法として例を挙げると，メタノールや水系溶媒中にポリイミド溶液を注いでポリイミドを沈殿させて濾過し回収するという方法がある。しかし，これでは手間がかかりすぎるため，工業的製法には向いていない。従って，反応の初期及び中期では触媒として働き，イミド化反応が終わった時点で消失する，新規な触媒の開発が必要になった。この要求に対し一つの解決方法として，ラクトンの平行を利用する2成分系の触媒が開発された[4]。

$$\gamma\text{-バレロラクトン}+\text{ピリジン（又はメチルモルホリン）}+\text{水} \rightleftharpoons [\text{酸}][\text{塩基}]$$

溶媒はN-メチルピロリドンと少量のトルエンを用い，180℃（160～200℃）で加熱重合させる。反応の初期には水が生成されるため，水中に存在する〔酸〕〔塩基〕がイミド化触媒として作用し，反応が促進される。その後，水はトルエンとの共沸により系外に除去され，反応が完結すると無水の状態となり，ラクトンと塩基もまた系外に除去される。その結果，高純度のポリイミド溶液が得られ，室温で長時間の保存が可能になる。

4 溶剤可溶—ブロック共重合ポリイミド

ポリイミド原料として用いる酸ジ無水物として5種，芳香族ジアミンとして10種がよく知られている。それらを含めた酸ジ無水物と芳香族アミンのリストを表1に示す。

使用する酸ジ無水物と芳香族アミンがそれぞれ5種，10種である場合，下式で表記される4成分系のポリイミドは理論上2,500種（5×10×5×10=2,500）生成することが可能である。

　　　　（A1—B1）（A2—B2）：（A：酸ジカルボン酸，B：ジアミン）

更に，分子量及び分子量分布が加わると4成分系のブロック共重合ポリイミドは多種多様なことが判るであろう。この組み合わせが，溶解ポリイミドの合成のカギでありノウハウでもある。一般に挙げられる型とその例を表2に挙げる。

現在，1,000種のポリイミドが製造されて棚に保存され，必要に応じて取り出して検討している。

第16章 溶剤可溶ポリイミド

表1 よく知られている酸ジ無水物と芳香族ジアミン

酸ジ無水物：(略式名)
ビフェニルテトラカルボン酸ジ無水物：(BPDA)
ベンゾフェノンテトラカルボン酸ジ無水物：(BTDA)
4,4'-〔2,2,2-トリフルオロート（トリフルオロメチル）エチリデン〕ビス（1,2-ベンゼンジカルボン酸ジ無水物）：(6FDA)
ビス（ジカルボキシフェニル）エーテルジ無水物
ビス（ジカルボキシフェニル）スルホンジ無水物
ピロメリット酸ジ無水物：(PMDA)
ナフタレンジカルボン酸ジ無水物
ビシクロ (2,2,2)-オクトーク-エン-2,3,5,6,-テトラカルボン酸ジ無水物：(BCD)

芳香族ジアミン：(略式名)
1,4-ベンゼンジアミン
6-メチル-1,3-ベンゼンジアミン：(DAT)
4,4'-ジアミノ-3,3'-ジメチル-1,1'-ビフェニル：(CH$_3$-AB)
4,4'-ジアミノ-3,3'-ジメトキシ-1,1'-ビフェニル
4,4'-メチレンビス(ベンゼンアミン)
4,4'-オキシ-ビス（ベンゼンアミン）：(DADE)
3,4'-オキシ（ベンゼンアミン）：(m-DADE)
4,4'-チオビス（ベンゼンアミン）
1,トリフルオロメチル-2,2,2-トリフルオロ-エチリデン-4,4'-（ベンゼンアミン）
2,2-ビス〔4-(4-アミノフェノキシ）フェニル〕プロパン：(BAPP)
ビス（4-(3-アミノフェノキシ）フェニルスルホン）：(m-BAPS)
1,4-ビス（4-アミノフェノキシ）ベンゼン
1,3-ビス（3-アミノフェノキシ）ベンゼン
9,9-ビス（4-アミノフェニル）フルオレン：(FDA)
2,2-ビス（3-アミノ-4-ヒドロキシフェニル）ヘキサフルオロプロパン
ジアミノシクロヘキサン

表2 ブロック共重合ポリイミドの組み合わせ例

組み合わせ例	Tg	分解温度
(BTDA+2p-DADE)(2BPDA-mDADE)		
(2BTDA+DAT)(BPDA+mDADE+mTPE)		
(2BCD+DAT)(BPDA+mDADE+mTPE)		
(BPDA+2mDADT)(2BPDA+p-DADE+HO-CF$_3$AB)		
(BPDA+p-BAPS)	280℃	541℃
(BPDA+0.9FDA)(0.5BPDA+0.6p-BAPS)	348〜377℃	572℃

　ブロック共重合ポリイミドと従来のポリイミドの特徴比較を表3に示す。
　ブロック共重合ポリイミドの利点は機能性部分と構造部分とがブロックとして構成されることにある。つまり，機能性のポリイミドとして使用可能な点が挙げられる。例えば，ポジ型・ネガ型レジスト，電着ポリイミド，低誘電製ポリイミド，透明性ポリイミド，低湿性ポリイミド，接

表3 従来のポリイミドとブロック共重合ポリイミドの特徴比較

従来のポリイミド	ブロック共重合ポリイミド
・分子量，分子量分布の測定が困難。ポリマーの再現性に乏しい。	・分子量，分子量分布の測定がGPCによって測定可能。ポリマーの再現性が良好。
・ポリアミド酸溶液は不安定で冷凍保存必要。	・ブロック共重合ポリイミド溶液は，室温で長時間保存できる。
・4成分系にして改質を試みてもポリアミド酸は不安定で，交換反応をして規則的に配列しない。ランダム共重合体となり改質が困難。	・4成分にして，溶媒を用い，逐次反応によって規則的に配列したブロック共重合体となり，改質が可能。
・高品質規格化されたワニス，フィルムが供給されている。	・多種多様のブロック共重合ポリイミドが製造される。感光性，低誘電性，接着性，電着性，寸法安定性のポリマーが用途に応じて提供される。

表4 ピーアイ技術研究所で開発されたブロック共重合ポリイミドの用途と特性

材　料	用　途
FPC，ワニス	二層FCCL
スクリーン印刷用インク	オーバーコート，微細パターン
スクリーン印刷用レジストインク	PCB，LSIウエハプロセス
光増感ポジ型レジスト	PCB，LSIウエハプロセス
光増感ネガ型レジスト	パッシベーション膜
電着溶液	絶縁膜
接着剤	基板用接着
超高速電子回路	（産総研との共同研究）

着性ポリイミドなどがある。また，CO-N結合は光照射によって（Norrisの反応によって），CO結合が解裂することにあり，これは適当な現像液を用いることによってポジ型，ネガ型レジストとして挙動する。実験結果として，光照射によってポリイミドが低分子量化することも確認されている。

表4にピーアイ技術研究所で開発されたブロック共重合ポリイミドの用途と特性を示す。

ブロック共重合ポリイミドを用いることによって，

・マイグレーションの解消
・低誘電率
・接着性
・低吸湿性

等，今日我々が抱えている課題を解決することが可能である。更にブロック共重合のプロセスを利用することによって，架橋環化ポリイミドの合成が可能である。3,5-ジアミノ安息香酸の誘導

第16章 溶剤可溶ポリイミド

体であるテトラアミンを用いてブロック共重合を行い，種々の架橋環化ポリイミドが生成する。2次元，3次元構造のポリイミドである。一般にゲル状ポリイミドが生成するが，他の線状ポリイミド溶液中で架橋環化反応を行うと，溶媒可溶のポリイミドコンプレックスを生成する。これにより，著しい低誘電性と共に寸法安定性の課題の解決が可能になると考えられる。また，テトラミンの種類によってはゲル特性を示さない溶液としてのポリイミドが得られ，デンドリマー類似の特性がある。今後，この種のポリイミドの開発も重要な課題である。

4.1 ブロック共重合ポリイミドの合成例

(1) 装置及び所作

ステンレススティール製の碇型攪拌機を取り付け，ガラス製のセパラブル三つ口フラスコに水分離トラップを備えた玉付冷却器を取り付ける。N_2ガスを通しながら上記フラスコをシリコンオイル浴につけ加熱撹拌する。表5に示すジカルボン酸などを，三つ口フラスコに加え，N_2ガスを通じながらシリコンオイル180℃，180r.p.mで1時間加熱撹拌する。水ートルエン蒸発分20mlを除き1時間空冷撹拌する。次いで，表6を順番に投入後，室温にて30分間撹拌する。再度シリコンオイル浴につけ，N_2ガスを通じながら，180℃，180r.p.mで3時間反応させる。

(2) 結 果

上記装置及び所作によって，筆者らは20wt%のポリイミド溶液を得た。その一部をジメチルホルムアミドに希釈し高速液体クロマトグラフィー（東ソー製）で分子量及び，分子量分布を得た。その結果を表7に示す。また，熱分析装置TGA-50及び示差走査熱量計（DSC）（ともに島津製作所製）で熱分析を行った。その結果を表8に示す。

表5 合成時の投入薬品1

名　称	投入量	
ピロメリット酸ジ無水物	17.45g	(80mmol)
2,4-ジアミノトルエン	14.66g	(120mmol)
γ-バレロラクトン	1.0g	(10mmol)
ピリジン	1.6g	(20mmol)
N-メチルピロリドン	212g	
トルエン	30g	

表6 合成時の投入薬品2

名　称	投入順	投入量	
3,4'-ジアミノジフェニルエーテル	1	8.01g	(40mmol)
3,4,3',4'-ビフェニルテトラカルボン酸ジ無水物	2	23.54g	(80mmol)
N-メチルピロリドン	3	100g	
トルエン	3	10g	

表7 分子量及び，分子量分布

最多分子量	52,000
数平均分子量(MN)	23,400
重量平均分子量(MW)	73,000
Z平均分子量	365,800
MW／MN	3.12

表8 熱分析結果

熱分解開始温度	528℃
5g減量温度	504℃
DSCによるTg	不明

(3) 留意点

反応温度に関しては，初期の反応温度を150℃以下（120℃や100℃など）に保持しないようにする。文献によっては120℃に保持する例が示されているが，150℃以下では酸ジ無水物がカルボン酸となり，アミンと縮合しにくくなる。従って長時間の反応速度が必要となる。また，反応混合物は室温から一挙に180℃に昇温することが望ましいという結果も得ている。

5 21世紀におけるポリイミドの産業について

21世紀は，ポリイミドの要求も多岐にわたり，使用量はますます増大するであろう。技術革新によって，ポリアミック酸経由のポリイミドの製造はフィルムや一部のポリイミド製品に限定されるかも知れない。溶剤可溶ポリイミドの製造方法の確立が必要である。

触媒を用いる直接イミド化のプロセスと共に，逐次添加反応によるブロック共重合ポリイミド法が採用される。その結果，多種多様のポリイミドが生成可能となり，ポリイミドの特性を理解して開発を推進することが大切である。

将来のポリイミドのイメージとしてHigh performance（高性能），Small production（少量生産），High price（高価）から，High performance（高性能），Large production（大量生産），Low price（安価）となって広く普及すると思われる。

21世紀になって技術革新を伴って広く利用される分野はポリイミドの改質が容易なブロック共重合ポリイミドの利用から始めるのが有効である。成形材料，low-k材料，光導波路等の光学材料，分離膜，スクリーン印刷材料，先端複合材料，液晶配向膜，フレキシブル基板，密着性及び接着性材料であろう。そのために要求される特性として寸法安定性，光透過性，low-k，他材料との接着性などである。製造プロセスの革新，ポリイミド特性の改善などによって，ポリイミドの要求はますます増大し，生産も増大するであろう。ポリイミドの生産も一工場で1万トン／年を超すであろうし，ポリイミドの価格も現在の1／2〜1／4になる可能性がある。

皆様がポリイミドに関する将来の知見を改めるようにお勧めしたい。

文　献

1) Polyimides; Blackie: London, 1990
2) 板谷ら;USP-P 4,568,715; 5,200,499; 5,202,411; 5,042,992
3) Polyimides; Blackie: London, 38-57, 1990
4) 板谷ら，USP-P 5,502,143

第17章　有機高分子系半導体材料
－印刷法による能動素子の形成－

河野正彦[*1], David Brennan[*2], Mitch Dibbs[*3], Paul Townsend[*4]

1　要　約

多くの研究機関により，新規で安価な電子デバイス用の材料として，高度に共有結合した高分子材料が研究開発されている。現時点では，アモルファスシリコンポリシリコンのような無機系半導体材料が優れた電子移動特性の故に半導体材料として広く使われている。しかしながら，これらの無機系半導体材料は高温の真空装置内で成膜されることが必修で，これは一般的な印刷工法や印刷基板には適さない。最近これらの無機系半導体材料と同等の電子移動特性が低分子有機系半導体材料で達成できたと報告されている。しかしながら，これらの有機材料も最高の特性を引き出すには，やはり真空装置による成膜が不可欠である。まだいずれも発明の初期段階ではあるが，種々の高分子系有機半導体材料で有望な電子移動特性が報告されている。これらの高分子系有機半導体材料は前述の無機系材料とは異なり，従来の印刷工法により直接能動素子を形成することが可能である。この安価な製造方法の可能性により，高分子系有機材料を用いた技術の改良に注目が集まっている。本章においては，印刷法による能動素子の形成を可能にする有機高分子系半導体材料の開発動向について概説する。

2　緒　言

過去50年間において，高分子材料は電子工業の発展に重要な役割を果たしてきた。それらの貢献は，プリント配線板，電気実装，半導体，ディスプレイ等のあらゆる電子工業の分野で目にすることができる[1]。しかしながら，それらは概してその絶縁性を生かした受動的な役割に終始し，信号伝達や電流，光のスイッチングといった能動的な機能は果たしてこなかった。近年では，電子デバイスの中で半導体として機能し，つまり能動素子として働く有機材料，高分子材料が研究

---

*1　Masahiko Kohno　ダウ・ケミカル日本㈱　電子材料事業本部　事業開発部長
*2　David Brennan　The Dow Chemical Company　Senior R&D Specialist
*3　Mitch Dibbs　The Dow Chemical Company　Technical Leader
*4　Paul Townsend　The Dow Chemical Company　Program Manager

されている。今まさに実用化されようとしている一つの例として有機EL材料があげられる[2]。さらにより最近の傾向として，これらの材料を薄膜トランジスター，光電池として用いる分野がある。

3 背景

有機系材料や高分子系材料は一般的には絶縁材料であるが，導体あるいは半導体の有機系材料も知られており，長い間研究対象となっている。これらの材料の"電気"特性は，共役結合をなす局在化したπ電子に起因する。よく知られている有機系導体の例は黒鉛である。黒鉛の金属のような導電性は，炭素原子のsp2軌道の拡張に起因する。有機分子の電気特性は様々で，黒鉛のようなものから，60年代から70年代に非常によく研究されたアントラセンのようなものまである[3]。これらの分子の内部光電効果は集中的に研究され，複写機やレーザープリンターといった製品が生まれた[4]。沃素をドープしたポリアセチレンが銅に迫る電気伝導度を示すことがわかって以来，共役結合ポリマーの研究は加速された[5]。

80年代にポリチオフェン[6]やポリアセチレン[7]を用いたデバイスが研究されて以来，有機系半導体材料を用いてトランジスターを形成するという概念は興味深い研究対象となっており，1990年にはチオフェン6量体の電荷移動度がアモルファスシリコンに迫ることが発見された[8]。

4 化学構造

電荷移動度は半導体材料にとって重要なパラメーターであり，それによって電荷移動の量と速さが決まる。高分子半導体材料にとっては，膜中の共役π軌道の重なりがこれを支配する。この特性を最高にするためには前駆体分子を最適化し，かつ決められた通りの化学構造をもった膜を作成する手法を確立する必要がある。膜の化学構造に影響を及ぼす因子は数多く存在する。従って，前駆体分子の設計では膜中の自己配向性を促進する分子構造に注力する。図1にいくつかの例を示す。

前述したように，前駆体の成膜法により膜の性質は変わってくる。ペンタセンのような小さな分子は一般的に真空蒸着によって成膜される。これらの材料では溶解性は問題とはならず，従って側鎖は最低限度に留められる（ペンタセンでは側鎖は存在しない）。側鎖がなければ溶解性は限られてくるが，π軌道の重なりは向上させられることになる。高分子はインクの配合には適しているが，主鎖の半導体骨格に溶解性を向上させる側鎖を付加する必要がある。従って高分子では成膜後の主鎖の規則性を助長するために，側鎖の規則性を制御することが重要となる。

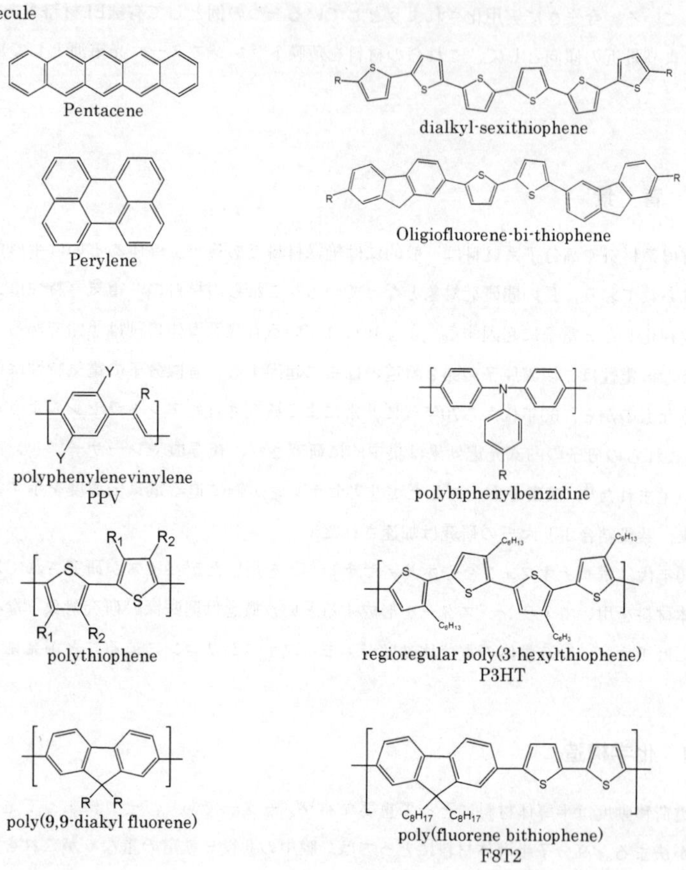

図1 Structural Units of Common Organic & Polymer Semiconductors

5 膜中の分子の物理構造

無機半導体材料では，長い距離での規則性が移動度を向上させるために重要である。構造の小さな変化が大きな移動度の変化として現れる。高分子においても膜中の構造の制御は直接その高分子半導体の電荷移動度に影響する。レジオ規則性のあるポリアルキルチオフェンはランダムなものに較べて，はるかに高い移動度を示す[9]。

有機系の低分子半導体材料は図2に示すような杉あや模様のように結晶する。この結晶構造は，隣接する分子のπ軌道との十分な重なりと，分子が密に充填された構造を生む。つまり"小さな

分子"の高い移動度はこのよく整列された層の能力に起因する。ペンタセンでは0.1~5cm^2/Vsの移動度が達成されている[10]。しかしながら，成膜工程もこの移動度を達成するのは重要な役割を果たしている。例えば，真空蒸着されたオリジオチオフェンとペンタセンは0.1~5cm^2/Vsの移動度を示すが，溶液から成膜されたものは数桁低い移動度しか示さない[11]。

配向状態が移動度に影響を及ぼす例はF8T2 - poly(9,9-dioctylfluorene-bithiophene)でも見られる。多くの剛直骨格共役高分子のように，F8T2は液晶高分子である。ケンブリッジ大学での研究により，F8T2は配向された膜の上に塗布してアニールすることにより，配向を起こすことがわかっている[12]。すなわち，主鎖が電荷の移動方向に配向された時には10倍程度までの移動度の向上が可能である。高分子半導体材料は，溶液からの成膜，究極的は電子デバイス製造のための低コストの成膜，印刷を可能にする。最近の研究では，インクジェット法によって成膜され，アニールされることにより液晶高分子の移動度が向上することが明らかになっている[13]。

図2 Herringbone structure of vacuum deposited organic semiconductors.

6 固体の化学

無機系半導体材料とは異なり，現時点では有機系半導体材料は容易に改質し，電荷の密度やタイプを制御することはできない。高分子半導体材料の大部分は本質的に固有の特性であり，これらから成るデバイスはその特性によらなければならない。最高の固有の半導体材料を作るには原子価，HOMO（highest occupied molecular orbital），伝導度，LUMO（lowest unoccupied molecular orbital）を適当に設定することが重要である。図3にF8T2のCV（Cyclic Voltammetry）曲線を示す。

HOMOレベルがわかれば，LUMOレベルは測定されたバンドギャップから求めることができる。バンドギャップはUVスペクトルの吸収から直接読み取れる。図4にF8T2のUVスペクトルを示す。吸収の端部は2.4eVである。

図5にエネルギーレベルの図式を示す。銀とアルミニウムがいかなる条件においてもF8T2のオーミックコンタクトとなり得ないことは興味深い。この図式はまた白金とPEDOT/PSSがHOMOレベルへのホールインジェクションにとって最もふさわしいコンタクトであることを予言している。金もかなりよさそうだが，少しの障害は予想される。ニッケルも，またおもしろそうなホールインジェクションコンタクトだ。

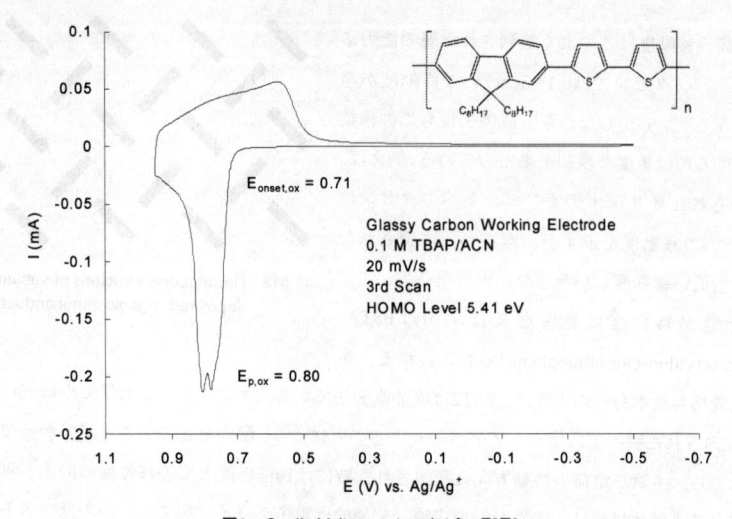

図3 Cyclic Voltammetry plot for F8T2

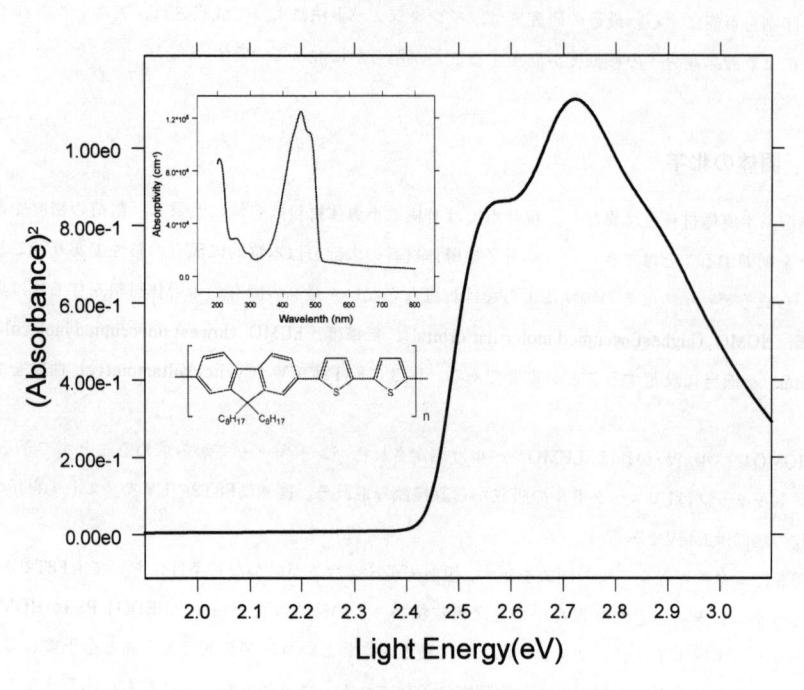

図4 UV-Vis spectrum of the absorbance of F8T2

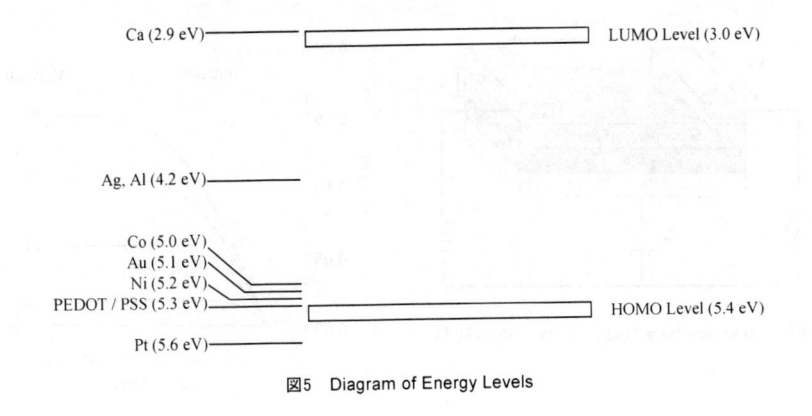

Ca (2.9 eV) ——————————————————— LUMO Level (3.0 eV)

Ag, Al (4.2 eV) ——————

Co (5.0 eV)
Au (5.1 eV)
Ni (5.2 eV)
PEDOT / PSS (5.3 eV) ———————————————————— HOMO Level (5.4 eV)
Pt (5.6 eV)

図5 Diagram of Energy Levels

7 移動度の測定

薄膜トランジスタ (TFT) は基本的に半導体材料で隔てられたソースとドレインの二つの電極から成る。第3の電極であるゲートはソースとドレインの間にあるが，半導体材料とは絶縁膜で隔てられている（図6）。うまく設計されたTFTは，ゲート電圧の控えめな変化によって，6桁から9桁の範囲の抵抗を示す。アモルファスシリコンのTFTは，一般にアクティブ表示のLCDに用いられる。TFTは機能的には単液晶シリコンの集積回路で用いられるMOSFET（Metal Oxide Semiconductor Field Effect Transistor）と似ているが，材料，製造装置，工程などの面では全く異なる[14]。

TFTと有機半導体材料でその特性に重要なパラメーターは，電子移動度（μ_{fe}）とon/off比（on状態とoff状態でソース／ドレイン間に流れる電流の比）である。実効移動度はゲート電圧の関数として飽和状態（Vds＞Vg -Vt）のソース／ドレイン間の電流の関係を表す[15]。

$$I_{ds} = \mu_{fe} \cdot C_0 \cdot \frac{W}{2 \cdot L} \cdot (V_g - V_t)^2 \qquad 式 (1)$$

Coは単位面積あたりのゲート容量，Wはゲート幅，Vgはゲート電圧，Vtはしきい値電圧である。(I_{ds})$^{1/2}$のプロットは（μ_{fe}）$^{1/2}$と比例した傾きの直線を与える（図7）。表1に一般的な半導体材料と有機半導体及び高分子半導体材料の移動度の比較を示す。高い移動度はそれだけでは十分ではない。例えば，PPVのTFTでは0.22cm^2/Vsの移動度が報告されているが，on／off比は非常に低い[16]。

半導体材料はTFTを形成するのに要求されるいくつかの材料のひとつでしかない。ゲート絶縁膜と同様にソース，ドレインとゲート材料も必要である。デバイスの作成には配線材料絶縁材料，そして実装材料等も必要となる。

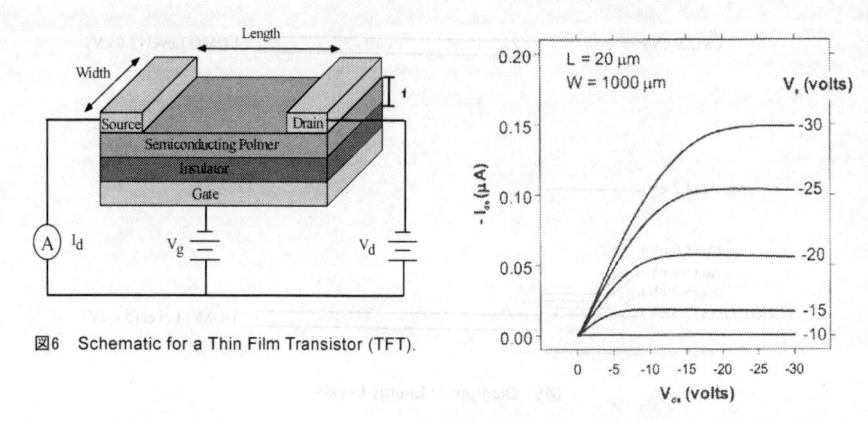

図6 Schematic for a Thin Film Transistor (TFT).

図7 Output characteristics of a F8T2 OFET[17]

表1 Field Effect Mobilities of Various Materials

Material	Field Effect Mobility cm^2/Vs	Ref.
Single Crystal Silicon	~1000	18
Polycrystalline Silicon	~100	19
Amorphous Silicon	~1	20
Evaporated Organic (small molecule)		
pentacene	1	21
dihexylsexithiophene	0.1	22
perylene	5	23
dihexylfluorenebithiophene	0.1	24
Conjugated Semiconducting Polymers		
polyphenylenevinylene (PPV)	10^{-3}	25
polybiphenylbenzidine	10^{-3}	26
regiorandom poly(3-hexylthiophene) (P3HT)	10^{-5}	27
regioregular poly(3-hexylthiophene) (rrP3HT)	0.05	11
poly(9,9-dioctyl fluorene) (PFO)	10^{-4}	28
poly(9,9-dioctylfluorene bithiophene) (F8T2)	0.02	29

デバイスの性能を最高に発揮させるためには，材料の適合性が重要である。低コストでの印刷工法による電子デバイスという目標には，それらの材料が溶液として使用できること，あるいは，少なくとも常温でプロセスできることが必修である。

8 デバイスの用途

高分子メモリーデバイスがPhilips社[30]とLucent社[31]によって報告されている。Infineon社はペ

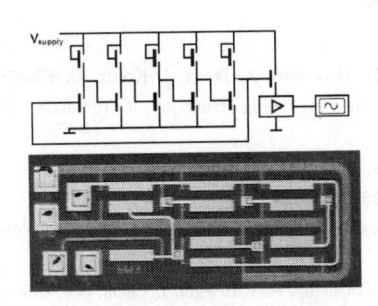

図8 Five stage ring oscillator made from F8T2 (courtesy Siemens)

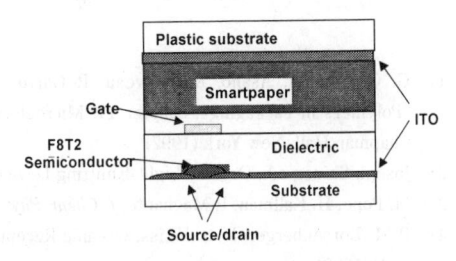

図9 Cross-section of a bistable display with an active matrix backplane made by ink jet printing.

ンタセンを用いてリングオシレーターを作成した[32]。3M社は最近ペンタセンを用いて作成されたRFIDタグについて報告している[33]。Siemens社は10.4kHzの周波数で9.6μsの遅延を示すリングオシレーターをF8T2から作成している（図8）[37]。Siemens社は，またP3HTを用いたリングオシレーターについても報告している[34]。

これらの有機デバイスで期待されている利点は低コストである。この点から印刷法のようなフォトリソグラフィーを用いないプロセスが非常に好ましい[35]。Plastic Logic社はインクジェット法によって作成された有機集積回路について報告している[36]。用いられたフォトリソ工程は，ゲート長を確定させる時だけであった。このプロセスはガラス基板上にF8T2を用いた3000ピクセル（50dpi）の反射型ディスプレイのバックプレーンの作成にも用いられている（図9）[37]。

9 まとめ

有機半導体材料は新規な低コストデバイスの作成に有用である。これらの材料は，シリコンのような無機結晶系の半導体材料と同様の性能を出すことはできないが，印刷法のような低コストプロセスにより，種々の低コスト基板の上に薄く強固な膜を作成できるという利点がある。今後十年間に広く普及する技術と期待していいだろう。

文　献

1) G. Czornyj, A. Asano, R. Beliveau, P. Garrou, H. Hiramoto, A. Ikeda, J. Kreuz, O. Rhode, "Polymers in Packaging", chapter 11, Microelectronics Packaging Handbook, R. Tummala Ed., Chapman Hall, New York (1997)
2) Joseph Shinar, ed., Organic Light-Emitting Devices, Springer Verlag, Berlin (2003)
3) M. Pope, H. Kallman, P. Magnante, *J. Chem. Phys*, 38, 2042 (1963)
4) P. M. Borsenberger, D. S. Weiss, Organic Receptors for Imaging Systems, Marcel Dekker, New York (1993)
5) H. Shirakawa, E. J. Louis, A. G. MacDiarmid, C. K. Chaing, A. J. Heeger, *J. Chem. Soc. Chem. Commun*, 578 (1977)
6) A. Tsumura, H. Koezuka, T. Ando, *Appl. Phys. Lett.*,49, 1210 (1986)
7) F. Ebisawa, T. Kurosawa, S. Nara, *J. Appl. Phys.*, 54, 3255 (1983)
8) F. Garnier, G. Horowitz, X. Peng, D. Fichou, *Adv. Mater.*, 2, 592 (1990)
9) Z. Bao, A. Lovinger, *Chem. Mater.*, 11, 2607 (1999)
10) T. Kelley, D. Muyres, P. Baude, T. Smith, and T. Jones, Proceedings of the Materials Research Society, Symposium L, 771, Spring 2003.
11) D. De Leeuw, G. Gelinck, T. Geuns, E. van Veenendaal, E. Cantatore, B. Huisman, Proceedings of IEDM, San Francisco, December 2002.
12) H. Sirringhaus, R.J. Wilson, R.H. Friend, M. Inbasekaran, W. Wu, E.P.Woo, M. Grell, D.D.C. Bradley, *Appl. Phys. Lett.* , 77, p. 406 (2000)
13) C. Newsome, T. Kawase, T. Shimoda, D. Brennan, "The phase behavior of polymer semiconductor films and its influence on the mobility in FET devices", Proc. of .SPIE Int. Symp., San Diego, August 2003.
14) J. Kanicki, S. Martin, "Hydrogenated Amorphous Silicon Thin-Film Transistors", in Thin Film Transistors, C. Kagan, P. Andry, eds., p. 71, Marcel Dekker, New York (2003)
15) P. W. Weimer, "Thin Film Active Devices," Handbook of Thin Film Technology, L. I. Maissel and R. Glang, Eds., McGraw-Hill, New York, Ch 20, p. 5 (1970)
16) H. Fuchigami, A. Tsumura, and H. Koezuka, *Appl. Phys. Lett.*, 63, 1372 (1993)
17) M. Dibbs, D. Brennan, D. Welsh, J. Shaw, Proc. 6th VLSI Conf, Kyoto, Japan, p.113 (2002)
18) S. M. Sze, Physics of Semiconductor Devices, Wiley, New York (1981)
19) A. Voutsas, M. Hatalis, "Technology of Poly-silicon Thin Film Transistors", in Thin Film Transistors, C. Kagan, P. Andry, eds., p. 139, Marcel Dekker, New York (2003)
20) J. Jang, "Preparation and properties of Hydrogen-ated Amorphous Silicon Thin Film Transistors", in Thin Film Transistors, C. Kagan, P. Andry, eds., p. 35, Marcel Dekker, New York (2003)
21) Y. Lin, D. Gundlach, S. Nelson, T. Jackson, *IEEE Electron Device Lett.*,18, 606 (1997)
22) F. Garnier, G. Horowitz, X. Peng, D. Fichou, *Adv. Mater.*, 2, 592 (1990)
23) J. H. Schon, C. Kloc, B. Batlogg, *Appl. Phys. Lett.*, 77, 3776 (2000)
24) H. Meng, Z. Bao, A. Lovinger, B. Wang, A. Mujse, *J. Am Chem. Soc.*, 123, 9214 (2001)
25) A. Brown, C. Jarret, D. De Leeuw, M. Matters, *Synth. Met.*, 88, 37 (1997)

26) T. McLean, Proceedings of IMAPS Advanced Technology Workshop: Printing an Intelligent Future, Lake Tahoe, NV, March 2002
27) A. Assadi, C. Svensson, M. Wilander, O. Inganas, *Appl. Phys. Lett.*, **53**, 195 (1988)
28) H. Sirringhaus, R. Wilson, R. Friend, M. Inbasekaran, M. Dibbs, E. Woo, Proc. of the Materials Research Society, Boston, Fall 1999.
29) H. Sirringhaus, R.J. Wilson, R.H. Friend, M. Inbasekaran, W. Wu, E.P.Woo, M. Grell, D.D.C. Bradley, *Appl. Phys. Lett.*, **77**, 406 (2000)
30) G. Gelinck, T. Geuns, D. de Leeuw, *Appl. Phys. Lett.*, **77**, 1487 (2000)
31) B. Crone, A. Dodabalapur, R. Sarpeshkar, R. Filas, Y. Lin, Z. Bao, J. O'Neill, W. Li, H. Katz, *J. Appl. Phys.*, **89**, 5125 (2001)
32) H. Klauk, M. Kalik, U. Zschieschang, G. Schmid, W. Radlik, Tech Digest of IEDM 2002, p. 557 (2002)
33) P.Baude, D.Ender, M.Haase, T.Kelley, D.Muyres, S.Theiss, *Appl. Phys. Lett.*, **82**, 3964 (2003)
34) W. Fix,a) A. Ullmann, J. Ficker, and W. Clemens, *Appl. Phys. Lett.*, **81**, 1735 (2002)
35) Z. Bao, Y. Feng, A. Dodabalapur, V. Raju, A. Lovinger, *Chem. Mater.*, **9**, 1299 (1997)
36) Kiwase, H. Sirringhaus, R.H. Friend, T. Shimoda, *Adv. Mat.*, **13**, 1601 (2001)
37) S. Burns, C. Kuhn, J. D. MacKenzie, K. Jacobs, N. Stone, D. Wilson, P. Devine, K. Chalmers, N. Murton, P. Cain, J. Mills, R. H. Friend, H. Sirringhaus, "Active-Matrix Displays Made with Ink-Jet-Printed Polymer TFT", SID International Symposium, Baltimore, MD, May 2003.

第18章　LCP

吉川淳夫[*]

1　はじめに

小型・薄型・軽量化が加速する携帯電話，デジタルビデオカメラ，デジタルカメラ，PDA（Personal Digital Assistant：携帯情報端末）などの小型電子機器から，大容量データの一層の高速処理を目指す大型計算機や電子交換機まで，止まることなく高機能化が進展するIT関連商品は，そこに用いられる配線板およびその基板材料に対しても新たな特性を必要としている。

その一例として，表1および表2に，パッケージ用および表面実装用配線板ならびにそれらの基板材料が2010年までに求められるであろう特性値のロードマップ[1]を示す。この中で基板材料に要求されている具体的特性（キーワード）は，「高耐熱性（高Tg）」，「高寸法安定性（低熱膨張係数，熱膨張係数の整合性）」，「高電気特性（低誘電率，低誘電正接）」，「高環境適応性（ノンハロゲン，リサイクル性）」である。なお，これらの要求特性はフレキシブルプリント配線板およびその基板材料においても例外ではない。

本稿では，これらのキーワードに焦点を当て，当社の液晶ポリマーフィルム（商品名「ベクスター」）の特長を解説するとともに，配線基板材料としての代表的用途と性能について紹介する。

2　液晶ポリマーとベクスター

熱可塑性の液晶ポリマー（以下，LCPと略す）は1980年代半ば以降，国内外の樹脂メーカー数社から相次いで上市され，主に電子・電気関係の精密コネクタや精密ソケットなどの射出成形品として多用されることにより，高性能エンジニアリングプラスチックとしての地位を固めてきた。これらの用途において活用されるLCPの優れた特長は，力学特性，熱特性，寸法安定性，高流動性，低バリ性などである。

その一方で，LCPが有する他の優れた諸特性（低吸湿性，電気特性，難燃性，熱可塑性など）をフィルムやシートの押出成形加工品として応用することに大きな期待が寄せられていたが，成形加工時の樹脂流れ方向（MD）に垂直な方向（TD）の強度が極端に低いなど，力学特性や熱

---

[*]　Tadao Yoshikawa　㈱クラレ　機能材料事業部　開発部　開発主管

第18章 LCP

表1 実装材料技術ロードマップ パッケージ用配線板基板材料特性[1]

西暦(年)	1998	2005	2010
パッケージピン数	600〜700	1200〜1500	2000〜2500
実装形態	BGA	BGA, CSP	CSP,ベアチップ
(1) Tg(TMA) (℃)	160〜180	180〜200	200〜220
(2) α (ppm/℃)	14〜15	8〜10	6〜8
(3) 誘電率(1 MHz)	4.4〜4.6	3.0〜3.5	3.0>
(4) 誘電正接×10^{-4} (1MHz)	200〜250	100〜130	50>
(5) 導体厚み (μm)	12, 18	9	5
(6) 絶縁層厚み (μm)	50〜60	40〜50	30〜40
(7) ピール強度 (kN/m)	1.0〜1.2	1.0〜1.2	1.0〜1.2
(8) ビア径 (φμm)	100〜150	60〜80	25〜50
(9) レジスト解像度 (μm)	16〜65	6〜35	5〜30
樹脂材料	BT樹脂 / 高性能(高Tg,低ε)エポキシ樹脂 / 高性能エンプラ系樹脂(液晶ポリマー,PPE系,ポリイミド,オレフィン系)		
関連材料技術	ポリマーアロイ;IPN;複合化 / 分子配向技術 分子設計技術 超分子化 / 高次構造解析技術		

性の著しい異方性がその応用展開を阻害してきた。これらの異方性は,図1に例示するようにLCPが剛直性の高い棒状分子からなり,溶融時に分子の絡み合いが少なく,わずかな剪断応力を受けるだけで一方向に配向する特性に起因する。

　当社では,独自に開発した分子配向度の精密制御技術をインフレーション成形法に適用することにより,課題であった諸特性の異方性を解消したLCPフィルムを上市しており,高性能な配線基板材料として実用化されている。なお,ベクスターには,表3に示すとおり,原料LCPの性質を保持したままフィルム化したグレード(FAタイプ)と,精密熱処理技術により熱特性と力学特性を改質したグレード(FA以外のタイプ)がある。特に,後者のグレードにおいては,耐熱性(融点,熱変形温度,ハンダ耐熱)と熱膨張係数が独立して制御されており,幅広い応用展開に応え得るラインナップを取り揃えている。

表2 実装材料技術ロードマップ 表面実装用配線板基板材料特性[1]

西暦(年)	1998	2005	2010
(1) Tg (TMA) (℃)	120〜130	140〜160	160〜180
(2) α (ppm/℃)	14〜15	12〜13	10〜12
(3) 誘電率 (1 MHz)	4.4〜4.6	3.5〜4.0	3.5＞
(4) 誘電正接×10^{-4} (1MHz)	200〜250	130〜150	100＞
(5) 銅箔厚み (μm)	12, 18	12, 18	12, 18
(6) 絶縁層厚み (μm)	60〜100	60〜100	40〜60
(7) ピール強度 (kN/m)	1.0〜1.2	1.0〜1.2	1.0〜1.2
(8) ビア径 ($\phi\mu$m)	150〜250	100〜150	80〜100
(9) レジスト解像度 (μm)	50〜100	30〜70	25〜50
(10) 難燃性	V-0	V-0	V-0

樹脂材料:
- エポキシ樹脂 (FR-4) → 高性能(高Tg, 低α)エポキシ樹脂, ハロゲンフリーエポキシ樹脂
- BT樹脂, 付加型ポリイミド
- 熱可塑性樹脂

難燃材:
- ブロム系エポキシ樹脂
- リン系, N系難燃材
- 非ハロゲン, 非リン系難燃材

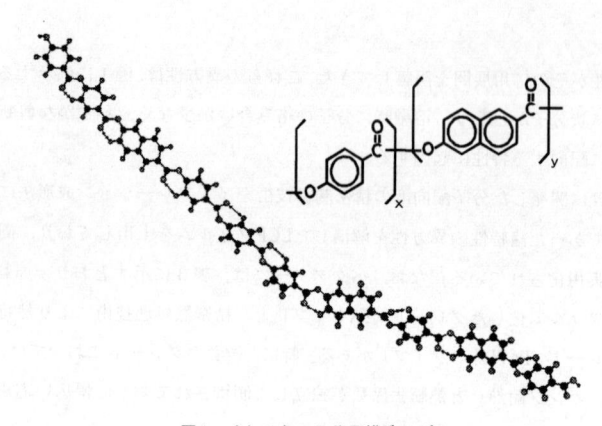

図1 ベクスターの分子構造モデル

第18章 LCP

表3 ベクスターの力学特性および熱特性

項目	単位	評価方法	ベクスター					
			FA	OC	OCL	CTS	CT	CTV
引張強度	kg/mm² (MPa)	ASTM D882	39 / 30 (382 / 294)	33 / 22 (323 / 215)	32 / 23 (313 / 225)	25 / 15 (245/ 147)	30 / 18 (294 / 176)	29 / 18 (284 / 176)
破断伸度	%	ASTM D882	16 / 14	24 / 26	34 / 32	20 / 20	40 / 37	30 / 29
引張弾性率	kg/mm² (GPa)		920 / 750 (9 / 7)	448 / 412 (4 / 4)	480 / 430 (5 / 4)	338 / 321 (3 / 3)	340 / 337 (3 / 3)	369 / 354 (4 / 3)
端裂強度	kgf	JIS C2318	4/4	8/16	9/12	9/7	15 / 13	18 / 16
熱膨張係数	ppm/℃	TMA法	−8/ −3	7/9	−6/ −2	17 / 17	17 / 17	17 / 18
融点	℃	DSC法	280	310	310	295	310	327
熱変形温度	℃	TMA法	275 / 270	295 / 301	299 / 300	293 / 290	297 / 297	325 / 323
ハンダ耐熱	℃	JIS C5013	260	315	315	300	315	335
加熱寸法変化率	%	150℃，30分	<0.05	<0.05	<0.05	<0.05	<0.05	<0.05
		200℃，30分	−	<0.05	<0.05	<0.05	<0.05	<0.05
難燃性		UL94	VTM-0						
熱伝導率	W/m℃	熱線プローブ法	0.5						

(CTV：開発品)

3 熱特性と寸法安定性

ベクスターの各タイプは，LCP分子の配向とその集合体であるドメイン構造（局所的に配向方向が揃った微細構造）を制御することにより耐熱性および熱膨張係数（CTE）が調整されており，フィルムの二次加工性や使用環境に応じたタイプの選択が可能である。例えば，FAタイプのハンダ耐熱は原料LCPと同等の260℃であるが，他のタイプでは300℃以上にまで高められており，高温のリフローハンダを使用する製品に適している。

図2に熱機械分析装置（TMA）で測定したベクスターの熱膨張曲線を示す。FAタイプは，室温から260℃付近まで緩やかに収縮し，わずかにマイナスのCTEであるのに対して，他のタイプは緩やかな伸びを示し，CTEはわずかにプラスの値である。したがって，FAタイプは，エポキシ系接着剤など比較的大きなプラスのCTEをもつ材料との複合化により見かけのCTEを低減する効果を有する。一方，OCタイプおよびCTタイプのCTEはそれぞれシリコンおよび銅箔のCTE近傍に設定されているので，積層体は寸法安定性に優れ，熱収縮による応力歪が発生し難い。なお，ベクスターの分子配向とドメイン構造を熱エネルギーにより変化させると，図2にFAタイプの例（FA-50積層後）で示すようにCTEがプラスに転じる。この性質を応用すれば，ベクスターのCTEを積層する金属などのCTEとマッチングさせることができ，寸法安定性が向上する。

さらに，ベクスターを構成するLCP分子は図1に示すように全芳香族であり，原子間の結合エネルギーが大きい分子構造であるため，限界酸素指数（燃焼が継続する雰囲気中の最低酸素濃度）が高い。したがって，ハロゲン系やリン系の難燃剤を添加しなくてもUL94 VTM-0の認定を得て

図2 ベクスターの熱膨張曲線

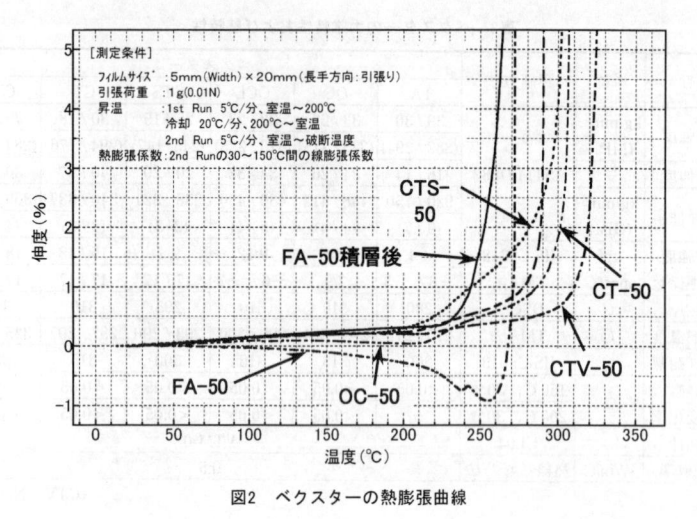

おり，環境適応性に優れた配線基板材料である。

4 力学特性と粘弾性

　LCP分子は，成形加工時に剛直な棒状分子鎖が樹脂の流れ方向や延伸方向に配向するため，いわゆる自己補強効果によって高強度・高弾性率の優れた力学特性を発現する。特性の異方性を解消したベクスターにおいてもその特性は維持されているが，透過型電子顕微鏡によるフィルム厚さ方向の微細構造観察の結果，引張強度および引張弾性率の大きいFAタイプはドメイン構造が最も緻密であり，熱膨張係数や耐熱性を調整した他のタイプのドメイン構造の境界は不明瞭であることが判明している。

　さらに，フィルムの微細構造は，熱や応力によって変化することがある。図3に，接着剤なしで銅箔と熱圧着して作製したフレキシブルプリント配線板のフィルム（基板材料）について測定した動的粘弾性率の温度依存性を示す。熱圧着前に最も緻密なドメイン構造を有するFAタイプは，熱圧着後にドメイン構造の変化が生じて弾性率が低下するのに対して，CTタイプのドメイン構造は熱圧着前後でほとんど変化しないために弾性率の挙動もほぼ同等である。

　なお，ベクスターのラインナップは，一般的なポリイミドフィルムの引張強度および引張弾性率の領域をカバーするが，伸度および端裂強度は低い。また，ベクスターは熱可塑性であるため力学特性の温度依存性が比較的大きく，室温付近ではポリイミドフィルムと同等であるが，100℃を超える温度領域で大きく低下する。したがって，フリップチップ実装やワイヤーボンディング

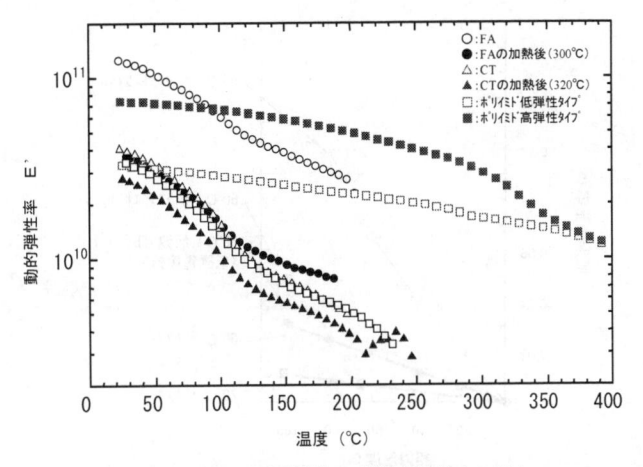

図3 ベクスターの動的弾性率（測定周波数：110Hz）

接続などの加工においては，加圧圧力を低めに設定するなど，熱硬化性の配線基板材料とは異なる条件設定が必要である。

5 吸湿性と寸法安定性

図4にベクスターの吸湿時および吸水時の重量変化を示す。ベクスターを構成するLCPは，図1に示したように親水性が低い化学構造であることに加えて，上述のとおり緻密なドメイン構造を有するため，吸湿性は0.02％以下と極めて低く，水分をほとんど透過しないことが特長である。また，ポリイミドフィルムの吸水率が一般に1～3％程度であるのに対して，ベクスターの吸水率は0.03％程度と非常に小さい。これらの低吸湿性および低吸水率に由来する優れた特性の一つとして，図5に示すとおり，ベクスターは極めて優れた吸湿寸法安定性を有している。ベクスターの吸湿膨張率はポリイミドフィルムはもちろんのこと，ガラスクロスで強化された樹脂シートよりも小さく良好である。

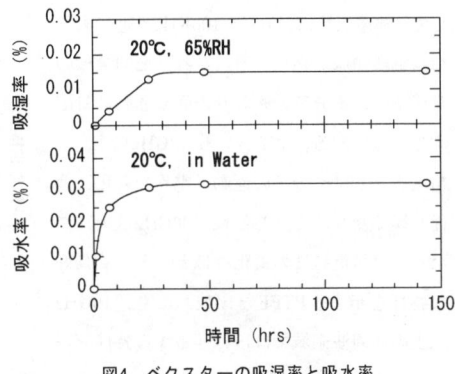

図4 ベクスターの吸湿率と吸水率

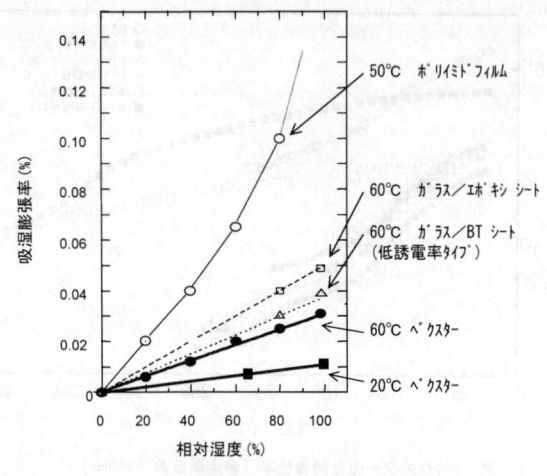

図5 各種配線板材料の吸湿寸法安定性

6 電気特性と吸湿性

図6に各種樹脂の測定周波数60Hz～1GHzにおける誘電率および誘電正接を示す。配線基板材料としてのベクスター電気特性は，代表的な低誘電率材料であるテフロン（PTFE）に次いで良好であることが判る。さらに，ベクスターは表4に示すように，特に高周波電気特性に優れた配線基板材料である。その理由は，ベクスターを構成するLCP分子の双極子性が小さいことに加えて，分子が剛直であるので，電場を加えても動きが鈍く，緩和時間が長いことに因る。

図7に誘電特性の周波数依存性を示す。測定周波数の増大に伴い，双極子の大きさを示すパラメータである誘電率が単調に減少するのに対して，誘電正接には10K～100KHz付近で大きな誘電緩和域が存在する。これは配向分極の双極子による分子軸まわりの回転運動に対応する緩和である。マイクロ波（3GHz以上）を超えるともはや分子の運動は電界の変化に追従し難くなり，ミリ波領域（30GHz以上）に至るまで誘電特性の変化はほとんどなく良好な特性を示す。PTFEと比較しても，10GHz以上の高周波領域ではほぼ匹敵する特性を持っている。さらにLCPは，ミリ波を超えて誘

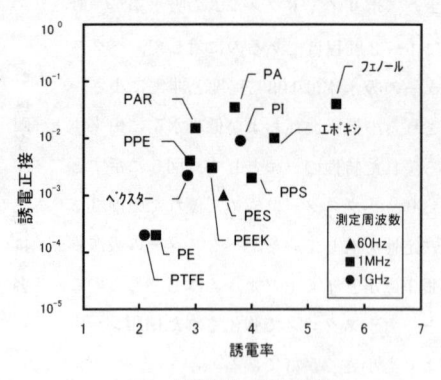

図6 各種樹脂の電気特性

第18章　LCP

表4　ベクスターの電気特性

項目	単位	評価方法	ベクスター
比誘電率	1KHz	JIS C6481	3.45
	1MHz		3.01
	1GHz	トリプレート線路共振器法	2.85
	5GHz		2.86
	25GHz		2.86
誘電正接	1KHz	JIS C6481	0.0279
	1MHz		0.0220
	1GHz	トリプレート線路共振器法	0.0025
	5GHz		0.0022
	25GHz		0.0022
表面抵抗	$10^{13}\,\Omega$	JIS C6481	13.9
体積抵抗	$10^{15}\,\Omega\,m$		7.7
絶縁破壊電圧	kV/mm	ASTM D149	167

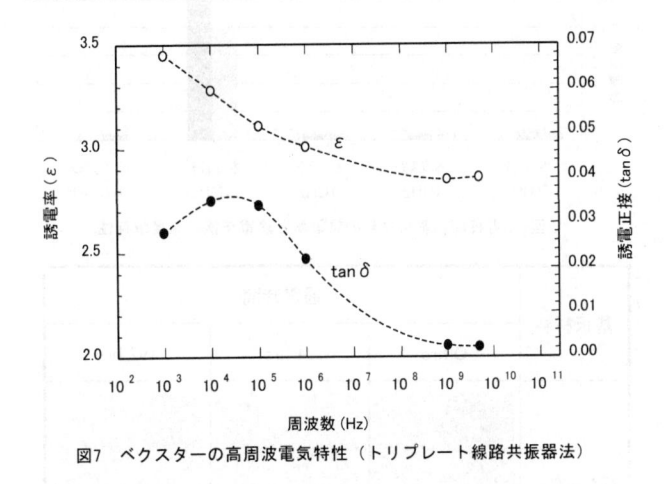

図7　ベクスターの高周波電気特性（トリプレート線路共振器法）

　電緩和域が現れるのは赤外線領域（数万THz）であると考えられるので、この誘電特性は周波数がテラヘルツ付近までほとんど一定であると推定される。

　図8に誘電率および誘電正接の湿度依存性を示す。前項で述べたとおり、ベクスターの吸湿性は極度に低いため、加湿雰囲気下においても誘電率および誘電正接の増加は認められない。なお、図示していないが、表面抵抗率、体積抵抗率および絶縁破壊電圧についても同様であり、湿度に対して極めて安定である。一例として図9に、ベクスターおよびポリイミドフィルムに銀ペースト配線を形成した後にプレッシャークッカーテスト（PCT）で加湿した際のマイグレーション試験結果を示す。ポリイミドでは電圧印加24時間後に激しいマイグレーションが観察されたのに対して、ベクスターは192時間後も変化は観察されない。

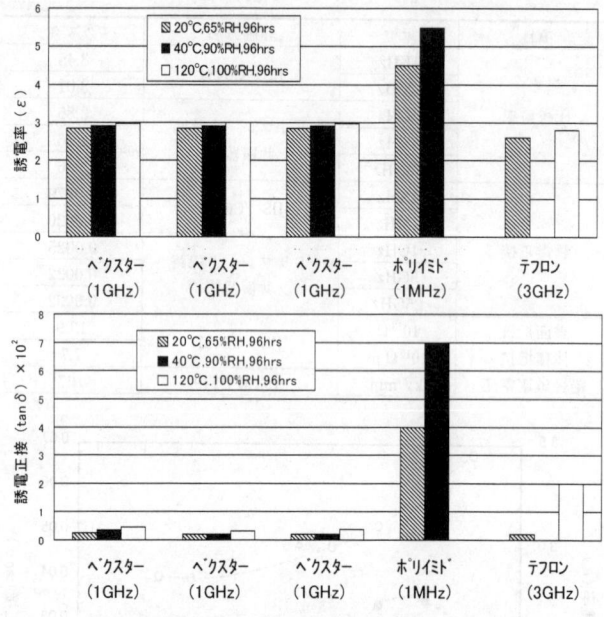

図8 各種配線基板材料の誘電率と誘電正接の湿度依存性

図9 ベクスターおよびポリイミドの銀イオンマイグレーション試験結果

銀ペースト：NSP-001，加湿条件：121℃（PCT），試験条件：90V DC印加

7 リサイクル性

ベクスターは高耐熱性フィルムではあるが，あくまでも熱可塑性であるので，配線基板に搭載された電子部品の取り外しや樹脂のリサイクルが可能になるなど，環境適合性に優れた素材である。一例として図10に，ベクスター（FAタイプ）を熱溶融し，再ペレット化を3回繰り返した場合のLCPの溶融粘度変化を示す。リサイクル後の溶融粘度は原料LCPの90％程度であり，大幅な分子量低下は発生していないことが判る。また，リサイクル後に樹脂の融点も変化しないことも確認されている。したがって，配線基板材料の全層がベクスターで構成され，他の熱硬化性樹脂などが併用されていない場合には，銅配線やハンダなどとの分離技術が完成できれば，再び配線板基板材料や射出成形品として再利用できる可能性がある。

8 ガスバリア性

図11に示すように，ベクスターは数ある有機材料の中でも最高レベルのガスバリア性を有する。酸素透過係数は，ガスバリア材として既に実績のある当社のエチレン－ビニルアルコール共重合体（商品名「エバール」）と同等であるが，水蒸気透過係数は他の素材より明らかに低い。これらの優れたガスバリア性を有するベクスターは，配線基板材料としてのみならず，封止材などの電子材料としても活用できる。

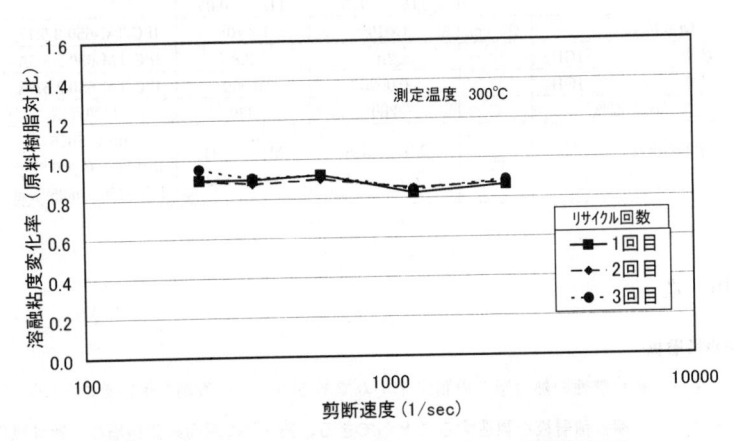

図10 ベクスター（FAタイプ）のリサイクルによる溶融粘度変化

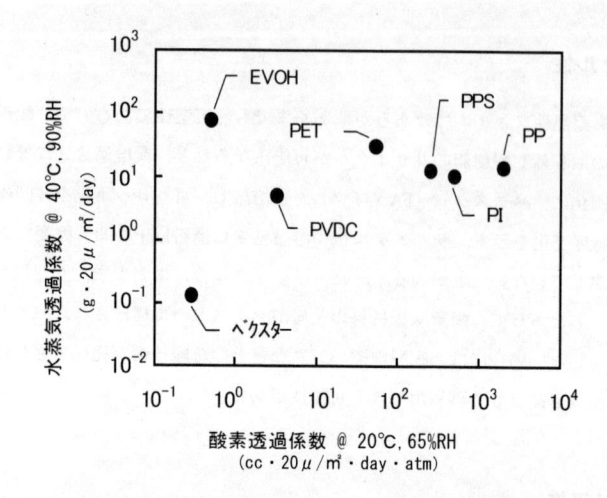

図11 各種樹脂フィルムのガスバリア性

表5 エスパネックス®L 両面銅張積層板特性[2]

特性	単位	エスパネックス® Lシリーズ (50μm)	ポリイミド2層品 (従来品)	測定法
銅箔引き剥がし強さ	kN/m	1.1	1.1	JIS C-5016
エッチング後の寸法変化率	%	MD －0.02 TD －0.01	MD －0.02 TD －0.02	IPC-TM-650 2.5.9
加熱後寸法変化率	%	MD －0.05 TD －0.07	MD －0.05 TD －0.05	250℃, 30分
体積抵抗率	Ω・cm	3×10^{16}	1×10^{15}	IPC-TM-650 2.5.17
誘電率　　1GHz		2.8	3.8	IPC-TM-650 2.5.5A
誘電正接　1GHz		0.0025	0.009	IPC-TM-650 2.5.5A
ハンダ耐熱温度	℃	260	380	1分間浸漬
MIT耐折性 (カバー材なし)	回	MD 585 TD 344	MD 394 TD 332	JIS C-5016 R＝2.0 荷重0.5kgf L/S＝150μm/250μm

9 用途

9.1 銅張積層板

ベクスターは高耐熱性の熱可塑性樹脂フィルムであるので，接着剤を用いることなく短時間の加熱圧着により，銅張積層板を製造することができる。表5[2]に両面銅張積層板（新日鐵化学㈱，商品名「エスパネックスL」）の特性を示す。この銅張積層板は，ベクスター本来の優れた高周波電気特性とエッチング後および加熱後の優れた寸法安定性を有していることから，携帯電話や携

帯情報端末の液晶ドライバICをフリップチップ実装するCOF方式のフレキシブル配線板などへの応用展開が図られている。

9.2 多層フレキシブル配線板

融点や熱変形温度などを指標として，耐熱性の異なる複数枚のベクスターあるいは銅張積層板を加熱圧着することにより，デジタルカメラや携帯電話など携帯機器への需要が急増している多層フレキシブル配線板を製造することができる。

写真1[3)]にベクスターを絶縁層として用いた4層配線版の断面写真を示す。レーザーやドリルによるビアホール・スルーホール加工性およびメッキ加工性に問題はなく，ホットオイル耐性や熱衝撃耐性などにも優れた，高信頼性のファインパターン配線板であることが確認されている。

図12[4)]に単層構造のコプレーナ線路（特性インピーダンス50Ω，線路長50mm）で測定した伝送損失（S21）を示す。ベクスターを用いた線路の損失はポリイミドのそれよりも小さく，3dB減衰時の周波数はポリイミドの18GHzに対して28GHzであることから，ベクスターはより高周波伝送に適した配線基板材料であることが判る。

10 おわりに

将来性を有望視されているブルートゥース（次世代短距離無線通信規格）や非接触型ICカードなどの早期実現に向け，数々のユニークな特長を有する液晶ポリマーフィルムが，次世代の近距

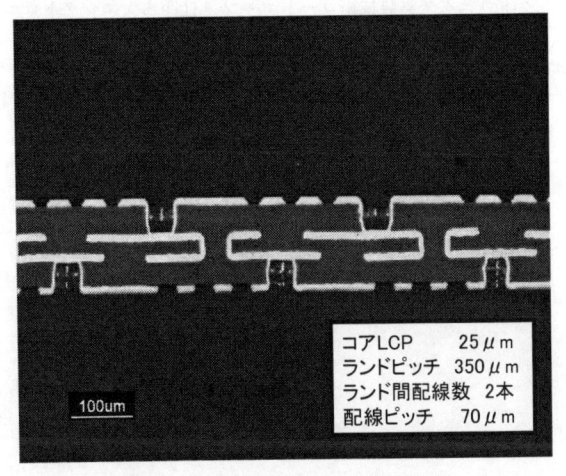

写真1　ベクスターを用いた4層配線板 [3)]

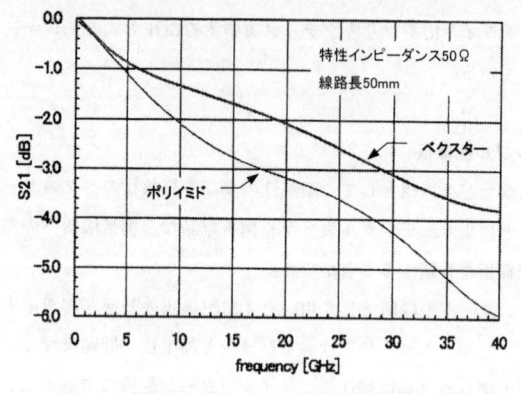

図12 コプレーナ線路によるSパラメータ測定結果[4]

離通信回路,高周波回路,パッケージ用回路などの配線基板材料として,その実力を存分に発揮することに期待したい。

文　献

1) 2010年のエレクトロニクス実装技術ロードマップ,社団法人エレクトロニクス実装学会 (1999)
2) 新日鐵化学㈱,エスパネックスL 技術資料
3) 日本メクトロン㈱,LMFC技術資料
4) 高野祥司,電子技術(臨時増刊号),Vol. 45, No. 8, pp.46-47 (2003)

第19章　有機発光デバイス用材料

市川　結*

1　はじめに

近年，有機材料を用いた電界発光（EL：Electroluminescence）デバイスの高性能化は著しく，次世代フルカラー表示用ディスプレイデバイスとしてその地位を確立した感がある。当初懸念されていた大型化に関しても，最近，10数インチのフルカラーディスプレイや，12インチパネルを4枚並べ合わせた対角24インチのフルカラーディスプレイが展示会で実演され，大型化対応についてその可能性が明らかになりつつある。一方，有機ELデバイスは，そのデバイス構造，作製プロセスからユビキタスコンピューティングに適した，小型，軽量でかつフレキシブルなディスプレイの実現に強力なポテンシャルを有する。すなわち，基板上にスピンコートや印刷，蒸着により作製されるため，軽量フレキシブルなプラスチック基板の使用が可能であり，ガス透過の抑制など技術課題はあるが，フレキシブルディスプレイの実現に期待が持てる。

有機ELデバイスには，米国コダック社のTangらによる1987年のブレークスルー[1]に端を発する低分子型と，英国ケンブリッジ大のFriendらの報告[2]を基にする高分子型がある。どちらのデバイスも有機発光材料中での電子－正孔再結合に基づく電子的励起状態（励起子）の形成とその励起状態からの発光現象を利用した電流駆動型デバイスであり，その駆動メカニズムは発光ダイオード（LED：Light-Emitting Diode）と類似で，有機LEDと呼ばれることも多い。特に，高分子材料を用いた場合はポリマーLEDと呼称される。本章では，軽量フレキシブルディスプレイや高品位自発光フラットパネルディスプレイ用発光素子としてその進展が大いに期待されている有機ELデバイスを構成する材料の現状を，デバイス構造と機能により分類し概観する。なお，有機EL素子の動作原理は，現在広く用いられている無機LEDと同一ではなく，電極からの電荷注入が動作を支配しているとの指摘もあることから，電荷注入にとって重要な電極材料についても合わせて付言する。

---

*　Musubu Ichikawa　信州大学　繊維学部　機能高分子学科　助手

2 デバイスデザイン

図1に有機EL素子の基本構造をまとめる。これらの構造のほかに電極とそれに接する有機層とのエネルギーマッチング，スムーズなキャリア移動を実現するために電子注入層やホール注入層などを積層した素子構造もあるが，基本的にはこれら3つの基本構造の派生型である。

2.1 単層構造

最も単純な素子構成であり，1つの有機層がホール輸送，電子輸送，発光すべての機能を担っており，多層成膜が困難なポリマーLEDでよく用いられる。注入されたキャリアを素子内に閉じ込めることができないでキャリアバランスの最適化が困難であり，効率は，用いる発光材料に大きく依存し，その他の構造と比較すると低下する場合が多い。

2.2 シングルヘテロ構造

米国コダック社のTangらが高輝度高効率発光のブレークスルーを達成した有機EL素子の構造で，ホールと電子の注入・輸送を2つの層に分離したことが特徴である[1]。彼らは，イオン化ポテンシャルが比較的小さくホール注入が容易でホール輸送性の高いトリフェニルアミン系材料をホール輸送層に，また電子親和力が高く固体状態で蛍光量子収率の高いアルミキノリノール錯体を電子輸送性発光層として用いた。Tangらの提案したシングルヘテロ構造とは異なり，ホール輸送性発光層と電子輸送層とを積層したシングルヘテロ構造も提案されている[3]。

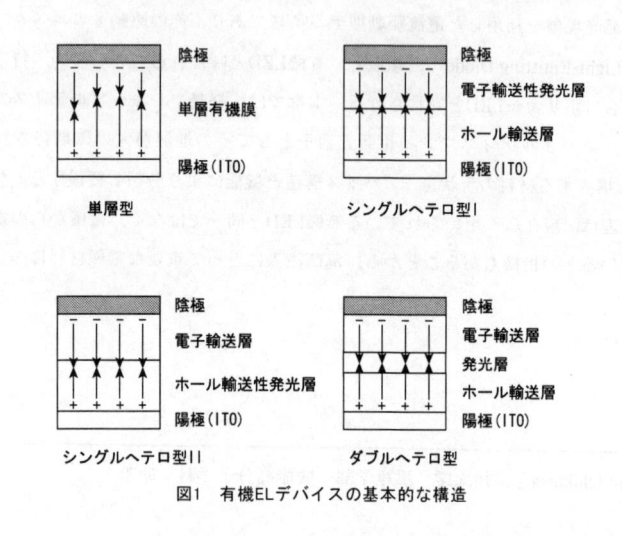

図1 有機ELデバイスの基本的な構造

2.3 ダブルヘテロ構造

もっとも機能分離が進んだ素子構造であり、素子はホール輸送層、発光層、電子輸送層の3層により構成されている[4]。陰極、陽極から注入された電子及びホールはそれぞれ輸送層中を輸送され発光層に注入される。発光層のバイポーラ性が高ければ、励起子は発光層全体にわたり広がって生成されるが、一方の電荷の輸送性が優勢な場合、発光層／電荷輸送層界面に励起子生成ゾーン（再結合ゾーンとも呼ばれる）は有機／有機界面近傍に局在化し、シングルヘテロ構造の場合と大差がなくなる。

3 低分子LED材料

低分子型有機LEDは、通常真空蒸着法により作られるので逐次真空蒸着を繰り返すことにより多層構成のデバイスであっても容易に作製できる。実際、ホール注入層、ホール輸送層、発光層、電子輸送層（ホールブロック層）、電子注入層からなる5層ダブルヘテロ型デバイスがよく用いられているようである。高度に機能分離することによる高効率発光が低分子型有機LEDの特徴である。また、高分子材料と比較すると、低分子材料は高純度精製が可能である。材料の純度はLEDの発光効率や駆動寿命に大きく影響すると考えられており、低分子型有機LEDでは10万時間を超える輝度半減駆動寿命（初期輝度：100 cd/m^2）も得られている。以下、低分子有機LED材料をその機能により分類し、解説する。

3.1 ホール輸送材料、ホール注入層材料

ホール輸送材料には円滑なホール輸送と発光層内での再結合を保証するための機能が求められる。有機EL研究の初期段階において、コピー機用OPC（organic photoconductor）材料がホール輸送材料として利用できると考えられ、スクリーニングが行われた。トリフェニルアミン、カルバゾール骨格などを有する芳香族3級アミン類が優れた特性を与える。代表的なホール輸送材料を図2に挙げる。九州大学の研究グループにより報告され、世界的に広く用いられるようになったTPDは優れた有機EL用ホール輸送材料であるが、ガラス転移温度（Tg）が60℃と低く、デバイスの耐久性（駆動寿命）に問題があった。TPDの2つのフェニル基をナフチル基としTgを高めたα-NPDを用いることにより駆動寿命が改善されることから、駆動時発熱による有機薄膜の結晶化がデバイスの寿命に影響を与えることが分かる。また、m-MTDATAなどの大阪大学の研究グループにより報告された一連のスターバースト型トリフェニルアミン誘導体は、小さなイオン化ポテンシャルを有し、ホール輸送としてよりはむしろ後述のホール注入層として用いることにより優れた特性を示す。

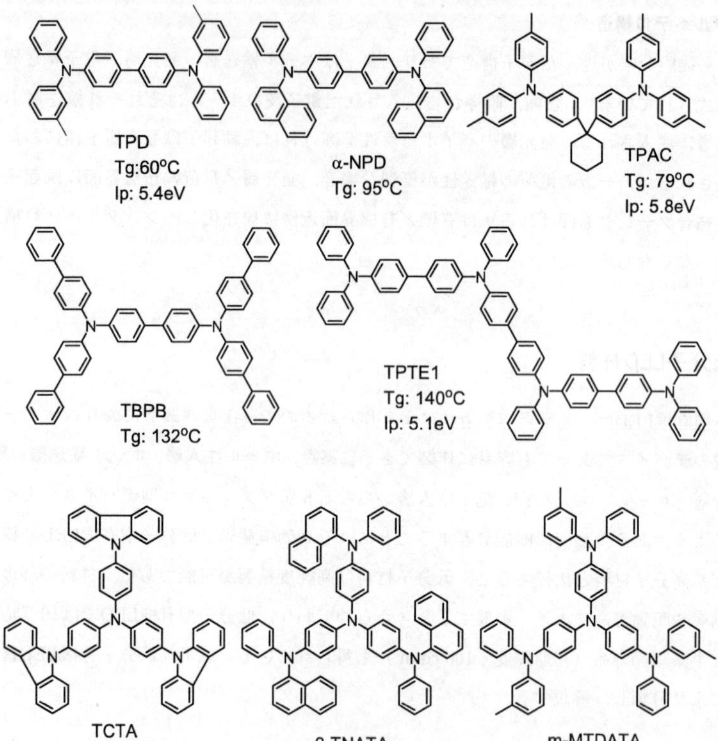

図2 代表的なホール輸送材料

TPD
Tg:60℃
Ip: 5.4eV

α-NPD
Tg: 95℃

TPAC
Tg: 79℃
Ip: 5.8eV

TBPB
Tg: 132℃

TPTE1
Tg: 140℃
Ip: 5.1eV

TCTA
Tg: 151℃
Ip: 5.7eV

2-TNATA
Tg: 110℃
Ip: 5.1eV

m-MTDATA
Tg: 75℃
Ip: 5.1eV

　一部のホール輸送材料は強い蛍光性を示すものもあり，ホール輸送性発光層として使用することができる。例えばα-NPDは455nm付近の青色蛍光を示す。Alqとの組み合わせではAlqの電子親和力が大きいためα-NPD層に電子を注入できず，再結合はAlq層中で起こるが，電子親和力の小さなバソクプロイン(BCP,電子輸送層の項を参照)を電子輸送層として用いることによりα-NPDからの青色EL光が得られる[5]。ホール輸送性発光材料の詳細については後ほど紹介する。

　陽極からのホール注入特性の向上には，陽極とホール輸送層の間にホール注入層を挿入することが効果的である。ホール注入材料は小さなイオン化ポテンシャル（～5.0 eV）を持つことが重要で，電子供与性が高くAlqなどの弱い電子受容体である電子輸送性発光材料と電荷移動錯体やエキサイプレックスを形成するようなものでも問題はない。最も代表的なホール注入材料としてフタロシアニン類（Pc）が挙げられる。Pcは小さなイオン化ポテンシャル（5.0 eV）をもち陽極か

らのホール注入性に優れており、また、優れた耐熱・耐久性および耐光性を示すことで知られている。真空蒸着により緻密で密着性の良いアモルファス的薄膜を形成する。しかし、可視部に強い吸収を持ち、また膜が厚くなると結晶化する傾向があることが問題点として挙げられる。代表的なホール注入材料を図3に示す。

また導電性高分子を用いたホール注入材料も報告されている。例えば、PEDOTと呼ばれるポリチオフェンをポリスチレンスルホン酸（PSS）でドープした導電性高分子がホール注入層として高分子系有機EL素子を中心によく用いられている。また、ホール輸送性ポリマー（P-TPD）に電子供与体（TBAHA）をドープした系において効率の良いホールの注入と輸送が報告されている[6,7]。

3.2 電子輸送材料・電子注入層材料

電子輸送性発光材料としてAlqはあまりにも有名であるが、純粋な電子輸送材料はホール輸送性材料と比較してその報告例が少なく、代表的なものを図4に示す。オキサジアゾール誘導体（OXDs）、

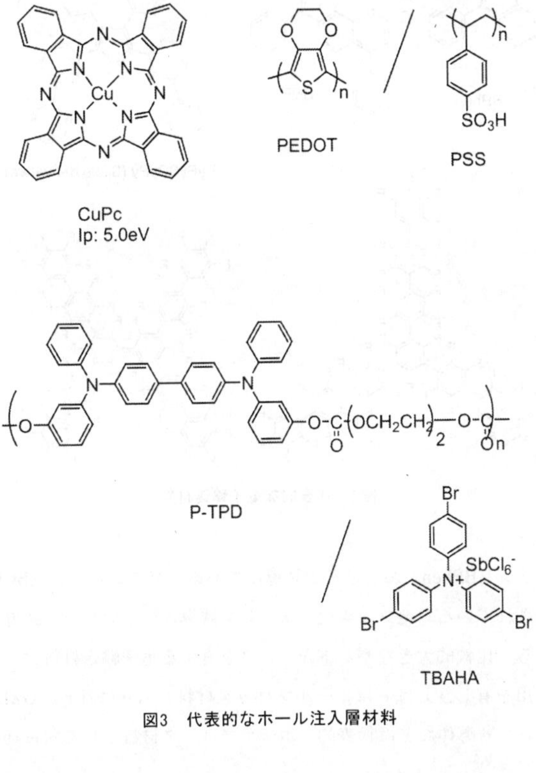

図3 代表的なホール注入層材料

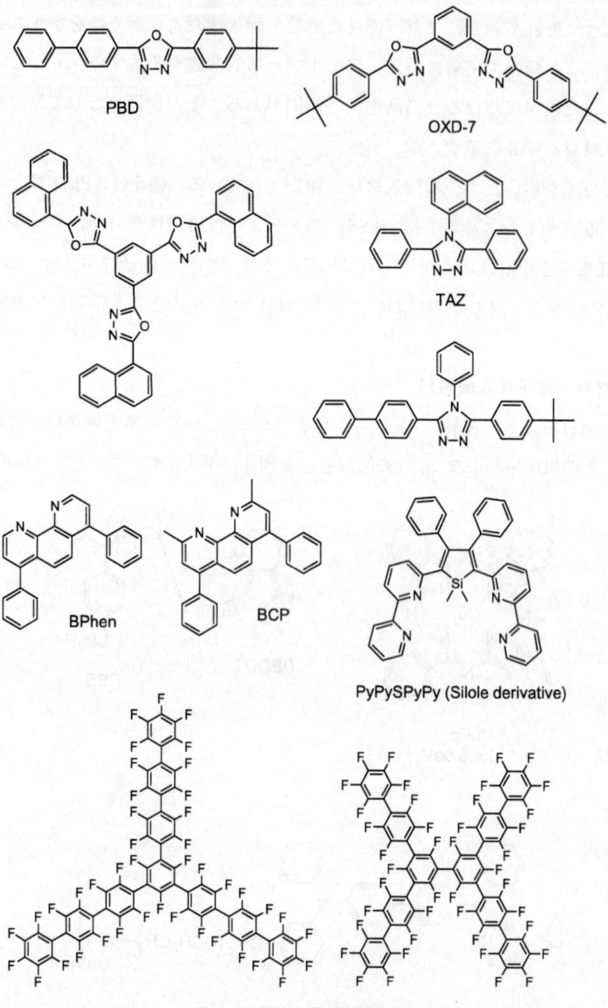

図4 代表的な電子輸送材料

バソフェナントロリン (BPhen) およびその誘導体であるバソクプロイン (BCP)，トリアゾール誘導体などが報告されている。全フッ素化フェニレン誘導体[8]やシロール誘導体[9]も電子輸送材料として有用である。比較的大きなバンドギャップを有する電子輸送材料は，発光層からのホールの散逸を防ぐ作用を有し，しばしばホールブロック材料とも呼ばれる。OXD，Bphen，BCP，全フッ素化フェニレン誘導体などは代表的なホールブロック材料として知られている。

第19章 有機発光デバイス用材料

陰極からの電子注入を促進するため電子親和力の大きな材料が電子注入層として電子輸送層と陰極との間に挿入される。代表的な電子輸送性発光材料であるAlqは比較的大きな電子親和力を有し，BCPやOXDを電子輸送層とする有機EL素子の電子注入層として用いられることが多い。

3.3 発光層

光層材料には強い蛍光性が必要であるのはもとより，励起子間相互作用を緩和しより高効率な発光を得るために発光層材料にはバイポーラ性が必要になる。しかし，純粋なバイポーラ性発光層材料の報告はほとんどなく，ホール輸送性もしくは電子輸送性のいずれかがほとんどである。また最近，発光層内で励起子－電荷相互作用による一重項励起子の消光を実測した報告[10]もあり，発光層の電荷輸送性の設計は効率に重大な影響を与える。

電子輸送性発光材料して最も有用なものにAlqがある。これまで，Alq類似のキノリノール錯体について，多くの研究報告がなされ，Beq[11]やAlmq[12]はAlqを超える特性が報告されている（図5）。また，キノリノール錯体以外にもベンゾオキサゾール亜鉛錯体が青色発光材料として，また，

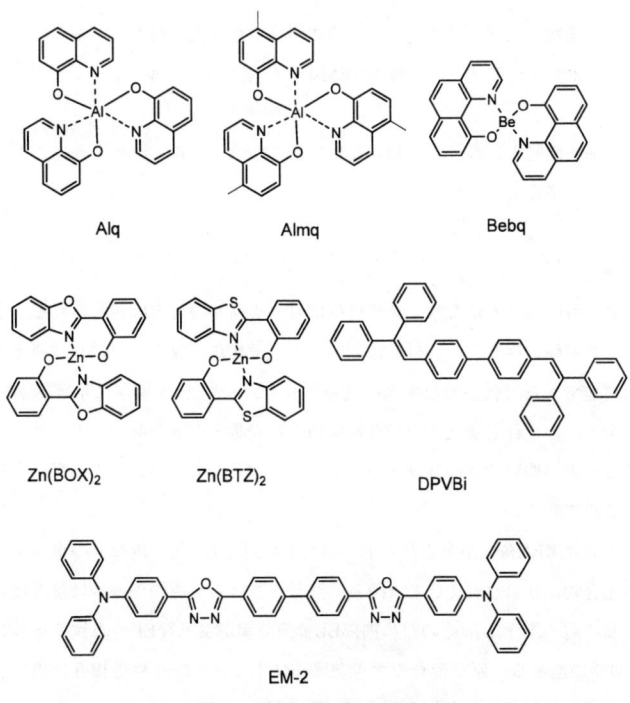

図5 代表的な電子注入層材料

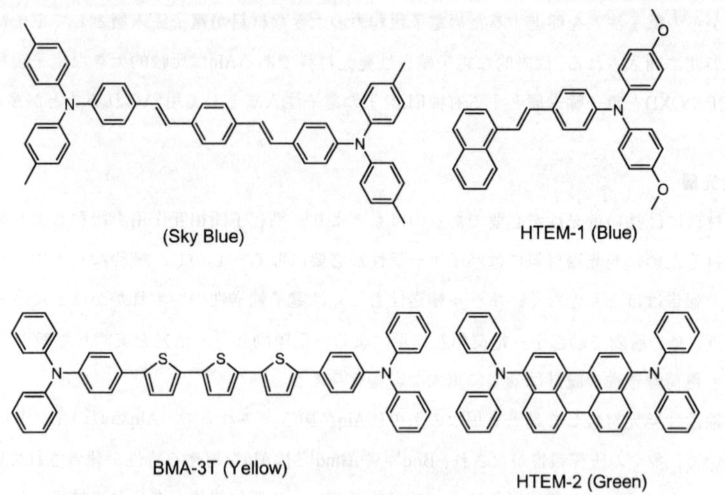

(Sky Blue)　　　　　　　　　　HTEM-1 (Blue)

BMA-3T (Yellow)　　　　　　　HTEM-2 (Green)

図6　代表的な発光材料

酸素原子を硫黄に置換したベンゾチアゾール錯体が緑白色発光材料として知られている[13]。金属錯体系以外では，オキサジアゾール誘導体（EM-2）[14]やジスチリルベンゼン誘導体（DTVBi）[15]が有用である。

一方，ホール輸送性発光材料として知られているものは，図6に示すようにそのほとんどがトリフェニルアミン骨格を有している。

3.4　ドーパント

ドーピング法を用いることにより，発光材料に対する種々の要求は緩和される。すなわち，薄膜形成能やキャリア輸送性が乏しい材料においても，蛍光量子収率が高ければ発光ドーパントとして充分使用可能である。代表的な蛍光性発光ドーパント[16〜18]を図7に挙げるが，そのほとんどがレーザ色素で，いずれも蛍光寿命が非常に短く蛍光量子収率が高い。ドーピング法の特徴は発光材料の濃度消光が抑制でき高輝度・高効率である点と，ドーパントの選択により発光色を自由に変化できる点である。

最近，非常に高効率EL発光が得られるドーパント材料としてIrやPtなどの重金属を中心金属とする有機金属化合物が注目されている（図8）[19〜22]。これら一連の化合物は室温においても非常に高いりん光量子収率を示し，そのため内部EL量子効率が蛍光性ELの限界である25％をはるかに超えほぼ100％に達する。原子番号の大きな原子によるスピン-軌道相互作用により1重項-3重項間遷移のスピン禁制が緩和されるためである。

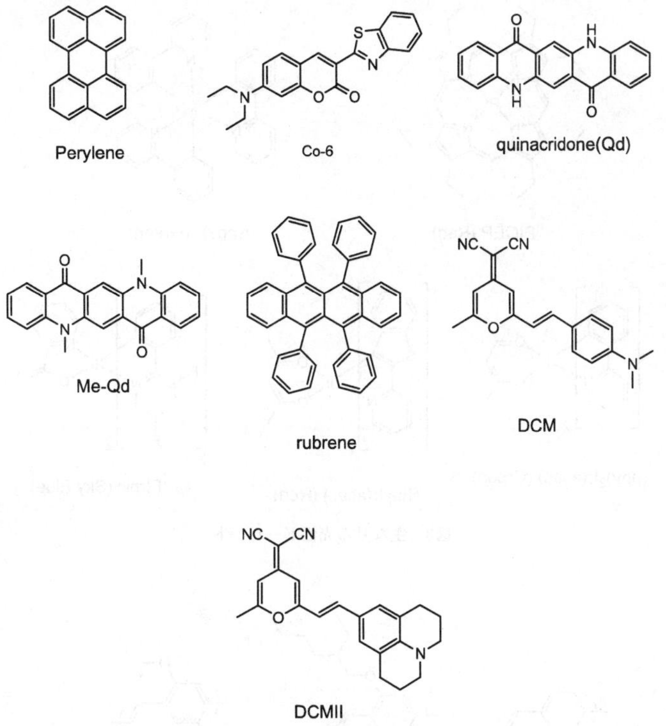

第19章 有機発光デバイス用材料

図7 主な蛍光性発光ドーパント

4 高分子LED材料

　高分子LEDの特徴は，スピンコート法やインクジェット法により，真空を必要としないプロセスにより成膜できる点にある。スピンコート法はフォトレジスト等の塗布に用いられる手法であり，均一性の高い薄膜形成能を特徴とするが，塗りわけが困難であり，フルカラーディスプレイの作製には困難が伴う。近年，プリンターの原理を有機薄膜作製に応用したインクジェット法が研究開発され，高分子LEDの作製法として広く用いられるようになってきた。高分子LEDは，真空蒸着で作製される低分子型有機LEDに対しプロセス面で優位性を示すが，駆動寿命の点で劣る。特に青色発光の駆動寿命が問題視されている。高分子LEDの構造は，水溶性のPSSをドープしたPEDOTをホール注入層として用い，その上にポリマーLED材料を塗布した二層型が一般的である。以下，ポリマーLED材料をベースポリマーで分類し紹介する。

PtOEP (Red)　　　　　　Ir(ppy)₃ (Green)

(ppy)₂Ir(acac) (Green)　　Btp₂Ir(acac) (Red)　　FIrpic (Sky Blue)

図8　主なりん光性ドーパント

Poly (*p*-phenylenevinylene)　　MEH-PPV

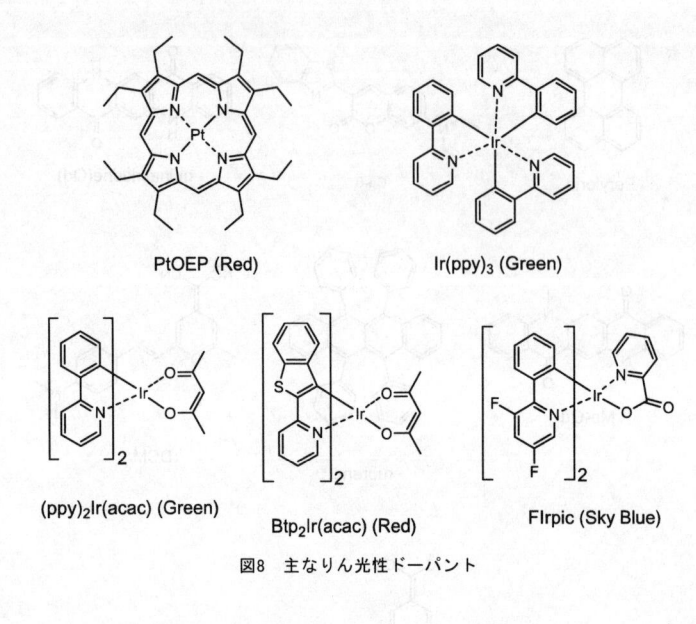

図9　主なポリパラフェニレンビニレン系ポリマーLED材料

4.1　フェニレンビニレン系

1990年Friendらによってポリパラフェニレンビニレン（PPV：poly（*p*-phenylenevinylene））を用いた低電圧駆動黄色発光ポリマーLEDが報告された。PPVは溶媒に不溶であるため，前駆体ポリマーをITO上に塗布し熱処理によりPPV化し作製されていたが，その後，図9に示すような種々の可溶性PPV誘導体が開発された。発光色は，緑色，黄色からオレンジが主である。PPV系ポリマーLEDの特徴は低電圧駆動であり，1000 cd/m²の輝度を得るのに3～4 V程度ですむ。また，後述のポリフルオレン系と比較すると駆動寿命の面で優位性があり，現在，輝度半減時間として最高3万時間（初期輝度：250 cd/m²）が得られている。

4.2 ポリフルオレン系

ポリフルオレン（PF）系は当初，青色発光ポリマーLED材料として報告され[23]，その後，フルオレン誘導体の高い発光効率が注目されるようになり，種々のLED用ポリマーが開発された。PF系の特徴は，図10に示すようにコポリマー化により発光色を青色から赤色で広範囲にわたって変化させられることであり，また，PPV系と同様に低電圧で十分な輝度が得られることである。駆動寿命は，緑，赤で高寿命化が進んでいる（100 cd/m^{2}駆動時1万時間程度）が，青色発光誘導体に問題がある。PF系は溶解性と安定性の向上のため，通常，フルオレン環の9位をジアルキル化してある。

4.3 ポリビニルカルバゾール系

ポリビニルカルバゾール（PVK）系は，上記のPPV，PF系とは異なりポリマー単独では，高効率電界発光を得ることは出来ないが，上述のIr(ppy)$_3$などのりん光発光材料とOXD-7等の電子輸送性材料をPVK中に混合することにより，内部量子効率50％程度の高効率発光を容易に得ることが出来る。最近，りん光発光材料とビニルカルバゾールのコポリマーや，中心にりん光発光材料を有し，デンドロンとしてカルバゾール基を有するデンドリマーも提案されている。

5 電極材料

5.1 透明電極（陽極）

ホール注入電極である陽極には通常ITO（indium-tin-oxide）が用いられる。ITOは酸化インジウム（In$_2$O$_3$）に酸化スズ（SnO$_2$）を5～10％wt程度ドープしたn型の半導体である。ホール注入にとって重要な仕事関数は洗浄処理によって変化し，脱脂処理のみを行ったITOの場合，4.6eV程度であるが，UVオゾン洗浄や酸素プラズマアッシャーの使用により5.0eV以上となる。また，最近ITOに替わる透明電極材料として，In$_2$O$_3$-ZnO系[24]やAl-doped ZnO系[25]なども報告されている。

5.2 金属電極（陰極）

電子注入を考える上で陰極に使用する金属の仕事関数は極めて重要である。電子注入の観点からはより低仕事関数金属が好ましいが，電極の安定性の観点からおのずと制限される。よく用いられる陰極材料としてMg：Ag合金があり，またポリマーLEDではCaを数10nm蒸着した後Alを100nm程度蒸着したCa/Al電極が一般的である。LiF/Alと呼ばれるLiFを極薄く（0.5nm）蒸着しAlを蒸着した電極が優れた電子注入特性を示す。また，アルカリ金属を電子注入層にドープすることによりITOからの電子注入も可能であることが実験的に示されており，陽極，陰極ともにITO

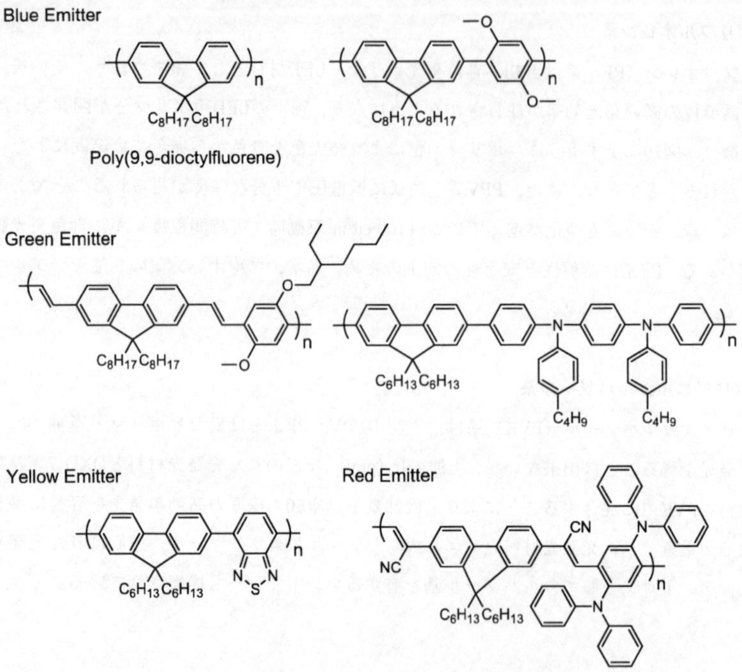

図10 主なポリフルオレン系ポリマーLED材料

を用いた透明有機LED[26,27]や透明陰極側から発光を取り出すトップエミッション型有機LEDも提案されている。トップエミッション型を採用することにより，駆動回路による開口制限の問題が緩和される。

6 おわりに

本稿では，有機発光デバイス用材料と題して，有機EL素子の代表的な構造とその構造に必要とされる材料について述べた。有機化合物の利点は分子設計・合成により望みの特性を有する材料が創製できることである。置換基一つ，アルキル鎖長一つといった微妙な材料設計まで可能であり，また，そのようなチューニングは有機化合物の最も得意とするところである。今後の有機ELデバイスの応用展開が大いに期待される。

なお，本章では紙面の関係上，有機LED材料の概略を述べるにとどまった。詳細を必要とされる方のため参考文献を挙げておく[28]。

第19章 有機発光デバイス用材料

文　　献

1) C. W. Tang, S. A. VanSlyke, *Appl. Phys. Lett.*, 51, 913 (1987)
2) J. H. Burroughes, D. D. C. Bradley, A. R. Brown, R. N. Marks, K. Mackay, R. H. Friend, P. L. Burns, A. B. Holmes, *Nature*, 347, 539 (1990)
3) C. Adachi, T. Tsutsui, S. Saito, *Appl. Phys. Lett.*, 55, 1489 (1989)
4) C. Adachi, T. Tsutsui, S. Saito, *Appl. Phys. Lett.*, 57, 531 (1990)
5) S. Tamura, Y. Kijima, N. Asai, M. Ichimura, T. Ichibashi, *Proc. SPIE*, 3797, 120 (1999)
6) A. Yamamori, C. Adachi, T. Koyama, Y. Taniguchi, *J. Appl. Phys.*, 86, 4369 (1999)
7) A. Yamamori, C. Adachi, T. Koyama, Y. Taniguchi, *Appl. Phys. Lett.*, 72, 2147 (1998)
8) M. Ikai, S. Tokito, Y. Sakamoto, T. Suzuki, Y. Taga, *Appl. Phys. Lett.*, 79, 156 (2001)
9) H. Murata, Z. H. Kafafi, M. Uchida, *Appl. Phys. Lett.*, 80, 189 (2002)
10) M. Ichikawa, R. Naitou, T. Koyama, Y. Taniguchi, *Jpn. J. Appl. Phys.*, 40, L1068 (2001)
11) Y. Hamada, T. Sano, M. Fujita, T. Fujii, Y. Nishio, K. Shibata, *Chem. Lett.*, 905 (1993)
12) 城戸淳二, 飯泉安広, 第58回応用物理学会学術講演会, 3p-zp-6, 1188 (1997)
13) M. Nakamura, S. Wakabayashi, K. Miyairi, T. Fujii, *Chem. Lett.*, 1741 (1994)
14) N. Tamoto, C. Adachi, K. Nagai, *Chem. Mater.*, 9, 1077 (1997)
15) H. Tokailin, M. Matsuura, H. Higashi, C. Hosokawa, T. Kusumoto, *Proc. SPIE*, 1910, 38 (1993)
16) C. W. Tang, S. A. VanSlyke, C. H. Chen, *J. Appl. Phys.*, 65, 3610 (1989)
17) T. Wakimoto, Y. Yonemoto, J. Funaki, M. Tsuchida, R. Murayama, H. Nakada, H. Matsumoto, S. Yamamura, M. Nomura, *Synth. Met.*, 91, 15 (1997)
18) S. A. VanSlyke, P. S. Bryan, C. W. Tang, *in Proc.* Inorganic and Organic Electroluminescence, p.195 (Belrin, 1996)
19) M. A. Baldo, D. F. O'Brien, Y. You, A. Shoustikov, S. Sibley, M. E. Thompson, S. R. Forrest, *Nature*, 395, 151 (1998)
20) M. A. Baldo, S. Lamansky, P. E. Burrows, M. E. Thompson, S. R. Forrest, *Appl. Phys. Lett.*, 75, 4 (1999)
21) C. Adachi, M. A. Baldo, S. R. Forrest, S. Lamansky, M. E. Thompson, R. C. Kwong, *Appl. Phys. Lett.*, 78, 1622 (2001)
22) C. Adachi, R. C. Kwong, P. Djurovich, V. Adamovich, M. A. Baldo, M. E. Thompson, S. R. Forrest, *Appl. Phys. Lett.*, 79, 2082 (2001)
23) Y. Ohmori, M. Uchida, K. Muro, K. Yoshino, *Jpn J. Appl. Phys.*, 30, L1941 (1991)
24) 井上一吉, "In_2O_3・ZnO透明電極膜技術", 有機LED素子の残された重要課題と実用化戦略 ぶんしん出版 (1999) p.81
25) H. Kim, C. M. Gilmore, J. S. Horwitz, A. Pique, H. Murata, G. P. Kushto, R. Schalf, D. B. Chrisey, *Appl. Phys. Lett.*, 75, 259 (1999)
26) G. Partharathy, C. Adachi, P. E. Burrows, S. R. Forrest, *Appl. Phys. Lett.*, 76, 2128 (2000)
27) A. Yamamori, S. Hayashi, T. Koyama, Y. Taniguchi, *Appl. Phys. Lett.*, 78, 3343 (2001)
28) 城戸淳二監修, 有機EL材料とディスプレイ　シーエムシー出版 (2001)

第20章　フォトイメージャブル材料

岩永伸一郎*

1　はじめに

　本章ではフォトイメージャブル材料と題して，電子機器の小型軽量化に不可欠の微細加工技術を支えるパターニング可能な感光性材料に関して紹介する。コンピュータや携帯電話を始めとする電子機器の性能向上（処理速度の向上，記憶装置の大容量化，筐体の小型・軽量化による携帯性の向上，低価格化の進行）は留まるところを知らず，以前にも増して電子機器は身近な存在となってきている。また，インターネットの普及，通信速度の向上は予想を超えるものであり，今やビジネスそのものがコンピュータ，インターネット，携帯電話などのハイテク機器無しでは成り立たない状況になっている。
　これらを支えているのは半導体加工用レジストに代表される微細加工技術の進展による半導体素子の高性能化，およびこれを搭載するパッケージの小型化，高密度化を実現する実装技術の進展によるものである。微細化高技術においては，レジストを始めとする感光性の材料は必須の材料であり，本章ではいわゆる前工程と言われる半導体加工に用いられるレジスト材料から，これらを搭載し実際のパッケージ基板として仕上げるまでに用いられる各種感光性材料に関して紹介する。

2　感光性材料の反応機構

　現在実用化されているパターニング可能な感光性材料はその反応機構から，表1に示したように大きく分けて5種に分類される。これらの反応機構を利用して，半導体の微細加工用のエッチング用レジストをはじめ，後工程におけるメッキ用のレジスト，さらには永久膜としての感光性絶縁膜などに応用されている。まずはこれらの材料の反応機構に関して簡単に紹介する。

2.1　NQDポジ型レジスト

　主成分はノボラック樹脂とナフトキノンジアジド系感光剤（NQD系感光剤）からなる。図1に

---

*　Shin-ichiro Iwanaga　JSR㈱　精密電子研究所　プロセス材料開発室　室長

第20章 フォトイメージャブル材料

表1 感光性材料の分類

	反応機構	用途
ポジ型	NQD系	半導体微細加工（g, i線レジスト），メッキ用レジスト，液晶パネル用，感光性絶縁膜
	化学増幅系	半導体微細加工（KrF,ArFレジスト）
ネガ型	アクリル重合系	印刷版，ドライフルム，メッキ用レジスト 感光性絶縁膜
	化学増幅系	半導体微細加工（i線，KrFレジスト），感光性絶縁膜
	光カチオン重合系	感光性絶縁膜

ナフトキノンジアジドの光反応機構

g線、i線レジストの解像原理

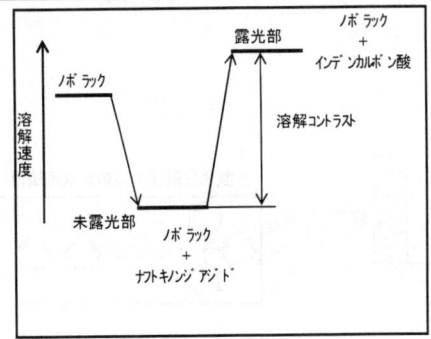

図1 NQD系ポジ型レジストの反応機構

示したように未露光部ではNQD化合物とノボラック樹脂の相互作用によりアルカリ現像液に対して難溶化している。光照射部はナフトキノンジアジドが分解することにより，最終的にはインデンカルボン酸へと変化する。この際，ノボラック樹脂への難溶化効果の消失，およびインデンカルボン酸によるアルカリ現像液への溶解速度の増加が起こる。

この現象を利用して，露光部と未露光部の溶解速度コントラストを出す機構である。また，ナフトキノンジアジドがインデンカルボン酸に構造変化する際にブリーチングするため，露光部と未露光部との透明性のコントラストも発生し，更に光反応の進行度合いの差異を高めている。

2.2 化学増幅ポジ型レジスト

この系はカルボン酸やフェノール基などのアルカリ可溶性基の一部を酸分解性の保護基で保護することにより、アルカリ現像液への溶解性を低減させた樹脂と光酸発生剤（PAG）を主成分とする。図2に示したように露光時にレジスト中の光酸発生剤が光エネルギーにより分解して強酸を発生し、このあとのPEB（Post Exposure Bake）工程と呼ばれる加熱により、酸が触媒となって保護基を分解してカルボン酸やフェノール基を再生し、アルカリ現像液への溶解速度を増す仕組みである。従って露光時はPAGの分解により酸が発生するだけで、まだ保護基の分解反応はほとんど進行していない。PEB時に酸が触媒として作用し、一個の酸で複数の保護基を分解する機構のため化学増幅と呼ばれている。

2.3 化学増幅ネガ型レジスト

この系は化学増幅ポジ型と同じく化学増幅機構で進行するが、図3に示したように、ノボラック樹脂やポリヒドロキシスチレンなどのフェノール系のアルカリ可溶性樹脂と、N-メチロール基を有する架橋剤と酸発生剤から構成されている。ポジ型と同じく露光時はPAGの分解により酸が発生、続くPEB工程で樹脂と架橋剤間で縮合反応が進行し、架橋構造が形成され、現像液への溶解速度が低下する機構である。

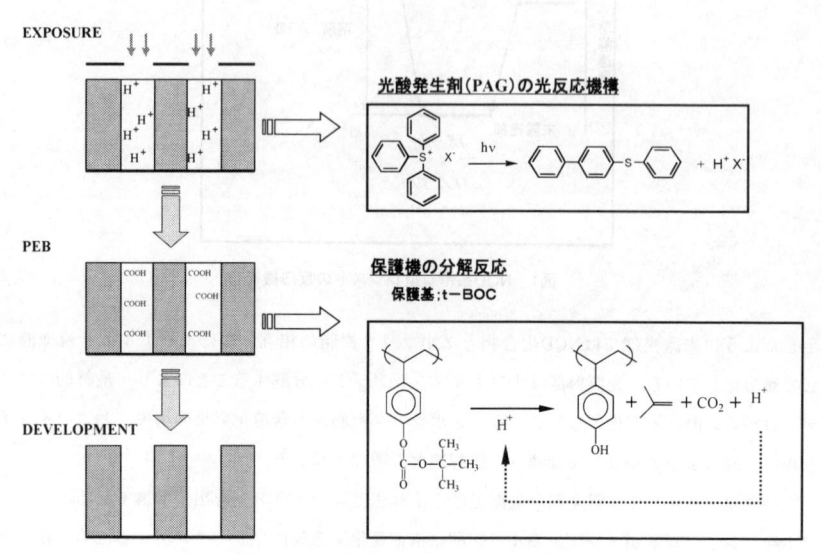

図2 化学増幅ポジ型レジストの反応機構

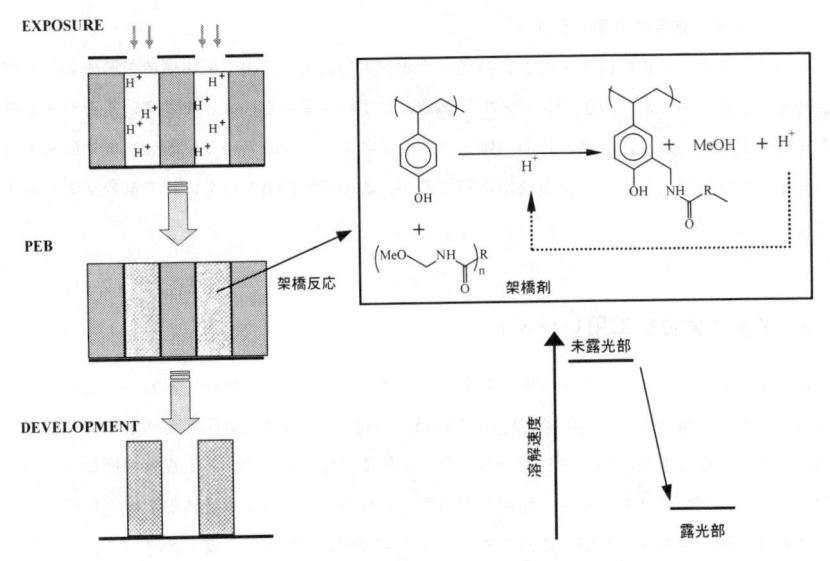

図3 化学増幅ネガ型レジストの反応機構

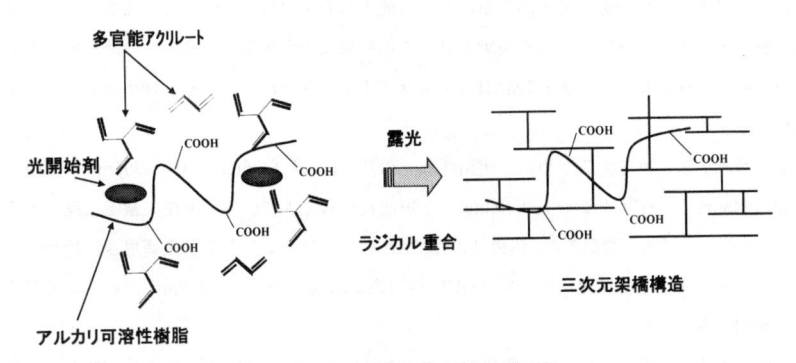

図4 アクリルネガ型レジストの反応機構

2.4 アクリルネガ型レジスト

　この系はアルカリ可溶性の樹脂，多官能のアクリルモノマー，光ラジカル開始剤を主成分とするアルカリ現像型のラジカル重合系のネガ型レジストである（図4）。光が当たった部分で光ラジカル開始剤が分解しラジカルが発生する。この発生したラジカルを開始点として，添加している多官能アクリルモノマーがラジカル重合反応を起こし，三次元の架橋構造が形成され現像液に不溶となる機構である。

2.5 光カチオン重合ネガ型レジスト

　この系はエポキシまたはオキセタンの光カチオン重合により三次元架橋構造を形成し，不溶化させることを利用したネガ型のレジストである。エポキシ基あるいはオキセタン基を有する樹脂と光酸発生剤からなり，前述の化学増幅ネガ型レジストとよく似ている。露光により酸発生剤から発生した強酸によりカチオン重合が進行するが，この系もPEB工程をいれて重合反応を加速させ高感度化している。

3　半導体微細加工用レジスト

　量産型の半導体加工ではフォトマスクを介して紫外光をレジスト材料に照射し，光の当たった部分が現像液に可溶化する（ポジ型），あるいは不溶化する（ネガ型）反応を利用してレジスト材料のパターン形成を行ない，これをマスクとして拡散工程，エッチング工程等を行なうことで微細なゲート，コンタクトホール，配線などの形成を行なっている。半導体加工用のレジストは第一に解像性能が要求されるが，これ以外にドライエッチング耐性が必要であり，これは主骨格としてなるべく炭素含量の高いものが有利である。このために用いられる波長に対する透明性により最適の構造のものを選ぶ必要がある。また，他の分野の材料と比較して，極端に低い金属不純物（特にアルカリ金属）含有量を要求され，この精製技術も重要である。この理由でこの分野では現像液も有機アルカリであるTMAH（テトラメチルアンモニウムハイドロオキサイド）水溶液が使用される。

　また微細加工に対応するために，使用する光の波長はg線（436nm），i線（365nm），KrFエキシマ光（248nm），ArFエキシマ光（193nm）と短波長化してきている。現在の量産工程での主役はKrFエキシマレジストであるが，超微細工程でArFエキシマレジストが量産適用され始めた段階である。今後の更なる微細化に関してはDUVと呼ばれるF2レーザー（157nm），さらには電子線露光の検討が進んでいる。

　g線，i線用のポジレジストは，前述のナフトキノンジアジゾ（NQD）系のレジストであり，ノボラック樹脂と感光剤としてのナフトキノンジアジド化合物との組み合わせで構成されている。ノボラック樹脂が用いられている理由は，アルカリ現像液に可溶であることと，エッチング耐性に優れているためである。

　KrFエキシマ光の波長領域ではノボラック樹脂自身がこれらの波長領域に強い吸収を有するため使用できず，ノボラック樹脂に代わって248nmに吸収の窓があるポリヒドロキシスチレンが用いられている。さらに解像機構として図2の化学増幅機構が適用された。図5に代表的なKrFレジスト用樹脂の構造を示した。

第20章 フォトイメージャブル材料

　ポリヒドロキシスチレン骨格の分子量,分子量分布,保護基の種類や保護率,光酸発生剤の構造,発生酸の構造,塩基性添加剤による酸拡散の調整などにより,解像度やレジストプロファイル等の向上が行われ,さらには露光機の光学系の精度向上や特殊な露光法の組み合わせと相乗して,今やKrFエキシマ光の波長（248nm）をはるかに下回る100nm以下での線幅でのパターニングが可能となっている。

　100nm以下の超微細加工の領域ではArFエキシマ光（193nm）を光源とするフォトレジストがいよいよ量産適用の段階に達してきた。KrF用に用いられたポリヒドロキシスチレンも193nmに強い吸収を持つため,ArF用には使用することができない。193nmにおける透明性と,ドライエッチング耐性を両立できる樹脂として,図6に示したようなアダマンタン骨格やノルボルネン骨格等の脂環構造を有する樹脂が採用されている。ArF用レジストも露光による溶解コントラストはKrF

図5　KrFエキシマレジスト用樹脂の例

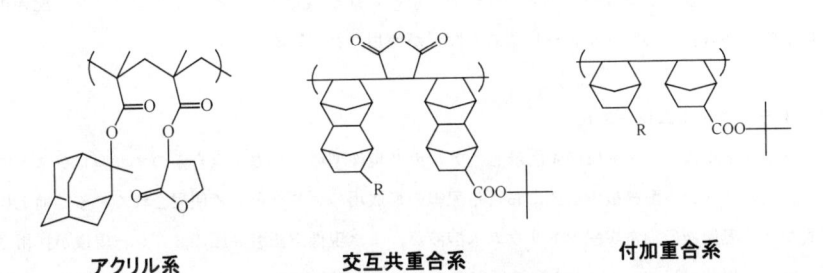

図6　ArFエキシマレジスト用樹脂の例

237

と同様に化学増幅機構によって得られ,各種の新たな保護基が開発されてきている。また光酸発生剤も193nm用に最適なものを選定する必要がある。

ネガ型レジストは現像液による膨潤の問題で解像性が出しにくいため,半導体用レジストではポジ型が主流であるが,高いエッチング耐性が必要とされるインプラ工程ではネガ型レジストが用いられる場合もある。現在実用化されているレジストは,図3に示した樹脂骨格としてノボラック樹脂を用いたi線ネガレジスト,およびポリヒドロキシスチレン,スチレン―ヒドロキシスチレン共重合体を用いたKrFネガレジストが挙げられる。

また,更なる微細化のために光源の短波長化が進んでおり,次世代としてはF2レーザー(157nm)が有力視されているが,この波長では炭化水素そのものが透明性の点で使用不可能となり,シリコンやフッ素系の主骨格を持った樹脂が検討されている。また既にASIC用で実績のある電子線の利用も検討が進んでいる。こちらは透明性が問題とならないため,レジストの基本構成としてはKrFエキシマレジストで使用されているPHSを基本構造とした化学増幅系レジストが使用可能であり,露光装置の開発が進めば実用化が近い。

4 実装材料

実装工程で代表的なものいわゆるプリント基板の製造であるが,最近では携帯電話に代表される電子機器の小型化,高性能化に伴い,パッケージの小型化,高密度化に対応して,ウエハーレベルCSP(Chip Size Package)やSiP(System in Package)と呼ばれる微細加工技術を駆使した小型のパッケージの開発が進んでいる。レジストと感光性絶縁膜,メッキ技術を用いて微細な配線を形成するものであり,これらは基板技術とウエハー技術の融合したものと見なすこともできる。実装工程でも感光性の材料が広く使われており,プロセス材料としては,プリント基板の配線を形成するために使用されるドライフィルムレジストであり,バンプ形成用のメッキレジストである。また,永久膜としてはバッファーコートに用いられる感光性ポリイミドや,プリント配線板の最上層の保護膜であるソルダーレジストなどが使用されている。

4.1 ドライフィルムレジスト

ドライフィルムレジストは図4に示したアルカリ現像型のラジカル重合系のネガ型レジストである。主にプリント配線板の製造における配線の形成用のマスクとして使用されている。前工程と異なり,現像液は通常炭酸ナトリウム水溶液が,また現像方法も高圧のスプレー現像が採用されている。現状では20μm以上の配線幅であるが,更に微細化してくると基板との密着性の問題でこのプロセスでは限界があり,材料側からは密着性の改良が求められている。しかしながら高

圧現像であるため，接地面積が小さいが故の物理的に圧力に耐えられないのが主因であり現像装置も含めた改良が必要である。さらには露光装置そのものも現状の平行光露光機では限界に近づきつつあり，アライメント精度も含めて前工程におけるステッパーと同じような機構の露光機が必要となってくる。

　また剥離がいわゆる膨潤剥離であり，微細化してくると剥離残りが発生しやすくなり，解像性に加えて剥離性の改良が強く求められている。配線形成は，従来はサブトラクティブ法が主流であり，この場合には剥離は大きな問題とならなかったが，この方法では配線幅20μm程度が限界と言われており，これ以上の微細化のためにはセミアディティブ法が必須となる。しかしながら，セミアディティブ法ではメッキパターンが邪魔をするため膨潤剥離では剥離残りの問題が発生しやすくなる。ところが一般にはレジストの設計面からは解像性能と剥離性は二律背反の関係にあり，レジストだけでの両立は簡単ではない[1]。この問題もレジスト設計とともに，剥離液，剥離装置も含めての開発が必要となってくる。いつまでも従来の装置，プロセスに執着していると微細化はできないことになりかねない。ドライフィルムレジストの場合，ドライフィルムにするための特性，すなわち巻き取っても割れないこと，さらにコールドフローが起こらないことが必要であり，設計に液状レジストほどの自由度がない点が課題であり，進展を妨げている面がある。

　また，この問題の解決のためにポジ型のドライフィルムが検討されたが，ポジ型はその樹脂構造上，硬くフィルム化が困難なため，まだ実用化はされていない。

4.2　メッキ用レジスト

　ウエハーレベルCSPやSiPの配線用は，完全なウエハープロセスであり，液状レジストが主に使用されており，また露光機もアライナーに加えて等倍ステッパーが使われるケースも多い。レジストとしてはNQDポジ型レジストとアクリルネガ型レジストが使われている。NQD系レジストは基本構成は図1に示した樹脂と感光剤からなるが，基板との密着性や厚膜塗布性，メッキ液耐性を考慮して高分子可塑剤が添加されている。高分子可塑剤としてはアクリル系の樹脂やポリビニルエーテル樹脂などが採用されている。

　しかしながらNQDポジ型レジストは耐薬品性や密着性が十分でなく，メッキ液の種類によってはレジストの溶解やメッキのしみ込みが発生しやすい。また，透明性が悪いことから膜厚依存性が大きく，段差が大きい場合には露光のマージンが取れない場合が多い。特に深いビア部と微細な配線部を同時にパターニングする場合，ビア部を完全に抜く露光量では配線部はオーバー露光となり，線の細りや順テーパー形状となり大きな問題となる。

　これに対してネガ型レジストは，露光部が3次元架橋構造をとるために耐薬品性，密着性が高く，メッキ液耐性が高くメッキ液の選択範囲が広い。さらに非常に透明な設計が可能なことから，

膜厚依存性が小さく，大きな段差があっても微細な配線を十分な露光，現像マージンを持ってパターニングできる特徴を有している。また剥離に関しても樹脂構造や剥離液の工夫で溶解剥離できる材料が開発されており，図7に示したように10μm以下のCu配線でも十分なマージンを持って形成可能となってきている。ポジレジストの場合パターン形状が順テーパーとなるため，メッキ形状はこの逆で逆テーパーとなる。このため次の絶縁層を塗布する場合にエアー抱きを起こしやすくなり，均一な塗布が難しくなる。

バンプ用レジストも同様にしてNQDポジ型レジストとアクリルネガ型が実用化されている。金バンプは液晶パネル用のドライバーICの接続用として広く用いられている。金バンプの場合メッキ液としてシアン金浴を用いると，ポジ型の場合密着性が不足しメッキの浸み出しが激しく，実質使用できない。これに対してネガ型は架橋構造をとるが故に密着良好であり，シアン金メッキ液も使用可能である。メッキの管理コスト的にシアン金メッキの方が有利なため，ネガレジストとの組み合わせで実用化されている。解像度も図8に示したように非常に微細なバンプが形成可能である。

半田バンプはCPUの接続用として広く用いられている。半田バンプは従来のマッシュルームバンプからストレートバンプに移行してきており，レジストは70μm以上の高膜厚で使用される場合がほとんどである。高膜厚になるとネガ型レジストの独断場である。何故なら，NQDポジ型レジストはその感光機構から，N_2ガスを発生するため厚膜になると露光部が発泡する問題が発生しやすい。また低感度（4～5000mJ/cm^2），形状が順テーパー等の問題があり実質上使用不可能である。

図9にネガレジストを用いて膜厚70μmで形成したレジストパターンの例を示した。ほぼ垂直

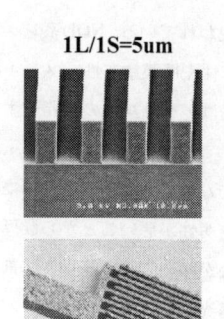

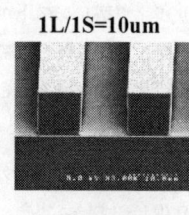

図7　ネガレジストTHB-110Nによる微細銅配線

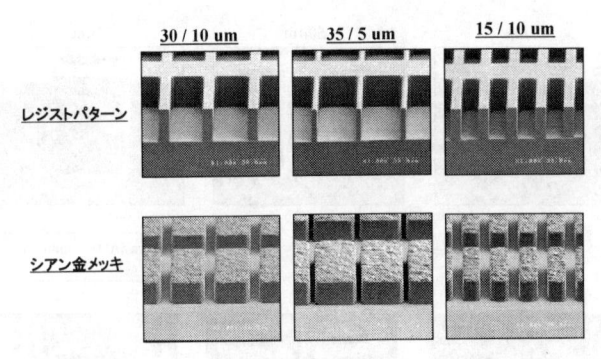

第20章 フォトイメージャブル材料

図8 ネガレジストTHB-124Nによるシアン金メッキ（膜厚25μm）

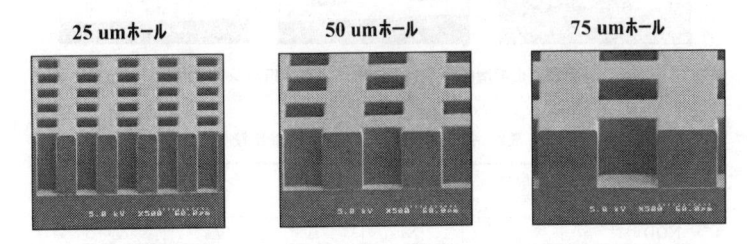

レジスト塗布:70um / sputtered Cu wafer
露光:1,000mJ/cm², SPECTRUM-3 (g,h,i-line;ULTRATECH)
現像:150sec, PD523, 2 times paddle現像

図9 ネガレジストTHB-151Nの解像性能（膜厚70μm）

の良好な形状のバンプ形成が可能なことが分かる。銅ポストも同様に簡単に形成できる。また剥離も専用剥離液の使用で30℃×30分くらいの条件で完全に剥離できている。溶解剥離型のネガレジストの大きな特徴であると言える。ドライフィルムの項で述べたように，分散剥離型であるとこのような高膜厚，狭ピッチのバンプの場合は，完全な剥離は非常に困難である。

さらにポジ型の剥離性の良さを活かすために，化学増幅ポジ型のメッキ用レジストの検討も進められている。図2に示した樹脂構造ではPEB時にイソブテンの発生により，メッキ用の高膜厚では発泡してしまうため，保護基をもっと分子量の大きなものにすることにより，発泡をなくすことで設計が可能となってきている。化学増幅の特徴である，高感度，高解像性を保ち，かつポジの特徴である剥離の容易さを達成できている[2]。解像性に関してはアスペクト比で3以上のパターンが形成可能である（図10）。ただし，化学増幅の最大の欠点である環境耐性はやはり問題であり，露光後の引き置き（PED）で数時間しか持たない。また下地の影響も大きく，塩基性の

241

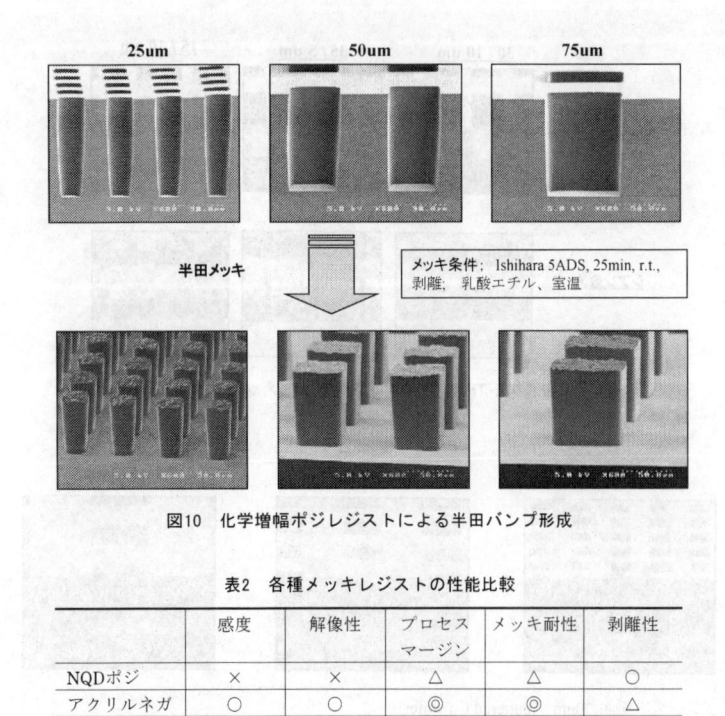

図10　化学増幅ポジレジストによる半田バンプ形成

表2　各種メッキレジストの性能比較

	感度	解像性	プロセスマージン	メッキ耐性	剥離性
NQDポジ	×	×	△	△	○
アクリルネガ	○	○	◎	◎	△
化学増幅ポジ	◎	○	×	△	○
化学増幅ネガ	○	○	△	◎	×

基板では抜け性が極端に悪化する現象が見られ，実用化に向けてはプロセス面も含めて更に改良が必要である。

　一部で化学増幅ネガ型レジストをメッキ用に検討されているが，解像性，メッキ液耐性ともに高く，メッキまでは何の問題もないが，残念ながら剥離性が悪く，剥離が何でもありの用途でないと使えない。表2に各々のメッキ用レジストの特性をまとめた。剥離性，プロセスマージンを含めたトータルの特性ではアクリルネガ型が最もバランスが取れていると思われる。

　またメッキ法以外にも狭ピッチ半田バンプの形成は検討されており，ドライフィルムで開口した穴に半田ペーストを充填し，リフロー後，ドライフィルムを剥離する方法が提案されている[3]。この場合リフロー時に250℃以上の高温に曝されるため，通常のレジストでは架橋反応が進みすぎ剥離ができなくなる問題があった。しかしながら剥離性を改良した液状レジスト（JSR-THBシリーズ）を用いた場合，問題なく剥離できることが確認されており，実用化が可能となってきている（図11）。

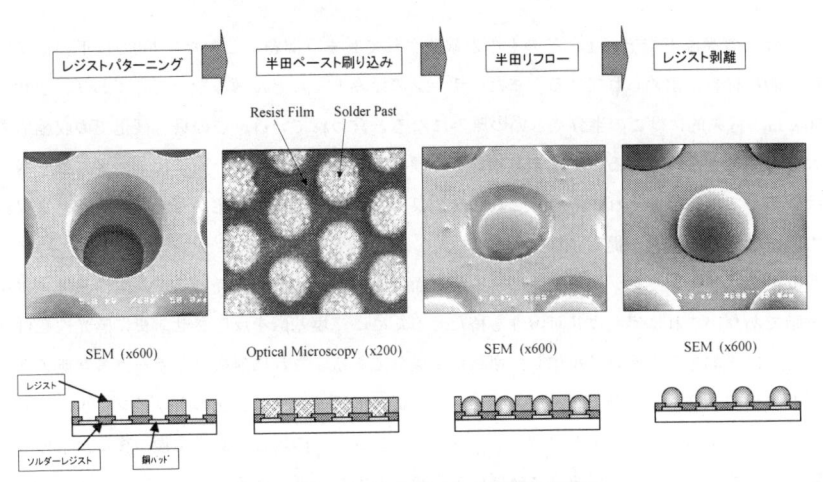

第20章 フォトイメージャブル材料

図11 半田ペーストを用いたバンプ形成方法

4.3 感光性絶縁膜

また，永久膜としても感光性の材料は用いられている。これら永久膜はパターニングが可能であることと共に，永久膜としての物理物性，長期にわたる信頼性が必要とされる。このためにプロセス材としてのレジストとは違った，一般のプラスチック材料と同じような物理物性が必要となる。感光性の材料は感光性を持たせるための成分が必要であり，これが必要でない熱硬化性の材料に比べて，物性的には劣るのが一般的である。このため，ビルアップ基板の製造にフォトビア材が研究されたが，結局信頼性の問題で熱硬化絶縁材を用いたレーザービアに席巻される結果となってしまった。従って，物性をいかに高め，パターニング性とのバランスを取るのかが設計上のキーポイントである。

この一例として半導体加工の最終工程で保護膜として使用されるバッファーコートが知られている。バッファーコートは初期は非感光のポリアミック酸の上にNQD系ポジレジストを塗布し，ポジ型レジストをパターニング後，これをマスクとしてウエットエッチでポリアミック酸をパターニングする方法が主流であったが，現在は感光性のポリイミドが主に用いられている。これらの永久膜は全てパターニング後，加熱硬化させ物性を発現させるのが普通である。

感光性ポリイミドもネガ型，ポジ型の両方があり，前述のレジストと同じく，ネガ型はラジカル重合型，ポジ型はNQD系の感光機構が採用されている。現在はリワークのしやすさからポジ型の方が主流となってきている。

ところが，ウエハーレベルCSPなどの微細工程に適用する場合，従来の感光性PIではいくつかの問題点が指摘されてきている。一つは硬化温度が300℃以上の高温であり，デバイスの種類に

よってはこの高温下でデバイスそのものが破壊されてしまう問題。このため200℃以下の低温硬化が可能な材料が求められている。また，チップの厚みもどんどん薄くなってきており，現状でも50μm，将来的にはこの半分くらいの厚みになると言われている。この場合硬化での収縮応力が大きな問題となってくる。すなわち絶縁膜の硬化収縮により，ウエハーの反り，更に酷い場合には破壊してしまうおそれがある。これらを改良する目的で，低温硬化が可能な材料や，定収縮応力，低弾性率の材料が提案されている[4~6]。

基板用ではソルダーレジストと呼ばれる最表面の保護膜用に使われている。基本構造はエポキシ樹脂であり，これにアルカリ可溶性を持たせるために二塩基酸を反応させ，更に感光性を付与するために一部をアクリロイル化した樹脂が主成分である。これに無機フィラー，多官能アクリレート，光開始剤，顔料などが添加されている。従って感光機構は上記のドライフィルムと同じく，アクリル系のネガレジストに当たる。ソルダーレジストの場合，露光現像の後に，永久膜としての物性を出すために，現像後に熱硬化工程が入るのが普通である。

ソルダーレジストも微細化が進んでいるが，解像性能と絶縁性のバランスが限界に近づいている。解像性を上げようとすれば，樹脂の溶解性を高くする必要がありカルボン酸含量を高くせざるを得ない。このため親水性が高くなり絶縁性の低下を招き，マイグレーションの問題を引き起こしやすくなる。このためフェノール骨格のソルダーレジストの開発も進んでいる。

5 おわりに

以上，半導体加工から，実際の電子機器が組み立てられるまでに現在使用されている感光性材料に関しての紹介を行った。これらの感光性材料が無ければ，電子機器は一切生産できないのは明らかであり，今後更に重要性が増すものと考えられる。

このほかにも，液晶パネルの生産に使用される着色レジスト，感光性スペーサー材，各種保護コート材など，広い範囲で感光性材料は使用されており，目的に応じた高性能化，さらには新しいプロセスを組むための新しい材料の開発がますます重要になってくる。

文　　献

1) 外村正一郎，実装技術ガイドブック2003年，電子材料別冊，p.60（2003）
2) 岩永伸一郎，高分子学会2001-2光反応・電子用材料研究会要旨集

第20章　フォトイメージャブル材料

3) 特開2000-20891
4) 菊地克弥ほか，第17回エレクトロニクス実装学術講演大会，14A-13
5) 一色実ほか，実装技術ガイドブック2003年，電子材料別冊，p.92（2003）
6) 岩永伸一郎，実装技術ガイドブック2003年，電子材料別冊，p.88（2003）

第21章　ポリマーオプティカル材料

魚津吉弘[*]

1 ユビキタス時代のポリマーオプティカル材料

　プラスチック材料の特徴として，①プラスチック材料の易加工性からくる成形加工コストが低いこと並びに形状付与が非常に容易なこと，②衝撃がかかっても割れにくいこと，③軽量であること，④染料や微粒子等の機能性材料を添加し機能性の付与が容易であること，等が挙げられる。これらの特徴から，ポリマー材料は電機製品に広く適用されている。特にモバイル機器に関しては，耐衝撃性・軽量ということでポリマー材料の適用が進んでおり，ユビキタス時代を支えるキーマテリアルとなっている。その中で透明ポリマー材料に関しては，汎用透明ポリマーの透過波長が可視光域に限られていることから，現状ではほとんどが可視光を利用する映像表示・画像伝送の分野で用いられている。なかでも，映像表示分野は光学プラスチックが最も多く用いられている領域であり，特にモバイル機器におけるディスプレイ部材に関しては，ポリマー材料の独壇場となっている。耐衝撃性，易加工性，拡散材や吸収剤の混入が容易であること等，プラスチックの特性が存分に発揮される分野である。また，画像伝送分野ではメガネレンズ・コンタクトレンズ，CD,DVD等の光ディスクのディスク材料及びピックアップレンズやファクシミリ・スキャナに用いる画像読み取り用のレンズ等に用いられている。こちらも，プラスチックの特性が充分に発揮できる領域である。一方，情報伝送の分野においてはガラス製の光ファイバを用いたシステムが幹線系を中心に構築されており，そのシステムに用いられている光源波長は赤外領域である。一方，一般のポリマー材料は赤外領域にはC-H結合の伸縮振動吸収及びその倍音の吸収領域の存在により，ガラス製光ファイバで用いられる受発光システムの適用が困難であり，現状では情報通信分野でのポリマー材料の適用例は少ない。そのような中で，一般への普及が始まっているのが，プラスチック光ファイバである。プラスチック光ファイバは，ガラス製光ファイバと比較して伝送距離が短いというデメリットもあるが，そのすぐれた可撓性と加工性に加えて開口数を大きくとれること，電磁ノイズの影響を受けにくいことや安価である等の特徴をいかして，ディスプレイ，ライトガイド，光センサ，短距離光通信等の用途を開拓してきた。近年，ホームネ

---

*　Yoshihiro Uozu　三菱レイヨン㈱　中央技術研究所　主任技師

ットワークや車載ネットワークの有力な媒体として取り上げられ，ATFフォーラム，IEEE1394等での標準化が進んでいる。1998年，はじめて車載LANへ本格的に適用され，現在ヨーロッパを中心に車載LANへの搭載が活発化している。

　家庭内のどの部屋においても情報が共有でき，パーソナルコンピュータや家電製品等あらゆるものを高速ネットワークで結ぶことを想定したホームネットワークの構想，並びに家庭外においても自動車内において家庭及び職場と情報を共有できうる環境を構築するといった構想が，プラスチック光ファイバを高速信号の伝送媒体として用いる形で提唱されている。このようにプラスチック光ファイバは，ユビキタス時代を支えるシームレスな環境の構築のベースとなる部材として期待されている。本章では，このプラスチック光ファイバに関して詳述する。

2　プラスチック製光ファイバ（POF）開発の経緯とその特長

　光ファイバへの高分子材料の適用は，1964年のデュポン社による開発に始まるが，その後，主として日本電信電話公社 茨城電気通信研究所（現，NTT光エレクトロニクス研究所）において一連の基礎研究が行われた。一方，工業的には三菱レイヨンが，1975年にPMMA系POFのスーパーエスカの企業化に成功し，以来多くのタイプが開発されてきている。また，1980年代には東レ，旭化成が市場に参入している。現在，これらの3社で世界中へPOFを供給している。

3　プラスチック光ファイバの基本材料

　POFは基本的に高屈折率のコア材と低屈折率のクラッド材の2層構造からなっている。POFに入射した光はコアークラッドの界面の全反射するという原理を利用し，光を伝えていくものである。現在，市場にでているPOFの大部分はコア材料にポリメタクリル酸メチル（PMMA）が用いられている。特別な用途には，ポリカーボネート（PC），ポリスチレン（PS），アモルファスポリオレフィン（COC）等が用いられている。PMMAはプラスチックの中で最も透明性が高く，耐候性も良好で大量生産にも適しているという特徴を有している。また，PMMAは年間百万トン単位で製造されている一般的な樹脂であり，非常に低コストな樹脂でもある。現在，一般的にPOFというとPMMAコアのプラスチック光ファイバのことをさす。以下，本書でもことわりがない限りPMMA系プラスチック光ファイバをPOFと記載する。

　クラッド材としては低屈折率で透明であるという光学的な特性，機械的な強度並びにコア材との密着性等が要求される。このクラッド材には，現在テトラフルオロエチレンとフッ化ビニリデンとの共重合体やフッ素化アルキルメタクリレート系共重合体が主に用いられている。

POFは光を伝送するための材料であり，特にコア材の透明性がポイントとなっている。このためにPOF製造時には，モノマーの蒸留精製，モノマーの重合，クラッドとの溶融複合を如何にクリーンな環境下で行うかが重要なポイントとなっている[1]。

4 プラスチック光ファイバの基本的な特徴

4.1 ファイバ形状 大きなコア径

POFとガラス製光ファイバ（GOF）との構造上の比較を図1に示す。POFの最も大きな特徴はコア径が非常に大きいということであり，ファイバと光源や受光素子，ファイバーファイバのカップリングが非常に簡便である。このことから，システムとして用いるときに光部品に対する要求精度が緩く，光部品のコストが著しく抑えられている。また，実際の敷設時においても，接続作業が非常に簡便なものとなっている。コア材であるPMMAが低価格な材料であるためにコア径を大きくしても価格が高くなるということもなく，ファイバも含めたシステム全体として安価なものとなっている。

また，GOFと比較して大きな開口角（NA）を有しているために，光源からの取り込み光量が大きいという特徴もある。

4.2 ポリマー材料

POFはポリマー材料であり，材料自体に柔軟性を有しており，大きな径ではあるが容易に曲げられるという特徴を有している。また，それ自体が引っ張り強度を有しているために，その光ファイバケーブルはガラス製光ファイバのものとは異なり，補強繊維やクッション材などを入れな

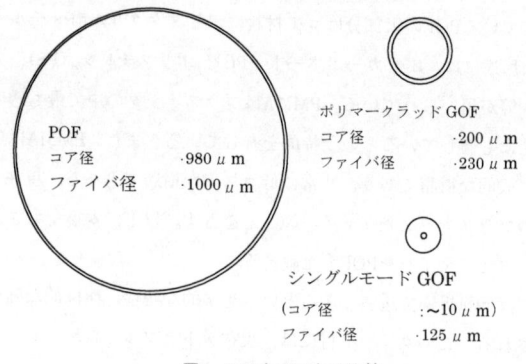

POF
コア径　　　・980 μm
ファイバ径　・1000 μm

ポリマークラッド GOF
コア径　　　・200 μm
ファイバ径　・230 μm

シングルモード GOF
（コア径　　　:～10 μm）
ファイバ径　・125 μm

図1　POFとGOFとの比較

くても強度が発現し、単純な樹脂からなるケーブル材がかかっただけの非常にシンプルな構造となっており、これもシステムの低価格化へ寄与している。

また、POFはプラスチック材料よりなっていることから、接続時に施す端面処理が鏡面状のホットプレートに押しつける等、非常に簡便な処理で実施される。

さらに、ガラス製光ファイバは割れやすく、その端面やくずが体に刺さるという危険があったが、POFはプラスチック材料であり、その危険は考えられない。

4.3 伝送損失 伝送波長が可視光域

POFの伝送損失のチャートを図2に示す。POFの伝送損失の要因を表1に示す。POFの伝送損失の要因は、C-H結合の伸縮運動による固有の吸収と材料の密度揺らぎに起因するレイリー散乱とが支配的である。GOFは1,310nm及び1,550nmで損失が最も低くなり、一般的にその波長域で用いられている。しかしながら、POFはこのような近赤外の領域では透明性が悪く使用できない。POFは570nm及び520nmに最も損失が低くなる。実際にはこの波長域には信頼性が高くパワーの大きいLED光源が存在しないために、適用できる光源がある650nmの波長が実際には使用されてきた。最近になってInGaN化合物による緑色と黄色の高輝度のLEDが開発されてきた[2]。これらの波長域の光源を用いることにより、伝送距離を約2倍にできることが期待でき、POFを用いたリンクの開発が行われつつある[3,4]。

赤外域での透明性を確保するために重水素置換のPMMAをコアとするPOFについて検討されている。この検討では可視域のみでなく近赤外の領域も伝送損失が下がることが確認されている[5]。

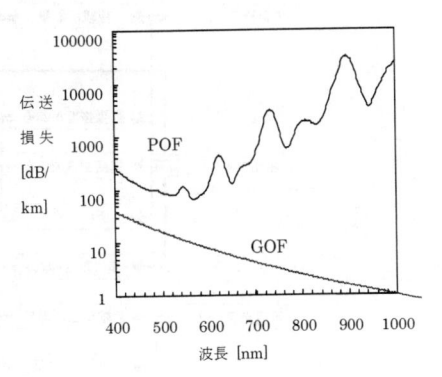

図2 POFの伝送損失曲線

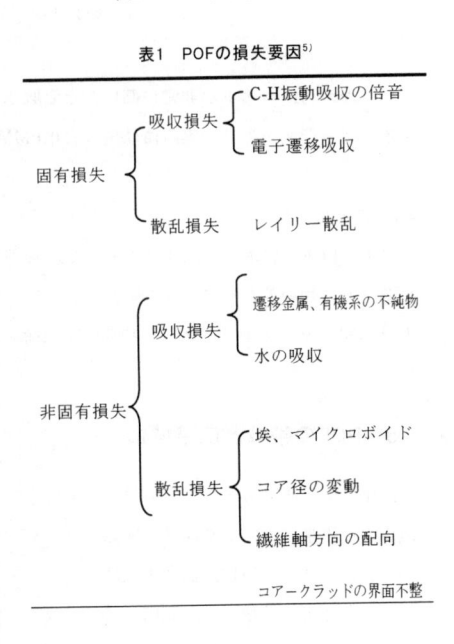

表1 POFの損失要因[5]

図3 POFの特徴とメリット

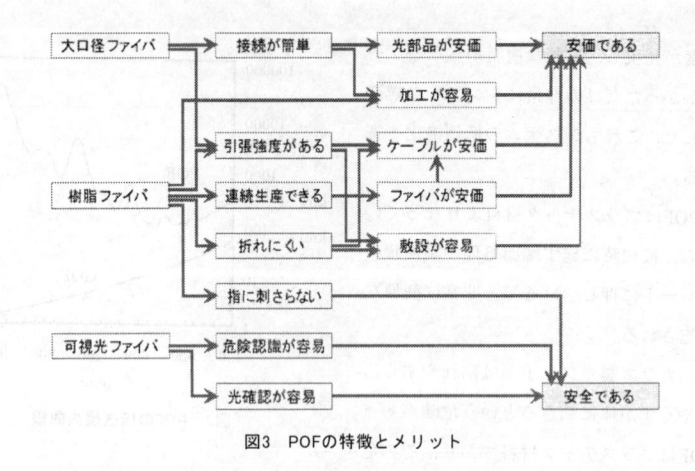

しかしながら，コストが非常に高いことと吸水した際に水のO-H結合の振動に起因し伝損が劣化するという問題が生じ，実際には重水素化PMMAは用いられていない。

4.4 まとめ

以上のPOFの特徴を，図3にまとめた。安価なシステムが構築可能であると同時に，可視光を光源として用いるために，指に刺さらないことと合わせて，敷設時等に光を確認できることから，ガラス製の光ファイバと比較し非常に安全なシステムの構築が可能である。

5 POFの帯域と広帯域化

POFの情報通信用途への市場開拓が本格化するのにともない，より多くの情報を伝えるためにPOFの伝送帯域の向上に向けた開発が行われてきた。POFの伝送帯域はファイバ中での分散により制限されるため，分散を下げることによりPOFの伝送帯域は向上することができる。このPOFの分散にはモード結合による分散と材料分散とが存在する。POFの伝送帯域の向上のために，モード結合による分散を抑制する2

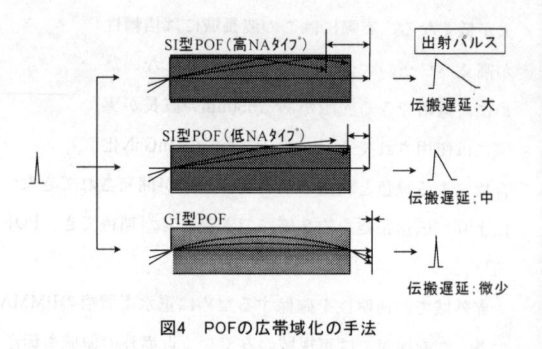

図4 POFの広帯域化の手法

つの手法が考えられ開発が進められている。1つはステップインデックス型（SI型）POFのNAを下げて高次モードの光を伝送しなくするという手法（低NA化の手法）で，もう一つがコアに屈折率分布を形成しGI型POFとすることでモードによる遅延をなくすという手法である。これらの手法の概念図を図4に示す。

低NA SI-POFは従来からのSI-POFの技術を改良したものであり，従来の生産設備で製造することが可能であり，現在実際に光ファイバケーブルとして市販されている[6]。開口角0.3のエスカメガ®は100mで105MHzの伝送帯域を有しており，開口角0.5のエスカプレミア®の38MHzと比較して，伝送帯域が大きく改善されている。

PMMA系のGI-POFは慶応大学の小池教授のもとで盛んに研究されてきた[7]。界面ゲル重合法を基本として製造されており，エスカギガ™は開口角0.3でありながら100mで1GHzを超える伝送帯域を有している。しかしながら，屈折率分布を付与するために導入した高屈折率のドーパントは低分子量物であり，現状のファイバではドーパントは高温高湿下では拡散し，分布が平滑化したりドーパントが凝集したりするという問題点を有している。この特性に関して，現在改良検討がなされつつある。

また，最近，GI型のように連続的な屈折率分布を有するのではなく，階段状の屈折率分布を有する擬似GIの多層コアファイバが開発されてきた。この擬似GIファイバの伝送帯域はコアの層数に依存するが，エスカミウ™では50mで500MHzの伝送帯域を有している[8]。

6 車載用POF 使用環境における特性の確保

POFの大きな特性に衝撃に強いことがあげられる。電磁波による影響が少ないこととあわせて，それらの特徴から車載用途への適用が急激に立ち上がりつつある。この車載用途では車内部で配線するために，移動中の振動や配策時の衝撃を受けても特性を保持するために，クラッド材の外側に保護層を設けた構造のファイバが開発されている。エスカプレミア®は従来の2層ファイバにはない機械的強度を有し，さらには高温高湿下での長期的な信頼性を有しており，車載・電鉄等の移動体通信の領域での市場を開拓してきた。さらに曲げによる損失増加を低減させたい場合，この保護層の屈折率をクラッド層よりもさらに低屈折率とし実質的にNAを大きくするという手法で，小径の曲げに対して性能保持特性をさらに改良するという手法が提案されている。図5は，保護層を付与したファイバおよび保護層の低屈折率化による曲げ損低下の効果の模式図である。このように鞘の外に鞘材より屈折率の低い保護層を付与することにより，曲げにより芯ー鞘界面での臨界角を超えた光線でも保護層で全反射して伝播できるというものである[9]。

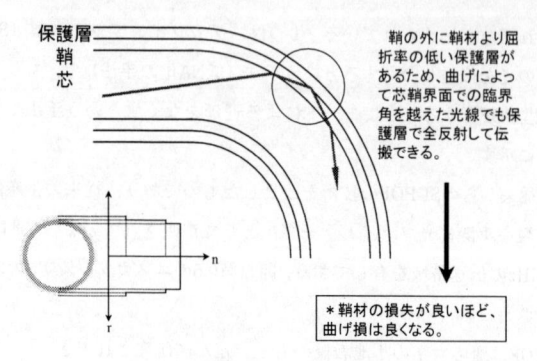

図5　保護層による曲げ損改善効果

7　POFのアプリケーション

　POFは情報伝送の領域においていくつかの有利な点を有している。それは車載用途で説明したように電磁誘導によるノイズの影響を受けないことや可撓性があり取り扱いやすいことであり，さらには一般ユーザーが使用する際に可視光を用いるために目に優しいことである。このような利点を有しているために，ここ数年ミニディスクに同梱されるようなオーディオケーブル分野で広く用いられてきた。またヨーロッパでは1998年よりダイムラー・クライスラーが中心となり車載のネットワーク環境が提唱され，D2B（domestic digital data bus）の名称で1999年より実装されている[10]。この車載用途に関しては特にヨーロッパではMOST規格による実装が進みつつあり，北米・日本ではIEEE1394での実装に関して模索されつつある。AVシステムのインターフェースのデジタル化及びオフィスオートメーションの伸展により，ホームネットワークの構想が打ち出されてきた。この構想の中で，POFは特に家庭内での情報配線の材料として注目されている[11,12]。

8　オールフッ素GI型プラスチック光ファイバ

　通常のプラスチックはC-H結合の伸縮運動による吸収のために，ガラス製光ファイバの通信波長である1,310nm及び1,550nmのような近赤外の領域では透明性が悪く使用できない。近年，このC-H結合を有さないオールフッ素置換のポリマーが開発されてきた。特に旭硝子が開発したサイトップをベースにオールフッ素置換の特殊ドーパントとを組み合わせたGI-POFが慶応大学小池教授の手で開発された[13]。このファイバの伝送損失を図6に示す。このファイバはPMMA系POFの通信波長域である可視域からガラス製光ファイバの通信波長域である赤外域まで透明性が高いものとなっている。また，この光ファイバの伝送帯域をガラス製マルチモード光ファイバのもの

252

第21章 ポリマーオプティカル材料

図6 オールフッ素GI-POFの伝送損失

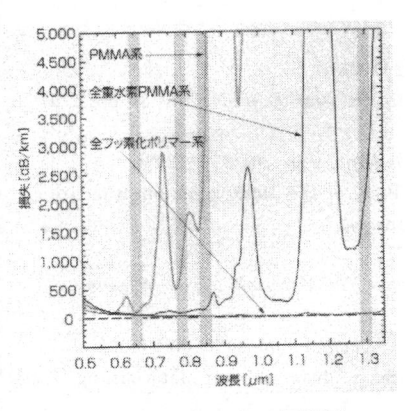

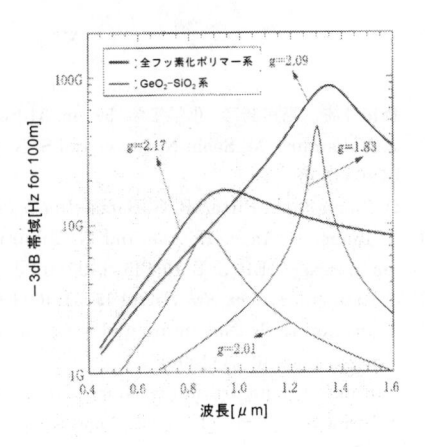

図7 オールフッ素GI-POFの伝送帯域

と比較したデータを図7に示す。このファイバはガラス製のマルチモード光ファイバよりも多くの情報を伝送できることがわかる。この光ファイバは通信距離が数kmと長く伝送帯域も広いため，特に集合住宅，オフィスやラストワンマイル通信におけるギガビット伝送の有力な候補となっている。

9 おわりに

このように，PMMA系POFはガラス製光ファイバにはない特徴を有している。これらの特徴を活かして，従来使用されてきたディスプレイ，ライトガイド，光センサ等の用途の更なる拡大を進めるとともに，車載ネットワーク，ホームネットワーク等の短距離通信用途の積極的なアプリケーション・市場開拓が進められている。一方フッ素系GI-POFはガラス製光ファイバと同じ光源が使用できること並びに情報伝送量が大きいことを活かし，ギガビット伝送用途のアプリケーション・市場開拓が進められている。

ユビキタス時代にむけ，家庭内のどの部屋においても情報が共有でき，パーソナルコンピュータや家電製品等あらゆるものをネットワークで結ぶことを想定したホームネットワークの構想，並びに家庭外においても自動車内において家庭及び職場と情報を共有化できうる環境を構築する構想，といったシームレスな環境の構築のためにも，POFを用いた車載ネットワーク，ホームネットワークの普及の促進が期待されている。

文 献

1) 鎌田健資，島田勝彦，化学工学, **59**, pp. 310-312 (1995)
2) S. Nakamura, M. Seoh, N. Iwasa and S. Nagahama, *Jpn. J. Appl. Phys.*, **34**, pp. L797-L799 (1995)
3) O. Ziemann, T. Ritter, B. Gorzitza, *IWCS Philadelphia*, pp. 264-270 (1998)
4) Y. Inoue, H. Yago, H. Abe and N. Tokura, Proc. of the 1999 communication society conference of IEICE, B-10-135 (1999) (in Japanese)
5) T. Kaino, *J. Polym. Sci. Part A* **25**, 37-46 (1987)
6) T. Yoshimura, K. Nakamura and A. Okita, *Trans. The Materials Research Society of Japan*, **22**, pp.40-43 (1996)
7) Y. Koike, T. Ishigure and E. Nihei, *J. Lightwave Tech.*, **13**, pp. 1475-1489 (1995)
8) T. Yamashita, Proc. of International Conference on Advanced Fiber Materials, pp. 90-93 (1999)
9) 小林，前田，種市，特開平10-274716号公報
10) D. Seidl, P. Merget, J. Schwarz, J. Schneider, R. Weniger and E. Zeeb, Proc. of POF '98, pp. 205-211 (1998)
11) S. *Smyers, Proc. of POF '98*, pp. 69-76 (1998)
12) T. Mizoguchi, Proc. of POF '98, pp. 77-80 (1998)
13) (社)高分子学会編，"ポリマーフロンティア21シリーズ10 ITと高分子"，小池康博，"大容量高速伝送を実現するプラスチック光ファイバ"，エヌ・ティー・エス, pp.1-38 (2002)

第 4 編

ユビキタス時代への新技術・新材料

第22章　超高速ディジタル信号伝送とその材料

須藤俊夫*

1　超高速データ伝送の要求

　近年の電子機器の高性能化は，MPU（Microprocessor）の高速化によるところが大きく，そのクロック周波数はGHzを超える領域に入ってきた。LSIの信号処理能力が増大すると，LSI間の信号のやりとりも高速化しないとシステム全体としての性能が向上しない。必然的にプリント基板上の信号伝送速度も高速化される傾向にある。図1はMPUのクロック周波数とメモリバスの信号速度の推移を示したもので，MPUの高速化に伴い，プリント基板を伝搬するMPUとメモリ間のメモリバスの信号速度は，徐々に上昇してきた。現在クロック信号の両エッジを用いたDDR（Dual Data Rate）方式による266MHz伝送や，あるいはラムバスを用いた800MHzの信号伝送が使われているが，さらなる高速化の要求に対応するために，PCI-Expressに代表されるようなGbpsクラスの高速信号シリアル方式が提案されている。

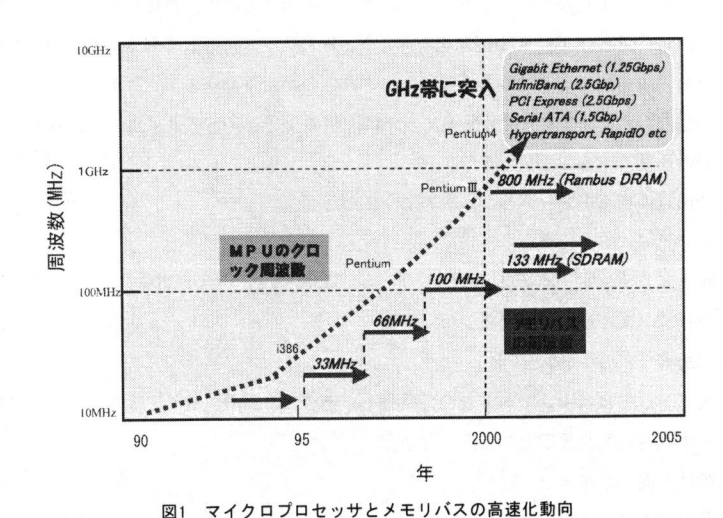

図1　マイクロプロセッサとメモリバスの高速化動向

---

*　Toshio Sudo　㈱東芝　生産技術センター　実装技術研究センター　研究主幹

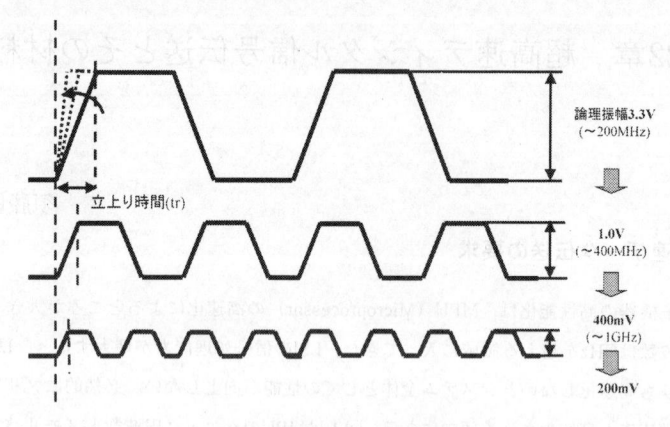

図2 低振幅化による高速化

論理振幅3.3V (～200MHz)
立上り時間(tr)
1.0V (～400MHz)
400mV (～1GHz)
200mV

　LSI間のデータ伝送量，つまりバス幅を増やす方法とし，並列化をするのではなく，1対1伝送のトポロジとし信号配線の分岐を無くし，反射の影響を無くすることによって信号伝送速度の高速化を図ろうとするものである。このとき振幅一定のまま高速化を図ろうとするとdi/dtを上げる必要が出てくる。出力バッファ回路に大きなバッファを必要とし，同時スイッチングノイズなどが大きくなるという不利な点が生じる。これに対してdi/dtは上げず，振幅を小さくすれば容易に高速化が図れる（図2）。しかし小振幅化をすると，外来ノイズに対して弱くなるという不利な点が生ずるため，この欠点を避けるために考え出されたのが，差動信号伝送である。従来のシングルエンド伝送ではなく，2本の信号配線に互いに逆相の信号を送ることによって，外来ノイズ等に対する耐性を強くすることができる。

　差動信号伝送の利点をまとめると，次のようになる。
① 外来ノイズに対して強い
② 同時スイッチングノイズが小さい
③ グラウンド面不連続の影響が少ない
④ 電磁放射（EMI）が少ない

一方，欠点としてはコモンモード成分が重畳したときに，EMIが増大するという欠点もある。コモンモード成分の発生原因として，
① 差動信号間のスキュー
② 信号の立上り／立下り速度の違い
③ ペア線路間の電磁結合の影響
④ ペア線路の終端不整合

などの不平衡要因があげられる。これらの不平衡要因は，デバイス自体の特性不均一性によるものや，ペア線路長の不揃いや，配線ピッチなどの配線パターンのレイアウトなどに起因するものがある。

2 差動線路の伝送方程式

シングルエンド伝送では，線路の特性を特性インピーダンス（Zo）と遅延時間（Tpd）で表していたが，差動伝送線路では，2本の線路でお互いに同一極性の電圧で伝送される偶モード（even mode）と異なる極性の電圧で伝送される奇モード（odd mode）の2つのモードが存在し，それぞれ独立に伝送すると考えることができる。

一般に多数本の線路から構成される信号伝送を記述する伝送線路方程式は，節点電圧をV (x,t)，節点電流をI (x,t) として，位置xと時間tに対する連立微分方程式で表される。

$$\partial V/\partial x = -L\partial I/\partial t$$
$$\partial I/\partial x = -C\partial V/\partial t$$

このとき容量行列C，インダクタンス行列Lは，単位長当りの配線の対地容量（Cs），線間容量（Cm），自己インダクタンス（Ls），相互インダクタンス（Lm）として以下の式で表される（図3）。

$$C = \begin{pmatrix} C & -C_m \\ -C_m & C \end{pmatrix} \quad L = \begin{pmatrix} L_s & L_m \\ L_m & L_s \end{pmatrix}$$

ここでC=Cs+Cmである。差動線路を伝搬する特性は，偶モードと奇モードの異なる2つのモードに対応する特性インピーダンスと伝搬遅延で表される。

$$Zo = \begin{pmatrix} Zoe & 0 \\ 0 & Zod \end{pmatrix}$$

$$Zoe = \sqrt{(L_s+L_m)/(C-C_m)} \quad Tp\_even = \sqrt{(L_s+L_m)(C-C_m)}$$
$$Zod = \sqrt{(L_s-L_m)/(C+C_m)} \quad Tp\_odd = \sqrt{(L_s-L_m)(C+C_m)}$$

差動伝送では，後者の奇モード（odd mode）を主に信号伝送に用いていると考えることができる。

3 差動インターフェース回路

差動信号伝送を行うインターフェース回路の代表的なものに，図4に示すようにLVDS（low voltage differential signaling）回路とCML（Current mode logic）回路がある。

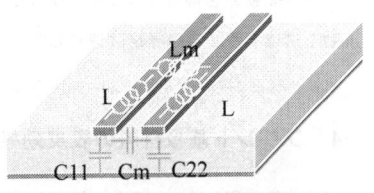

図3 マイクロストリップ線路による差動伝送線路

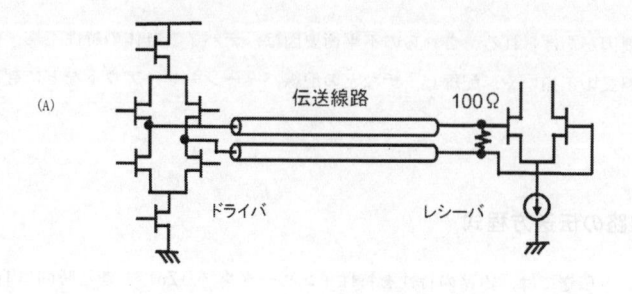

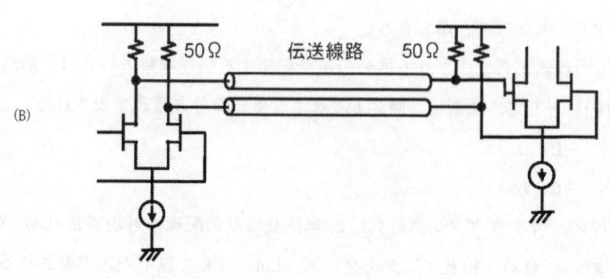

図4　差動インターフェース回路の代表例
(a)LVDS回路,(b)CML回路

　LVDS回路は身近なところでは、パソコンのマザーボードと液晶パネル間の信号伝送にも使われ、EMIを低減するためにも一役買っている。ドライバ部の回路構成はP-chとN-chのMOS FETを縦に接続された回路が2系統並列に配置された構成になっている。P-chとN-chのFETのどちらかを交互にON/OFFして、定電流源の電流経路を切り替えて、レシーバ端に接続された100Ωの終端抵抗に電流を流す。終端抵抗の両端に生じた電圧差からレシーバが"0","1"を判定する。

　CML回路は、これまではSiバイポーラ技術を用いて、高速が要求されるスーパーコンピュータや通信用などの特定用途に使われてきたが、最近はSiプロセスの微細化により、MOSFETでも十分な電流駆動力を得られるようになったことが、この回路方式が有望となってきた背景である。差動を構成する2本の線路は独立したシングルエンドで終端した線路になっている。

4　プリント基板材料の表皮効果と誘電損失

　信号速度がGHz帯になると、様々な物理現象が現れ信号伝送を阻害する要因となる。伝送線路を等価回路で表したとき、低周波では無視できたコンダクタンス成分やアドミタンス成分が大き

くなり，特性インピーダンスや伝搬定数は複素数となる。

特性インピーダンスは

$$Zo = \sqrt{\frac{R+j\omega L}{G+j\omega C}} = \sqrt{\frac{L}{C}}\left\{1+\frac{1}{j\omega}\left(\frac{R}{2L}-\frac{G}{2C}\right)\right\}$$

伝搬定数は

$$\alpha + j\beta = \sqrt{(j\omega L + R)(j\omega C + G)} = j\varpi\sqrt{LC}\sqrt{(1+\frac{R}{j\omega L})(1+\frac{G}{j\omega C})}$$

$$\cong j\varpi\sqrt{LC}\left\{1+\frac{1}{2j\varpi}\left(\frac{R}{L}+\frac{G}{C}\right)\right\} = j\varpi\sqrt{LC} + \frac{1}{2}\left(\frac{R}{Zo}+GZo\right)$$

伝搬定数の第2項は，配線導体による損失としては，表皮効果（skin effect）による導体損失と，誘電体正接（tanδ）による誘電損失からなることが分かる。ここで表皮効果による導体損失が顕著となり，もはや無視できなくなる。表皮厚さ⊿（skin depth）は次式で表される。

$$\varDelta = \sqrt{\frac{\rho}{\pi\mu f}} = \frac{1}{\sqrt{\pi\mu f\sigma}}$$

図5はCu導体の表皮厚さ⊿の周波数依存性，図6は100MHz，500MHz，1GHzにおける配線の断面内の電流分布の解析結果を示す。

また誘電損失は以下の式で表わされる。

$$G = \varpi C \tan\delta$$

図7は誘電正接（tanδ）の値として，ガラスエポキシ材としてFR-4（tanδ=0.017）と，低誘電正接材料として2種類（tanδ=0.01，0.004）に対する単位長の誘電損失と，200×35um，100×18um，50×18umの3種類の導体断面に対する単位長の導体損失の周波数依存性を示す。図8は配線幅180um，厚さ35um，配線長250mmの場合のSパラメータ（S_{21}）の実測値で，上記計算から求めた10GHzでの導体損失5.26dB，誘電損失8.01dB，合計13.27dBとほぼ合致した値となっている。

5　GHz帯のアイパターン特性

ガラエポ基板と低誘電損失材料2種類の信号伝送特性をみるために，マイクロストリップ線路，ストリップ線路の2種類の配線構造を形成した評価基板を作製した。表1に評価基板の寸法と材料定数

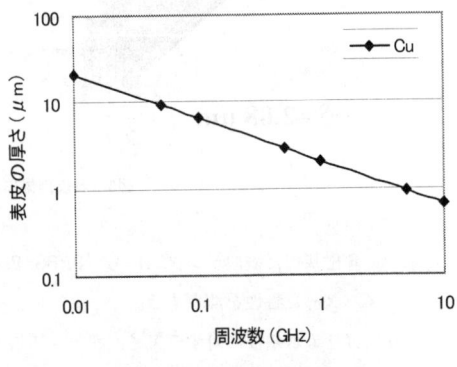

図5　表皮厚さの周波数依存性

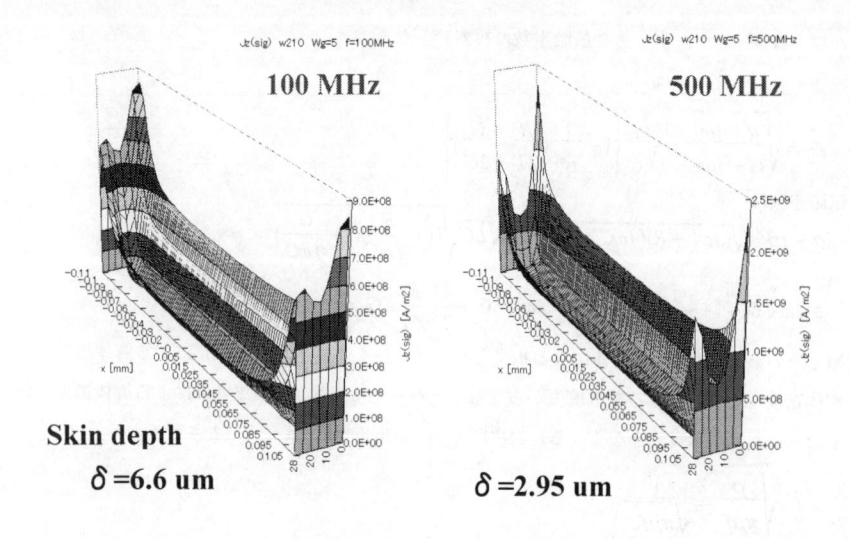

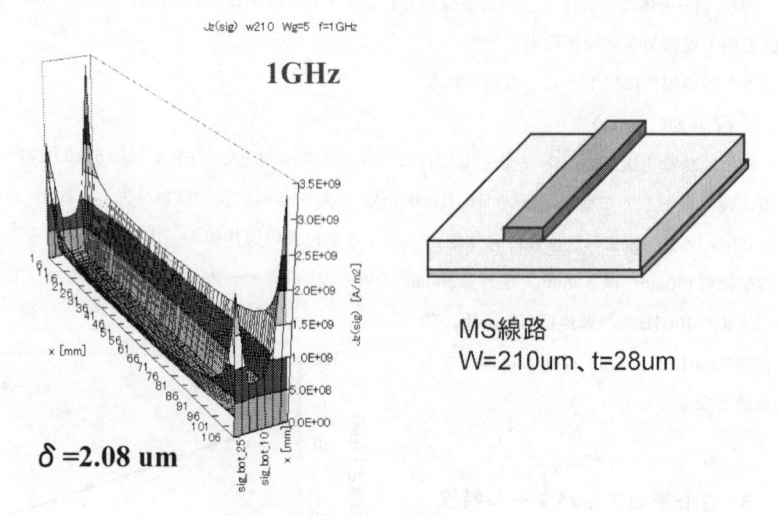

図6　表皮効果による電流集中

を示す。評価基板に擬似ランダム信号（PRBS: Pseudo Random Bit Sequence）を印加し，受信端でのアイパターン特性を測定する。

図9にガラエポ基板に対するアイパターン特性を示す。信号速度を2.5Gbps, 5Gbps, 10Gbpsとし，配線長もそれぞれの配線構造に対して15cm, 30cmの配線長のアイパターン特性を示す。

2.5Gbpsではアイパターン特性に大きな差異はないものの，5Gbps，10Gbpsと信号伝送速度が上昇するに従い，差異が明確になることが分かる。配線長15cmと30cmを比較すると，30cmではアイパターンが全くつぶれてしまうことが分かる。またマイクロストリップ線路とストリップ線路を比較すると，マイクロストリップ線路の方が，配線周囲を全て誘電体で囲まれていない分だけ良好なアイパターン特性を示していることが分かる。

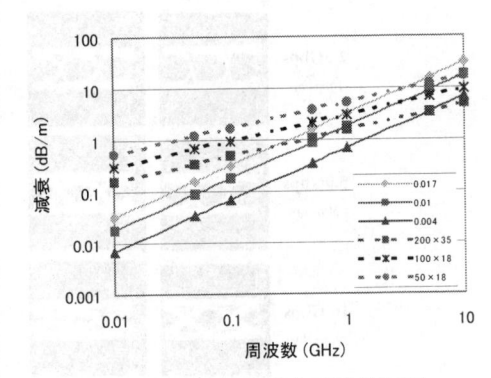

図7 導体損失と誘電損失の周波数依存性

図10はマイクロストリップ線路，配線長30cmに対するアイパターン特性を3種類の材料で比較したものである。図11はストリップ線路，配線長30cmに対するアイパターン特性を示す。最も誘電正接の小さい材料Cは10Gbpsでもアイパターンの開口が開いており，ガラエポ基板に対して良好な特性を示していることが分かる。

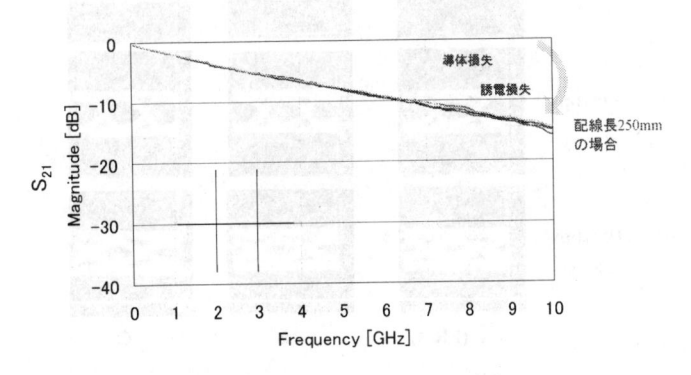

図8 配線のSパラメータ(S21)の測定値

表1 配線寸法

・評価基板
・誘電損の比較（3種類） @1GHz

	εr	tan δ
A(FR-4)	4.35	0.017
B	3.7	0.010
C	3.5	0.004

・線路構造の比較（MS線路とST線路）
（単位：mm）

	W/S	H	L
MS線路	0.18/0.18	0.1	150,300
ST線路	0.08/0.08	0.1	150,300

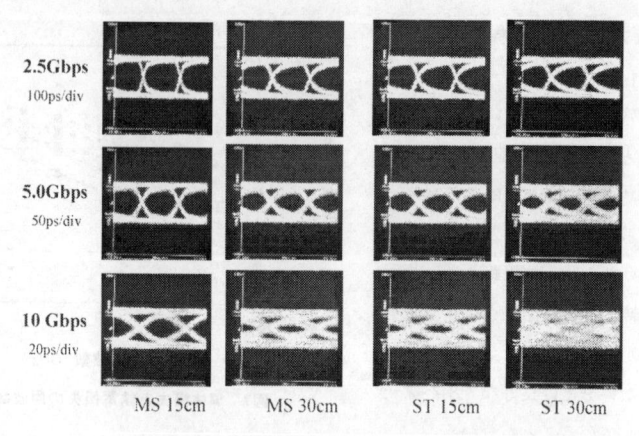

図9　FR-4材のアイパターン特性

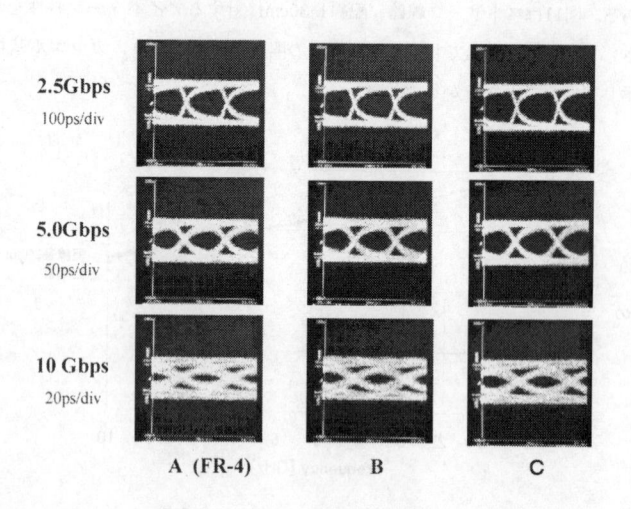

図10　マイクロストリップ線路，配線長30cmのアイパターン特性

6　むすび

　プリント基板上の信号伝送速度がGHz帯という超高速デジタル信号で伝送する時代に突入し，GHz帯でのプリント基板材料の挙動を把握することが不可欠となってきた。GHzでの表皮効果と誘電損失による伝送損失やアイパターンへの影響は，配線構造や最大配線長を決める上で重要な

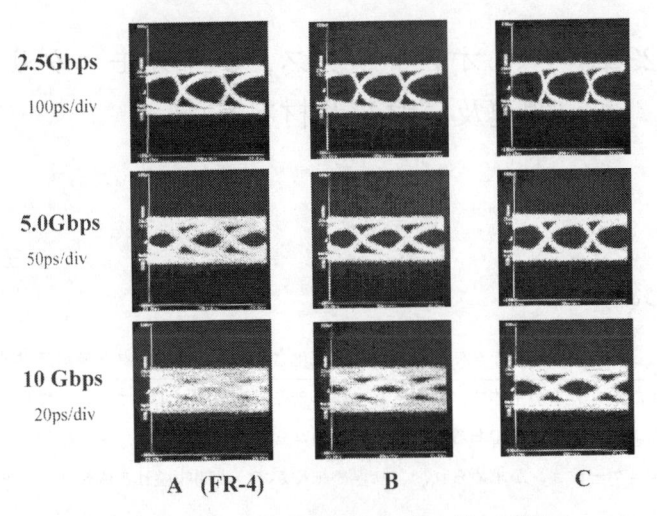

第22章　超高速ディジタル信号伝送とその材料

	A (FR-4)	B	C
2.5Gbps 100ps/div			
5.0Gbps 50ps/div			
10 Gbps 20ps/div			

図11　ストリップ線路，配線長30cmのアイパターン特性

因子となる．本稿では，FR-4材のアイパターン特性から周波数限界を知るとともに，低誘電損失材料による改善効果を実験的に把握することができた．

第23章 バイオメトリクス，バイオモニタリング関連及びセンサ材料

三林浩二*

1 はじめに

　現在考えられているユビキタス社会では，小型化されたコンピュータと無線通信インフラとの組み合わせたシステムが主体で，利用されている素子は物理デバイスであり，扱われる情報も音声や画像のような物理情報である。そして将来のユビキタス社会には，人や生体との境目のない情報コミュニケーションが求められ，よりきめ細やかで，人間味溢れる情報社会へと発展することが期待される。

　次世代のユビキタス社会では，年に一回の健康診断ではなく，生体情報や医療情報が必要に応じてモニタリングされることが考えられる。特に化学や生化学の情報を，生体を傷つけることなく，感染症などの危険性を伴わない非侵襲・非観血的な手法によるユビキタス・バイオモニタリングが不可欠である。近年，パルスオキシメータに代表されるような光学デバイスを用いた経皮分光計測が利用されつつある。またデバイスの小型化や薄膜化，集積化により，これまでモニタリングの対象となり得なかった体液成分（汗，涙，唾液など）を評価することが可能となりつつある。本章では，数μリットルと微量で，最も敏感な臓器である眼部をおおう「涙液」を対象とするバイオモニタリングを紹介する。

　一方，21世紀の新しい情報媒体として期待されているのが「匂い」である。人の五感の中でも，「匂い」は画像や音声のように非接触型であり，情報媒体として期待されている。また「プルースト効果」は，ある種の香りを嗅いだときにその香りに関連した昔の記憶が鮮明に思い出される，そのような香りと記憶の情報連鎖作用のことを言う。このような経験は誰にでもあり，例えば，「昔の住まい」と「台所の匂い」，「秋の収穫期の風景」と「稲の枯れ草の匂い」など，個人の経験と匂い情報が記憶の中で密接に関連している。しかし現在の技術では，このような懐かしい匂い情報を他の人に正確に伝えたり，共有したり，またその香りを記録し，画像や音声情報と共に再生し，昔の思い出を懐かしく振り返ることはできない。もし匂いの情報化が進み，その情報を

---

* Kohji Mitsubayashi 東京医科歯科大学 生体材料工学研究所 教授

個人が保存したり，再生したり，さらにはミキシングすることができれば，今日の情報化社会もより人間味溢れるものになるかもしれない。

そこで本章ではさらに，多様な匂い成分を高感度・高選択性にて計測する，「未来の人工嗅覚システム」のための，新しい生体認識素子や計測方法について説明を行い，さらには匂い情報通信の可能性や無臭ガスを用いた認証（「無臭透かす」や「無臭情報コード」）を紹介する。

2 涙液による非侵襲バイオモニタリング

涙は眼球表面をおおい，角膜への酸素と栄養分の供給を行い，細菌からの感染を抑制する役割を持っている。しかしながら，涙の体積は約7μLと微量であり，かつ反射性の分泌によりその成分濃度が変化することから，これまで涙の成分計測は容易でなかった。ここではコンタクトレンズのように結膜嚢に装着し涙の成分を連続的に測定することができる，安全で柔軟なセンサを紹介する。

2.1 涙液導電率によるドライ評価

乾性角結膜炎症（ドライアイ）は主涙腺からの涙の分泌が低下し，角結膜に炎症などの傷害をもたらす病気である。この疾患では，涙の分泌の低下によりその電解質濃度ならびに浸透圧が上昇することが報告されている。そこでドライアイ評価を目的として涙の導電率を計測するセンサの開発を行い，臨床的に涙液導電率を計測すると共に，4％食塩水点眼後の導電率変化より涙の分泌機能を調べた。

図1にフレキシブル導電率センサの構成を示す。このセンサは，孔径0.2μmの親水性ポリテトラフルオロエチレン（H-PTFE）膜の両面に，金電極（2000Å）を真空蒸着法にて直接積層して

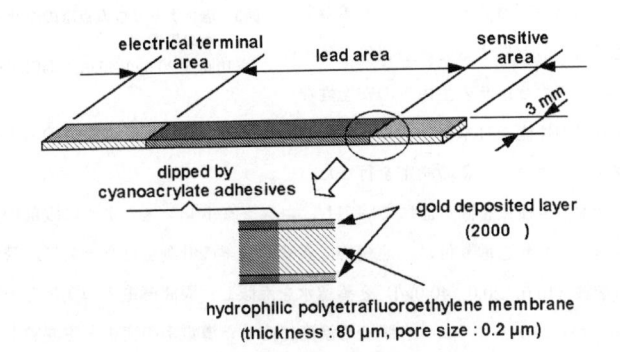

図1 ウエアラブル導電率センサの構造図

作製し，幅3mmの帯形状としたものである[1]。さらに医療用のシアノアクリレート接着剤により中央部にコートすることで検出部の長さを4mmとした。作製したセンサは膜厚が80μmと薄く，柔軟性に富むもので，構造的には「ポーラスな2つの金電極層が，均一な膜厚の親水性膜にて隔てられている」もので，理想的な導電率センサである。

計測ではまずLCRメータを用い，素子の周波数特性を4端子法にて特性を調べたところ，交流周波数100kHzにてセンサ素子のリアクタンスの影響を抑制することが可能で（図2），生理食塩水濃度（9g/l）を含む0.1～50.0g/lの範囲で塩化ナトリウムの導電率計測が可能であった。なおセンサは"曲げ"などの形状変化による特性の変化は観察されなかった（注：なお本センサは気相系で用いることで優れた湿度・水分センサとして，また内部の親水性膜に酵素を固定化することでバイオセンサと機能する[2]）。

次に，ウエアラブル導電率センサを用いた涙液導電率のモニタリングを示す。乾性角結膜炎（ドライアイ）は主涙腺からの涙の分泌が低下し，角結膜に炎症などの傷害をもたらす病気であるが，この疾患では，涙の分泌の低下によりその電解質濃度ならびに浸透圧が上昇することが報告されている。実験ではまず，センサの生体への安全性ならびに涙液計測での性能を日本白色種兎にて確認したのち，眼科医師の指導のもと臨床での涙液導電率およびターンオーバー率の測定を行った。

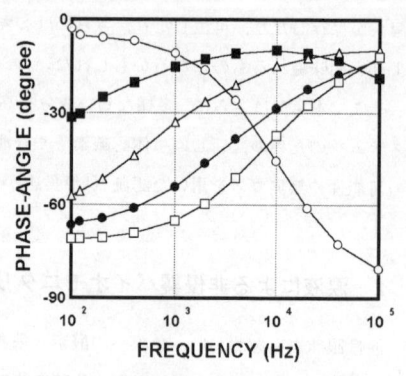

図2 ウエアラブル導電率センサの周波数特性
（○：蒸留水，■：0.1g/l, △：1.0g/l, ●：10.0g/l, □：100.0g/lNaCl）

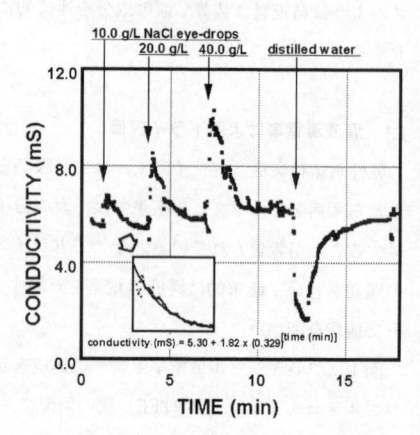

図3 塩化ナトリウム点眼のウサギ涙液導電率への影響
（10.0g/l, 20.0g/l, 40.0g/l NaCl, distilled water）

動物実験は日本白色種兎を固定器にて固定し，コンタクトレンズのように眼部の角膜表面にウエアラブル導電率センサを取り付け，連続的に涙液導電率の計測を行うと共に，濃度の異なる塩化ナトリウム溶液（10.0, 20.0, 40.0g/l）と蒸留水を点眼し，涙液導電率の変化をモニタリングした（図3）。図3からわかるように，点眼液の濃度に応じた導電率の変化と主涙腺からの涙液分泌に伴う導電率の回復が観察された。またセンサの柔軟性から角膜など眼部への影響は認められな

かった。

次にこの導電率センサを臨床に用いた。図4は臨床測定でのシステムを示すもので，センサは耳側下瞼内側に取り付けられ，健常人とドライアイ患者の涙液導電率の計測と4％塩化ナトリウム点眼による動的変化のモニタリングをそれぞれ行った。計測した導電率値より涙液電解質濃度を算出した結果，ドライアイ患者（325±41 mEq/L, n = 29）では健常人（297± 30 mEq/L, n = 33）に比べ電解質濃度が高く，T検定にて有意差が認められた。この涙の電解質濃度の上昇は，涙の分泌量の低下と開眼による涙の蒸発によるものと考察される。

また点眼後の涙液導電率の変化について，その減少曲線の回帰式より，涙液の入れ替わり度合いを示すターンオーバー率を求めたところ，ドライアイ患者（21.1±7.4％, n=19）では健常人（39.6±14.0％, n=32，年齢50~69）に比べ低く，T検定にて有意差が確認できた。この結果ドライアイ患者での涙の分泌の低下を静的・動的評価により調べることが可能であった。さらに図5は各年代での涙液「ターンオーバー率」を調べたもので，加齢に伴い涙の分泌が低下することも確認された[3]。なお導電率測定後の検査において角結膜傷害や炎症などは全く認められなかった。

涙の成分情報について直接モニタリングを行った例はこれまでになく，このウエアラブル導電率センサにて連続計測が可能なことから，涙が新たな生体情報源になるものと期待される。

2.2 涙液グルコース計測を目的とする薄膜透明バイオセンサの開発

糖尿病はその患者数が年々増加している生活習慣病の一つであり，失明や腎障害等の合併症を

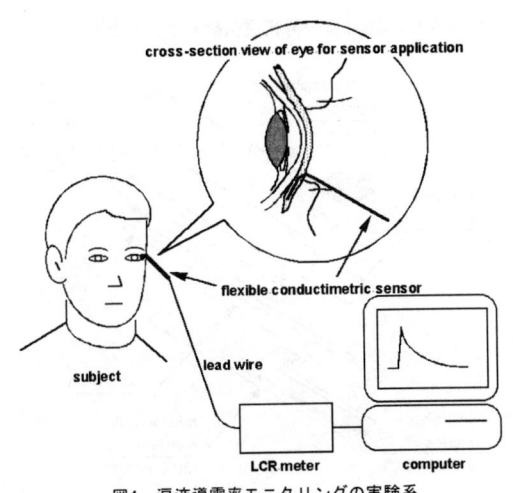

図4 涙液導電率モニタリングの実験系

防ぐためには日々の生活における血糖値コントロールが不可欠とされている。しかし，一般に普及している簡易型の血糖値測定器は少量ながらも採血を必要とし，患者にとって一日に数回もの血糖値測定を行うことから感染症の危険のみならず，肉体的，精神的な負担となっており，安全かつ簡便に非侵襲にて血糖値を測定する方法が求められている。近年血液以外の体液による血糖値測定の研究が進められており，その一手法として，涙液中グルコースの濃度も血糖値と良好な相関性を持つことが報告されている[4,5]。ここでは，現在開発

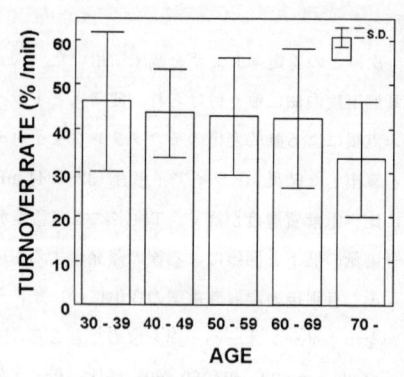

図5 加齢による涙液ターンオーバー率の変化

が進めている涙液糖の計測を目的とする薄膜透明バイオセンサを紹介する[6]。

センサの構造を図6に示す。センサの作製はまず，ガス透過性膜（FEP（フッ化エチレンプロピレン），膜厚：25μm, Oriental Yeast Co. Ltd, Tokyo, Japan）上にスパッタリングにて銀電極（Ag：5000Å）を積層し，その後塩酸にて塩化処理を行うことで，Ag/AgCl電極とした。次にITO（Indium-Tin Oxide）透明電極（エクラール，膜厚：100μm, 三井化学株式会社, Tokyo, Japan）を内包するよう，ガス透過性膜と熱溶着性のガス不透過性膜（IONOMER RESIN 1652, 膜厚：50μm, 三井デュポンポリケミカル株式会社, Tokyo, Japan）を配置し，最後にセンサセル部に電解液（0.1 mmol/l KCl）をヒートシール装置（SURE シーラー, NL-201P, 石崎電機製作所, Tokyo, Japan）とエポキシ樹脂接着剤にて封入し，Clark型の薄膜透明酸素センサとした。

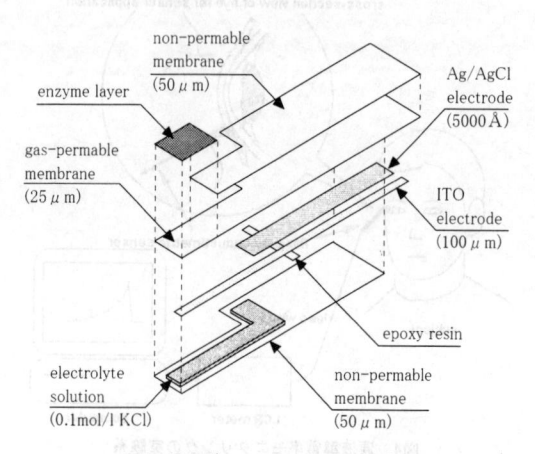

図6 透明グルコースセンサの構造図

さらに透明酸素センサ感応部に，グルコースオキシダーゼ（GOD, EC1.1.3.4）をウシ血清アルブミン（BSA）および，2.5%グルタルアルデヒド溶液を混合（32μl, 重量比1:7.5:30）した溶液を塗布し，冷暗所にて30分間乾燥させ固定化処理を行うことで，薄膜透明グルコースセンサを作製した。実験では，作製したバイオセンサを定電位電流計測法（-900 mV vs. Ag/AgCl）により，リン酸緩衝液（20 mmol/l, pH7.4）中にてグルコースのバッチ計測を行った。

センサ作製に用いた各部材と透明バイオセンサの光学特性を分光光度計（紫外可視分光光度計，MODEL V-530, PROJECT CLASSI, 日本分光株式会社, Tokyo, Japan）にて調べたところ，各部材および薄膜透明バイオセンサとも可視領域（400～700nm）において，良好な透明性（0.6abs以下）を有することが確認された（図7）。

また図8は透明バイオセンサの検量特性を示したものである。この図からわかるように，グルコース溶液の滴下に伴う濃度の上昇に応じたセンサ出力の増加が観察され，本センサにて0.06～1.24mmol/lの濃度範囲でグルコースの定量が可能であった。

ここで示したセンサは，機能性材料であるITO透明電極とガス透過性膜を用いることで，光学的な透明性（>0.6 abs）および柔軟性を兼ね備えたデバイスである。作製したセンサは健常者の涙液中グルコース濃度（0.14 mmol/l）を含む測定範囲で測定可能（0.06～1.24 mmol/l）であり，今後センサをさらに小型，薄膜化するとともに，形状をコンタクトレンズ型にすることで，涙液糖の連続モニタリングに適用が可能になると期待される。

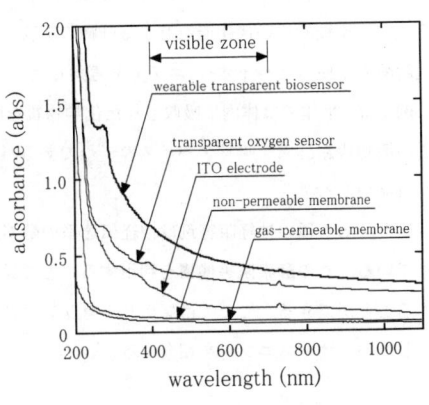

図7 透明グルコースセンサの光学特性

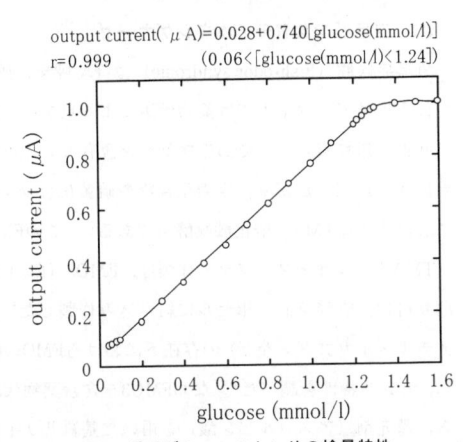

output current(μA)=0.028+0.740[glucose(mmol/l)]
r=0.999   (0.06<[glucose(mmol/l)]<1.24])

図8 透明グルコースセンサの検量特性

3 ガス計測素子としての生体材料

「匂い」はガス成分の混合体であり，色の3原色に相当する原臭は存在せず，数個のセンサアレイで全ての匂い情報を完全に定性・定量することは不可能である。しかし，生活環

境における匂い成分のほとんどは微生物や動物，植物などの生物由来の揮発性有機化合物であり，例えばメチルメルカプタンのような硫黄化合物や，トリメチルアミンのような窒素化合物を対象とするセンサ群を備えることで，匂いを化学情報として捉えることができる。しかし，揮発性ガス物質を触媒する生体触媒には限りがあり，多様な有機化合物を網羅するガスセンサ「バイオ・スニファ」を準備するのは容易ではない。そこで，比較的広い代謝能を有する肝臓の薬物代謝酵素を使ったバイオ・スニファを考案した。

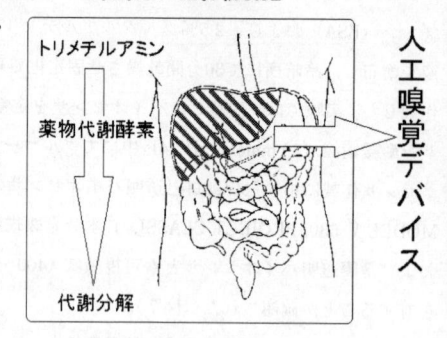

図9 薬物代謝酵素による人工嗅覚デバイス

例えば，生体では体内に吸収された化学物質を肝臓などの薬物代謝酵素で代謝している（図9）。この薬物代謝酵素を嗅覚デバイスの一つであるバイオ・スニファの認識素子として用いることとが可能である。

他方，ある種の神経阻害剤は神経伝達系の酵素に作用し，その酵素活性を阻害することが知られている。この酵素阻害機構を利用することで異なる検出メカニズムのバイオ・スニファを構築することができる。ここではブチリルコリンエステラーゼ酵素の活性を阻害するニコチンを対象としたバイオ・スニファを紹介する。

3.1 肝臓の薬物代謝酵素を用いたバイオ・スニファ

（1）フラビン含有モノオキシゲナーゼ

魚臭症候群（Fish-odor syndrome）は汗や呼気，尿に魚臭成分であるトリメチルアミン（TMA）を伴う疾患で，健常人では薬物代謝により無臭の酸化型のTMAOへと代謝される。その主な酵素が薬物代謝酵素の一つであるフラビン含有モノオキシゲナーゼ（FMO）である。FMOには複数の異性体（1～5）があり，窒素化合物や硫黄化合物を酸化触媒する。その中でも，FMO3は生体内における主なTMAの酸化触媒酵素である[7]。このFMO3を魚臭成分であるTMAの計測に用いる。

TMA用バイオ・スニファの作製は，FMO3（EC 1.14.13.8）酵素固定化膜を酸素電極の感応部に取り付け，隔膜気液二相セルに組み込み作製した[8]。実験では，匂い成分（トリメチルアミンやメチルメルカプタンなど）の存在下におけるFMOの酸化触媒反応に伴う溶存酸素量の減少を検出し，センサ特性を調べた[9]。なおFMO3を含む薬物代謝酵素群はその酵素活性は極めて低いことから，還元剤（アスコルビン酸）を用いた基質リサイクリング反応を組み合わせることで，センサ出力の増幅を図った（図10）。図11はFMO3固定化バイオ・スニファにてTMAガスの濃度変化を連

続的にモニタリングした結果である。この図からわかるように，TMAを0.52～105ppmの範囲で連続的かつ再現性よく，モニタリングが可能であった（図12）[10]。

先にも述べたように，FMO3は生体内でのTMAの主要な代謝酵素であるが，3級アミンや硫黄化合物を基質とすることから，他の有機化学物質を用いてこのバイオ・スニファのガス選択性を調べた。その結果，アルコール類やケトン類，エーテル類などにはもちろん応答は示さないものの，メチルメルカプタン（MM）やアンモニア，トリエチルアミン，硫化ジメチルには応答を示すことが確認され，MMについては1.0～1000ppmの範囲で定量可能であった（図12）[11]。このように，薬物代謝酵素を用いたバイオ・スニファではその基質特異性により，普通の酵素に比べガス選択性が幾分劣る。そこで，FMOの複数異性体の利用が考えられる。つまり，異性体ごとに出力特性が異なるようであれば，それをパターン化することで，選択性の改善が図れる。

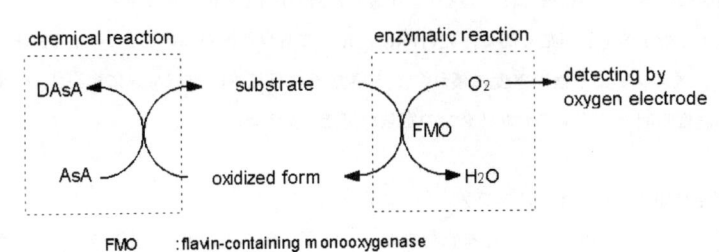

図10　FMO固定化電極での計測原理

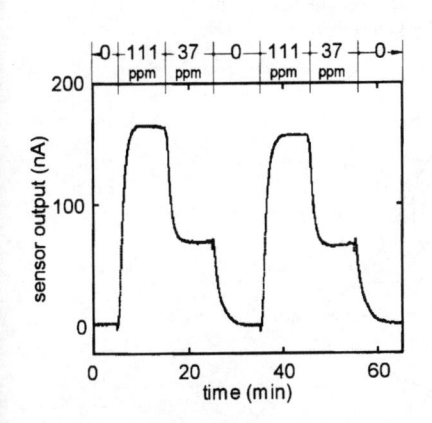

図11　FMO固定化バイオ・スニファによる
　　　トリメチルアミンガスの連続計測

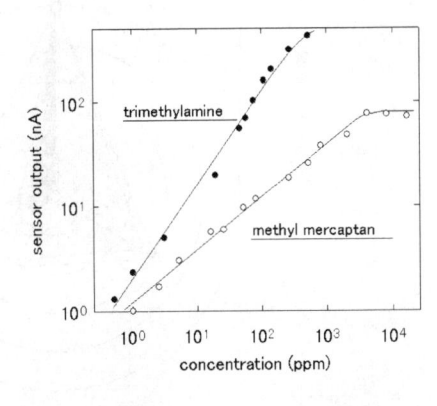

図12　FMO固定化スニファのトリメチルアミンと
　　　メチルメルカプタンに対する検量特性

図13は，FMO1, 3, 5を用いて3種のバイオ・スニファを作製し，異なる濃度のTMAガスとMMガスについて出力パターンをレーダーチャート化したものである。図からわかるように，TMAについては各センサとも出力応答を示すものの，FMO5を用いたセンサはMMにほとんど応答せず，センサ群（FMO1,3,5）がガス種に応じて異なる応答パターンが示すことがわかる。この出力パターンは，それぞれのガスの定量範囲の間ではいつも同じで，つまり，作製した匂いセンサは酵素の基質特異性に伴うガス選択性を有するが，酵素群を利用したパターン認識を行うことにより，さらに選択性の向上を図ることができる。

(2) モノアミンオキシダーゼ

他の薬物代謝酵素として，肝臓由来のモノアミンオキシダーゼ type-A（MAO-A）を用い，バイオ・スニファの構築が可能である。MAO-Aもチオール基やアミノ基を有する有機化合物を選択的に代謝分解することが報告されている[12]。作製したMAO-A固定化バイオ・スニファはメチルメルカプタンに対する応答が最も高く，先のFMOに比して触媒活性が高いことから，FMO3を用いたバイオ・スニファより検出感度に優れ，ヒト嗅覚での臭気強度レベル5に相当する，0.15～3.7ppmの濃度範囲でメチルメルカプタンの定量が可能である。

3.2 酵素活性阻害型バイオ・スニファ

ニコチンはタバコの煙に含まれる有害物質の一つで[13]，特に副流煙には主流煙の3倍の濃度の

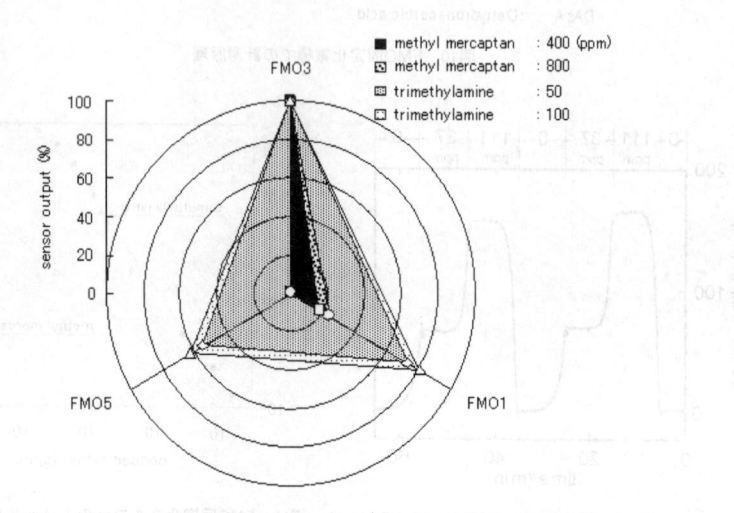

図13 トリメチルアミン（50, 100ppm）とメチルメルカプタン（400, 800ppm）に対する3種のFMO異性体スニファによる出力パターンの比較

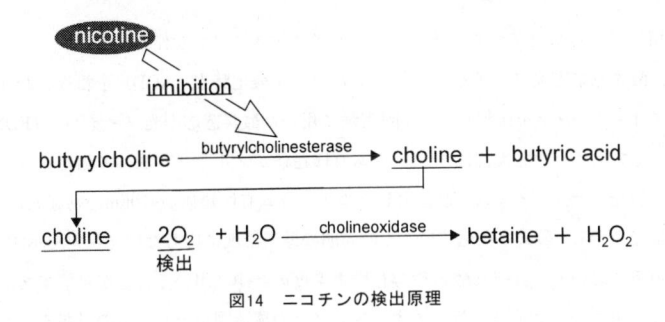

```
                    nicotine
                       |
                   inhibition
                       ↓
butyrylcholine ──butyrylcholinesterase──▶ choline + butyric acid

choline   2O₂  + H₂O ──cholineoxidase──▶ betaine + H₂O₂
          検出
```

図14　ニコチンの検出原理

ニコチンが含まれ，作業環境における許容濃度は米国産業衛生専門家会議(ACGIH)より0.075ppmと定められている．なお生理学的には，ニコチンは神経伝達系において，各種コリンエステラーゼなどの酵素反応を阻害することから，ブチリルコリンエステラーゼを用いたニコチン用バイオ・スニファを作製することができる．

このセンサでは，クラーク型酸素電極の感応部に装着したブチリルコリンエステラーゼとコリンオキシダーゼの酵素膜において，ブチリルコリンをブチリルコリンエステラーゼはコリンに，コリンオキシダーゼはさらにコリンを酸化し，酸素を消費する(図14)．この一連の反応において，ニコチンはブチリルコリンエステラーゼに作用し，その触媒活性を阻害し一連のブチリルコリンの触媒反応を低下させる．つまり，規定濃度のブチリルコリンの定量において，ニコチンが存在することでセンサ出力の低下が生じ，その出力低下の度合いを基にニコチン濃度を定量することができる．実験では予め，規定濃度300 μmol/lのブチリルコリンにて出力を安定化させた後，気相化したニコチンを負荷したところ，ニコチン負荷にともなう出力の減少が確認され，先述の許容濃度を含む0.01〜1.0ppmの範囲でニコチンの定量が可能であった．

酵素阻害のメカニズムを利用したバイオ・スニファは連続的な匂い成分の計測には適さないが，気相化した有機リンやカルバミン剤などの神経系などの酵素阻害を誘発する有害な物質の検出にも応用が可能である．

4　匂いの情報化&通信化と無臭ガス認証

4.1　人工嗅覚：光バイオ・ノーズと匂い情報伝達

バイオ・スニファは生体触媒の基質特異性に応じたガス選択性を有することから，「選択性の異なるバイオ・スニファ」をできるだけ沢山準備し集積化することで，匂いに含まれる多様なガス成分を詳細に評価することができる．そして，評価の結果は匂い情報として保存し，匂い再生に利用できる．そこでバイオ・スニファを利用した初歩的な人工嗅覚(バイオ・ノーズ)の構築を

目的に，集積化が容易な光ファイバーを使ったバイオ・スニファを作製した。

実験では，酸素感応型光ファイバー[14,15]とアルコール酸化酵素（AOD）を組み合わせた光ファイバー型バイオ・スニファを作製した。今回実験に用いた酸素感応型光ファイバー（FOXY-R, o.d.: 1.5mm）は，光ファイバー先端部にルテニウム有機錯体がゾル－ゲル法にて固定化されている。この酸素感応型光ファイバーでは，固定化したルテニウム有機錯体が470nmの励起光にて，600nm近傍で強い蛍光を示し，酸素存在化では，その周囲の酸素濃度に応じた消光現象を示すことから，気相系，液相系においてそれぞれ酸素や溶存酸素濃度の計測に用いることが可能である。図15はアルコールガス用の光ファイバー型バイオ・スニファの構造図を示したものである。センサの構築にはAOD固定化酵素膜を作製し，光ファイバー先端に装着した。また2つのT字管とステンレス管を組み合わせ，光ファイバー用の隔膜型気液二相セルを作製し取り付け，ガス計測系の管路に組込んで用いた。このセルもこれまでと同様に，光ファイバー先端部に緩衝液を連続的に循環することで，アルコールガスの連続計測が可能である[16]。

同様に，3種の薬物代謝酵素（FMO1,3,5）を用いて，さらに3種類の光ファイバー型バイオ・スニファを構築し，ステンレス管およびT字管からなるフローセルに組込み，酵素固定化膜をファイバー先端に装着し作製した。そしてアルコールセンサを含む4種の光センサをアレイ化し，光学式バイオ・ノーズを作製した（図16）。続いて，匂い成分種が比較的単純で，エタノール，トリメチルアミン，メチルメルカプタン，硫化ジメチルをそれぞれの主要な臭気成分とする①焼酎，②海産魚，③大根，④海苔を用い，光学式バイオ・ノーズにてサンプルの匂い計測を行った。匂い出力装置は，合計4種の化学成分を独立かつ同時に発生しうるガス発生装置を用い，ガス成分を適宜混合し，再生した匂いを「鼻あて」より，外部へ出力できる。

この発生装置を用いて，①〜④までの匂い成分をバイオ・ノーズにて計測し，得られた匂い情報をもとに，4種の匂い種を再生し，被験者（15人）による官能試験（選択肢8種）を行ったと

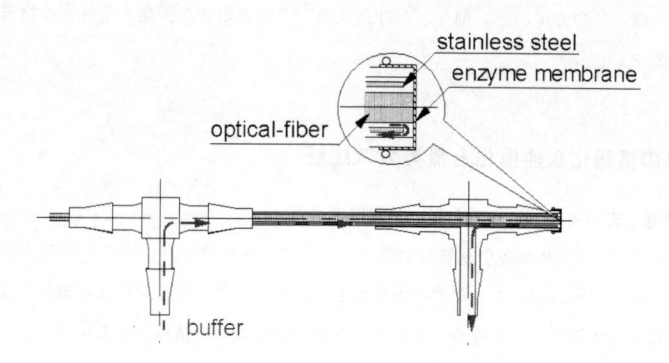

図15　アルコールガス用の光ファイバー型バイオ・スニファ

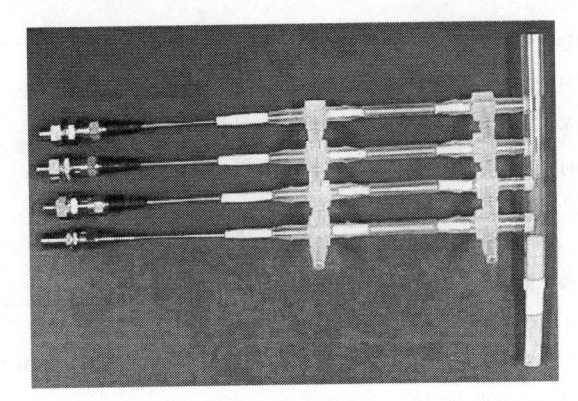

第23章　バイオメトリクス，バイオモニタリング関連及びセンサ材料

図16　4-cH光ファイバー型バイオ・ノーズ

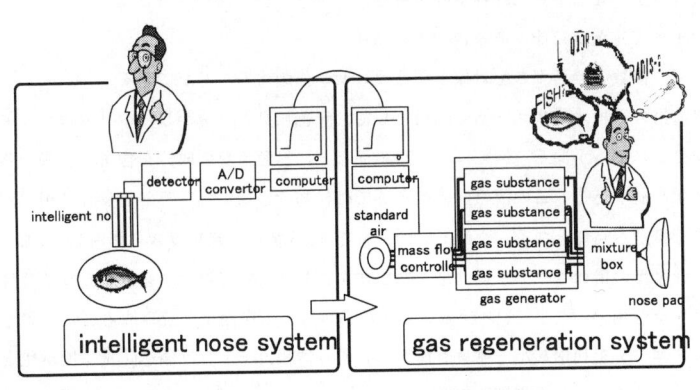

図17　バイオ・ノーズを用いた匂い通信の概念図

ころ，全ての匂い種について8割以上の被験者が発生元である食品を選択し，匂いを知覚情報として記録，そして伝達することが可能であった（図17）。

4.2　無臭ガス用バイオ・スニファと無臭「透かし」＆「情報コード」

　生体と匂いについて考えると生物の嗅覚は必ずしも万能ではなく，全ての揮発性ガスを嗅ぎ取ることはできない。つまり，検知できない揮発性ガスや浮遊粒子が多数存在する。しかし生体内には，嗅覚では検知できない物質を認識できる材料もあり，これら生体材料を用い，バイオ・スニファを構築することで，無臭ガスを選択的に検知することのできるガスセンサをつくることができる。

　たとえば，過酸化水素は高い殺菌・漂白効果を有することから，食品添加剤としての利用や塩

素系漂白剤の代替として身近に使用されている。しかし無色・無臭のため無意識のまま吸引する危険があり，作業環境における過酸化水素ガスの許容濃度を1 ppmと定めている。そこで，この過酸化水素ガスを検知することのできるバイオ・スニファを，カタラーゼを用いて作製した。

カタラーゼは過酸化水素を触媒し，水と酸素を生成することから，発生した酸素を酸素電極に検出することで，過酸化水素ガスを定量することができる。実験の結果（図18），無臭の過酸化水素ガスを，先に示した許容濃度を含む，1.0 ppm以上にて定量が可能であった。また同様な手法にて，複数の無臭ガスを対象とするセンサを作製することができる。

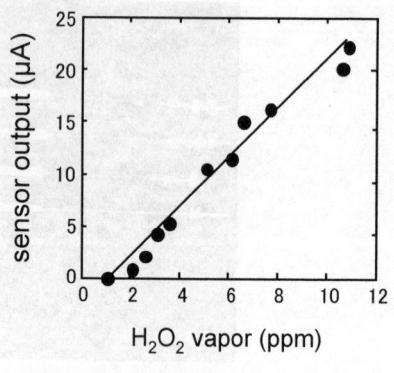

図18 過酸化水素ガス用バイオ・スニファの検量特性

無臭ガス用のバイオ・スニファの応用として，無色無臭の「透かし」や「情報コード」などの新しい認証システムがある。例えば，予め紙面などに無色無臭の成分を含ませ乾燥することで，紙面に情報を刷り込む。この情報は人の五感では検知できないが，その無臭ガス用のバイオ・スニファでは識別が可能となる。これまでの実験では，3種類の無臭ガスを利用し，3ビット，つまり8チャンネルの情報コードを刷り込んだ紙片を作製し，各無臭ガスを検知しうる3種類のバイオ・スニファを用いることで，8チャンネルの情報コードを簡単に読み取ることができた。このバイオ・スニファを利用した，無臭「透かし」や「情報コード」は偽造防止や標識化としての新たな認証システムとしての可能性もある。なお，コードとして刷り込んだ情報成分を揮発・除去することで，情報コードを簡単に消去することができる。

5 おわりに

本章で紹介したウエアラブルセンサやバイオ・スニファは被験者が意識することなく，生体情報を連続かつユビキタス的に観察し，必要な情報を適宜抽出することを目的とするもので，今後，健康医療や情報社会の発展に寄与するものと期待される。このようにバイオモニタリングが，より身近に行えるようになれば，有用な化学や生化学の情報をユビキタス的に扱うことができ，物理デバイスを中心とする既存の情報社会を，さらに人間味溢れ有効なものへと向上できるものと考えられる。

文　献

1) K. Mitsubayashi et al., *Anal.Chem.*, 65, 3586-3590 (1993)
2) K. Mitsubayashi, K. Yokoyama, T. Toshifumi, I. Karube, *Electroanalysis*, 7(1), 83-87 (1995)
3) K. Mitsubayashi, K. Yokoyama, T. Toshifumi, I. Karube, *Technology and Health Care*, 3, 117-121 (1995)
4) W. March., F. Smith, P. Herbrechtsmeier "Clinical Trial of a Non-Invasive Ocular Glucose Sensor" Diabetes 50　(supple 2): A125, 2000
5) K.Daum, R.Hill "Human tear glucose" Invest. Ophth- almol. Vis. Sci., 22, 509 (1982)
6) T. Endoh, K. Mitsubayasi "Study of a film type　oxygen sensor with optical transparency" Journal of　Advanced Science(in Japanese), Vol.13, No.1&2, 27 (2001)
7) Dolphin C.T., Janmohamed A.,Smith R.L., Shepard E.A. and Philips I.R., *Nat. Genet.*, 17 491-494 (1997)
8) Mitsubayashi K. and Hashimoto Y., *Electrochemistry*, 68(11), 901(2000)
9) Hasebe Y., *Chemical Sensors*, 14(11), 115(1998)
10) Mitsubayashi K. and Hashimoto Y., *IEEE Sensors Journal*, 2, 133-139 (2002)
11) Mitsubayashi K. and Hashimoto Y., *Sensors and Actuators B*, 83, 35-40 (2002)
12) 松元博ほか, SH基の定量法, 学会出版センター, 100-103 (1978)
13) Heldt H.W., 植物生化学, 昭和堂, 322 (2000)
14) Schuderer A., Akkoyun A., Brandenburg A., Bilitewski U. and Wagner E., *Anal. Chim. Acta.*, 72(16), 3942 (2000)
15) Toba E. and Ichikawa M., T.IEE Japan, 112-C 12, 769 (1992)
16) Mitsubayashi K., Kon T. and Hashimoto Y., Abstract book of The seventh world congress on Biosensors (May 16, Kyoto), P2-3.52 (2002)

第24章　MEMS技術について

宇都宮久修*

1 MEMSとは

　MEMS（Micro Electro Mechanical System）は，機械的素子，センサー，アクチュエーターおよびLSIなどの電子デバイスを，半導体集積回路に用いられる一般的なシリコンサブストレート上にマイクロ・ファブリケーション技術を通じて集積したものを意味する。また我が国では，「マイクロマシン（Micro Machine）」と一般的に呼ばれている。

　LSI等の電子デバイスは，集積回路工程としてのCMOSやバイポーラまたはBICMOS技術等を用いて製造され，超小型機械（マイクロ・メカニカル）部品あるいは素子はシリコンウェハを選択的にエッチングで除去して形成したり，新しい構造体の層（Layer）を積層して機械的あるいは電子機械的なデバイスを製造する「マイクロ・マシニング」工程が用いられる。

　MEMSは，シリコンベースのマイクロ・エレクトロニクスとマイクロ・マシニング技術を用いてほぼ全ての製品分野の技術革新を行なうことが有望で，完璧なシステムオンチップ（SoC: System-on-a-Chip）を容易に製造する可能性があることが指摘されている。MEMSはまた，マイクロ・エレクトロニクスの演算能力に加え，マイクロ・センサーやマイクロ・アクチュエーターの認識や制御能力により，人工知能的なスマートデバイスを技術開発することが可能で，応用範囲が広いことが期待されている[1]。図1にアメリカのサンディア国立研究所の開発したMEMSの拡大写真を示す（http://mems.sandia.gov/scripts/index.asp）。

　MEMSに搭載されるマイクロ・エレクトロニクスデバイス（集積回路）は，MEMSの「知能」の役割を果たし，センサーやアクチュエーターが「目」や「腕」の役割を

図1　Meshing gears on a moveable platform

---

*　Hisanobu Henry Utsunomiya　インターコネクション・テクノロジーズ㈱　代表取締役

果たし，MEMS自身が意思決定を行ないながら，MEMSの使用環境における監視活動や制御活動に使われようとしている。MEMSに搭載されるセンサーは，使用環境の現象を機械的・熱的・生化学的・光学的および磁気的に計測して情報を収集する。センサーによって収集された情報を集積回路が分析し，意思決定を行ないアクチュエーターに伝達して動かし，位置を変え，調整し，吸い上げたり，フィルターにかけたりして目的に応じて環境を制御することを行なう。MEMSは半導体集積回路と同様に，バッチ処理の製造技術が用いられるため，比較的低廉なコストで高機能や高信頼性を持つ優れた製品となる可能性が高い[1]。

2　MEMSの応用分野

MEMSの応用分野を図2に我が国のMEMS市場とアプリケーションについて示す[2]ように複雑多岐にわたっている。しかし図2は我が国の市場のみを対象にしているため，MEMSの重要な応用分野としての自動車，航空宇宙および軍事分野が欠落している。これらの分野はMEMS技術を牽引していく意味で重要な分野であるといえよう。既にMEMS技術を応用した加速度センサーが自動車のエアバッグに採用されている。

MEMS技術がブレークスルーすることで，シナジーの異なる例えばマイクロ・エレクトロニクスとバイオ技術が融合することが可能であり，現在多くの企業や研究所で認識され，または研究開発されている分野よりも更に応用分野が拡大する可能性を秘めている。

ここでは，一般的に知られているMEMSの応用分野を紹介する。

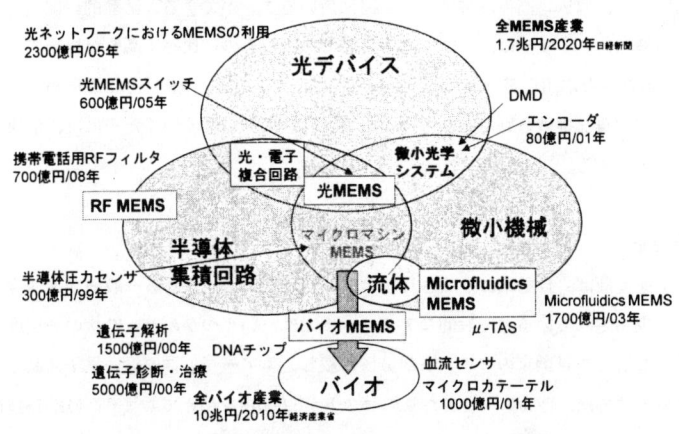

図2　我が国MEMS市場規模とアプリケーション分野[2]

2.1 バイオ技術分野

　MEMSは，DNA鎖の特定部位のみを繰り返し複製し増幅する反応である複製（ポリメラーゼ）連鎖反応（PCR: Polymerase Chain Reaction）のようなマイクロシステムの増幅や認識や，マイクロマシン化されたトンネル走査型顕微鏡（STM: Scanning Tunneling Microscope），生化学薬品や有害な化学物質を検出するバイオチップおよび薬品の層別や選択を高いスループットで行なうマイクロシステムなどの科学や工学における新たな発見を可能にする。

　またマイクロ流体システム（Micro Fluidics MEMS）は，ガラスサブストレート等に微小な流路をエッチングなどで形成し，枝分かれした流路により化学物質を分離・分析したり，微量の液体を反応させたりする。これらの特徴は，微量の反応物質と短時間での分析や解析が可能になることである。

　加えて，ナノテクノロジーを応用したプローブを採用した化学センサーも作成されており，細胞や生体高分子の操作や，マイクロマシン応用のアクティブカテーテル，マイクロ流体システム応用の血液分析装置等，医学・医療関係への応用が期待されている[3]。

2.2 通信分野

　RF-MEMS技術の出現により高周波回路は大きな利益を得ると期待されている。インダクターや調節可能なキャパシターなどの受動部品は，MEMS技術を用いて製造することが可能になれば，その集積度を著しく増加させることができるであろう。これらの電子部品の集積度の向上により通信回路の性能が改善され，かつ回路全体での電力やコストの削減が可能になると考えられている。加えて，現在いくつかの研究グループが開発中のMEMS技術を応用した機械的スイッチは重要な部品であり，幅広い高周波帯域での回路に用いることができる。試験的に開発されたMEMS技術による機械的スイッチは，かつて入手可能であったものに比べて品質が極めて良いと報告されており，潜在的な応用分野は大きいといえよう。しかしながらRF-MEMSの信頼性とパッケージングは極めて困難な挑戦分野であり，今後市場で受け入れられていくためには，解決策を見いだすことが重要である。

2.3 加速度計

　MEMS加速度計は，自動車に搭載されるエアーバッグに用いられる一般的な加速度計を置き換えていくと期待されている。一般的なアプローチでは，いくつかのバルク状の加速度計をディスクリート部品として自動車のフロント部分に搭載し，エアーバッグに近い電子部品と分離させている。この方法では，自動車一台当たりのコストが5,000円を超えてしまう。MEMS技術を応用できれば，加速度計と電子部品（電子回路）をひとつのシリコンチップ上に形成できるため，コス

トは500円から1,000円程度で抑えることが可能になる。このMEMS加速度計は，従来の方法よりは小さく，軽くなるばかりでなく，はんだ接続箇所の減少や小型化による早い反応等により信頼性が向上するといわれている。

図3に加速度センサーMEMSの事例を示す。

2.4 インクジェット・プリンターヘッド

MEMSデバイスは，インクジェット・プリンターヘッドとして既に採用されており，今後一般的な紙への印刷のみならず，シリコン・ウェハー上への電気回路の形成やプリント配線板の回路形成に採用が増加すると期待されている。このプリンターヘッドは前述した医療分野におけるマイクロ流体システムと融合して，新たな分析機器などが登場すると期待されている。

2.5 光通信への応用

MOEMS（Micro Optical Electronic Machine System）は，インターネット高速化に対応する光ファイバーとのインターフェイスとしての役割が増加しているため，改善が必要な分野である。

光通信へのMEMSの応用では，Texas InstrumentsのDMD（Digital Micromirror Device）が実用化されている。応用範囲としては，小型プロジェクター，デジタルシネマ，マスクレス露光装置などに採用されている。

図4にTI社のMOEMSの事例を示す。

3 製 造

MEMSデバイスは極端に小さい。MEMS技術を用いて作られるモーターは人間の髪の毛の直径よりも小さくできる。しかしながらMEMS技術の本来の目的はサイズだけではない。MEMSは，シリコン以外の材料からも製造される。シリコ

図3 加速度センサーMEMSの事例

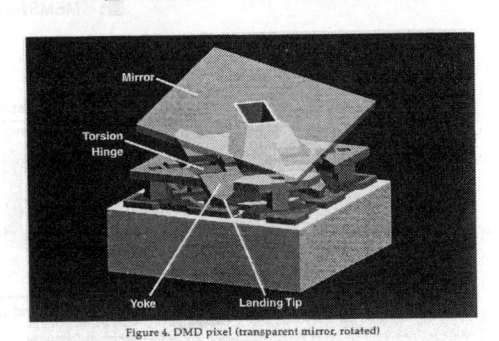

Figure 4. DMD pixel (transparent mirror, rotated)

図4 TI社MOEMSの事例

ンは優れた材料特性を持っており，高い性能を持つ機械的なアプリケーションに対し魅力的な材料選択の幅を提供している。例えば，シリコンの強度と重量の比率は，その他多くのエンジニアリング材料に比べて高く，極めて高い帯域幅のある機械的デバイスの製造を可能にすることが知られている。

MEMSを新しい製造技術として見た場合，複雑なエレクトロ・メカニカル・システムを製造する方法では集積回路の製造と同様なバッチ生産技術が採用されており，エレクトロ・メカニカル素子（部品）はエレクトロニクス部品と一緒にひとつの部品として組み込まれる。

図5にMEMSの設計手順を示す[4]。

MEMS設計は，データベースからの過去情報を抽出し設計コンセプトが生成される。次いでCADシステムを利用したマスクのレイアウト設計が行なわれ，エッチングのシミュレーションにより，全体の構造設計とマスクの設計が完了する。次に有限要素法分析によりMEMSの挙動を把握し，図6に示すシステム全体のシミュレーションにより設計が完了する[4]。

MEMS製造のための基本技術を表1に示す[5]。

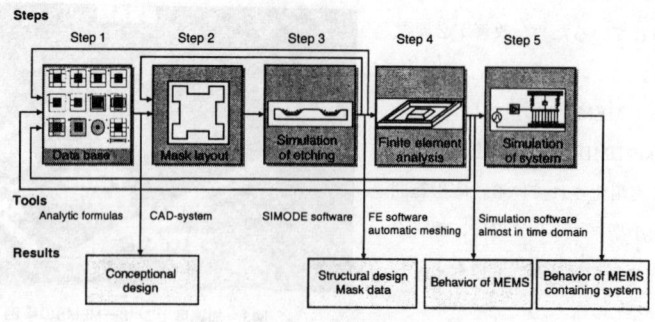

図5　MEMS設計手順

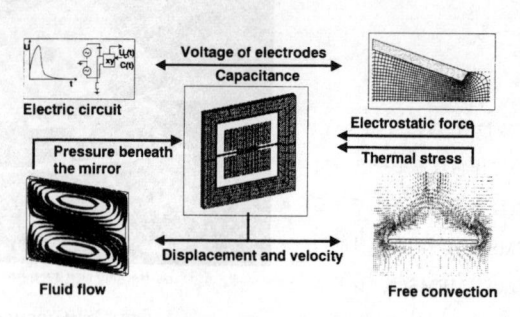

図6　MEMSシミュレーション範囲

第24章　MEMS技術について

表1　MEMS製造の基本技術

項　目	必要技術
ウェットエッチング	等方性エッチング
	結晶異方性エッチング
	エッチストップ
	レジストフォトエッチング
	犠牲層エッチング
	陽極形成
ドライエッチング	等方性エッチング
	異方性エッチング
	犠牲層エッチング
	イオンビーム加工
成膜プロセス	CVD
	PVD
LIGAプロセス	モールディング
	めっき
	スピンコーティング
改質プロセス	酸化
	不純物添加
	サーモマイグレーション
接合プロセス	陽極接合
	活性化接合
	直接接合
	拡散接合
	融接
	ろう接合
その他	レーザー穴加工
	微細放電加工
	研磨
	MIM（メタルインジェクションモールド）

3.1　MEMS製造の利点

　第一にMEMSは極めて広範囲な技術であり，民生品から軍事用途に至るまでの製品に大きな影響をもたらしている。MEMSは既に住宅内の血圧監視装置から自動車のアクティブサスペンションシステムに至るまで活用されている。MEMS技術の世界およびその使用範囲の潜在的な用途としては，集積回路化されたマイクロチップよりはむしろユビキタス技術と融合していくことが行なわれる。

　第二にMEMSは集積回路化された半導体デバイスや複雑な機械システムに比較して不鮮明である。歴史的にセンサーとアクチュエータは，マイクロスケールのセンサー，アクチュエータ電子機械（エレクトロメカニカル）システムにおいて高価で信頼性の低い部品であった。MEMS技術は，これらの複雑なエレクトロメカニカルシステムをバッチ生産システムを用いて，センサーや

アクチュエータを半導体集積回路と同様なコストと信頼性で製造することが可能である。MEMSデバイスとシステムの性能は，微小部品やシステムを期待されているほど凌駕するには至っていないものの，コストはより低いものになると予測されている。MEMS技術は現在，少量から中規模数量のアプリケーションに採用されている。MEMS技術の広範囲な適用を阻害している要因としては，以下の3点が挙げられる。

3.1.1 制限されたオプション

ほとんどの企業では，極めて限定された試作や量産のデバイスのための潜在的なMEMS技術の発見を行ないたいと考えているが，マイクロ・ファブリケーション技術の能力やエキスパートが存在していない。ごく僅かの企業では，コスト削減のため自社で製造設備を開発している。中小企業がMEMS製造に進出できるような仕組みづくりが必要である。

3.1.2 パッケージング

MEMSデバイスとシステムのパッケージングは，現在の制限された状態からの改善が必要である。MEMSパッケージングは，使用環境に対応するための広範囲なMEMSデバイスと要求を満足させなければならないために，ICパッケージングに比べて挑戦分野が大きい。現在，すべてのMEMS製品では，新しいデバイスに対応するための新規や特殊なパッケージを開発中である。ほとんどの企業では，パッケージがMEMS製品開発計画の全体を通じて最も高価で時間を消費する仕事であると気が付いている。部品自身についても同様なことがいえるが，MEMSパッケージ用の数値制御化されたモデリング＆シミュレーションツールは現実には存在していない。設計者が性能を犠牲にすることなく，新しいMEMSデバイス用の標準的なパッケージをカタログから選択できるような方向性は重要である。

2001年度版国際半導体技術ロードマップ（ITRS 2001: International Technology Roadmap for Semiconductors）によれば，MEMS用のパッケージには以下の留意が必要である。ロードマップから引用すれば，

「標準的な半導体部品のようにMEMSデバイスにも環境負荷対策，電気信号保全（シグナル・インテグリティ），メカニカルサポート，熱管理が必要である。しかしながら，MEMSデバイスには更なる化学的・生物学的環境にアクセスし，相互作用をするためのパッケージングが必要である。MEMSの応用製品の多くは，そのパッケージ内部に不活性ガスを充填するか，もしくは真空であることを必要とする。たとえば使い捨て血圧計に使用する圧力センサー「メディア・コンパチブル」は，10年保証自動車の「メディア・コンパチブル」と同一ではない。結果として両者のMEMSの機能が同じものだとしても，使用環境の違いは異なったパッケージを要求する。効果的なコスト削減と生産性改善および信頼性標準化技術は，こうした広範囲な要求に対処するために開発されなければならない。またMEMSパッケージには，高多ピン数または接続用の超微細パッ

ドピッチは要求されない。

　いくつかのシングル・チップのセラミックパッケージ，樹脂モールドされたパッケージ，チップスケールパッケージおよびウェハーレベルパッケージ技術は，これらの適用要求のいくつかに成功裏に対応して採用されてきた。しかしながらマルチチップパッケージや３Ｄパッケージングの解決策は未だ開発途上にある。

　MEMSデバイスの製品性能要求とパッケージの整合のため，設計者は構造要素，信号処理および電力要件，信号およびエネルギー変化要因，材料技術，過酷なメディアとの互換性，テスト設備工程および標準，パッケージング技術および工程を熟慮しなければならない。これらの課題の多くが半導体パッケージにとっては常識でも，いくつかはMEMSには珍しいものになる。CADシステムパッケージ設計標準化と方法論，パッケージング組立特性，信頼性標準および評価，ミクロとマクロなパッケージ界面特性は，これらのMEMS特有な設計要求を処理するよう開発されなければならない。」
と説明しており，パッケージング技術がMEMS技術の律速のひとつになっており，今後の更なる研究開発の必要性を謳っている。

　図７および図８にAmkor社のMOEMSパッケージの事例を示す。

図7　シリコンキャップ付き樹脂モールドパッケージ

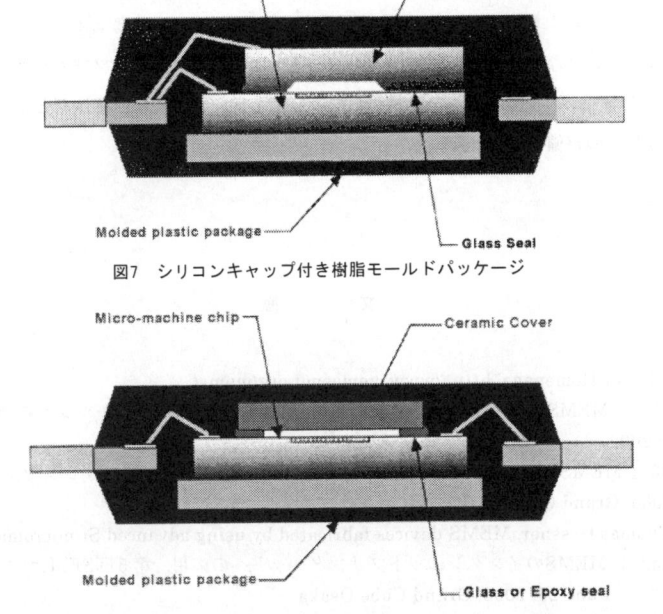

図8　セラミックキャップ付き樹脂モールドパッケージ

3.1.3 必要とされる製造知識

現在のMEMS設計者に対しては,設計で成功するために高いレベルの製造知識が必要とされる。最も一般的なMEMSデバイスであっても,MEMSの製造組立工程を通じて最適な工程の組み合わせを得られるような研究開発が必要である。MEMS設計には,工程の複雑さと切り離すことが必要である。

今後のデータベースの蓄積や製造工程の標準化が進展することにより,設計者は製造工程を熟知しなくてもMEMSの製造を行なうことが可能になる。しかしながら,より成熟度の高い設計を行なうためにはモデリング&シミュレーションツール等の設計環境の整備とともに設計者の後工程への知識の蓄積や協調設計の導入が不可欠である。

4 結 論

MEMS技術による製品の普及は,今後一層の進展が期待されている。モデリング&シミュレーションを含めた統合設計の思想がますます重要になってきた。また半導体製造に見られる前工程と後工程の温度差はMEMS製造の世界にも同様な開発障壁をもたらす可能性がある。

我が国の得意とする精密加工や高密度実装は,MEMS製品の普及と市場の拡大にとって大きな競争優位性をもたらすものと期待される。しかしながら使用される機器全体のコンセプトに基づくシステマティックな設計思想や開発体制をおろそかにすると,タイムツーマーケットにおいて欧米および東南アジア各国に遅れを取りかねない。産学官の戦略的な開発体制と統合設計環境の精神的・運用上の整備が望まれる。

文　　献

1) MEMS Net Homepage: http://www.memesnet.org/mems/
2) 末益達夫,MEMSデバイスの現状と技術動向,JEITA電子SIパッケージング技術専門委員会,0614, 2002
3) 藤田博之,MEMS技術の動向と産業化への展望,第5回SEMIマイクロマシンセミナー,June 25, 2003, Grand Cube Osaka
4) Dr. Thomas Gessner, MEMS devices fabricated by using advanced Si-micromachining
5) 跡部光朗,MEMSのインクジェットプリンタヘッドへの応用,第5回SEMIマイクロマシンセミナー, June 25, 2003, Grand Cube Osaka
6) Amkor Homepage, http://www.amkor.com/enablingtechnologies/MEMs/index.cfm

第25章 ポータブル燃料電池とその材料

神谷信行*

1 はじめに

　固体高分子形燃料電池 (PEFC) は薄膜の固体高分子を電解質とし，電極，電解質を一体化した作成が可能であり，ポータブル電源用としては一番の可能性を持っている。燃料電池はスケールメリットがないといわれるが，小型になったとはいえ，電極，電解質の働きは同じであり，むしろ温度制御が難しく，超小型で携帯用電源では作動温度を100℃以上にすることは避けたいところである。ポータブル燃料電池の燃料としてなにを使うかはまだ決定打はないが，微小水素ボンベが使えるようになれば水素も一つの選択肢ではある。現状では液体燃料の方が有望視されており，その中でもメタノールは一番有望な燃料である。しかし，反応性は水素に比べはるかに悪いので，改質して水素に変換するか，あるいは反応性，効率は悪くても利便性を考えて直接反応させて使うかを選択することになる。

　メタノールを燃料としたポータブル，超小型を要求する場合には改質器をつけることは難しいと思われるが，最近超小型の改質器の開発も進んで，かなり高純度の水素が供給できる可能性も出てきた。しかし，現状ではメタノールを直接反応させる，直接形メタノール燃料電池 (DMFC) の研究が主流になっている。DMFCではCO_2とH_2Oまでの反応は遅い。中間に生成するCOによる電極触媒の被毒によって電池性能が低下するためである。しかし，被毒による燃料利用率や電池特性が少しくらい悪くても，また，少しくらい触媒量が多くても，小型で利便性が良ければそれを利用する手はある。

　アルカリを電解質にすれば，メタノールも反応性は高まる。ただし，ギ酸塩までで止まってしまうが。エチレングリコールも容易に反応し，電池特性も期待できるが，グリコール酸やシュウ酸塩までで止まり，完全にCO_2とH_2Oまで反応させることは難しい。

　ボロハイドライドは水と反応すると水素を発生するので，燃料電池用の純水素を得る方法として優れている。ボロハイドライドを直接燃料として反応させることも考えられている。ボロハイドライドの価格や，反応液の処理など問題もあるが，超小型に向けた利点は多い。

　ポータブル燃料電池用を実用化するには電池本体の他に周辺技術が必要不可欠であるが，現状

---

* Nobuyuki Kamiya　横浜国立大学大学院　工学研究院　機能の創生部門　教授

では電池そのものがまだ十分な性能を出すまでに至っていないことと，燃料の選択を考えてDMFCの開発が主に開発されている。

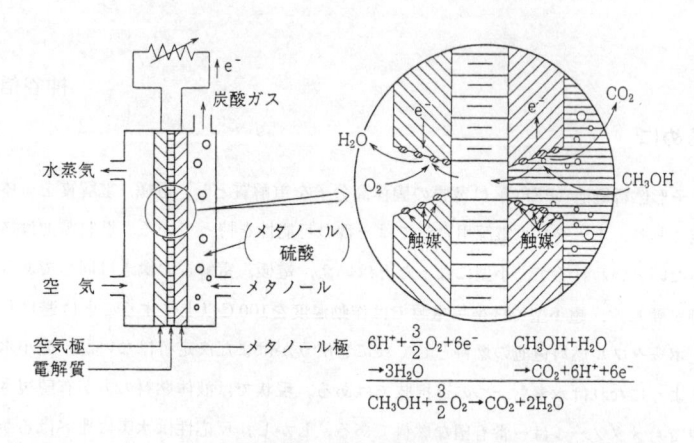

図1 メタノール燃料電池の原理
図の左側が基本単位になるセルの断面図で，右側がその中央部の拡大図である。メタノールと空気中の酸素が反応して，水と二酸化炭素を生成し，この時電力が発生する。

2 DMFCの歴史

図1は1984年に日立評論に掲載されたDMFCの電池の概念図である[1]。この当時はまだプロトン導電性膜が普及していなかったため，メタノールを硫酸溶液に溶解し，燃料極に供給している。このDMFCを使ったゴルフカートが運転された。このようにすでに日本でもDMFC開発の実績はあるものの，実際に普及するまでには至らず，研究の進展も見ないままになっていた。水素燃料を用いたPEFCに比べてDMFCの性能は遙かに劣るためであったためと思われる。

しかし，小型のものが試作品とはいえ，近年あちらこちらで発表されるに及んで，改めて注目されるようになった。特に平成12年秋，直接形メタノール燃料電池を搭載したゴーカートがダイムラーから発表されて以来，にわかに実用化が近づいた感じがする。発電効率はメタノール改質形と変わらない，40%をクリアーしたと報じている。ロスアラモス研究所（LANL）の250W，39%をはるかに上回る性能で世界をあっと言わせた。一方，携帯電話用燃料電池がPower Holster

図2 Power Holsterの携帯電話用電源

第25章 ポータブル燃料電池とその材料

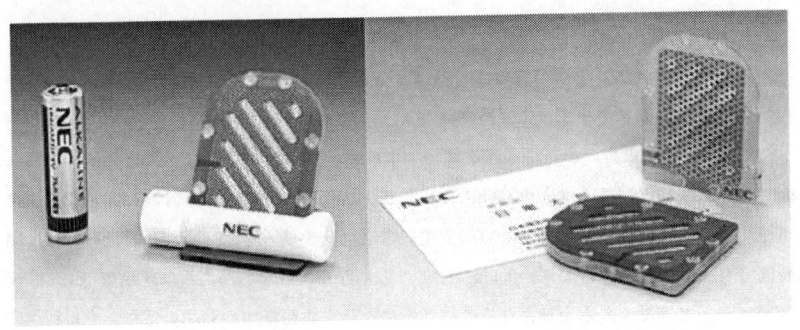

図3 NECの開発したカーボンナノチューブを用いた燃料電池

prototype™として発表されて超小型燃料電池としてDMFCの可能性が示されており，世間を驚かせた（図2）[2]。

NECは2001年，カーボンナノチューブを電極に用いた携帯機器用の小型燃料電池を世界で初めて開発に成功した（図3）[3]。東芝も2003年，手のひらサイズで1W出力のモバイル機器用小型燃料電池の開発について発表している（図4）[4]。このように開発のピッチは急速で，明日にでも実用化される感じがあるが，個々の要素技術を考えてみるとまだまだ解決しなくてはならない点は多く，広く普及させるには相当の時間が必要であると考えられる。

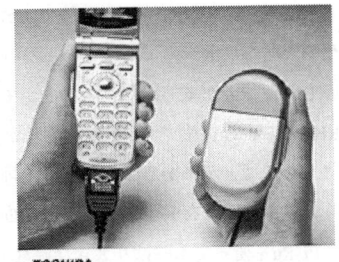

図4 東芝が開発した手のひらサイズの燃料電池

3 PEFC，DMFCの動作原理とその特徴

3.1 PEFC，DMFCの熱力学計算

水素およびメタノールを燃料とする燃料電池の起電力は，(2)，(4)式のようにどちらも1.2V程度である。

$$H_2 + 1/2O_2 = H_2O\ (l) \qquad \Delta G° = -237 \text{kJmol}^{-1} \qquad (1)$$

$$U° = -\Delta G°/2F = 1.23\text{V} \qquad (2)$$

$$CH_3OH + 3/2O_2 = CO_2 + 2H_2O\ (l) \qquad \Delta G° = -702.4 \text{kJmol}^{-1} \qquad (3)$$

$$U° = -\Delta G°/6F = 1.21\text{V} \qquad (4)$$

一方，(3)の反応のエンタルピー変化は$\Delta H° = -726.5\text{kJmol}^{-1}$であり，これを化学エネルギーと考えると化学エネルギーを電気エネルギーに変換するDMFCの効率は

291

$$\eta = \Delta G^\circ / \Delta H^\circ = 0.97 \tag{5}$$

となる。理論的にはメタノールの持っているほとんど100％の化学エネルギー（エンタルピー変化に相当する）が電気エネルギーに変換されることになる。

メタノール1mol（約32g）から得られる電気エネルギーは自由エネルギー変化と同等であり、702.4kJの値は702.4kWsすなわち195.1Whに相当する。1W消費の携帯電話では約200時間の連続通話が可能である。1充電で連続通話160分の充電式電池（リチウムイオン電池）と比べれば、同じ通話時間でもメタノールではわずか0.44gでよいことになる。もちろんこれは理論値であり、反応にはメタノールと等モルの水を加えなくてはならないし、燃料電池の効率の低さ、燃料利用率等を考えると数倍のメタノール水が必要になる。それでも万年筆のカートリッジ程度のものを持ち歩けば充電に要する煩わしさがなくなるわけだから、こんなに便利なものはないだろう。

DMFCの起電力は（4）の計算で、水素酸素燃料電池のそれとほぼ同じであることがわかる。酸化剤としての酸素の反応はどちらの場合も同じであるから、メタノールの酸化反応は水素とほぼ同じ電位で起こると予想することができる。しかし、実際にはPtを使った電位走査で、0.5V vs. RHEくらいの電位でないと反応電流が見られないことから、メタノール酸化の過電圧は0.5V程度にもなることがわかる。もちろん、同じPtでも表面粗度の大きな白金黒電極では過電圧は低くなり、電極触媒能を向上させることで過電圧は下がるが、メタノール酸化に一番効果的な触媒としてPt-Ruを使ってもやはり大きな過電圧が必要となる（図5）[5]。

3.2 PEFC, DMFCの特徴

水素を燃料としたPEFCは小型で、低温でも高出力が得られるのが特徴であるが、水素をどのように供給するかが課題である。メタノールの改質で得られる水素を使うことが試みられているが、改質ガス中にはCOが混入し、電極を被毒するという問題がある。その点DMFCは改質の必要がないため、システムが簡単で、反応さえうまく進めば、車載用から携帯電話用まで、広く用途が広がる。

・DMFCの利点
　①改質器を必要としないため電池システムがコンパクトである
　②車載用だけでなく、携帯電話等の電源とすることが可能
　③メタノール合成、メタノールスタンドのインフラは比較的容易
・DMFCの難点
　①電極反応で生じるCO種のため、Pt系の触媒が被毒を起こす
　②メタノールの浸透による電解質膜の膨潤
　③メタノールのクロスオーバによる起電力の低下

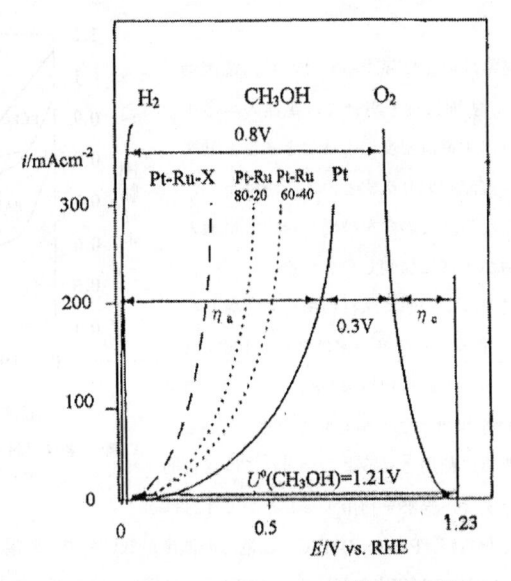

図5 H₂, メタノール, 酸素の分極特性

④メタノールの毒性, メタノールによる腐食

いずれにせよ, DMFCの効率の高低は別にしても自立運転ができなければ意味がないので, 燃料, 酸素の供給によけいなエネルギーを使うことは避けたいし, 温度制御も自然対流によって行うなど, 総合的なエネルギー収支を考慮しなければならない。

4 DMFCの現状と技術課題

4.1 発電性能

3.2項でDMFCの特徴を述べたが, 現在開発中の種々の燃料電池と比べた発電性能を図6に示す。電流密度の大きさにより起電力が変わるので, 一概にどのタイプの燃料電池が一番性能がいいかはいえないが, MCFC（溶融炭酸塩形燃料電池, 作動温度650℃）, SOFC（固体酸化物型燃料電池, 作動温度1000℃）の発電性能が優れていることがわかる。水素－酸素で作動するPEFC（固体高分子形燃料電池, 作動温度室温～120℃）も高性能であるが, それに比べてDMFCはその性能が他の燃料電池に比べてかなり低いことがわかる。

4.2 発電効率

発電効率は当然発電性能に関係するわけだが，電流効率が1でファラデーの法則に従う場合には電池のエネルギー変換効率は取り出す電流密度によってきまる。効率の悪い燃料電池では電流を取り出すと，電圧が降下し，降下した分が発熱となる。この熱を排出しないと電池の温度が上昇し，電池が正常に作動しなくなる。

エネルギー変換効率はこの他に燃料利用率も考慮しなくてはならない。エネルギー変換効率は燃料が100％反応したときのものであり，燃料利用率が80％ならば，電池の効率にさらに0.8を掛けることが必要になる。しかし，排出される燃料が改質に利用されるような場合には総合的な効率は向上する。また，廃熱を利用することができればそれだけ効率はよくなるが，PEFC，DMFCでは電池の温度が低いので，お湯を沸かすくらいの利用しかない。逆に，SOFCやMCFCなどに比べてPEFC，DMFCでは冷却が難しい。

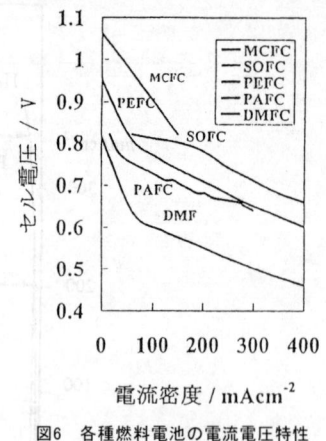

図6 各種燃料電池の電流電圧特性
（常圧，燃料利用率70～85%）

5 PEFC，DMFC開発上での技術的課題

もう一度図5にもどってみたい。この図では電極電位が電流密度によってどのように変化するかが表わされており，燃料極（アノード）の分極 η_a，酸素極（カソード）の分極 η_c が電極触媒に大きく依存することがわかる。酸素カソードの分極が水素に比べて大きいことは明らかであるが，燃料としてメタノールを使った場合の分極がいかに大きいかがわかる。この場合，触媒としてPtのみを使った時には分極が大きくて，ほとんど起電力が得られない。それに対してPt-Ruを使うと分極が小さくなることがわかる。メカニズムは後述するが，メタノールの反応過程でCO種が生成し，Pt触媒に強吸着して触媒能をなくしてしまうので，この吸着をいかに防ぐか，あるいは吸着種をいかに速く酸化してしまうかが触媒能として重要になる。

この図には電解質の抵抗の影響は含まれていないが，実際の電池においては電解質（膜）の抵抗による電圧降下が大きな問題になる。電池性能を高めるための大きな課題を示すと，

① 燃料極の電極触媒

改質ガスを燃料に用いる場合は多かれ少なかれ，COが必ず含まれるのでメタノール同様，耐CO触媒が必要になる。DMFCでも反応過程でCO種によるPt触媒の被毒が必ず起こる。耐CO触媒として最も活性があるといわれているのはPt-Ruで，数多くの研究がなされているものの，未だに

Pt-Ruを越す活性を持った触媒が見つかっていない。PtもRuもその資源は非常に少ないので，それに変わる良い触媒を見つけださない限り，広く普及させることはむずかしい。

② 酸素極の電極触媒

PEFC, DMFCどちらにも共通した問題は酸素還元反応である。酸素還元に最も良いとされている触媒はPtであるが，Ptが酸素発生に対して余りよい効果を発揮しないのは，Pt表面にPtOのような酸化物が生成し，これが触媒能を低下させているといわれている。この酸化物は酸素還元に対しても触媒能は低く，0.85V位の電位にまで下げないと還元されないし，触媒能が発揮されない。この電位まで下げることは酸素還元の過電圧が0.4V程度にもなり，それだけ起電力が低下することになる。

③ 高分子膜の伝導度，クロスオーバ

PEFCは室温でも作動するという特長があるが，電極反応，特にカソードにおける酸素還元反応が遅いので，できるだけ温度を高くして反応を促進することが望ましい。しかし，100℃を越すような温度では加圧しない限り，電解質膜の乾燥が起こり，伝導度が著しく低下して電池特性が悪くなる。したがって，高温下での運転に耐えるように，膜自体の耐熱性を上げる他に，膜の乾燥を防ぎ，伝導性をよくすることが大きな課題になっている。

一方，DMFCではそれらの問題点に加え，さらにメタノールの透過をいかに防ぐかが大きな問題となっている。メタノールは水には無制限に溶解するので，伝導性を良くするために加湿した膜の中の水分子に溶解して，アノードからカソードへ透過する。水素，酸素のように水に溶解しにくい物質でもクロスオーバを起こし，起電力を低下させ，燃料利用の効率を低下させることになっているが，メタノールのクロスオーバはそれらに比べてさらに大きいので，耐クロスオーバ膜（電解質）の開発が急がれている。

メタノールがアノードで反応しないでクロスオーバすれば，それだけ燃料を余計に消費することになるが，カソードでは酸素の還元電流がメタノールの酸化電流で打ち消されて（混成電流となって現れる），本来酸素の還元による電流値が低下してしまう。このため，クロスオーバ対策には膜の透過性を防ぐのはもちろん必要であるが，カソードにおけるメタノールの電極反応を抑え，酸素還元のみを起こす電極の開発が望まれる。

クロスオーバしにくい燃料を考えることも一つの方法であり，メタノールを2分子いっしょにしたジメチルエーテル（DME）を燃料にする研究も進められている。DMEはメタノールに比べて水に溶けにくく，クロスオーバし難い燃料である。

これらのことを踏まえて①，②，③について材料という立場から調べてみる。

5.1 メタノールの反応，反応中間体，被毒機構

メタノールの反応は水素そのものに比べれば遙かに複雑である。DMFCの開回路電圧は理論的には1.21Vであるが，実際には1Vを切って0.8V程度になる。これはメタノールのクロスオーバによるところも大きいが，メタノールそのものの反応速度が遅いために起電力が低下するものと考えられる。

メタノールは（1）式に沿って反応が進めば簡単だが，実際にはいろいろな反応中間体が生成し，触媒表面を覆い，電極電位の低下，電池電圧の低下につながる。

被毒を引き起こす反応中間体はこれまでの研究結果からCO種であろうと考えられている。ここでいうCO種は気体のCOと同じものと考えられているが，吸着状態は微妙に異なる。これらはPtの活性点に強く吸着しやすく，Pt触媒活性を低下する。なぜ，Pt触媒を使わなくてはならないのか？ 被毒を受けずに，Ptと同じような触媒作用のある物質が見つかれば，DMFCは急速に実用化に向かうであろう。

CO種の生成には次のような機構が報告されている[6]。吸着したメタノール，(CH$_3$OH) adsがPt上で順に反応して最終的にPt-(CO) adsになり，被毒が起こる機構。

$$CH_3OH + Pt \rightarrow Pt\text{-}(CH_3OH) \text{ ads} \quad (6)$$

$$Pt\text{-}(CH_3OH) \text{ ads} \rightarrow Pt\text{-}(CH_2OH) \text{ ads} + H^+ + e^- \quad (7)$$

$$Pt\text{-}(CH_2OH) \text{ ads} \rightarrow Pt\text{-}(CHOH) \text{ ads} + H^+ + e^- \quad (8)$$

$$Pt\text{-}(CHOH) \text{ ads} \rightarrow Pt\text{-}(COH) \text{ ads} + H^+ + e^- \quad (9)$$

$$Pt\text{-}(COH) \text{ ads} \rightarrow Pt\text{-}(CO) \text{ ads} + H^+ + e^- \quad (10)$$

一方，メタノールの反応を定量的に調べた結果，生成物はCO$_2$の他，ホルムアルデヒドやギ酸，さらにギ酸メチルなどが検出されており[7]，上記のような順次に反応する機構では説明がつかず，反応経路はより複雑であることがわかる。

CO種はメタノールの濃度，反応の電位によっていろいろなものが生じ，その被毒効果も異なる。反応するときの電位と吸着物質の吸着の状況を示す実験から，epsが1～2ということがわかった[8]。epsはelectron per siteと呼ばれ，Ptの活性点に吸着した被毒物質1個を最終生成物であるCO$_2$およびH$_2$Oまで酸化するために何電子が必要かを示す。すなわち，CO 1分子がPt活性サイトを1個占有しておれば，CO$_2$になるまでに2電子が必要となり，epsが2となる。

5.2 アノード触媒の働き

水素のアノード反応は起こりやすいので，Pt以外の触媒でもPtと同等の働きを示すが，メタノールの反応に対してはPtを越える触媒能を持つものはないといわれている。しかし，COによる被毒が起こって触媒能がなくなるとしたら，Ptの役目は何なのか。本当によい触媒なのか。メタノ

ールが電極上に吸着して，はじめに酸化が起こる過程（6），（7）についてはPtが有効であろう。しかし，反応は複雑で，必ずしも（7）を通って（8），（9），（10）と逐次的に起こるかどうかははっきりしない。CO被毒はPtに独特のもので，CO被毒せずにPtと同等以上の触媒能を持つ，あるいはCO吸着してもすぐに酸化が起こる貴金属以外から成る電極触媒が見つかれば一気にブレークスルーするであろう。

現状ではPtを中心に開発が進められているが，被毒機構がCO種によることから，DMFC用の触媒は改質ガスを使った時の耐CO触媒と基本的には同じと考えてよい。

被毒したPtを復活させるにはPt上のCO種を取り除く必要がある。そのためにはCOを酸化してしまえばよい。酸化の方法は

（ⅰ）空気で酸化する。被毒した電極を空気に触れさせれば，瞬時にCOは酸化され，毒物のないPt表面が復活する。改質ガスを使う燃料電池では改質ガスに微量の酸素を混入させる方法も考えられている。DMFCに対しても空気を混ぜて供給することも試みられている。

（ⅱ）Ptに隣り合う位置に酸素種を引き込む助触媒を置く方法。この方法が一番多く検討されている。Pt-Ruが現在最もよい触媒と考えられているが，RuがRu上にOあるいはOH基を取り込む働きがあることを利用して，Pt上のCO種を酸化，Ptの活性復活を行う。SnやAuも同じ作用があるといわれている。いずれにしてもPtに隣接して助触媒が存在することが必須条件である[6]。

$$M + H_2O \rightarrow M\text{-}(H_2O)\,ads \quad (11)$$

$$M\text{-}(H_2O)\,ads \rightarrow M\text{-}(OH)\,ads + H^+ + e^- \quad (12)$$

$$Pt\text{-}(COH)\,ads + M\text{-}(OH)\,ads \rightarrow Pt + M + CO_2 + 2H^+ + 2e^- \quad (13)$$

$$Pt\text{-}(CO)\,ads + M\text{-}(OH)\,ads \rightarrow Pt + M + CO_2 + H^+ + e^- \quad (14)$$

（ⅲ）電位を瞬時1V以上に分極し，電気化学的にCO種を酸化する方法が考えられている。電極表面の活性復活法としては非常によい方法であるが，実際に燃料電池の運転下でこれを行うことは無理であろう。

結局，現在のところ，（ⅱ）の助触媒を使う方法が一番有効で，Ptに代わる触媒の開発だけでなく，資源量として乏しいRuに代わる助触媒の開発が望まれている。

5.3 酸素カソードの反応性

酸素の還元反応に対してPtが一番よい触媒といわれているが，それでも十分な反応性が得られていない。Pt上に吸着したO_2の結合をゆるめてOH結合を作れば酸素還元が起こりやすいと考えられ，5d電子を含む金属とPtとの合金の特性が調べられている。図7に原理図を示す[9]。

(1) 酸素還元

酸素の還元反応に対してはPtが一番よい触媒といわれているが，それでも十分な反応性が得ら

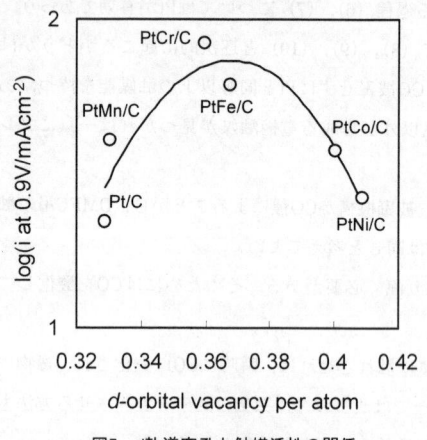

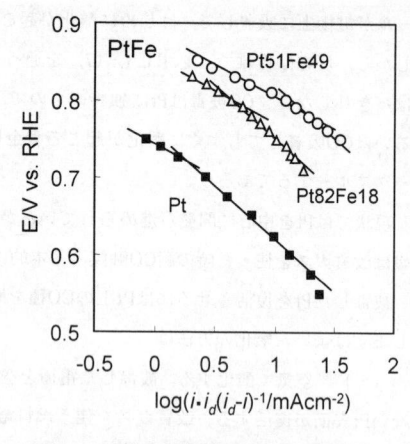

図7 d軌道空孔と触媒活性の関係
(0.8Vでの電流密度で比較)

図8 Pt-Fe系の酸素還元のターフェルプロット

れていない。Pt上に吸着したO₂の結合をゆるめてOH結合を作れば酸素還元が起こりやすいと考えられ，5d電子を含む金属とPtとの合金の特性が調べられている。

(2) 白金の合金化による触媒能向上

白金を合金化させることにより，触媒活性を増大させる試みが行われている。Pt-V/C，Pt-Cr/C，Pt-Cr-Co/C，Pt-Fe/C，Pt-Co-Ni/C，Pt-Fe-Co/C，Pt-Fe-Cu/C，Pt-Cr，Pt-Co，Pt-Ni[10,11]等が報告されている。この合金化による触媒能の向上は，d軌道空孔に関するvolcanoプロットから，S-OH種の吸着エンタルピーの大小によって説明されている。また，酸素分子の化学吸着に関しても最適なPt-Pt間距離が存在することが示されている[12]。

図8に0.1MHClO₄中のPt-Fe合金のターフェルプロットを示す[12]。この傾向は，図9に示すように，Feの増加とともに酸素の吸着が進行するために活性が増加すること，しかし50atm%を超えるとPtの減少により電荷移動反応速度が減少するためと説明されている[13,14]。Pt-FeやPt-Ni合金電極は高いカソード電位に置かれるため，添加金属の溶出が起こるが，表面がPtだけの薄層になった後でも表面Pt層が下層のバルク合金から電子的な作用を受け，酸素還元に活性が見られた。

(3) 環状化合物触媒

ポルフィリン，フタロシアニン，Schiff塩基などを配位子とする大環状金属錯体を触媒とし，これらの修飾電極による酸素の4電子反応の研究が多数検討されている[15]。このような大環状化合物は白金を使用しない触媒として期待されている。特に，精密合成に基づく共有／対面型二量化金属ポルフィリン誘導体を電極触媒とした修飾電極では貴金属電極の場合と同様酸素の4電子還元

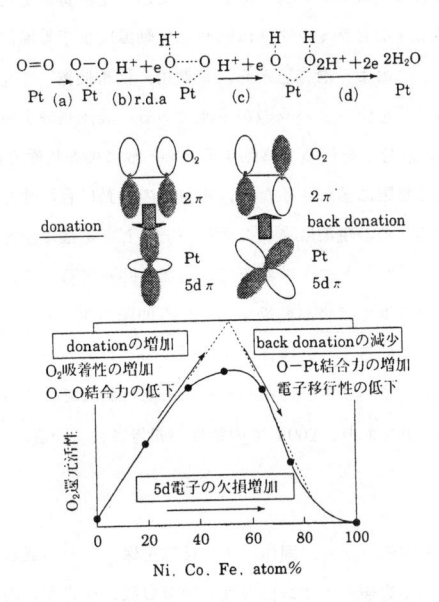

$$O=O \underset{Pt}{\longrightarrow} \underset{(a)}{O-O} \underset{Pt}{\overset{H^+}{\underset{(b)r.d.a}{H^+ +e}}} \underset{Pt}{\overset{H}{\underset{(c)}{O\cdots O}}} \underset{Pt}{\overset{H\ H}{\underset{(d)}{O}}} \underset{Pt}{\overset{2H^+ +2e}{\longrightarrow}} 2H_2O$$

図9 Pt-Fe族合金系における酸素還元触媒能の図的説明

が進行する。しかし，理論電位が達成できないこと，電流密度が小さいこと，さらにその安定性にも問題があり，当面白金系触媒に置き換わるものではないと考えられる。

(4) 高活性新規触媒の試み

1M H_3BO_4 中におけるイリジウム酸化物で被覆した白金電極の酸素電極反応を調べた結果，交換電流密度がおよそ $10^{-7} Acm^{-2}$ で，純Pt電極に比べて2桁も大きいことが報告された[16]。この実験で平衡酸素電極電位ROEが1年間保持された。白金を吸着酸素皮膜で被覆すると短時間ではあるが，ROEが実現されることが知られているが，Irは IrO_2 まで酸化されており，下地金属の白金となんらかの相互作用を生じ，高い活性が発現したと考えられる。

5.4 電解質膜の伝導性とメタノールのクロスオーバ

電解質部分は電気化学システムでは必須のものである。どのようなものであれ，イオン伝導性でなくてはならない。しかし，必ずしも固体高分子に限ったものでなくてもよい。宇宙船内で使われている燃料電池の電解質はアルカリ液であるし，高温作動用のものでは固体酸化物セラミックスも使われている。

この中でアルカリ電解質は生成物のCO_2が電解質と反応し電解質が劣化するのでDMFCには向かないし，固体酸化物のようなセラミックスは瞬時に作動温度まで昇温はできないことと，常時温度を保つことも難しい。このようなことから，車載用，携帯機器，小型の電池を考えたDMFCでは現在，固体高分子電解質を使うというのが主流である。固体高分子電解質はプロトン導電性であり，プロトンが数個の水分子を伴って移動するため，常に加湿状態で使う必要がある。一方，水とメタノールは相溶性で無限に溶解するため，水分子の移動に合わせてメタノールもアノードからカソードへリークする。この現象はクロスオーバーとして電池性能を著しく低下させる。

メタノールの電極反応が遅いことや，被毒をできるだけ回避するために少しでも高温で行うことが望まれる。電解質膜は高温では膜が乾燥するという問題が生じるのでSiO_2等を含ませて膜中の水分を保つ工夫も行われている。その他にメタノールのクロスオーバーを防ぐために，従来の膜構造にスチレン基を導入してバリアー性を高める工夫も行われている。耐熱性ではスルホンイミドを含む高分子が開発されており，200℃での特性が報告されている。

5.5 MEAの構造

電極，電解質膜どちらも固体であり，固体同士の接触を保つことが難しい上に，さらに触媒が三相界面（電子伝導体である電極とイオン伝導性の電解質膜，反応ガスの出会う部分）に均一に分散するような構造を作ることは非常に難しい。そこでこれらを一体とした膜電極接合体構造（membrane electrode assembly，MEA）が作られている。MEAの構造は一般的には図10，11に示すように，電解質膜を中心とし，その両側に触媒層，さらにその両側に電極基材を配置した構造を指している。ここでは一般的に使われているMEAの作成について述べる。

電解質膜はNafion®などのプロトン伝導性高分子膜が使われている。前述したように，この電解質膜は100℃以上の高温には耐えられないので，多くの研究がなされているが，現状ではNafion®のようなパーフルイロ高分子膜が信頼性があって広く使われている。

触媒層は触媒粒子をNafion®などのプロトン伝導性高分子で結着した構造，あるいはこれにPTFEを加えた構造である。触媒層内のプロトン伝導性高分子は触媒表面における反応で生じたプロトンを伝導させるために不可欠なものである。電気化学反応は反応物質（アノードでは水素，メタノールなど）が電極上で電子を失い（脱電子），その結果生成したイオン（プロトン）が対極へ移動するためのイオン伝導性媒体が接する，いわゆる三相界面でのみ反応する。このため，電極構造が複雑になればなるほど，イオン伝導性媒体（プロトン伝導性高分子）の役目は重要になる（図12）。触媒粒子がプロトン伝導性高分子で覆われていても触媒表面が加湿した水で過剰に濡れてしまうと，三相界面が減少し，反応を妨げられてしまうためPTFEのような撥水性を利用して触媒層内に気孔の形成を保たせる場合が多いが，反応上，必ずしも必要としない場合もある。

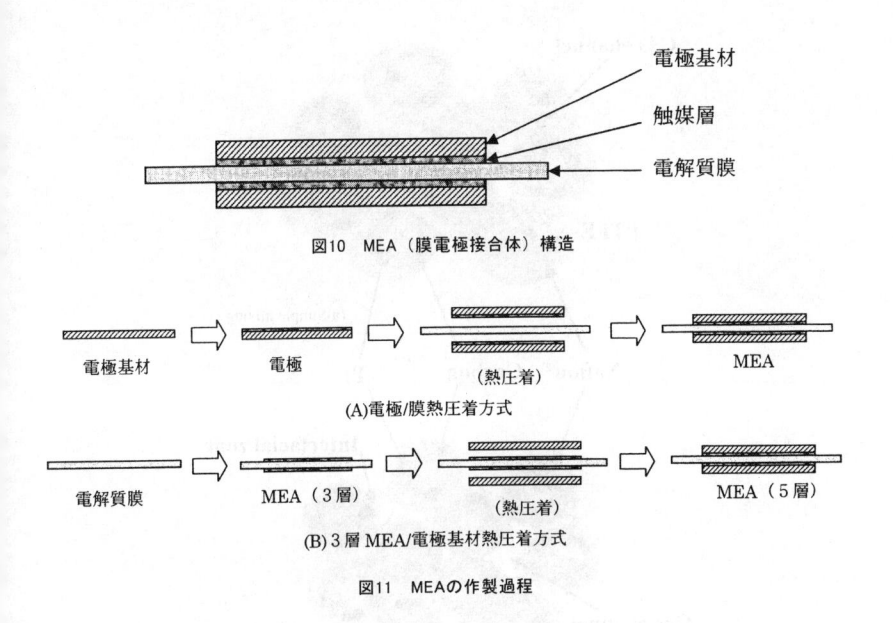

第25章　ポータブル燃料電池とその材料

図10　MEA（膜電極接合体）構造

(A)電極/膜熱圧着方式

(B)3層MEA/電極基材熱圧着方式

図11　MEAの作製過程

触媒粒子が電極反応に有効に働いている割合は約2～3割という報告もある[17]が，超少量白金担持ガス拡散電極も報告されている[18]。

電極基材としてはカーボンペーパーやカーボン布などを使い，撥水化のためにPTFE処理がなされている。この部材は電極基材（substrate）と呼ぶこともあるが，拡散層（diffusion layer），裏打ち材（backing paper），あるいはカーボンペーパー（carbon paper）などとも呼ばれている。この部材は集電のために必要であるが，水がたまりガスの拡散を悪化するのを防止する役割も担っているので拡散層と呼んだり，この部材の上に触媒層を形成する場合，触媒層の強度保持の役割も担っているので裏打ち材とも呼ばれている。

5.6　耐メタノールクロスオーバMEAの開発

細孔フィリング型電解質膜の開発が行われている[19]。一般にメタノールは水溶性で，固体高分子電解質膜をプロトンが通過する際，水を随伴して通過するため，水に溶解したメタノールも多かれ，少なかれ必ず通過してしまうものと考えられていたが，細孔フィリング膜では固定された細孔に電解質となる伝導性高分子を充填するため，細孔径をコントロールすることで水に溶解したメタノールの通過を制御できることがわかった。DMFCでは画期的なMEA作成の可能性を示すものとして注目を集めている。

301

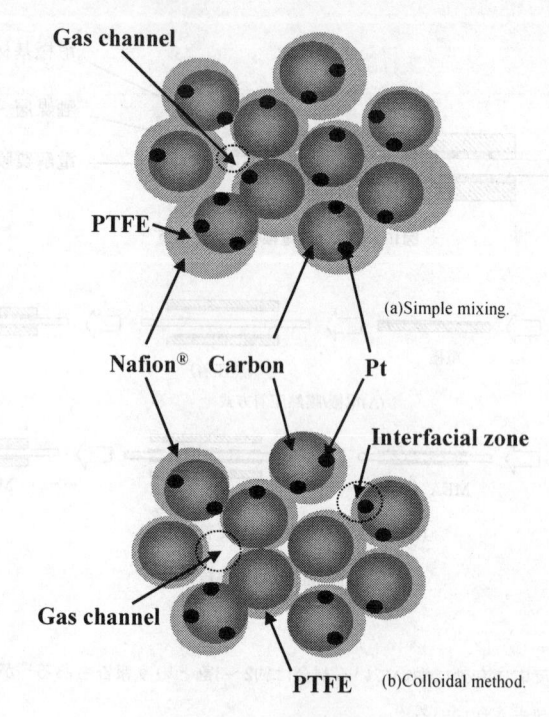

図12 電極構造

　サブミクロンオーダーの細孔を有する多孔質膜に電解質ポリマーを充填した細孔フィリング膜がメタノールクロスオーバを制御できることを見出した。多孔質膜基材により強度を保持し，充填ポリマーによってイオン伝導性を持たせることで膜特性を制御した。オレフィン系多孔質基材に2-アクリルアミド-2-メチルプロパンスルホン酸（ATBS）系のポリマーを充填した。

　電解質膜の調製：ATBS，架橋材および重合開始剤を溶解したモノマー溶液にポリエチレン製多孔質膜基材を浸漬し，基材の細孔にモノマー溶液を充填した。ガラス板にはさみ，紫外線で重合した。

　MEAの調製：カーボンペーパ上に触媒インクを印刷し，電極で電解質膜をはさみ，過熱ホットプレスしてMEAを作成した。アノード側触媒にはPt-Ru/C（Pt+Ru量3mg/cm^2），カソード側触媒にはPt/C（Pt量1mg/cm^2）。図13にプロトン導電率とメタノール透過度を示す。一般にプロトン導電率とメタノール透過度は比例の関係になると考えられるが，細孔フィリング膜は広く使われているフッ素系膜に比べて導電率の向上と透過度の低下を達成できた。また，図14にはメタノール濃度と膜面積の関係を示す。フッ素系膜ではメタノール濃度が大きくなるにつれて膨潤して膜面

302

積が大きく変化するのに比べて細孔フィリング膜では変化がほとんどないことがわかる。このことはフッ素系膜が水の透過に伴ってメタノールの進入がおこり、イオン性クラスターの孔径が大きくなっているのに対して、細孔フィリング膜ではクラスター径が変化せず、水の透過は起こるのにメタノールの透過を防いでいることが示唆される。いわばメタノールフィルターの役目を果たしているものと考えられる。

図15は細孔フィリング膜を電解質としたDMFCの電池特性で80℃においては2Mメタノールを、60℃以下では3Mメタノールを用いたときの性能であり、低い温度でも高性能の結果が得られている。

5.7 高出力密度型MEA技術[17]

定置用として開発が進められているPEFCの電池特性は0.7-0.75V@0.2-0.3A/cm^{2}であるが、この特性を0.4A/cm^{2}まで高める必要がある。

定置用として電圧損失の要因となっているカソード分極低減に向けて、①電解質伝導度の向上、②高酸素溶解性イオン交換樹脂による濃度過電圧低減、③溶媒可溶フッ素樹脂による撥水性向上があげられる。旭硝子では同じ交換容量のフレミオン®を用い、PTFE添加量から、透過係数、拡散係数、溶解係数の最適値を求めた。この膜の使用によってH$_2$-O$_2$の時、0.4A/cm^{2}で0.7V以上のセル電圧を得ている（図16）。

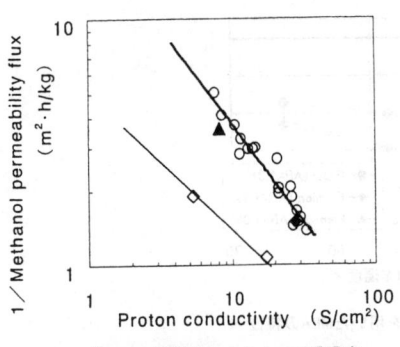

図13 プロトン伝導度とメタノール透過度の逆数の関係
　　◆PFEM (a)、▲PFEM (b)、
　　〇PFEM (others)
　　◇ポリパーフルオロアルキルスルホン酸膜（50μm, 125μm）

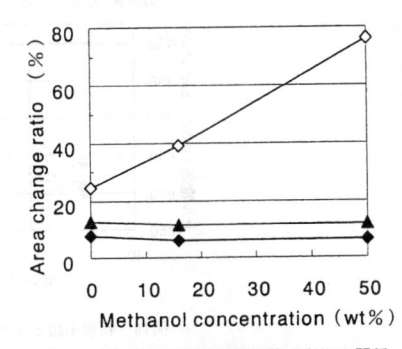

図14 メタノール濃度と膜面積の変化の関係
　　◆PFEM (a)、▲PFEM (b)、
　　◇ポリパーフルオロアルキルスルホン酸膜（125μm）

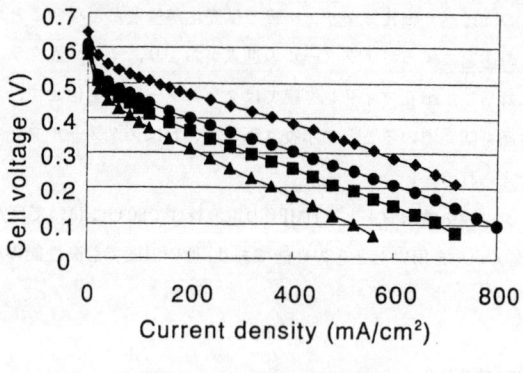

図15　PFEM　単セルのI-V曲線

	$P \times 10^{13}$	$D \times 10^{6}$	$S \times 10^{6}$
Flemion (AR=1.1)	0.40	0.026	1.5
PTFE	(3.2)	(0.15)	(2.1)
新規樹脂	15.4	0.37	4.18

透過係数 $P / cm^3(STP) \cdot cm \cdot cm^{-2} \cdot s^{-1} \cdot Pa^{-1}$、拡散係数 $D / cm^2 \cdot s^{-1}$
溶解係数 $S / cm^3(STP) \cdot cm^{-3} \cdot Pa^{-1}$

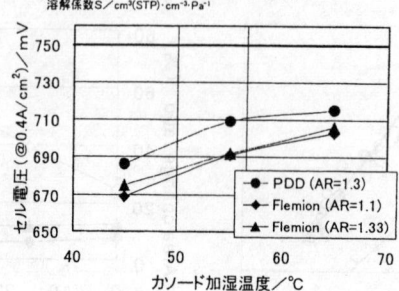

図16　新規樹脂とそれを用いたMEAの特性

文　　献

1) 田村弘毅, 津久井勤, 加茂友一, 工藤徹一, 日立評論, 66, 49 (1984)
2) R.G. Hockaday et al, 2000FUEL CELL SEMINAR, 791 (2000)
   http://pcweb.mycom.co.jp/news/2000/11/08/11.html
3) NECニュースリリース, 2001年8月30日
4) 東芝ニュースリリース, 2003年10月3日
5) C.Lamy et al, J. Power Sources, 105, 283 (2002)
6) 神谷信行ほか, 固体高分子型燃料電池の開発と応用, NTS (2000)
7) K.Ota. et al., J. Electroanal. Chem., 179, 179 (1984)
8) 西田伸道, 修士論文, 横浜国立大学 (1991)
9) S. Mukerjee, S. Srinivasan, M. P. Soriaga and J. McBreen, J. Electrochem. Soc. 142, 1409-1422 (1995)
10) P. Stonehart, U. S. Patent No.5593934 (1997)
11) A. Freund, T. Lehmann, K. Starz, G. Heinz and R. Schwarz, U. S. Patent No.5767036 (1998)
12) T. Toda, H. Igarashi and M. Watanabe, J. Electroanal. Chem., 460, 258-262 (1999)
13) T. Toda, H. Igarashi, H. Uchida and M. Watanabe, J. Electrochem. Soc., 146, 3750-3756 (1999)
14) T.Toda, H.Igarashi, M.Watanabe, The Second Int. Fuel Cell Workshop, p.158 (1998)
15) 湯浅真, 表面, 36, 157-166 (1998)
16) 能登谷玲子, 松田秋八, 浅川哲夫, 豊嶋勇, 延与三知夫, 日本化学会誌, 8, 1504-1506 (1988)
17) 吉武優, 燃料電池, 2 (4), 46 (2003)
18) 人見, 第40回電池討論会講演要旨集, p.167 (1999)
19) 平岡, 窪田, 山口, 第10回FCDICシンポジウム講演予稿集, p.288 (2003)

第26章　電子ペーパーとその材料

面谷　信*

1 まえがき

第8章ではユビキタス社会において求められる電子ペーパーについて[1~3]，それがどのような概念を持ち，その位置づけ，狙い，実現形態はどのようであるかについて解説した．本章ではその電子ペーパーを実現する技術候補としてどのような方式について研究開発が進められており，どのような材料が利用されようとしているかについて述べる．

2 電子ペーパーの候補技術

2.1 候補技術の整理

表示技術は一般に「像書き込み手段」と「表示媒体」の2つの要素から構成されると考えることができる．そのような観点で電子ペーパー実現用の候補技術についての可能性について分類整理し，表1に示した．例えば像書き込み手段としては，電界・磁界・光・熱等のいずれを利用するかによって様々な方式の可能性があり，媒体側についても何を変化させるかによって様々な方式があり得る．表中にはこれまでに報告されている代表的な方式を挙げてあるが，多くの空欄が残されていることは色々な新方式の潜在可能性を示している．ここでは現在開発が進められつつ

表1　像書き込み手段と媒体変化の組み合わせ表

媒体\駆動	物理変化					化学変化
	粒子レベル		分子レベル		電子状態レベル	
	移動	回転	移動	回転		
電界	電気泳動 粉体移動	ツイストボール		液晶	EL, LED, PDP FED	エレクトロクロミー エレクトロデポジション
磁界	磁気泳動	磁気ツイストボール				
光				液晶		フォトクロミー
熱				液晶		ロイコ染料 サーモクロミー

*　Makoto Omodani　東海大学　工学部　応用理学科　光工学専攻　教授

ある代表的な方式について次に紹介する。

2.2 代表的な表示方式
(1) 電気泳動方式

電気泳動方式自体は1960年代に松下電器の太田により考案され[4]，1970年代頃に盛んに検討されたにもかかわらず実用には至らなかった技術であるが[4]，カプセル技術との組み合わせにより最近にわかに注目を集めている[5〜7]。

図1にマイクロカプセル型電気泳動表示の基本原理を示す。所望の位置のカプセル内の絶縁性液体中の微粒子を電界により駆動し，極性の異なる2色の微粒子の配置，または微粒子と液体とのコントラストにより表示を行う。マイクロカプセル型は，従来の技術的ネックであった凝集・沈殿現象による表示性能の劣化を抑制し，またカプセルを含むペイント状材料の塗布により表示面を高い生産性と自由度で形成できる長所を持つ。電界パターンの付与方法として，透明電極パターンを表示面に配する方式の他に，イオン流を照射して電荷パターンを形成するイオンフロー方式[8]等のバリエーションも提案されている。また，マイクロカプセル型以外にも同一平面内での粒子移動を行わせるIn-Plane構造等の新しい試みが提案されている[9]。電気泳動方式は一般的な液晶と異なり視野角の問題を有せず，視認性の高い反射型の表示を実現できる点で電子ペーパー用表示技術として有望であり，本格的な商品化をめざした検討が精力的に進められている。

(2) ツイストボール方式

本技術も，電気泳動方式と同様の時期にゼロックスのSheridonにより発明され，検討された技術であるが[10, 11]，最近になって電子ペーパー用技術として見直され検討が再開されている[12]。

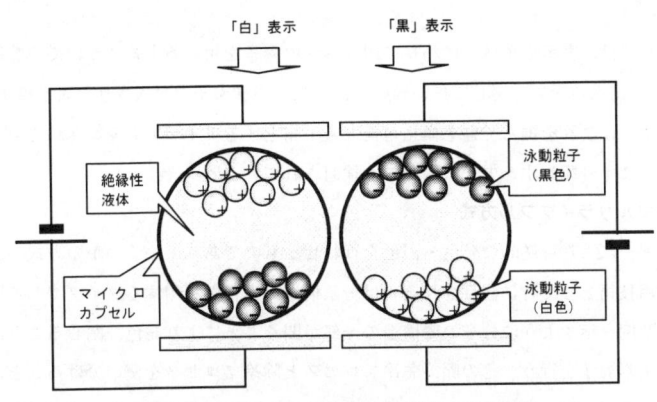

図1 マイクロカプセル型電気泳動表示の基本原理
（2色粒子両用タイプ）

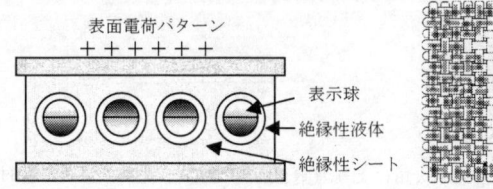

図2 ツイストボール表示方式の表示原理

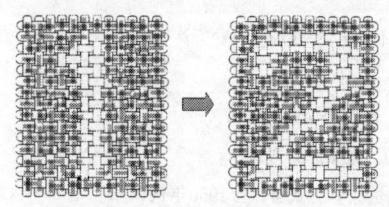

図3 円柱表示素子を長い鞘中に封入した表示繊維を用いた電子布のイメージ図[14]

図4 ロイコ染料を用いたサーマルリライタブル方式における媒体の分子構造変化[17]

図2にツイストボール方式の表示原理を示す。絶縁性シート中に設けられた空洞内に絶縁性の液体が満たされ，液中に絶縁性の表示球が保持されている。半球ずつを異なる色および帯電特性に形成した表示球を，表示シートに垂直な電界により回転駆動し，半球間のコントラストにより表示を行う。電界パターンの付与方法としては先に挙げた電気泳動方式と同様のバリエーションが考えられるが，図2は表面電荷駆動型で示した。

本技術は電気泳動方式と同様，反射型で視野角依存のない高い視認性の表示を行うことができる点で電子ペーパー技術として有望である。最近，表示球の回転に関する解析的な検討も進められている[13]。

発展形としては，表示素子球の代わりに円柱形状の素子を用いる方式について実験段階の検討がされており，紡糸技術を応用して長い鞘の中に複数の円柱素子を封入させた表示繊維を形成し，図3に示すようにこれを編んで書き換え可能な電子布とするアイデアも提案されている[14]。また，磁性球を磁界により駆動する方式についても検討されている[15,16]。

(3) サーマルリライタブル方式

熱エネルギーにより可逆的な発色・消色を行わせるものであり，いくつかの方式があるが，電子ペーパー用技術として特に注目されるのは分子構造の変化を利用するタイプである[17]。

図4に典型例を示すように分子の環構造の一部が開くことにより発色，閉じることにより消色する原理により表示を行う。その際，急冷プロセスと除冷プロセスを使い分けることにより可逆的な発色と消色が実現されている。本方式も印刷物に近い視認性の高い反射型表示を実現できる点で有望であり，精力的な検討が進められている。

308

(4) 液晶方式

現在広く用いられている偏光板を用いるタイプの液晶表示技術は，視野角等の問題により印刷物に近い視認性を得ることは容易ではないが，解像度等の点では印刷物に近いものも開発されつつある。視野角の点では透過性の変化を利用する高分子分散型の液晶や，さらに液晶分子と染料分子を共存させ長い染料分子の向きを制御してコントラストを生じさせるゲスト・ホスト型の液晶は，視野角の問題を生じないため印刷物に近い視認性の高い表示を実現できる可能性がある。

高分子分散型の液晶としては，特に液晶に高分子のネットワーク構造中に立体的な連続相を形成させるポリマーネットワーク型の液晶により視認性の高い表示を実現した報告例[18]は注目される。そこでは，紙に近い散乱特性と白色度が実現されており，偏光板を使わず液晶自身の反射透過特性を利用する点が特筆される。結果的に液晶層における前方散乱（媒体からの散乱光のうち入射光の方向を中心に散乱する成分）を効率よく利用することで紙に近い画質感が得られており，高い視認性を期待できる有望技術として精力的に検討が進められている。

一方，駆動回路と一体で自己完結型のディスプレイ装置として発達を遂げてきた一般的な液晶表示方式とは対照的に，液晶の媒体部分と駆動回路をあえて分離する方式の考え方が提案されており[19]，電子ペーパー用として注目される。液晶媒体と書き込み装置とを分離すれば，液晶は紙に近い本来の薄さを取り戻し，またコスト的にも媒体自体は非常に安価なものとなる。図5はそのような液晶の新しい利用形態についての概念を示したものである[19]。このように媒体部分と駆動回路を分離型にする液晶表示方式は，よりペーパーライクな形態とハンドリング性を実現できる可能性を有している。

分離型の一例として，イオン流等の照射により形成する表面電荷パターンによりゲスト・ホスト型の高分子分散型液晶を駆動する方式により実現した液晶表示シートを図6に示す[20]。

感光体層と積層したコレステリック液晶に光書き込みを行うことによる分離型の表示方式についても開発が進められている[21]。これも媒体部と駆動部を分離して構成する分離型の表示システ

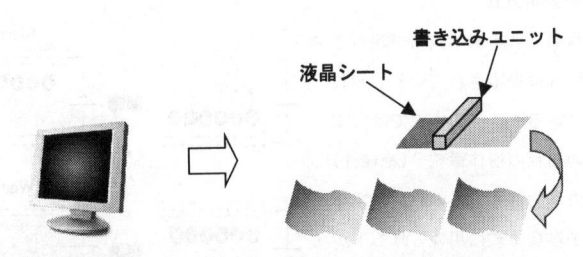

図5 駆動部と媒体を分離した液晶表示の新しい概念[19]

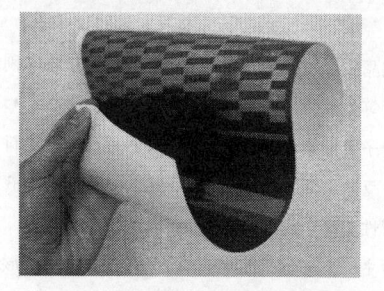

図6 イオン流照射により駆動部分離型の表示を実現したゲスト・ホスト型液晶媒体の外観[20]

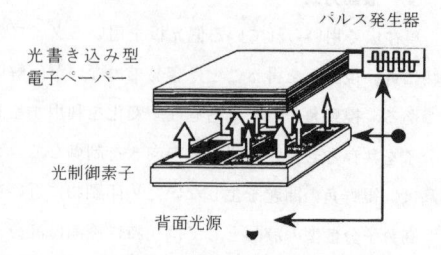

図7 光書き込み型液晶媒体の動作原理図[21]

ムとなっている。図7はその動作原理図である。

本方式ではコレステリック液晶を使用し，プレーナー配向とフォーカルコニック配向の双安定状態を実現して無電源による表示の保持を可能にしている。光書き込みの動作は液晶層と光導電体層の積層構造からなる媒体に対し，表示画素単位に光照射を選択的に行いながら媒体の厚み方向全面に均一な交流パルス電圧を印可するものである。この際，光照射を受けた部分の光導電体層の抵抗値が低くなるので，液晶層の該当部分に選択的に高い分圧が与えられ，表示画素は光の照射部分に対応して形成される。光導電体層としては有機感光体の電荷生成層で電荷輸送層を挟む構造とすることにより，交流駆動への適性と，フレキシブル性とを両立させる工夫がなされている。

プラスチック基板上にこのような構造を実現することにより，フレキシブルな表示媒体が実現されている。また報告中では600dpiの分解能を示す実験結果が示されている。さらに本方式の発展形として，駆動電圧の異なる液晶層を3種類積層することにより，カラー表示を各色の積層構造で実現できる可能性についても確認がなされている[22]。

(5) トナー表示方式

粉体粒子移動による表示技術が報告されている。図8は提案されている表示技術の原理図である[23]。この方式では，支持体としての白色の粉体微粒子（絶縁性）と移動する表示物質としての黒色の粉体微粒子（電子写真方式に用いられるトナーに類似した導電性着色粉体）を薄いセル中に満たした状態とし，黒色粉体にセ

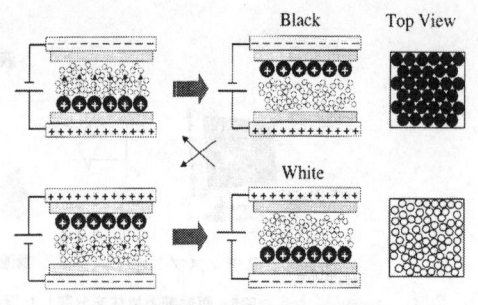

図8 粉体移動による表示方式の原理[23]

ルとの界面から電荷を注入し，これを電界で移動させることによって，黒色粉体の分布を制御し表示が行われる。粒子の動きを制御する点で電気泳動方式に類似しているが，液体ではなく粉体の中で粒子移動を行わせるところが大きく異なっている。

この技術の発展形として，絶縁性の黒色粒子と白色粒子を反対極性に帯電させたものを電界で逆方向へ駆動する表示方式も報告されており[24]，パッシブマトリクス駆動形式を適用した表示パネルの試作例が発表されている[25]。

(6) 電解析出方式

本技術はエレクトロクロミズムと同様，電気化学反応に基づいた表示原理によるものである。着色剤として銀イオンを用い，透明電極上で銀イオンを電析または溶解することにより表示を行う。表示素子の断面構造と表示原理は図9のように紹介されている[26]。

銀粒子を用いるので銀塩写真に近く感じられる点もあるが，銀の電界メッキとメッキ層の溶解を可逆的に行う方式であるという捉え方の方が近いであろう。フレキシブル性を実現した形式の試作例が発表されており，100 dpi, 320×240画素, 3.0 inch画面のパッシブマトリクス駆動型の試作品が提示されている。

本方式の特長は反射率70%，コントラスト20:1，視野角依存性なしと発表されているように高い視認性を実現している点にあり，特に読みやすさの実現という点で注目に値する。

(7) 各種クロミズム方式

電界，光，熱を用いた各種のクロミズム現象は書き換え型の記録表示技術として利用できる可能性が考えられる。具体的には，エレクトロクロミズム[27]，フォトクロミズム，サーモクロミズムと呼ばれる現象あるいは表示方式であり，化学反応による発色現象を利用するものである。

これらは各々比較的古くから検討が行われているが，電子ペーパーという新しいコンセプトに

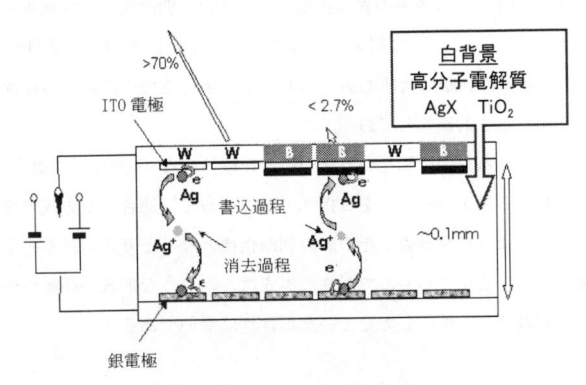

図9 電解析出方式による表示原理[26]

照らして再度技術の検証を行うことにより，新しい展開の可能性が考えられる．ただし，クロミズム現象は一般的に化学反応過程を用いる点で書き換えエネルギーが大きく必要とされる傾向があり，その克服は課題のひとつとして考えられる．

(8) EL, PDP, FED

EL, PDP, FED 等の表示方式は，電子ペーパーという概念の中では，特にペーパーライクディスプレイという方向性に属するものであり，そのペーパーライク性は読みやすさというよりは薄型性，あるいは特に有機ELにおいてはフレキシブル性がその大きな特長として標榜される．これらの方式のもう一つの大きな共通する特長は動画対応という点である．本節以前に取り上げた方式が文字文書等の読みやすさに重点をおいて，静止画を中心に，あるいは静止画に限定して表示を行うものであるのに対し，対照的な方式群として位置づけられる．静止画の見やすさと動画の提供が必ずしも両立できていない表示技術の現状において，カラー動画の提供を大前提とするこれらの技術は，電子ペーパーに対するマルチメディア性に対する期待部分に対しては有利な位置にあり，静止画重視の方式とは異なる利用局面に対し，その開発の進展が大いに期待される．

3　各種方式の比較

これまでに提案されている技術以外にも電子ペーパーの達成目標にあわせた新しい表示技術を考案することは重要であろう．その場合，すべての目標項目の達成を一律にめざすのではなく，用途と目的に合わせて重点を絞ることにより，候補技術の選択の範囲は大きく広がると考えられる．本章で取り上げた代表的方式を中心に，各々達成目標に対する可能性について整理した結果を表 2 に示す[28]．ただし，本表は静止画の見やすい表示を重点においた際の技術を念頭において整理したものである．EL等の動画系の表示技術については，別途異なる評価重点項目を立てての整理が必要と思われるが，ここでは割愛させて頂いた．また，表中で可能性の評価は◎～×の4段階で示したが，個々の判断は微妙であり，あくまで現時点での，かつ可能性を広く見た上での筆者の私見であることをお断りしておく．

このような表を作成する意図は個々の方式の優劣比較ではなく，用途別の適合性の比較にある．どのような用途に用いる電子ペーパーを目指すのかによって，適合する方式の選択基準は異なるのが当然であり，このような整理表はその際の判断指標となると考えられる．また表中の評価結果は技術の進展とともに変化するものであり，本表はこのような形式の評価が何かと役に立つのではないかという整理法の一例として見ていただければ幸いである．

第26章 電子ペーパーとその材料

表2 電子ペーパーの候補技術としての主な方式と達成目標に対する可能性

表示方式 / 達成目標	電界（一部光含む）							光	熱	磁界
	電気泳動	ツイストボール	液晶 通常型	液晶 高分子分散型	粉体トナー制御	エレクトロクロミー	電界析出	光書込液晶	サーマルリライタブル	磁気ツイストボール
基本機能 視認性	○	○	△	○	○	△	○	○	○	○
書き換え性	○	○	○	○	○	○	○	○	○	○
像保存容易性	○	○	△/○	○	○		○	○	○	○
書込エネルギ	○	○	○	○	○	×	○	○	△	○
付加機能 加筆性	○	○	○	○	○	○	○	○	○	○
加筆情報取り込み	○	○	○	○	○	○	○	○	○	○
カラー表示	○	○	◎	○	○	○	△	○	◎	○
取扱性 可搬性	○	○	△	○	○	○	○	○	○	○
薄型性	○	○	△	○	○	○	○	○	○	○
屈曲性	○	○	○	△	○	△	○	○	○	○

4 あとがき

　本報告では，ユビキタス社会における表示技術として期待される電子ペーパーの候補技術を整理して示した[29,30]。ここに紹介したように，開発されつつある方式事例は数多くあるが，本分野は決して完成された技術領域ではなく，発展初期の段階にある。実はそれがこの分野の魅力的なところであり，今後の研究開発による未成熟部分の急速な発展が期待される。その意味で，本分野に参入を考慮している段階の組織あるいは個人にとっても，この分野には宝の山が豊富に存在すると言うことができる。また，例えば電子ペーパー用表示要素技術は，唯一のオールマイティー的な方式に最終淘汰されるのではなく，現在のプリンタ技術と同様，適材適所に様々な方式が共存する姿が想定される。その意味でも，新方式等の新たな提案が今後も多くなされるべき技術領域であると考えられる。

　ユビキタス社会実現のための重要なキー技術のひとつと考えられる電子ペーパーの実現に向けて，方式，装置，材料の面で多くの研究開発者の力が注がれ，その技術が早期に実用化されるのを期待したい。

文　　献

1) 塩田玲樹, "デジタルペーパー", 電子写真学会1997年度第3回研究会, p.26 (1998)
2) 面谷　信, "ディジタルペーパーのコンセプトと動向", 日本画像学会誌, 128号, pp.115-121 (1999)
3) 面谷　信, "デジタルペーパーのコンセプト整理と適用シナリオ検討", 日本画像学会誌, 137号, pp.214-220 (2001)
4) 太田勲夫, 特公昭50-15115
5) B. Comiskey, J. D. Albert, J. Jacobson, "Electrophoretic Ink: A Printable Display Material", SID 97 Digest, pp. 75-76 (1997)
6) Nakamura et al., "Development of Electrophoretic Display Using Microcapsulate Suspension", SID 98 Digest, 1014-1017 (1998)
7) 川居秀幸, "マイクロカプセルを用いた電気泳動ディスプレイ（デジタルペーパー）の開発", 日本画像学会1998年度第2回技術研究会, pp.31-38 (1999)
8) 小倉一哉, 面谷　信, 高橋恭介, 川居秀幸, "イオンフローヘッドを利用したマイクロカプセル型電気泳動表示体の検討", 日本画像学会Japan Hardcopy'99論文集, pp.241-243 (1999)
9) 貴志悦郎, "In-Plane型電気泳動ディスプレイ", 日本画像学会2000年度第2回技術研究会, pp.11-18 (2000)
10) N. K. Sheridon, "The Gyricon as an Electric Paper Medium", Japan Hardcopy '98, pp. 83-86 (1998)
11) M. Saitoh, T. Mori, R. Ishikawa, "An Electrical Twisting Ball Display", SID82 Digest, pp.96-97 (1982)
12) N. K. Sheridon, "The Gyricon – A Twisting Ball Display", SID 77 Digest, pp.114-115 (1977)
13) 谷川智洋, 面谷信, 高橋恭介, "ツイストボール記録方式の表示球回転特性", Japan Hardcopy 2000論文集, pp.65-68 (2000)
14) S. Maeda, H. Sawamoto, H. Kato, S. Hayashi, K. Gocho, M. Omodani, "Characterization of "Peas in a Pod", a Novel Idea for Electronic Paper", Proceedings of IDW'02, pp.1353-1356(2002)
15) 代田友和, 小鍛治徳雄, "ツイストボール磁気ディスプレイの検討", Japan Hardcopy 2001論文集, pp.127-130(2001)
16) 片桐健男, 吉川宏和, 面谷信, 大谷紀昭, 河野研二, "磁性体塗布球を用いた磁気ツイストボール表示方式の検討", Japan Hardcopy 2001Fall Meeting論文集, pp.44-47(2001)
17) 堀田吉彦, "リライタブルマーキング技術の最近の動向", 電子写真学会誌, 35(3), pp.148-154(1996)
18) 藤沢宣, 日本画像学会第1回フロンティアセミナー予稿集, 43-47(2002)
19) 面谷信, "液晶を用いたデジタルペーパー", 液晶, 第5巻1号, pp.42-49(2001)
20) 吉川宏和, 面谷信, 高橋恭介, "イオン流照射によるG-H型液晶を用いたデジタルペーパーの検討", 1999年日本液晶学会討論会, pp.264-265 (1999)
21) 有沢宏ほか, "コレステリック液晶を用いた電子ペーパー――有機感光体による光画像書き込み――", 日本画像学会Japan Hardcopy 2000 論文集, pp.89-92(2000)

22) 原田陽雄ほか,"コレステリック液晶を用いた電子ペーパー——積層型カラー表示層の外部電極制御—", Japan Hardcopy 2000 論文集, pp.93-96(2000)
23) Gugrae-Jo, K. Sugawara, K. Hoshino, T. Kitamura, "New toner display device using conductive toner and charge transport layer", IS&T's NIP15 Conference, pp.590-593(1999)
24) 重廣清ほか, "絶縁性粒子を用いた摩擦耐電型トナーディスプレイ", Japan Hardcopy 2001 論文集, pp.135-138 (2001)
25) 重廣 清, "摩擦帯電型トナーディスプレイ", 日本画像学会2002年度第1回技術研究会(リライタブル・エレクトロニックイメージング研究会), pp.17-23 (2002)
26) K. Shinozaki, Proceeding of SID, vol.33, 1, p.39 (2002)
27) 小林範久, "無機・有機化合物のエレクトロミズムと書換型記録材料としての新展開",日本画像学会学会誌,38(2),pp.122-127(1999)
28) 面谷 信 (分担執筆),第9章「デジタルペーパー」,デジタルハードコピー技術 (監修:岩本明人, 小寺宏曄), 共立出版, pp.244-246(2000)
29) 面谷信, "電子ペーパーの現状と展望", 応用物理, vol.72, No.2, pp.176-180(2003)
30) 面谷 信, "紙への挑戦 電子ペーパー", 森北出版(2003)

《CMCテクニカルライブラリー》発行にあたって

　弊社は、1961年創立以来、多くの技術レポートを発行してまいりました。これらの多くは、その時代の最先端情報を企業や研究機関などの法人に提供することを目的としたもので、価格も一般の理工書に比べて遙かに高価なものでした。

　一方、ある時代に最先端であった技術も、実用化され、応用展開されるにあたって普及期、成熟期を迎えていきます。ところが、最先端の時代に一流の研究者によって書かれたレポートの内容は、時代を経ても当該技術を学ぶ技術書、理工書としていささかも遜色のないことを、多くの方々が指摘されています。

　弊社では過去に発行した技術レポートを個人向けの廉価な普及版《CMCテクニカルライブラリー》として発行することとしました。このシリーズが、21世紀の科学技術の発展にいささかでも貢献できれば幸いです。

2000年12月

株式会社　シーエムシー出版

ユビキタスネットワークとエレクトロニクス材料　（B0869）

2003年12月26日　初　版　第1刷発行
2009年 3月24日　普及版　第1刷発行

　　　　監　修　宮代　文夫　　　　　　　　　Printed in Japan
　　　　　　　　若林　信一
　　　　発行者　辻　　賢司
　　　　発行所　株式会社　シーエムシー出版
　　　　　　　　東京都千代田区内神田1-13-1　豊島屋ビル
　　　　　　　　電話03(3293)2061
　　　　　　　　http://www.cmcbooks.co.jp

〔印刷　倉敷印刷株式会社〕　　　© F. Miyashiro, S. Wakabayashi, 2009

定価はカバーに表示してあります。
落丁・乱丁本はお取替えいたします。

ISBN978-4-7813-0062-7 C3054 ¥4400E

本書の内容の一部あるいは全部を無断で複写（コピー）することは，法律で認められた場合を除き，著作者および出版社の権利の侵害になります。

CMCテクニカルライブラリーのご案内

ナノカーボンの材料開発と応用
監修／篠原久典
ISBN978-4-7813-0036-8　　B862
A5判・300頁　本体4,200円＋税（〒380円）
初版2003年8月　普及版2008年12月

構成および内容：【現状と展望】カーボンナノチューブ 他【基礎科学】ピーポッド 他【合成技術】アーク放電法によるナノカーボン／金属内包フラーレンの量産技術／2層ナノチューブ【実際技術】燃料電池／フラーレン誘導体を用いた有機太陽電池／水素吸着現象／LSI 配線ビア／単一電子トランジスター／電気二重層キャパシター／導電性樹脂
執筆者：宍戸 潔／加藤 誠／加藤立久 他29名

プラスチックハードコート応用技術
監修／井手文雄
ISBN978-4-7813-0035-1　　B861
A5判・177頁　本体2,600円＋税（〒380円）
初版2004年3月　普及版2008年12月

構成および内容：【材料と特性】有機系（アクリレート系／シリコーン系 他）／無機系／ハイブリッド系（光カチオン硬化型 他）【応用技術】自動車用部品／携帯電話向けUV硬化型ハードコート剤／眼鏡レンズ（ハイインパクト加工 他）／建築材料（建材化粧シート／環境問題 他／光ディスク【市場動向】PVC 床コーティング／樹脂ハードコート 他
執筆者：栢木 實／佐々木裕／山谷正明 他8名

ナノメタルの応用開発
編集／井上明久
ISBN978-4-7813-0033-7　　B860
A5判・300頁　本体4,200円＋税（〒380円）
初版2003年8月　普及版2008年11月

構成および内容：機能材料（ナノ結晶軟磁性合金／バルク合金／水素吸蔵 他）／構造用材料（高強度軽合金／原子力材料／蒸着用 AI 合金 他）／分析・解析技術（高分解能電子顕微鏡／放射光回折・分光法 他）／製造技術（粉末固化成形／放電焼結法／微細精密加工／電解析出法 他）／応用（時効析出アルミニウム合金／ピーニング用高硬度投射材 他）
執筆者：牧野彰宏／沈 宝龍／福永博俊 他49名

ディスプレイ用光学フィルムの開発動向
監修／井手文雄
ISBN978-4-7813-0032-0　　B859
A5判・217頁　本体3,200円＋税（〒380円）
初版2004年2月　普及版2008年11月

構成および内容：【光学高分子フィルム】設計／成膜技術 他【偏光フィルム】高機能性／染料系 他【位相差フィルム】λ/4波長板 他【輝度向上フィルム】集光フィルム・プリズムシート 他【バックライト用】導光板／反射シート 他【プラスチック LCD 用フィルム基板】ポリカーボネート／プラスチック TFT 他【反射防止】ウェットコート 他
執筆者：綱島研二／斎藤 拓／善如寺芳弘 他19名

ナノファイバーテクノロジー －新産業発掘戦略と応用－
監修／本宮達也
ISBN978-4-7813-0031-3　　B858
A5判・457頁　本体6,400円＋税（〒380円）
初版2004年2月　普及版2008年10月

構成および内容：【総論】現状と展望（ファイバーにみるナノサイエンス 他）／海外の現状【基礎】ナノ紡糸（カーボンナノチューブ 他）／ナノ加工（ポリマークレイナノコンポジット／ナノポイド 他）／ナノ計測（走査プローブ顕微鏡 他）【応用】ナノバイオニック産業（バイオチップ 他）／環境調和エネルギー産業（バッテリーセパレター 他）他
執筆者：梶 慶輔／梶原莞爾／赤池敏宏 他60名

有機半導体の展開
監修／谷口彬雄
ISBN978-4-7813-0030-6　　B857
A5判・283頁　本体4,000円＋税（〒380円）
初版2003年10月　普及版2008年10月

構成および内容：【有機半導体素子】有機トランジスタ／電子写真用感光体／有機 LED（リン光材料 他）／色素増感太陽電池／二次電池／コンデンサ／圧電・焦電／インテリジェント材料（カーボンナノチューブ／薄膜から単一分子デバイスへ 他）【プロセス】分子配列・配向制御／有機エピタキシャル成長／超薄膜作製／インクジェット製膜【索引】
執筆者：小林俊介／堀田 収／柳 久雄 他23名

イオン液体の開発と展望
監修／大野弘幸
ISBN978-4-7813-0023-8　　B856
A5判・255頁　本体3,600円＋税（〒380円）
初版2003年2月　普及版2008年9月

構成および内容：合成（アニオン交換法／酸エステル法 他）／物理化学（極性評価／イオン拡散係数 他）／機能性溶媒（反応場への適用／分離・抽出溶媒／光化学反応 他）／機能設計（イオン伝導／液晶型／非ハロゲン系 他）／高分子化（イオンゲル／両性電解質型／DNA 他）／イオニクスデバイス（リチウムイオン電池／太陽電池／キャパシタ 他）
執筆者：萩原理加／宇恵 誠／菅 孝剛 他25名

マイクロリアクターの開発と応用
監修／吉田潤一
ISBN978-4-7813-0022-1　　B855
A5判・233頁　本体3,200円＋税（〒380円）
初版2003年1月　普及版2008年9月

構成および内容：【マイクロリアクターとは】特長／構造体・製作技術／流体の制御と計測技術 他【世界の最先端の研究動向】化学合成・エネルギー変換・バイオプロセス／化学工業のための新生技術 他【マイクロ合成化学】有機合成反応／触媒反応と重合反応【マイクロ化学工学】マイクロ単位操作研究／マイクロ化学プラントの設計と制御
執筆者：菅原 徹／細川和生／藤井輝夫 他22名

※書籍をご購入の際は、最寄りの書店にご注文いただくか、㈱シーエムシー出版のホームページ（http://www.cmcbooks.co.jp/）にてお申し込み下さい。

CMCテクニカルライブラリーのご案内

帯電防止材料の応用と評価技術
監修／村田雄司
ISBN978-4-7813-0015-3　　B854
A5判・211頁　本体3,000円＋税（〒380円）
初版2003年7月　普及版2008年8月

構成および内容：処理剤（界面活性剤系／シリコン系／有機ホウ素系 他）／ポリマー材料（金属薄膜形成帯電防止フィルム 他）／繊維（導電材料混入型／金属化合物型 他）／用途別（静電気対策包装材料／グラスライニング／衣料 他）／評価技術（エレクトロメータ／電荷減衰測定／空間電荷分布の計測 他）／評価基準（床、作業表面、保管棚 他）
執筆者：村田雄司／後藤伸也／細川泰徳 他19名

強誘電体材料の応用技術
監修／塩﨑忠
ISBN978-4-7813-0014-6　　B853
A5判・286頁　本体4,000円＋税（〒380円）
初版2001年12月　普及版2008年8月

構成および内容：【材料の製法、特性および評価】酸化物単結晶／強誘電体セラミックス／高分子材料／薄膜（化学溶液堆積法）／強誘電性液晶／コンポジット【応用とデバイス】誘電（キャパシタ 他）／圧電（弾性表面波デバイス／フィルタ／アクチュエータ 他）／焦電・光学／記憶・記録・表示デバイス【新しい現象および評価法】材料、製法
執筆者：小松隆一／竹中正／田實佳郎 他17名

自動車用大容量二次電池の開発
監修／佐藤登／境哲男
ISBN978-4-7813-0009-2　　B852
A5判・275頁　本体3,800円＋税（〒380円）
初版2003年12月　普及版2008年7月

構成および内容：【総論】電動車両システム／市場展望【ニッケル水素電池】材料技術／ライフサイクルデザイン【リチウムイオン電池】電解液と電極の最適化による長寿命化／劣化機構の解析／安全性【鉛電池】42Vシステムの展望【キャパシタ】ハイブリッドトラック・バス【電気自動車とその周辺技術】電動コミュータ／急速充電器 他
執筆者：堀江英明／竹下秀夫／押谷政彦 他19名

ゾル-ゲル法応用の展開
監修／作花済夫
ISBN978-4-7813-0007-8　　B850
A5判・208頁　本体3,000円＋税（〒380円）
初版2000年5月　普及版2008年7月

構成および内容：【総論】ゾル-ゲル法の概要【プロセス】ゾルの調製／ゲル化と無機バルク体の形成／有機・無機ナノコンポジット／セラミックス繊維／乾燥／焼結／ゾル-ゲル法バルク材料の応用／薄膜材料／粒子・粉末材料／ゾル-ゲル法応用の新展開（微細パターニング／太陽電池／蛍光体／高活性触媒／木材改質）／その他の応用　他
執筆者：平野眞一／余語利信／坂本渉 他28名

白色LED照明システム技術と応用
監修／田口常正
ISBN978-4-7813-0008-5　　B851
A5判・262頁　本体3,600円＋税（〒380円）
初版2003年6月　普及版2008年6月

構成および内容：白色LED研究開発の状況：歴史的背景／光源の基礎特性／発光メカニズム／青色LEDの作製（結晶成長／デバイス作製 他）／高効率近紫外LEDと白色LED（ZnSe系白色LED 他）／実装化技術（蛍光体とパッケージング／応用と実用化（一般照明装置の製品化 他）／海外の動向、研究開発予測および市場性 他
執筆者：内田裕士／森哲／山田陽一 他24名

炭素繊維の応用と市場
編著／前田豊
ISBN978-4-7813-0006-1　　B849
A5判・226頁　本体3,000円＋税（〒380円）
初版2000年11月　普及版2008年6月

構成および内容：炭素繊維の特性（分類／形態／市販炭素繊維製品／性質／周辺繊維 他）／複合材料の設計・成形・後加工・試験検査／最新応用技術／炭素繊維・複合材料の用途分野別の最新動向（航空宇宙分野／スポーツ・レジャー分野／産業・工業分野 他）／メーカー・加工業者の現状と動向（炭素繊維メーカー／特許からみたCFメーカー／FRP成形加工業者／CFRPを取り扱う大手ユーザー 他）

超小型燃料電池の開発動向
編著／神谷信行／梅田実
ISBN978-4-88231-994-8　　B848
A5判・235頁　本体3,400円＋税（〒380円）
初版2003年6月　普及版2008年5月

構成および内容：直接形メタノール燃料電池／マイクロ燃料電池・マイクロ改質器／二次電池との比較／固体高分子電解質膜／電極材料／MEA（膜電極接合体）／平面積層方式／燃料の多様化（アルコール、アセタール系／ジメチルエーテル／水素化ホウ素燃料／アスコルビン酸／グルコース 他）／計測評価法（セルインピーダンス／パルス負荷 他）
執筆者：内田勇／田中秀治／畑中達也 他10名

エレクトロニクス薄膜技術
監修／白木靖寛
ISBN978-4-88231-993-1　　B847
A5判・253頁　本体3,600円＋税（〒380円）
初版2003年5月　普及版2008年5月

構成および内容：計算化学による結晶成長制御手法／常圧プラズマCVD技術／ラダー電極を用いたVHFプラズマ応用薄膜形成技術／酸化物有機気相堆積法／コンビナトリアルテクノロジー／パルスパワー技術／半導体薄膜の作製（高誘電体ゲート絶縁膜他／ナノ構造磁性薄膜の作製とスピントロニクスへの応用（強磁性トンネル接合(MTJ) 他）他
執筆者：久保百司／髙見誠一／宮本明 他23名

※ 書籍をご購入の際は、最寄りの書店にご注文いただくか、㈱シーエムシー出版のホームページ(http://www.cmcbooks.co.jp/)にてお申し込み下さい。

CMCテクニカルライブラリー のご案内

高分子添加剤と環境対策
監修／大勝靖一
ISBN978-4-88231-975-7　　　　　B846
A5判・370頁　本体5,400円＋税（〒380円）
初版2003年5月　普及版2008年4月

構成および内容：総論（劣化の本質と防止／添加剤の相乗・拮抗作用 他）／機能維持剤（紫外線吸収剤／アミン系／イオウ系・リン系／金属捕捉剤／機能付与剤（加工性／光化学性／電気性／表面性／バルク性 他）／添加剤の分析と環境対策（高温ガスクロによる分析／変色トラブルの解析例／内分泌かく乱化学物質／添加剤と法規制 他）
執筆者：飛田悦男／児島史利／石井玉樹 他30名

農薬開発の動向 -生物制御科学への展開-
監修／山本 出
ISBN978-4-88231-974-0　　　　　B845
A5判・337頁　本体5,200円＋税（〒380円）
初版2003年5月　普及版2008年4月

構成および内容：殺菌剤（細胞膜機能の阻害剤 他）／殺虫剤（ネオニコチノイド系剤 他）／殺ダニ剤（神経作用性 他）／除草剤・植物成長調節剤（カロチノイド生合成阻害剤 他）／製剤／生物農薬（ウイルス剤 他）／天然物／遺伝子組換え作物／昆虫ゲノム研究の害虫防除への展開／創薬研究へのコンピュータ利用／世界の農薬市場／米国の農薬規制
執筆者：三浦一郎／上原正浩／織田雅次 他17名

耐熱性高分子電子材料の展開
監修／柿本雅明／江坂 明
ISBN978-4-88231-973-3　　　　　B844
A5判・231頁　本体3,200円＋税（〒380円）
初版2003年5月　普及版2008年3月

構成および内容：【基礎】耐熱性高分子の分子設計／耐熱性高分子の物性／低誘電率材料の分子設計／光反応性耐熱性材料の分子設計【応用】耐熱注型材料／ポリイミドフィルム／アラミド繊維紙／アラミドフィルム／耐熱性粘着テープ／半導体封止用成形材料／その他注目材料（ベンゾシクロブテン樹脂／液晶ポリマー／BTレジン 他）
執筆者：今井淑夫／竹市 力／後藤幸平 他16名

二次電池材料の開発
監修／吉野 彰
ISBN978-4-88231-972-6　　　　　B843
A5判・266頁　本体3,800円＋税（〒380円）
初版2003年5月　普及版2008年3月

構成および内容：【総論】リチウム系二次電池の技術と材料・原理と基本材料構成【リチウム系二次電池材料】コバルト系・ニッケル系・マンガン系・有機系正極材料／炭素系・合金系・その他非炭素系負極材料／イオン電池用電解液／ポリマー・無機固体電解質 他【新しい蓄電素子とその材料編】プロトン・ラジカル電池 他【海外の状況】
執筆者：山﨑信幸／荒井 創／櫻井庸司 他27名

水分解光触媒技術 -太陽光と水で水素を造る-
監修／荒川裕則
ISBN978-4-88231-963-4　　　　　B842
A5判・260頁　本体3,600円＋税（〒380円）
初版2003年4月　普及版2008年2月

構成および内容：酸化チタン電極による水の光分解の発見／紫外光応答性 二段光触媒による水分解の達成（炭酸塩添加法／Ta系酸化物へのドーパント効果 他）／紫外光応答性 二段光触媒による水分解／可視光応答性光触媒による水分解の達成（レドックス媒体／色素増感光触媒 他）／太陽電池材料を利用した水の光電気化学的分解／海外での取り組み
執筆者：藤嶋 昭／佐藤真理／山下弘巳 他20名

機能性色素の技術
監修／中澄博行
ISBN978-4-88231-962-7　　　　　B841
A5判・266頁　本体3,800円＋税（〒380円）
初版2003年3月　普及版2008年2月

構成および内容：【総論】計算化学による色素の分子設計【エレクトロニクス機能】新規フタロシアニン化合物 他【情報表示機能】有機EL材料 他【情報記録機能】インクジェットプリンタ用色素／フォトクロミズム 他【染色・捺染の最新技術】超臨界二酸化炭素流体を用いる合成繊維の染色 他【機能性フィルム】近赤外線吸収色素 他
執筆者：蛭田公広／谷口彬雄／雀部博之 他22名

電波吸収体の技術と応用 II
監修／橋本 修
ISBN978-4-88231-961-0　　　　　B840
A5判・387頁　本体5,400円＋税（〒380円）
初版2003年3月　普及版2008年1月

構成および内容：【材料・設計編】狭帯域・広帯域・ミリ波電波吸収体【測定法編】材料定数／電波吸収量【材料編】ITS（弾性エポキシ・ITS用吸音電波吸収体 他）／電子部品（ノイズ抑制・高周波シート 他）／ビル・建材・電波暗室（透明電波吸収体 他）【応用編】インテリジェントビル／携帯電話など小型デジタル機器／ETC【市場編】市場動向
執筆者：宗 哲／栗原 弘／戸高嘉彦 他32名

光材料・デバイスの技術開発
編集／八百隆文
ISBN978-4-88231-960-3　　　　　B839
A5判・240頁　本体3,400円＋税（〒380円）
初版2003年4月　普及版2008年1月

構成および内容：【ディスプレイ】プラズマディスプレイ 他【有機光・電子デバイス】有機EL素子／キャリア輸送材料 他【発光ダイオード(LED)】高効率発光メカニズム／白色LED 他【半導体レーザ】赤外半導体レーザ 他【新機能光デバイス】太陽光発電／光記録技術 他【環境調和型光・電子半導体】シリコン基板上の化合物半導体 他
執筆者：別井圭一／三上明義／金丸正剛 他10名

※ 書籍をご購入の際は、最寄りの書店にご注文いただくか、㈱シーエムシー出版のホームページ(http://www.cmcbooks.co.jp/)にてお申し込み下さい。